飞行器设计与工程力学品牌专业系列教材

空气动力学

（第二版）

闫再友　陆志良　王江峰　编著

科学出版社

北　京

内 容 简 介

本书分为相对独立而又有机结合的空气动力学基础和飞行器空气动力学两篇。上篇包括第 1～5 章，分别介绍空气动力学基础知识、流体运动基本方程和基本规律、不可压无黏流、低速黏流和边界层流动基础、高速可压流动。下篇包括第 6～10 章，分别介绍低速翼型和机翼的气动特性、亚声速翼型和机翼的气动特性、超声速线化理论及跨声速与高超声速绕流初步知识、计算流体力学初步知识。

本书可作为飞行器设计专业本科生教材，也可供涉及流体力学、空气动力学的有关专业学生使用，还可供从事空气动力学相关工作的人员参考。

图书在版编目(CIP)数据

空气动力学 / 闫再友，陆志良，王江峰编著. —2 版. —北京：科学出版社，2023.3

飞行器设计与工程力学品牌专业系列教材

ISBN 978-7-03-075200-0

Ⅰ. ①空… Ⅱ. ①闫… ②陆… ③王… Ⅲ. ①空气动力学－高等学校－教材 Ⅳ. ①V211

中国国家版本馆 CIP 数据核字（2023）第 046693 号

责任编辑：余 江 / 责任校对：王 瑞

责任印制：赵 博 / 封面设计：迷底书装

科 学 出 版 社出版

北京东黄城根北街 16 号

邮政编码：100717

http://www.sciencep.com

北京华宇信诺印刷有限公司印刷

科学出版社发行 各地新华书店经销

*

2018 年 8 月第 一 版 开本：787×1092 1/16

2023 年 3 月第 二 版 印张：18 1/2

2025 年 1 月第十次印刷 字数：450 000

定价：79.00 元

（如有印装质量问题，我社负责调换）

前　言

本书主要为航空院校飞行器设计大类的本科生编写，适用于空气动力学基础、空气动力学、飞行器空气动力学、流体力学基础等课程，也可作为工程流体力学等相关专业学生的教材或科技人员的参考书。

本书以陈再新等编写的《空气动力学》（航空工业出版社，1993）和陆志良等编写的《空气动力学》（北京航空航天大学出版社，2009）为基础，结合当前的教学需要和专业发展而编写。与以往不同的是，本书对符号使用进行了统一的规定，增加了流体力学基本方程微分形式的推导，部分公式的数学推导更加详细，部分章节根据教学进程的需要进行了必要的调整。党的二十大报告指出："深入实施人才强国战略。培养造就大批德才兼备的高素质人才，是国家和民族长远发展大计。"而教材作为传播知识和思想的载体，在培养高素质人才方面起着重要的作用。作者在编写第二版时，对本书内容的科学性、系统性和正确性进行了全面的检查和修改。对全书的符号使用做了进一步的优化，特别是体积统一采用符号 υ 表示，这样可以避免第一版中同一公式内速度分量与体积的混淆；流体力学基本方程积分形式的推导描述得更为细致。第 6.2 节增加了平面绕角低速无黏流动的解析解；第 6.5.1 节保角变换法和第 10.1.1 节中的超限插值法进行了重写。部分曲线图更清晰、细致，特别是激波图线。同时，增加了超声速气流经过膨胀波或正激波时流动参数随波前马赫数变化的曲线。为了方便读者的学习，一些知识点提供了视频讲解，可扫描二维码观看。

全书共 10 章，分为空气动力学基础和飞行器空气动力学两篇。上篇包括第 1～5 章，为空气动力学基础部分，可供流体力学基础或空气动力学基础课程使用；下篇包括第 6～10 章，为飞行器特别是飞机空气动力学部分，供飞行器空气动力学等课程使用，也为部分学习了空气动力学基础知识而不再修飞行器空气动力学课程的学生进一步学习提供方便。

第 1 章介绍空气动力学基础知识、基本概念及相关准备知识；第 2 章介绍流体运动的基本方程和基本规律；第 3 章介绍不可压理想流体理论、拉普拉斯方程的基本解以及基本解叠加；第 4 章介绍低速黏流和边界层的基本概念；第 5 章介绍高速可压流动的基础知识。第 6 章介绍低速翼型的气动特性、薄翼型理论；第 7 章介绍低速机翼的气动特性、升力线理论；第 8 章介绍亚声速翼型和机翼的气动特性；第 9 章介绍超声速线化理论及跨声速、高超声速绕流初步知识；第 10 章介绍计算流体力学初步知识。书中标题加"*"的部分为选学内容。

感谢南京航空航天大学周春华教授、董昊教授和王成鹏教授审阅了本书初稿。由于作者水平有限，不当之处在所难免，敬请读者予以批评指正。

作　者

2023 年 2 月于南京航空航天大学

前言

符 号 表

a	声速
a_0	总声速或驻点声速
α	迎角，读音为 alpha
α_a	绝对迎角
α_e	有效迎角
α_0	零升迎角
$\alpha_{0\infty}$	翼型或翼剖面的零升迎角
β	角度、激波角、亚声速压缩性修正因子，读音为 beta
c	弦长
c_0	翼根弦长
c_1	翼尖弦长
c_A	机翼的气动平均弦长
c_d	翼型或翼剖面上的阻力系数
c_{di}	机翼剖面的诱导阻力系数
c_l	翼型或翼剖面上的升力系数
c_l^α	翼型的升力线斜率
c_{m_z}	翼型或翼剖面上的前缘俯仰力矩系数
$c_{m_{z0}}$	翼型或翼剖面上的零升力矩系数
$c_{m_{z1/4}}$	翼型或翼剖面上对 1/4 弦长点的力矩系数
$c_{平均}$	机翼的几何平均弦长
C_D	机翼的阻力系数
C_{D0}	机翼的零升阻力系数
$C_{D升}$	机翼的升致阻力系数
$C_{D黏压}$	机翼的黏性压差阻力系数
C_{Di}	机翼的诱导阻力系数
C_L	机翼的升力系数
C_L^α	机翼的升力线斜率
C_f	当地摩擦应力系数
C_F	摩擦阻力系数

C_{M_z}	机翼的前缘力矩系数
$C_{M_{z0}}$	机翼的零升力矩系数
C_p	压强系数
c_p	比定压热容
c_V	比定容热容
$\boldsymbol{D}$	阻力
$\boldsymbol{D}_i$	机翼的诱导阻力
$\boldsymbol{D}_\infty$	单位展长翼型或翼剖面上的阻力
$\boldsymbol{D}_{\infty i}$	单位展长机翼剖面上的诱导阻力
δ	边界层厚度、机翼非椭圆速度环量分布诱导阻力系数修正系数，读音为 delta
δ^*	边界层位移厚度
δ^{**}	边界层动量损失厚度
$\Delta\alpha_i$	下洗角
e	内能
E	体积弹性模量、流体微团的总能量
$\boldsymbol{\varepsilon}$	流体微团的角速度矢量，读音为 epsilon
η	根梢比，读音为 eta
$\boldsymbol{f}$	单位质量上的彻体力
$\bar{f}$	翼型的相对弯度
ϕ	位函数或势函数，读音为 phai
$\phi_{扰}$	扰动位函数或扰动势函数
φ	角度，读音为 phai
$\varphi_{扭}$	机翼的几何扭转角
γ	比热比、涡密度，读音为 gamma
γ_j	第 j 个马蹄涡的无量纲涡强
γ_z	流体微团在 xOy 平面的角变形率
Γ	速度环量，读音为 gamma
Γ_0	点涡强度、机翼对称面上的最大速度环量
h	焓
h_0	总焓或驻点焓
k	导热系数
κ	涡管强度，读音为 kappa
Kn	克努森数
χ	机翼的后掠角，读音为 kai
χ_0	机翼的前缘后掠角

χ_1	机翼的后缘后掠角
$\chi_{1/n}$	机翼的1/*n* 弦线后掠角
l	机翼的展长
$\boldsymbol{L}$	升力
$\boldsymbol{L}_\infty$	单位展长翼型或翼剖面上的升力
LE	前缘（leading edge）
λ	速度系数、展弦比、分子的平均自由程，读音为 lambda
$\dot{m}$	质量流量
$\dot{m}_A$	质量通量密度
m	质量、偶极子强度
M	当地马赫数
M_∞	直匀来流的马赫数
$M_{z\infty}$	单位展长翼型或翼剖面上对前缘点之矩
$M_{z1/4\infty}$	单位展长翼型或翼剖面上对距前缘1/4 弦长处的弦点之矩
μ	动力黏度、马赫角，读音为 miu
$\boldsymbol{n}$	表面的法向单位矢量、封闭曲面的外法向单位矢量
∇	梯度算子，读音为 nabla
ν	运动黏度，读音为 niu
$\boldsymbol{\omega}$	流体微团的旋度，读音为 omega
p	压强
p_0	总压强或驻点压强
$\boldsymbol{P}$	应力张量
$\boldsymbol{p}_n$	（外）法向为 $\boldsymbol{n}$ 的作用面上的应力
p_∞	直匀来流的压强
ψ	流函数，读音为 psai
Q	体积流量
$\dot{q}$	热流密度
$\dot{\boldsymbol{q}}_c$	热流密度矢量
$\dot{q}_r$	热辐射或其他原因传入单位质量流体的热功率
q_∞	直匀来流的动压
R	气体常数
$\overline{R}$	普适气体常数
$\boldsymbol{R}_\infty$	单位展长翼型或翼剖面上的气动力合力
Re	雷诺数
ρ	密度
ρ_0	总密度或驻点密度
ρ_∞	直匀来流的密度

s	熵
σ	总压损失比，读音为 sigma
t	时间
τ	黏性应力、后缘角、机翼非椭圆速度环量分布升力系数的修正系数，读音为 tau
$\boldsymbol{\tau}$	黏性应力张量
$\boldsymbol{\tau}_n$	（外）法向为 $\boldsymbol{n}$ 的作用面上的黏性应力
τ_w	壁面切向黏性应力
T	温度、时间间隔
T_0	总温度或驻点温度
$\bar{t}$	翼型的相对厚度
TE	后缘（trailing edge）
u	流速在笛卡儿坐标系 x 轴方向的分量
U	重力位能函数
υ	控制体的体积，读音为 upsilon
v	流速在笛卡儿坐标系 y 轴方向的分量
$\boldsymbol{v}_i$	下洗速度
V	流速的大小
$\boldsymbol{V}$	流速
$\boldsymbol{V}_e$	有效速度
V_n	法向速度
$\boldsymbol{V}_\infty$	直匀来流的速度矢量
w	流速在笛卡儿坐标系 z 轴方向的分量
$\bar{x}$	翼型的弦向无量纲坐标
$\bar{x}_c$	翼型相对弯度的弦向位置
x_{cp}	翼型上压力中心在弦线上的位置
x_F	翼型上焦点在弦线上的位置
$\bar{x}_t$	翼型相对厚度的弦向位置
$\bar{y}_c$	翼型的弯度分布无量纲函数
$\bar{y}_t$	翼型的厚度分布无量纲函数

注：翼型或翼剖面上的气动力（矩）或气动力（矩）系数的下标∞表示翼型或翼剖面可视为无限展长的机翼。翼型或翼剖面上的力（矩）系数用小写字母，机翼上对应的力（矩）系数用大写字母。

目　录

上篇　空气动力学基础

达·芬奇简介　牛顿简介　丹尼尔·伯努利简介　欧拉简介　达朗贝尔简介

拉格朗日简介　库仑简介　拉普拉斯简介　纳维简介　泊肃叶简介

第 1 章　空气动力学基础知识

本章首先介绍空气动力学的基本任务、研究方法和流体力学与空气动力学的发展概述；其次介绍流体介质，引入流体微团和控制体的概念；然后介绍气动力系数、矢量运算和爱因斯坦求和符号的基础知识；最后介绍物质导数的概念和速度散度的物理意义。这些基础知识为流体力学和飞行器空气动力学具体知识的学习做准备。

1.1　空气动力学简介

1.1.1　空气动力学的基本任务

从流体力学的角度出发，所有的物质都只有两种状态：流体和固体。二者的本质区别是固体可以通过产生有限的静变形承受剪切应力，而流体不能。换句话说，流体在剪切力作用下一定会发生运动。

流体力学（fluid mechanics）是研究流体的平衡，流体与物体之间的相对运动以及流体与物体之间相互作用力的科学。研究流体的平衡属于流体静力学（fluid statics）范畴，研究流体的运动属于流体动力学（fluid dynamics）范畴。流体力学的研究对象主要是水和空气。研究水为主的流体动力学称为水动力学（hydrodynamics）；研究空气为主的流体动力学称为空气动力学（aerodynamics）。水动力学中通常不考虑流体的可压缩性，而空气动力学中常常要考虑流体的可压缩性。本书的侧重点是空气动力学。

空气动力学是研究空气的运动规律及空气与物体之间的相互作用力的科学。它是现代流体力学的一个主要分支。空气动力学的研究与飞机的出现和发展紧密相连。研究涉及飞机的飞行性能、稳定性和操纵性等问题。因此，“空气动力学”是飞行器设计与工程学科不可或缺的一门课程。当然，空气动力学研究所涉及的领域远不限于飞机或航空器。

流体相对物体的运动，可以在物体的外部进行，像空气流过飞机表面、导弹表面和螺旋桨叶片表面等；也可以在物体的内部进行，像空气在管道、风洞和进气道内部的流动。在这些外部流动或内部流动中，尽管空气的具体运动和研究这些运动的目的有所不同，但都有一些共同的流动现象和一些共同的流动规律，如都遵守质量守恒定律、动量守恒定律、能量守恒定律和热力学第二定律等。

研究空气动力学的基本任务，不仅要认识这些流动现象的基本实质，找出这些流动现象共性的基本规律在空气动力学中的表达，而且要研究如何应用这些基本规律能动地解决飞行器的空气动力学问题和与之相关的工程技术问题，并预测流动的新情况、新进展。

1.1.2　空气动力学的研究方法

同物理学各个分支的研究方法一样，空气动力学有三种研究方法：实验研究、理论分析和数值模拟。

实验研究在空气动力学中有着广泛的应用，其主要手段是依靠风洞、水洞、激波管以及测试设备进行模拟实验或飞行实验。其优点在于，它能在所研究的问题完全相同或大致相同的条件下进行模拟与观测，因此所得到的结果较为真实、可靠。但是，实验研究往往也受到一定的限制，如受到模型尺寸的限制和实验设备边界的影响等。此外，实验测量本身也会影响所得到结果的精度，而且实验往往要耗费大量的人力和物力。因此这种方法在实际应用中常常会遇到困难。

理论分析方法一般包括以下步骤：

（1）通过实验或观察，对问题进行分析研究，找出其影响的主要因素，忽略次要因素，从而抽象出近似的、合理的理论模型；

（2）运用基本定律、原理和数学分析，建立描述问题的数学方程，以及相应的边界条件和初始条件；

（3）利用各种数学方法准确地或近似地求解方程；

（4）对结果进行分析、判断，并通过必要的实验检验与修正。

理论分析的特点在于它的科学抽象，能够用数学方法求得理论结果以及揭示问题的内在规律。然而，由于数学发展水平的限制和理论模型抽象的简化，理论分析方法常常无法满足研究复杂实际问题的需要。

自 20 世纪 70 年代以来，随着大型高速计算机的出现，以及一系列有效的近似计算方法（如有限差分法、有限元法和有限体积法等）的发展，计算流体动力学（computational fluid dynamics，CFD）作为流体力学的一个分支取得了蓬勃发展，数值模拟方法在空气动力学研究方法中的作用和地位不断提高。与实验方法相比，数值模拟方法研究所需费用比较少。对有些无法进行实验、更不能做出理论分析的问题，采用数值模拟方法进行研究可以得到解决。当然数值模拟方法也有其局限性，有时数值模拟结果精度较差，这也是近年来 CFD 研究的重点。

这三种研究方法各有利弊。它们不是相互排斥，而是相互补充的，可以共同推动空气动力学研究的深入和发展。

*1.1.3　空气动力学的发展概述

流体力学是在人类同自然界做斗争和生产实践中逐渐发展起来的。对流体力学学科的形成做出贡献的首先是古希腊的阿基米德（公元前 287 年－公元前 212 年）。他奠定了流体静力学的基础。此后千余年间，流体力学没有重大进展。

空气动力学是现代流体力学的一个主要分支，它是从流体力学发展而来的。

18 世纪是流体力学的创建阶段。丹尼尔·伯努利（Daniel Bernoulli）在 1738 年发表的《流体动力学》一书中，建立了不可压流体的压强、高度和速度之间的关系，即伯努利方程。欧拉（Euler）在 1755 年建立了理想流体运动的基本方程组，奠定了连续介质力学的基础。达朗贝尔（D'Alembert）在 1743 年提出了动力学中著名的动静法，在 1744 年提出了流体力学中的“达朗贝尔疑题”或“达朗贝尔佯谬”。后来，拉格朗日（Lagrange）改进了欧拉、达朗贝尔的方法，并发展了流体力学的解析方法。拉普拉斯（Laplace）于 1785 年提出了著名的拉普拉斯方程。关于气流对物体的作用力的研究，最早是牛顿（Newton）于 1726 年提出了关于流体对斜板的作用力公式，它实际上是在碰撞理论的基础上提出来的，没有考虑流体的流动性。

19 世纪是流体力学基础理论全面发展的阶段。泊松（Poisson）于 1826 年解决了绕球的无旋流动问题。兰金（Rankine）提出了理想不可压流体运动的位函数和流函数，并于 1868 年提出了将直匀流叠加到源（汇）、偶极子等流动上，以构成所谓的奇点法。亥姆霍兹（Helmholtz）创立了旋涡运动理论。

19 世纪形成了流体力学的两个重要分支：黏性流体动力学和空气-气体动力学。

纳维（Navier）从分子相互作用的某一假设出发，于 1826 年导出了黏性流体的运动方程。斯托克斯（Stokes）于 1845 年在另一个国家也独立地导出了黏性流体运动方程，现在被称为 N-S 方程。雷诺（Reynolds）在 1876～1883 年研究黏性流体在小直径圆管中的流动时，发现了流体运动的层流和紊流两种流态；1895 年他导出了雷诺平均 N-S 方程。

空气-气体动力学是在流体力学、热力学和声学发展的基础上发展的。空气-气体动力学的基本方程组出现在 1850 年前后；兰金于 1870 年，于戈尼奥（Hugoniot）于 1887 年分别提出了激波前后气体压强、速度和温度之间的关系。

20 世纪创建了空气动力学完整的科学体系，并取得了蓬勃的发展。

19 世纪后半叶的工业革命，蒸汽机的出现和工业叶轮机的产生，使人们萌发了建造飞机的想法。

1906 年，茹科夫斯基（Joukowski）发表了著名的升力公式，奠定了二维机翼理论的基础，并提出了以他的名字命名的翼型。1903 年 12 月，莱特（Wright）兄弟在美国试飞成功，从此开创了飞行的新纪元，人类征服天空的愿望得以实现。之后的 100 年中，飞机的飞行速度、高度和航程急剧递增，乃是空气动力学促进航空事业，而航空实践本身推动了空气动力学的迅速发展。

1918～1919 年，普朗特（Prandtl）提出了大展弦比机翼的升力线理论；1925 年阿克莱特（Ackeret）导出了翼型的超声速线化理论；1939 年，格特尔特（Göthert）提出了亚声速三维机翼的相似法则。1944 年冯·卡门（Von Kármán）和钱学森采用速度图法，研究和导出了比普朗特-格劳特（Glauert）法则更为精确的亚声速相似定律公式；1946 年钱学森首先提出了高超声速相似律。

上面所叙述的无黏空气动力学发展的同时，黏性流体力学也得到了迅猛的发展。普朗特于 1904 年首先提出划时代的边界层理论，从而使流体流动的无黏流动和黏性流动科学地协调起来，在数学和工程之间架起了桥梁。1921 年波尔豪森（Pohlhausen）将普朗特的边界层微分方程通过积分，得到边界层动量方程并应用于解决不可压有逆压梯度的黏性流动；1925 年普朗特又提出了实用的边界层混合长度理论；1938 年冯·卡门和钱学森用边界层动量方程解决了可压流平板边界层问题；1945 年林家翘发展了边界层稳定性理论，并在 1955 年发表了著名的《流体动力学稳定性理论》。

1946 年出现了第一台计算机以后，计算机飞速发展，同样给流体力学-空气动力学以巨大的影响。从 20 世纪 60 年代开始，研究流体力学-空气动力学的数值计算方法蓬勃发展起来，形成了计算流体-空气动力学这门崭新的学科，并推进到一个新的阶段。

1.2　流体介质

物体和流体做相对运动时，物体会受到流体对它的作用力和力矩。这些力和力矩的分布情况及其合力，不仅取决于物体的形状（包括运动时的姿态）和相对运动速度，而且还取决于流体的具体属性，如可压缩性、黏性和传热性等。因此，本节介绍流体介质的各项物理属性。

1.2.1　连续介质假设

由于流体是由大量做随机运动的分子组成的，因此从微观来看，流体是不连续的或者离散的。分子和相邻分子碰撞之前的平均距离定义为分子的平均自由程λ。在标准情况下，空气的分子平均直径约为3.7×10^{-8}cm，分子的平均自由程约为6×10^{-6}cm。

当流体与物体表面接触时，如果λ远小于物体的特征尺寸l，那么从宏观来看，流体就是近似连续的。此时，流体分子频繁地碰撞物体表面，以至于根本无法区分单个分子的碰撞，物体表面感觉到的是流体如同连续不断的介质。这种流动称为连续流（continuum flow）。例如，对于直径为d的圆柱绕流，如果$\lambda \ll d$，则绕圆柱的流动就可以看作连续流。

如果λ和物体特征尺寸l的量级相同，此时，流体分子分布很稀薄，分子与物体表面的碰撞不是很频繁，以至于物体表面能清楚地感觉到单个分子的碰撞。这种流动称为自由分子流（free molecular flow）。例如，最外层大气的密度很小，以至于λ和太空飞船的特征尺寸是同一量级，因此载人航天飞行的太空飞船在最外层大气飞行时就会产生自由分子流。

还有介于这两者之间的情形，流动既表现出连续流的特征，又有自由分子流的特征。这种流动通常称为低密度流（low-density flow）。

这些流动类型可以用克努森数（Knudsen number）来进行区分。克努森数定义为

$$Kn = \lambda / l$$

当$Kn \leqslant 0.1$时，流动为连续流；当$0.1 < Kn \leqslant 10$时，流动为低密度流；当$Kn > 10$时，流动为自由分子流。

到目前为止，绝大多数实际的空气动力学应用都是关于连续流的。低密度流和自由分子流只是整个流体动力学领域的一小部分。因此，本书中处理的都是连续流问题，采用连续介质假设（continuum hypothesis），即始终把流体看成连绵不断、没有间隙、充满整个空间的连续介质；同时将这种流体流过的空间称为流场。连续介质假设是连续介质力学的一个根本性假设，它是由欧拉于 1753 年最早提出的。

1.2.2　控制体

如图 1.1 所示，想象在流场中存在一个有限的封闭区域，于是这个封闭区域就定义了一个控制体（control volume）υ，控制体υ的封闭边界定义为控制面（control surface）S。控制体是固定在流场中的有限空间区域，流体在流动时从控制体中穿过。控制体的特点是它的体积和形状始终保持不变。采用控制体模型以后，只要把注意力局限在控制体的有限区域内，而不必同时研究整个流场。体积趋于微元的控制体称为微元体。

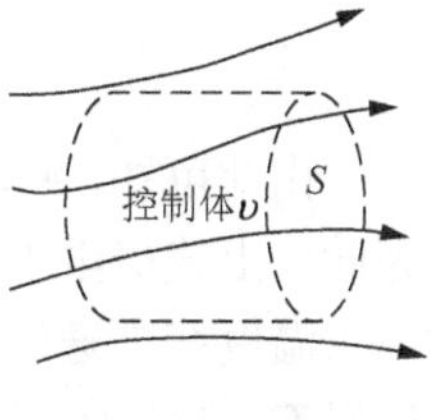

图 1.1　控制体

控制体的概念最早是由丹尼尔·伯努利于 1753 年提出的。20 世纪初，普朗特把它发展成为流体力学中的系统性工具。也有随流体运动的控制体和可变形的控制体，而本书主要

采用上面所定义的空间位置固定的控制体。

1.2.3 流体微团

如图 1.2 所示，想象流场中有一个小小的流体团，这个小小的流体团就定义了一个流体微团（fluid element），其体积为dυ 。在微分运算中， dυ 是一个小量，但它内部含有足够多的分子，仍然可以视为连续介质。流体微团以当地速度$\boldsymbol{V}$沿着迹线运动。流体微团的特点是微团内的流体质量保持不变。这样分析流场时只需要对流体微团运用基本的物理原理，而不必同时研究整个流场。体积趋于零的流体微团称为流体质点。流体质点与流体分子不同，流体质点是包含足够多流体分子的满足连续介质假设的最小流体单元。

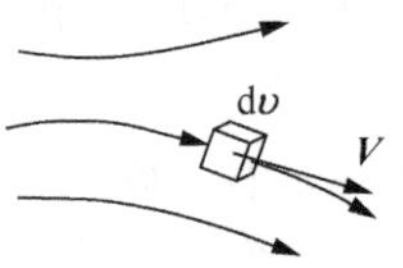

图 1.2 流体微团

1.2.4 常用流体参数的定义

任何一门学科都有用来描述其概念和现象的专业术语。空气动力学中最常用的术语有压强（pressure）、密度（density）、温度（temperature）和流速（velocity）等。

首先考虑流场中的一个表面，这个面可以是真实的物面，如管道固壁或物体表面，也可以是流场中一个想象的面。另外，必须注意到根据连续介质假设流体分子在运动过程中是连续的。压强就是气体分子在碰撞或穿过取定表面时，单位面积上所产生的法向力。压强通常定义在流场中的一个点上，或者是固体表面的一个点上。为了弄清楚这点，取流场中的任一点 B，设 dS 表示 B 点所在微元的面积，而 dF 表示压强在 dS 一侧产生的法向力，于是流场中 B 点的压强定义为

$$p = \lim_{\mathrm{d}S \to 0} \frac{\mathrm{d}F}{\mathrm{d}S}$$

即压强 p 是单位面积上流体对表面的法向力在微元面积趋于零时的极限形式（严格地说，dS 不能取其极限值零，因为这样在 B 点就没有分子。因此，上式极限中分母 dS 在宏观上趋于零，而在微观上它的特征尺寸比分子的平均自由程要大得多）。显然，压强是某个点的特性，流场中各点的压强值可以不同。

流体的密度定义为单位体积流体的质量。和压强的论述相似，密度也是点的特性，流场中各点的密度可以不同。下面考虑流场中一点 B，并且设 dυ 表示包围 B 点的微元体积，而 dm 表示体积 dυ 内的流体质量，于是流场中点 B 处的密度定义为

$$\rho = \lim_{\mathrm{d}\upsilon \to 0} \frac{\mathrm{d}m}{\mathrm{d}\upsilon}$$

由此可知，密度是单位体积内质量的极限形式（同样，dυ 严格地说不能取其极限值零。因此，上式极限中分母 dυ 在宏观上趋于零，而在微观上它必须包含足够多的流体分子）。

温度在高速空气动力学中起着十分重要的作用。温度 T 和气体分子平均动能成比例，如果 E_K 是分子平均动能，那么温度就由 $E_K = 3kT/2$ 给出，其中 k 是玻尔兹曼常量。因此定性分析可以得知：高温气体的分子和原子高速随机碰撞，而在低温气体中，分子的随机运动相对缓慢些。温度也表示一个点的特性，流场中各点的温度可以不同。

空气动力学研究的是运动流体，因此流速是一个非常重要的概念。和固体相比，流速

的概念没有那么直接和明显。如某固体物以30m/s的速度做平移运动，那么该物体的所有部分同时以30m/s的速度运动。然而，流体是没有固定形态的物质，对于运动的流体，其中一部分的流速可能与另一部分的流速不同。为此采用如下方法描述流速。考虑如图 1.3 所示绕翼型的流场。

流体微团从一个点运动到另外一个点时，其速率和方向一般都是变化的。现在，观察空间某一固定点 A，如图 1.3 所示，流速可以定义为：流体在空间某固定点 A 的速度就是流体微团通过点 A 时的速度。流速 $\boldsymbol{V}$ 既有大小，又有方向，它是一个矢量。流速 $\boldsymbol{V}$ 的大小通常用 V 来表示。速度也是点的特性，在流场中各点的速度可以不同。

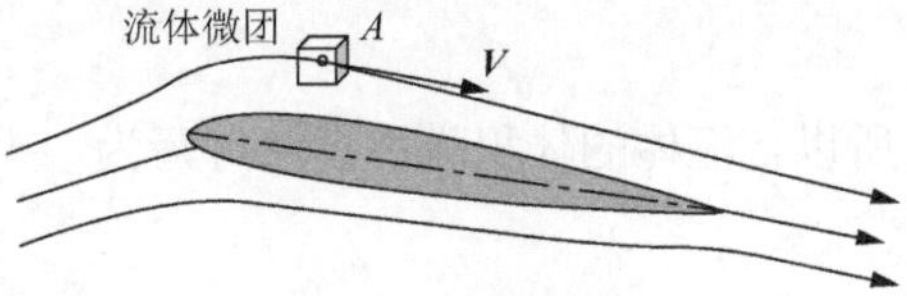

图 1.3　流速示意图

1.2.5　气体的状态方程

任何状态下，气体的三个状态参数之间都存在着一定的函数关系，这个函数关系式称为气体的状态方程。通常以压强、密度和温度这三个状态参数表达为

$$p = p(\rho, T)$$

完全气体（perfect gas）是气体分子运动论中所采用的一种模型气体。它的分子是一种完全弹性的微小球粒，内聚力十分小，可以忽略不计，彼此只有在碰撞时才发生作用，微粒的实有总体积和气体所占空间相比较可以忽略不计。远离液态的气体基本符合这些假设，通常状况下的空气也符合这些假设，可以看作完全气体。对完全气体，其状态方程为

$$p = \frac{\bar{R}}{M_r}\rho T \tag{1.1}$$

式中，M_r 为气体的相对分子量；T 为热力学温度；$\bar{R}$ 为普适气体常数，其数值为 $8315\text{m}^2/(\text{s}^2\cdot\text{K})$。如果将 $\bar{R}/M_r$ 改用符号 R 表示，则完全气体的状态方程式（1.1）可以写为

$$p = \rho R T \tag{1.2}$$

式中，R 为气体常数，各种气体的气体常数各不相同。空气是多种组分构成的混合物，按其组分的质量比例计算，可得其气体常数为 $287.053\text{m}^2/(\text{s}^2\cdot\text{K})$。

1.2.6　压缩性、黏性和传热性

1. 压缩性

对流体施加压强，流体的体积会发生变化。具有一定质量的流体的体积或密度随压强变化而改变的特性，称为压缩性（compressibility）或称弹性。

流体压缩性大小通常可以用体积弹性模量来度量，其定义为产生单位相对体积变化所需要的压强增高，即

$$E = -\frac{\mathrm{d}p}{\mathrm{d}\upsilon/\upsilon}$$

式中，E为体积弹性模量；υ为一定质量流体的体积。对于一定质量的流体，其体积与密度成反比，即

$$m=\rho\upsilon=\text{常数}$$

因此可得

$$\frac{\mathrm{d}\rho}{\rho}=-\frac{\mathrm{d}\upsilon}{\upsilon}$$

所以，流体的体积弹性模量可写为

$$E=\rho\frac{\mathrm{d}p}{\mathrm{d}\rho} \tag{1.3}$$

上式也可以改写为

$$\frac{\mathrm{d}p}{\mathrm{d}\rho}=\frac{E}{\rho}$$

或者写成

$$a=\sqrt{\frac{\mathrm{d}p}{\mathrm{d}\rho}}=\sqrt{\frac{E}{\rho}}$$

该式为介质中声速的计算公式。

在相同的压强增量作用下，密度（或体积）的相对变化的大小和体积弹性模量的值有关。各种物质的体积弹性模量不同，因此各种物质的压缩性也各不相同。例如，在常温下水的体积弹性模量约为$2.1\times10^9\ \mathrm{N/m^2}$，当压强增大一个大气压时，由式（1.3）可确定，对应的相对密度变化为

$$\frac{\Delta\rho}{\rho}=\frac{\Delta p}{E}\approx0.5\times10^{-4}$$

即一个大气压的压强变化引起的水的相对密度变化值只有万分之零点五，因此通常情况下，水可视为不可压流体。液体的体积弹性模量都比较大，因此对大多数工程问题而言，液体都是不可压流体。

在通常压强下，空气的体积弹性模量相当小，约为水的两万分之一。因此，空气的密度很容易随压强的改变而变化。也就是说，空气具有压缩性。对于具体流动问题，是否应该考虑空气的压缩性，应该根据流动过程中所产生的压强变化是否引起了密度的显著变化而定。一般情况下，当空气流动速度较低时，压强变化引起的密度变化很小，此时可以不考虑空气的压缩性对流动特性的影响。

2. 黏性

任何实际流体都有黏性（viscosity），只是不同流体的黏性各不相同。空气和水的黏性都不大，其作用在日常生活中不大为人所注意。例如，河流近岸处的水流速度比河心处慢，注意观察水上漂浮物的运动，就可以说明这一点。这种速度的差别就是因为水有黏性，与岸边直接接触的水层被水的黏性所阻滞。

为了说明黏性力作用的情况和黏度的定义，下面介绍一个有关空气黏性的实验。把一块无限薄的静止平板放在气流速度为$\boldsymbol{V}_\infty$的一股直匀流中，使板面与气流平行，如图 1.4 所

示。所谓直匀流，指的是来流的速度大小相等且彼此平行的流动。用尺寸十分小的测量气体速度的仪器，沿平板法线方向测量平板附近气体速度分布情况。图 1.4 给出离平板前缘距离为 x 的截面上，沿平板法线方向气流速度分布的测量结果。由该图可见，气流在没有流到平板以前，平板对流动没有扰动，气流速度均匀，其值都为 V_∞。当气流流过平板时，紧靠平板表面的那层气体完全贴附在平板表面上，气流速度降为零。随着逐渐远离平板，气流速度逐渐增大，直到离平板表面一定距离以后，气流速度才基本恢复到来流速度 V_∞。由此可见，在平板上方，离平板距离不同，其对应的气流速度也不同。也就是说，气流速度是离开平板表面的距离 n 的函数，$u=f(n)$，各层之间气流速度有差别。

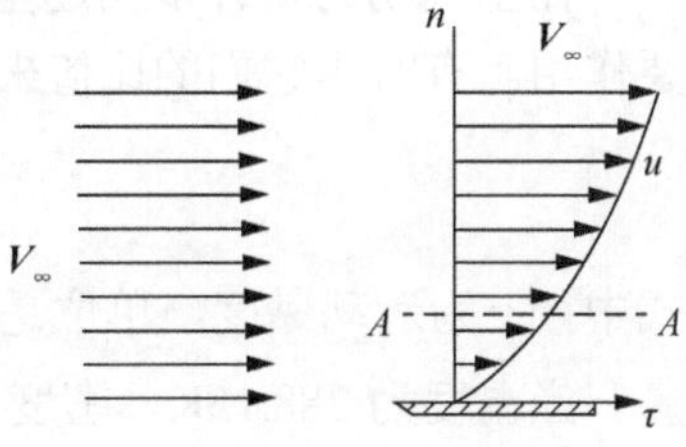

图 1.4　空气黏性实验

气流速度之所以形成这样的变化，正是气体具有黏性的表现。由于气体黏性的作用，紧靠平板表面的那层气体被“黏”在平板上，并形成随着离平板距离增大气流速度逐渐增加这种变化特性。造成气体具有黏性的主要原因是气体分子的不规则热运动，它使得不同速度的相邻气体层之间发生质量交换和动量交换。上层流动速度较大的气体分子进入下层时，就会带动下层气体加速；同样，当下层气体分子进入上层时，也会阻滞上层气体使之减速。也就是说，相邻的两个流动速度不同的气体层之间存在着互相牵扯的作用，这种作用称为黏性力或内摩擦力。与摩擦力相仿，黏性力或内摩擦力总是阻滞速度较大的气体层使其减速，或牵动速度较小的气体层使其加速。在图 1.4 所示的情况下，下层气体对上层气体的黏性力向左，而上层气体对下层气体的黏性力向右。显然，不同速度的气体层之间有内摩擦力，在紧靠平板表面的那层气体和平板表面之间也存在着这种摩擦力。

牛顿于 1678 年经实验研究指出，流体运动所产生的摩擦阻力与接触面积成正比，与沿接触面法线方向的速度梯度成正比，牛顿提出的摩阻应力公式为

$$\tau=\mu\frac{\mathrm{d}u}{\mathrm{d}n} \tag{1.4}$$

式中，τ 为摩阻应力，即单位面积上的摩擦阻力；μ 为比例常数，称为流体的黏度，它的单位是 $\mathrm{N\cdot s/m^2}$。式（1.4）称为牛顿黏性定律。

不同的流体介质的黏度值各不相同，并且黏度随温度变化而变化，但与压强基本无关。实验证明，气体的黏度随温度升高而增大。其原因是当温度升高时，气体无规则热运动速度加大，引起速度不同的相邻气体层之间的质量交换和动量交换加剧，因而使黏度增大。

在分析求解时，往往需要知道黏度随温度变化的具体表达式。空气黏度随温度变化的关系，有许多近似公式可以应用，其中最常用的是萨瑟兰公式，即

$$\frac{\mu}{\mu_0}=\left(\frac{T}{273.15}\right)^{1.5}\frac{273.15+C}{T+C} \tag{1.5}$$

式中，$\mu_0=1.71\times10^{-5}\ \mathrm{N\cdot s/m^2}$ 为温度等于 273.15K 时空气的黏度值；C 为常数，其值为 110.4K。由此式可得，温度等于 288.15K 时空气的黏度值 $\mu\approx1.783\times10^{-5}\ \mathrm{N\cdot s/m^2}$。

根据式（1.5），在 1 个大气压下，空气的黏度系数随温度变化的曲线见图 1.5。为了方便对比，图中同时给出了水的黏度系数随温度变化的曲线。

在空气动力学许多问题里，惯性力总是和黏性力同时并存，黏度和密度的比值起着重要作用。有时用它们的比值来表示气体的黏性更为方便，即

$$\nu = \frac{\mu}{\rho} \tag{1.6}$$

式中，ν 为运动黏度，单位是 m^2/s。运动黏度的量纲中只有长度和时间，都是运动学中的量。当温度为 288.15K，密度为 $1.225\ kg/m^3$ 时，空气的运动黏度近似为 $1.455\times10^{-5}\ m^2/s$。

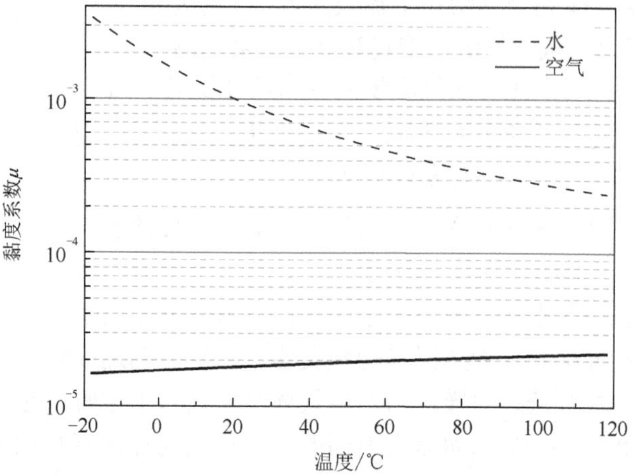

图 1.5　在 1 个大气压下，水和空气的黏度系数随温度的变化

3. 传热性

当流体中沿某一方向存在温度梯度时，热量就会由温度高的地方传向温度低的地方，这种性质称为流体的传热性（thermal conductivity）。傅里叶定律指出，单位时间内通过给定截面的热量，正比于垂直于该截面方向上的温度变化率和截面面积，而热量传递的方向则与温度升高的方向相反。因此，单位时间通过单位面积的热量 $\dot{q}$ 为

$$\dot{q} = -k\frac{\partial T}{\partial n} \tag{1.7}$$

式中，$\partial T/\partial n$ 为垂直于该表面方向上的温度变化率，单位是 K/m；k 是比例系数，称为导热系数，单位为 $kJ/(m\cdot K\cdot s)$；$\dot{q}$ 的单位是 $kJ/(m^2\cdot s)$。式（1.7）中负号表示热流量传递的方向永远和温度梯度的方向相反。

流体的导热系数值随流体介质不同而不同，同一种流体介质的导热系数随温度的变化而略有差异。在通常温度范围，空气的导热系数为 $2.47\times10^{-5}\ kJ/(m\cdot K\cdot s)$。

由于空气的导热系数很小，因此当温度梯度不大时，可以忽略空气传热性对流动特性的影响。

1.2.7　流体的模型化

实际流体有多方面的物理属性，严格来说，这些物理属性对于流体的流动特性都有不同程度的影响。在研究某一具体的流动问题时，如果把流体的所有物理属性都考虑进去，必然使问题变得非常复杂，要进行分析并得出一定的结果就变得非常困难，而且也是不必

要的。事实上，在某些具体问题中，流体各方面的物理属性并不具有同等的重要性。因此对于一些具体问题来说，可以抓住一些起主导作用的流体物理属性，忽略一些居于次要地位的流体物理属性。这样处理问题，能更清楚地看清问题的本质，抓住事物的关键，同时使问题得到简化，便于进行数学处理和求解。对实际流体物理属性的不同情况进行简化可以得出各种流体模型。

1. 理想流体

理想流体（ideal fluid）是一种不考虑流体黏性的流体模型。在这种模型中，流体微团不承受黏性力的作用。对空气而言，黏度很小，在实际流动中，只有在紧贴物体表面的很薄一层范围内，由于各层气体速度差异很大，因此速度梯度很大，黏性力比较大。在这一薄层以外的区域，由于各层气体之间速度变化很缓慢，因此速度梯度不大，黏性力也就很小，通常可以忽略黏性作用。

忽略黏性的气体称为理想气体。一般来说，根据理想气体模型计算出来的绕流图画和物面压强分布与实验证实的结果比较一致，因此得到的升力和力矩值比较可信。但是当流线型物体在大迎角情况，或对于非流线型物体的绕流情况，实际流动中在物体表面将会形成一定程度的流动分离，此时用理想气体模型得出的结果与实际情况差异甚大。此外，在研究流动阻力问题时，用理想气体模型得出的结果往往与实际情况相差较大，这是因为黏性阻力和紧贴物体表面的那一层气体的流动特性密切相关。

2. 不可压流体

不可压流体（incompressible fluid）是一种不考虑流体压缩性或弹性的流体模型。可以认为，它的体积弹性模量为无穷大或它的流体密度等于常数。液体是十分接近这种情况的。对于气体按不可压流体处理，初学者一般不容易接受。求解不可压流体的流动规律，只需要服从力学定律，而不需要考虑热力学关系，因此使问题的求解和数学分析大大简化。

对于流动速度较低的，更准确地讲对流动马赫数较低的气体，是完全可以按不可压流体来处理流动问题的。飞行器在空气中飞行时，飞行器周围的空气速度有所变化，随之引起压强的变化，以及由此而造成密度变化。如果飞行器的飞行速度较低，即来流马赫数不大，绕飞行器流场中各点的速度变化不大，因而压强变化不大，相应的密度变化也不大。因此，如果把这种密度变化很小的流动近似地当作密度不变的流动，即把低速流动的流体当作不可压流体来处理，简化数学处理过程，在工程问题处理中是合理的。实际应用表明，用不可压流体模型来处理低速情况下的空气动力学问题，所得到的结果与实际情况基本一致，是可信的。如果来流速度较大，绕物体流场中各点的速度变化很大，速度变化引起的压强变化以及密度变化也很显著，此时必须如实地把空气看作密度可变的可压流体来处理，才能获得与实际情况相吻合的结果。

只考虑流体可压缩性的影响，但不考虑流体黏性的影响，就得到了可压理想流体模型。在这种情况下，认为流体的黏度等于零，而它的体积弹性模量不为无穷大。与此相对应，还可以有不可压黏性流体模型。对不可压黏性流体模型而言，它的体积弹性模量是无穷大（即流体密度为常数），而它的黏度不等于零。当然，最简单的流体模型莫过于不可压理想流体模型了，它既不考虑流体可压缩性的影响，也不考虑流体黏性的影响，也就是说，它认为整个流场中，流体的黏度都等于零，而且流体的密度都等于常数。

3. 绝热流体

绝热流体（adiabatic fluid）是一种不考虑流体的传热性的流体模型，即它把流体的导热系数看成零。由于空气的导热系数值很小，因此在低速流动中，除了专门研究传热问题的场合外，一般都不考虑空气的传热性，把空气看成绝热的，所得到的结果与实际情况一致。在高速流动中，温度梯度不太大的地方，气体微团间的传热量也是微乎其微的，这种情形下气体微团间传热量对流动特性的影响不大，因此，也可以不考虑传热性的作用。

不考虑气体微团间传热性的气体模型称为绝热气体。

1.3 气动力和气动力矩

1.3.1 升力、阻力和力矩

空气与物体做相对运动的过程中，空气施加在物面上的作用力称为空气动力，简称气动力（aerodynamic forces）。物体所受到的气动力和气动力矩都是由物面上的压强分布 p 和剪切应力分布 τ 引起的。

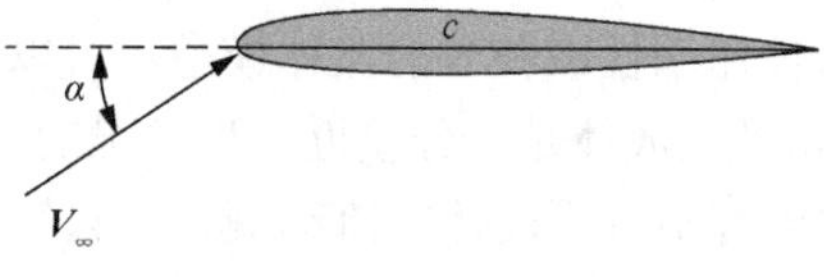

图 1.6　几何迎角

对于一个翼型，定义翼型前缘点和后缘点之间的连线为弦线，其长度为弦长 c 。在翼型平面上，把自由来流速度 $\boldsymbol{V}_\infty$ 和弦线间的夹角定义为几何迎角，简称迎角，又称攻角（attack angle），用 α 来表示，如图 1.6 所示。对弦线而言，自由来流向上偏时迎角 α 为正，向下偏时迎角 α 为负。

气流绕翼型的流动是二维平面流动，翼型上的气动力应视为无限翼展机翼在 z 方向截取单位展长翼段上所产生的气动力，如图 1.7 所示。为了与三维问题的气动力和气动力矩区分开来，单位展长翼段上的气动力和气动力矩符号都加下标 ∞ 。

翼型表面每个点上都作用有压强 p 和剪切应力 τ 。这些压强分布和剪切应力分布构成了一个平面任意力系，它们的合力为 $\boldsymbol{R}_\infty$ 。合力 $\boldsymbol{R}_\infty$ 的作用线与弦线的交点待定。将合力 $\boldsymbol{R}_\infty$ 分解为垂直于来流方向和平行于来流方向的两个分量（图 1.8），并分别定义升力（lift）和阻力（drag）为

$$\boldsymbol{L}_\infty \equiv \text{升力} \equiv \text{气动力合力}\boldsymbol{R}_\infty\text{在垂直于来流速度}\boldsymbol{V}_\infty\text{方向的分量}$$

$$\boldsymbol{D}_\infty \equiv \text{阻力} \equiv \text{气动力合力}\boldsymbol{R}_\infty\text{在平行于来流速度}\boldsymbol{V}_\infty\text{方向的分量}$$

也可以将气动力合力 $\boldsymbol{R}_\infty$ 分解为垂直于弦线方向和平行于弦线方向的两个分量，如图 1.8 所示，并分别定义法向力和轴向力为

$$\boldsymbol{N}_\infty \equiv \text{法向力} \equiv \text{气动力合力}\boldsymbol{R}_\infty\text{在垂直于弦线方向的分量}$$

$$\boldsymbol{A}_\infty \equiv \text{轴向力} \equiv \text{气动力合力}\boldsymbol{R}_\infty\text{在平行于弦线方向的分量}$$

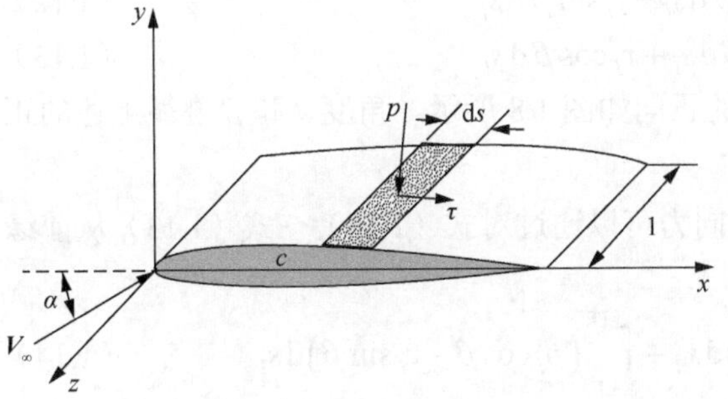

图 1.7　单位展长翼段

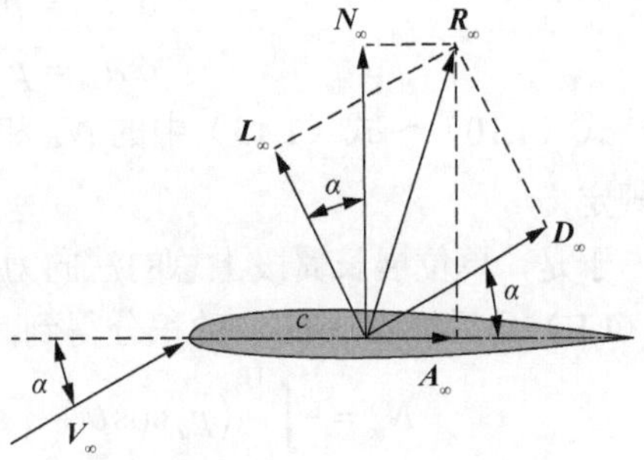

图 1.8　气动力及其分量

由图 1.8 可知，升力、阻力和法向力、轴向力之间存在如下数学关系式：

$$L_\infty = N_\infty \cos\alpha - A_\infty \sin\alpha \tag{1.8}$$

$$D_\infty = N_\infty \sin\alpha + A_\infty \cos\alpha \tag{1.9}$$

平面任意力系向任意一点简化可以得到一个主矢和一个主矩。为了得到气动力和气动力矩，下面详细分析压强和剪切应力沿整个翼型表面的积分。考虑如图 1.9 所示的翼型。弦线水平，自由来流迎角为α。直角坐标系的x轴和y轴分别平行和垂直于弦线。对于上翼面上任意一点 A，沿上翼面到前缘点的弧长记为s_u；同样，对下翼面上任意一点B，到前缘点的弧长记为s_l。作用在上翼面的压强和剪切应力分别记为p_u和τ_u。它们都是弧长s_u的函数。类似地，下翼面的压强p_l和剪切应力τ_l都是弧长s_l的函数。在任意给定点，压强总是垂直于表面，剪切应力总是与表面相切。设上翼面压强p_u与铅垂方向成θ角，下翼面压强p_l与铅垂方向成β角。规定从垂直方向顺时针旋转到压强的作用线的θ和β为正；从水平方向顺时针旋转到剪切应力的作用线的θ和β为正，如图 1.9 所示。

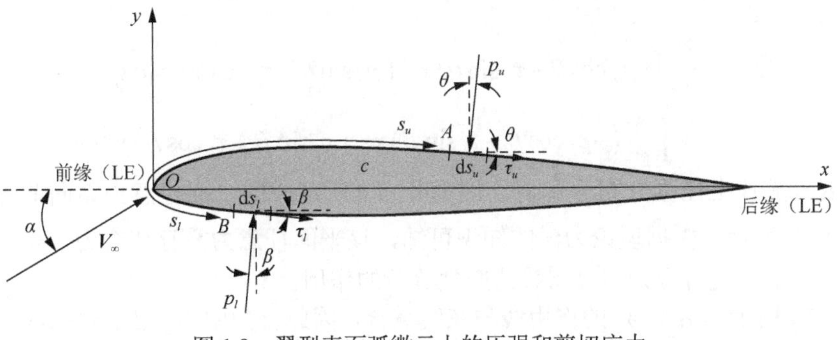

图 1.9　翼型表面弧微元上的压强和剪切应力

现在考虑如图 1.9 所示翼型的单位展长翼段，如图 1.7 所示。取单位展长翼段上的一个面元$\mathrm{d}S$，如图 1.7 中翼面上阴影部分所示。显然，面元面积$\mathrm{d}S=\mathrm{d}s\times 1=\mathrm{d}s$。然后，计算在该面元$\mathrm{d}S$上的压强$p$和剪切应力$\tau$对总的法向力$\boldsymbol{N}_\infty$和轴向力$\boldsymbol{A}_\infty$的贡献。分析图 1.7 和图 1.9 可以得出面元$\mathrm{d}S$上的法向力和轴向力的表达式。对于上翼面，有

$$\mathrm{d}N_{\infty u} = -p_u \cos\theta \mathrm{d}s_u - \tau_u \sin\theta \mathrm{d}s_u \tag{1.10}$$

$$\mathrm{d}A_{\infty u} = -p_u \sin\theta \mathrm{d}s_u + \tau_u \cos\theta \mathrm{d}s_u \tag{1.11}$$

对于下翼面，有

$$\mathrm{d}N_{\infty l} = p_l \cos\beta \,\mathrm{d}s_l - \tau_l \sin\beta \,\mathrm{d}s_l \tag{1.12}$$

$$\mathrm{d}A_{\infty l} = p_l \sin\beta \,\mathrm{d}s_l + \tau_l \cos\beta \,\mathrm{d}s_l \tag{1.13}$$

式（1.10）～式（1.13）中的 $\boldsymbol{N}_\infty$ 和 $\boldsymbol{A}_\infty$ 的正向如图 1.8 所示，角度 θ 和 β 遵循上述的正负规定。

于是，单位展长翼段上总的法向力和轴向力可以通过对式（1.10）～式（1.13）从前缘点（LE）到后缘点（TE）的积分得到，即

$$N_\infty = -\int_{\mathrm{LE}}^{\mathrm{TE}} (p_u \cos\theta + \tau_u \sin\theta)\mathrm{d}s_u + \int_{\mathrm{LE}}^{\mathrm{TE}} (p_l \cos\beta - \tau_l \sin\beta)\mathrm{d}s_l \tag{1.14}$$

$$A_\infty = \int_{\mathrm{LE}}^{\mathrm{TE}} (-p_u \sin\theta + \tau_u \cos\theta)\mathrm{d}s_u + \int_{\mathrm{LE}}^{\mathrm{TE}} (p_l \sin\beta + \tau_l \cos\beta)\mathrm{d}s_l \tag{1.15}$$

把式（1.14）、式（1.15）代入式（1.8）、式（1.9），就可以求出翼型受到的升力和阻力。

翼型所受到的气动力矩取决于对哪点取力矩或者说压强分布 p 和剪切应力分布 τ 所形成的平面任意力系向哪一点简化。习惯上规定使翼型抬头的力矩为正，低头为负。以对前缘点取力矩为例，即将平面任意力系向前缘点简化。根据图 1.9 和图 1.7，对于上翼面，面元 $\mathrm{d}S$ 上的压强 p 和剪切应力 τ 对前缘点的力矩是

$$(\mathrm{d}M_{z\infty})_u = (p_u \cos\theta + \tau_u \sin\theta)x\mathrm{d}s_u + (-p_u \sin\theta + \tau_u \cos\theta)y\mathrm{d}s_u \tag{1.16}$$

对于下翼面，有

$$(\mathrm{d}M_{z\infty})_l = -(p_l \cos\beta - \tau_l \sin\beta)x\mathrm{d}s_l - (p_l \sin\beta + \tau_l \cos\beta)(-y)\mathrm{d}s_l$$

即

$$(\mathrm{d}M_{z\infty})_l = (-p_l \cos\beta + \tau_l \sin\beta)x\mathrm{d}s_l + (p_l \sin\beta + \tau_l \cos\beta)y\mathrm{d}s_l \tag{1.17}$$

对式（1.16）和式（1.17）从前缘点到后缘点积分就可以得到单位展长翼段上气动力分布对前缘点的力矩，即

$$\begin{aligned} M_{z\infty} = &\int_{\mathrm{LE}}^{\mathrm{TE}} \left[(p_u \cos\theta + \tau_u \sin\theta)x - (p_u \sin\theta - \tau_u \cos\theta)y\right]\mathrm{d}s_u \\ &+ \int_{\mathrm{LE}}^{\mathrm{TE}} \left[(-p_l \cos\beta + \tau_l \sin\beta)x + (p_l \sin\beta + \tau_l \cos\beta)y\right]\mathrm{d}s_l \end{aligned} \tag{1.18}$$

单位展长翼段上压强分布 p 和剪切应力分布 τ 所形成的平面任意力系向前缘点简化的结果如图 1.10 所示。根据理论力学的知识可知，该平面任意力系存在合力，合力作用在某个具体的位置上，使得合力与分布载荷产生等效的作用。

如图 1.10 所示，由于 $\boldsymbol{A}_\infty$ 的作用线与弦线重合，因此合力中 $\boldsymbol{N}_\infty$ 必通过弦线上距离前缘 x_{cp} 的点。由此可得

$$M_{z\infty} = -x_{\mathrm{cp}} N_\infty$$

$$x_{\mathrm{cp}} = -\frac{M_{z\infty}}{N_\infty} \tag{1.19}$$

式中，下标 cp 的含义为压力中心。图 1.10 中表示的力矩方向是正向（使机翼抬头力矩为正）。分析图 1.11，可以看出 $\boldsymbol{N}_\infty$ 会产生一个关于前缘的负力矩（使机翼低头）。这就是为什么式（1.19）中有一个负号。

图 1.11 和式（1.19）中的 x_{cp} 就定义为翼型压力中心（center of pressure），它是翼型上

气动力合力作用线与弦线的交点。当合力作用在这个点上时，合力产生与分布载荷相同的效果。如果对压力中心取力矩，那么分布载荷产生的力矩在整个翼型表面上的积分等于零。因此另一种定义压力中心的方法就是：压力中心就是弦线上使分布气动载荷的总力矩为零的点。

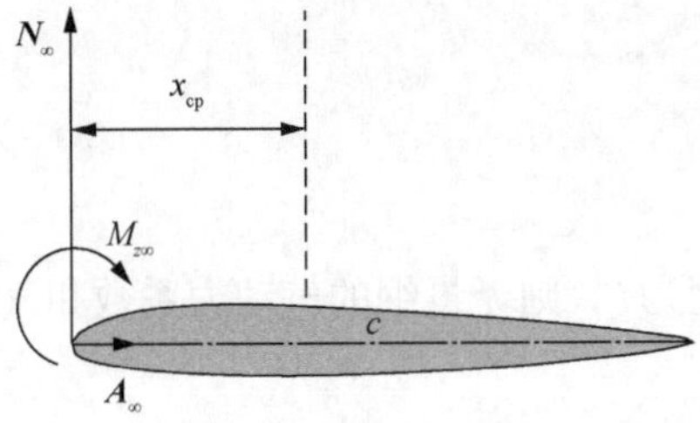

图 1.10 翼型上的气动力向前缘点简化

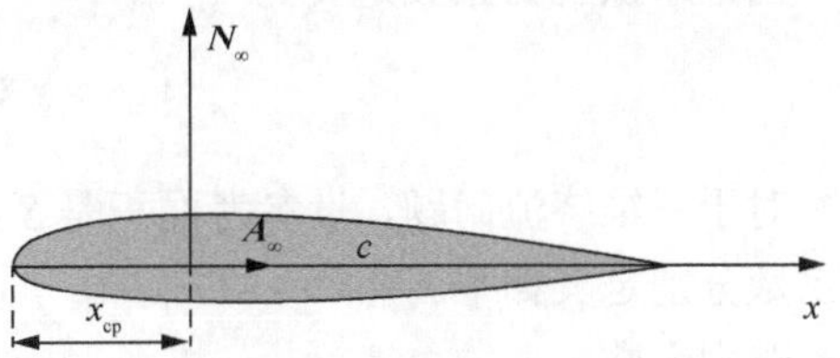

图 1.11 翼型的压力中心

当迎角α较小时，$\sin\alpha \approx \alpha$，$\cos\alpha \approx 1$，根据式（1.8），有$L_\infty \approx N_\infty + A_\infty \alpha$。对于薄翼型绕流，一般$N_\infty / A_\infty$都不是一个小量，而$\alpha$是一个小量，于是有$L_\infty \approx N_\infty$。因此式（1.19）变为

$$x_{cp} \approx -\frac{M_{z\infty}}{L_\infty} \tag{1.20}$$

在式（1.19）和式（1.20）中，当N_∞和L_∞减小时，x_{cp}增大。当力趋于零时，压力中心趋于无穷远处，因此在空气动力学中压力中心并不总是一个很方便的概念。为了定义分布载荷产生的气动力-气动力矩系统，最终的合成力系可以作用在物体的任何点处，只要同时也给出关于该点的力矩值即可。图 1.10～图 1.12 表示的是翼型上三种等效的气动力-气动力矩系统。

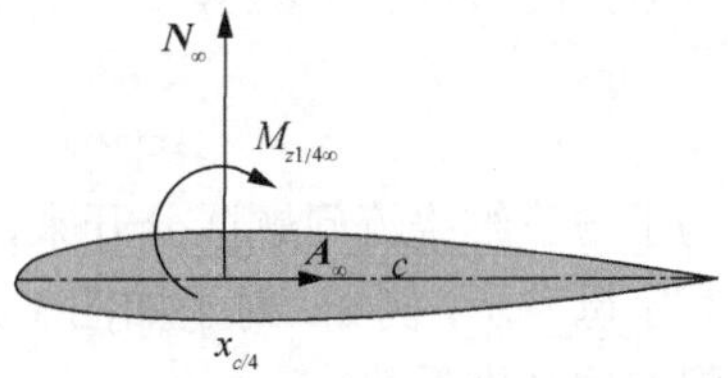

图 1.12 翼型上1/4 弦长气动力-气动力矩系统

图 1.10 表示力作用在前缘，以及分布载荷对前缘的力矩$M_{z\infty}$；图 1.11 表示力作用在压力中心，由于分布载荷对该点的力矩为零，因此不需要附加额外的力矩；图 1.12 表示力作用在距前缘1/4 弦长处，以及分布载荷对1/4 弦长处的力矩$M_{z1/4\infty}$。它们之间存在如下的关系

$$M_{z\infty} \approx -\frac{c}{4}L_\infty + M_{z1/4\infty} \approx -x_{cp}L_\infty \tag{1.21}$$

1.3.2 气动力（矩）系数

对于流体密度为ρ_∞，速度为V_∞的自由来流，其动压q_∞定义为

$$q_\infty = \frac{1}{2}\rho_\infty V_\infty^2$$

自由来流的动压是一个很基本的量。它的单位和压强的单位相同。在理想流体绕流的问题中，气动力都是物体表面压强分布的结果。即使对于黏性流体绕流的问题，升力也主要与物体表面压强分布有关。因此，物体表面压强分布在气动力分析中占有重要的地位。为了分析问题方便，定义无量纲压强系数C_p为

$$C_p = \frac{p - p_\infty}{q_\infty}$$

即流场中任意一点处的压强系数等于当地压强 p 减去自由来流的压强 p_∞ 之后再除以自由来流的动压 q_∞。

当地摩擦应力系数定义为

$$C_f = \frac{\tau}{q_\infty}$$

对于三维绕流问题，设参考面积是 S，参考长度为 l，则无量纲的气动力系数和气动力矩系数分别定义如下。

升力系数

$$C_L = \frac{L}{q_\infty S}$$

阻力系数

$$C_D = \frac{D}{q_\infty S}$$

对前缘的俯仰力矩系数

$$C_{M_z} = \frac{M_z}{q_\infty S l}$$

为了与三维绕流问题区分开来，对于二维绕流问题，气动力系数和气动力矩系数一般用小写字母表示，例如，对于如图 1.9 所示翼型，气动力系数和气动力矩系数分别表达如下。

翼型的升力系数

$$c_l = \frac{L_\infty}{q_\infty c}$$

翼型的阻力系数

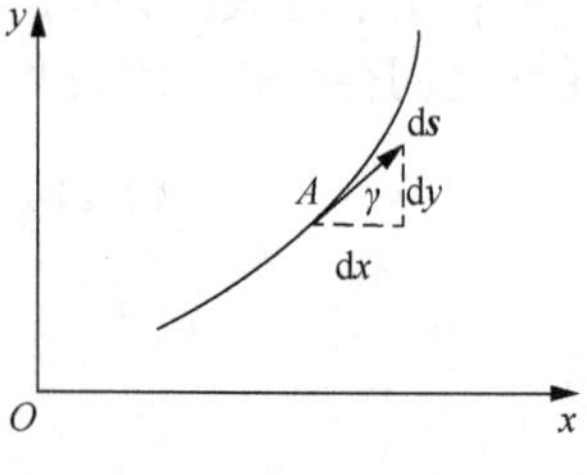

图 1.13　弧微元的几何关系

$$c_d = \frac{D_\infty}{q_\infty c}$$

翼型的前缘俯仰力矩系数

$$c_{m_z} = \frac{M_{z\infty}}{q_\infty c^2}$$

其中，参考面积 $S = c\times 1 = c$，参考长度 $l = c$，如图 1.7 所示。

式（1.14）、式（1.15）和式（1.18）最常用的是它们的无量纲形式。由图 1.13 任意曲线上弧微元的几何关系以及前面关于角度正负的定义，有

$$\mathrm{d}x = \cos(-\gamma)\mathrm{d}s = \cos\gamma\,\mathrm{d}s \tag{1.22}$$

$$\mathrm{d}y = \sin(-\gamma)\mathrm{d}s = -\sin\gamma\,\mathrm{d}s \tag{1.23}$$

$$S = c\times 1 \tag{1.24}$$

对于上翼面，取 γ 为 θ；对于下翼面，取 γ 为 β。这样，把式（1.22）、式（1.23）代入式（1.14）、式（1.15）和式（1.18），并除以 q_∞ 和 S，可以得到力系数和力矩系数

的积分形式，分别为

$$c_n = \frac{1}{c}\left[\int_0^c \left(C_{pl} - C_{pu}\right)\mathrm{d}x + \int_0^c \left(C_{fu}\frac{\mathrm{d}y_u}{\mathrm{d}x} + C_{fl}\frac{\mathrm{d}y_l}{\mathrm{d}x}\right)\mathrm{d}x\right] \tag{1.25}$$

$$c_a = \frac{1}{c}\left[\int_0^c \left(C_{pu}\frac{\mathrm{d}y_u}{\mathrm{d}x} - C_{pl}\frac{\mathrm{d}y_l}{\mathrm{d}x}\right)\mathrm{d}x + \int_0^c \left(C_{fu} + C_{fl}\right)\mathrm{d}x\right] \tag{1.26}$$

$$\begin{aligned} c_{m_z} = \frac{1}{c^2}\Bigg[&\int_0^c \left(C_{pu} - C_{pl}\right)x\,\mathrm{d}x - \int_0^c \left(C_{fu}\frac{\mathrm{d}y_u}{\mathrm{d}x} + C_{fl}\frac{\mathrm{d}y_l}{\mathrm{d}x}\right)x\,\mathrm{d}x \\ &+ \int_0^c \left(C_{pu}\frac{\mathrm{d}y_u}{\mathrm{d}x} + C_{fu}\right)y_u\,\mathrm{d}x + \int_0^c \left(-C_{pl}\frac{\mathrm{d}y_l}{\mathrm{d}x} + C_{fl}\right)y_l\,\mathrm{d}x\Bigg] \end{aligned} \tag{1.27}$$

式中，C_{pu}、C_{pl} 分别为上下翼面上的压强系数；C_{fu}、C_{fl} 分别为上下翼面上的摩擦应力系数；y_u、y_l 分别为上下翼面上的坐标。

需要注意的是，y_u 位于 x 轴的上方，为正；而 y_l 位于 x 轴的下方，为负。$\mathrm{d}y/\mathrm{d}x$ 在上下表面遵循常规的微积分原则，即斜率为正时 $\mathrm{d}y/\mathrm{d}x$ 为正，斜率为负时 $\mathrm{d}y/\mathrm{d}x$ 为负。

升力系数和阻力系数可以通过式（1.8）和式（1.9）得到

$$c_l = c_n\cos\alpha - c_a\sin\alpha \tag{1.28}$$

$$c_d = c_n\sin\alpha + c_a\cos\alpha \tag{1.29}$$

显然，把式（1.25）、式（1.26）代入式（1.28）和式（1.29）可以得到升力系数和阻力系数的积分形式。

1.4 矢量和积分知识

空气动力学中经常使用矢量，它们既有大小，又有方向。如力和速度，它们都是矢量。为了方便，空气动力学的数学公式大多是用矢量符号来表示的。本节介绍所需要的矢量代数、矢量运算基本关系和必要的积分知识。

*1.4.1 矢量代数

矢量 $\boldsymbol{A}$，它的大小由线段的长度给出，方向用箭头表示，如图 1.14（a）所示。箭头所指方向的端点称为矢量 $\boldsymbol{A}$ 的首部，相反方向的端点称为矢量的尾部。矢量 $\boldsymbol{A}$ 的模（大小）是 $|\boldsymbol{A}|$，是一个标量。矢量 $\boldsymbol{A}$ 的单位矢量 $\boldsymbol{e}$ 定义为：$\boldsymbol{e} = \boldsymbol{A}/|\boldsymbol{A}|$。单位矢量 $\boldsymbol{e}$ 的大小为 1，方向与矢量 $\boldsymbol{A}$ 的方向相同。用 $\boldsymbol{B}$ 表示另外一个矢量，则 $\boldsymbol{A}$ 与 $\boldsymbol{B}$ 的矢量和 $\boldsymbol{C}$ 定义为 $\boldsymbol{A}$ 和 $\boldsymbol{B}$ 首尾相连后 $\boldsymbol{A}$ 的尾部与 $\boldsymbol{B}$ 的首部相连所形成的矢量，如图 1.14（b）所示，并记为

$$\boldsymbol{A} + \boldsymbol{B} = \boldsymbol{C} \tag{1.30}$$

矢量 $-\boldsymbol{B}$ 的大小和 $\boldsymbol{B}$ 的大小相同，但方向和 $\boldsymbol{B}$ 的方向相反。$\boldsymbol{A}$ 与 $\boldsymbol{B}$ 的矢量差 $\boldsymbol{D}$ 定义为 $\boldsymbol{A}$ 和 $-\boldsymbol{B}$ 首尾相连后 $\boldsymbol{A}$ 的尾部与 $-\boldsymbol{B}$ 的首部相连所形成的矢量，如图 1.14（c）所示，并记为

$$\boldsymbol{A} - \boldsymbol{B} = \boldsymbol{D} \tag{1.31}$$

矢量乘法有两种形式。若矢量 $\boldsymbol{A}$ 和 $\boldsymbol{B}$ 的夹角为 θ，如图 1.14（d）所示，则 $\boldsymbol{A}$ 和 $\boldsymbol{B}$ 的标量积（点积，

投影积）定义为

$$A \cdot B = |A||B|\cos\theta \tag{1.32}$$

注意两个矢量的点积是一个标量。

两个矢量 $\boldsymbol{A}$ 和 $\boldsymbol{B}$ 的矢量积（叉乘）定义为

$$A \times B = (|A||B|\sin\theta)e = G \tag{1.33}$$

式中，$\boldsymbol{G}$ 垂直于 $\boldsymbol{A}$ 和 $\boldsymbol{B}$ 所构成的平面，它的方向和 $\boldsymbol{A}$ 、$\boldsymbol{B}$ 之间满足“右手定则”，如图 1.14（e）所示。在式（1.33）中，$\boldsymbol{e}$ 是 $\boldsymbol{G}$ 方向的单位矢量。很明显，两个矢量的矢量积是一个矢量。

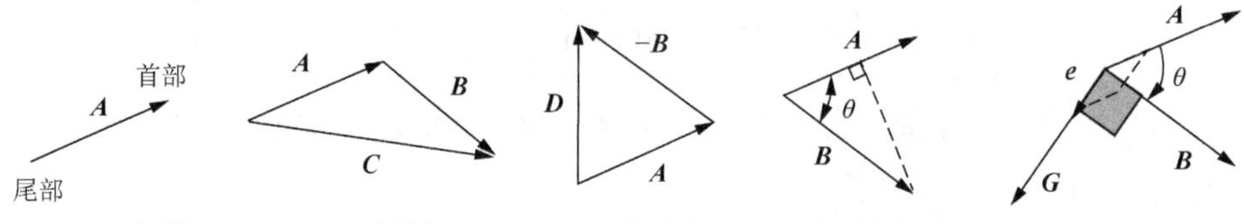

（a）矢量　（b）矢量加　（c）矢量减　（d）矢量的标量积　（e）矢量的矢量积

图 1.14　矢量代数图

*1.4.2　典型的正交坐标系

要在数学上描述三维空间的流体运动，首先要规定好三维坐标系。有些气动问题很适合矩形空间，而有的问题却具有圆柱形或球形特性。所谓正交坐标系是指该坐标系的三个坐标轴方向都彼此垂直。下面分别讨论三种常用的正交坐标系：笛卡儿坐标系、柱坐标系和球坐标系。

图 1.15（a）所示的是笛卡儿坐标系。x 轴、y 轴和 z 轴彼此垂直，$\boldsymbol{i}$ 、$\boldsymbol{j}$ 、$\boldsymbol{k}$ 分别为 x 轴、y 轴、z 轴正方向的单位矢量（本书中有时也用 $\boldsymbol{e}_1$ 、$\boldsymbol{e}_2$ 、$\boldsymbol{e}_3$ 来表示笛卡儿坐标系下各轴的单位矢量）。空间任意一点 P 可以用三维坐标 (x,y,z) 来表示，也可以用其方向矢量 $\boldsymbol{r}$ 来表示，即

$$\boldsymbol{r} = x\boldsymbol{i} + y\boldsymbol{j} + z\boldsymbol{k}$$

如果 $\boldsymbol{A}$ 是笛卡儿空间的一个给定矢量，则 $\boldsymbol{A}$ 可以表示为

$$\boldsymbol{A} = A_x\boldsymbol{i} + A_y\boldsymbol{j} + A_z\boldsymbol{k}$$

式中，A_x 、A_y 和 A_z 分别是 $\boldsymbol{A}$ 沿 x 轴、y 轴和 z 轴方向分量的大小，如图 1.15（b）所示。

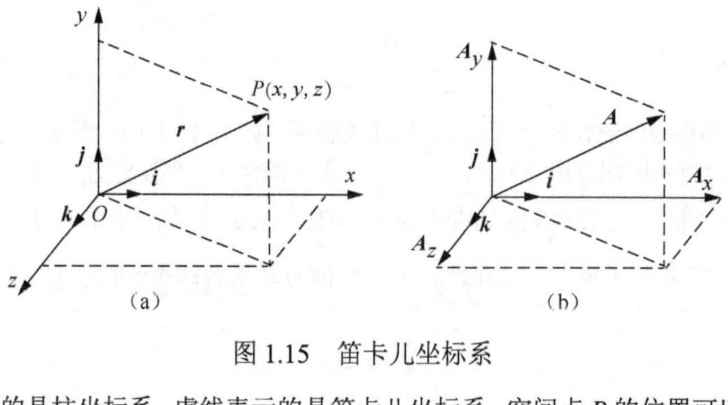

图 1.15　笛卡儿坐标系

图 1.16（a）所示的是柱坐标系，虚线表示的是笛卡儿坐标系。空间点 P 的位置可以由三维坐标 (r,θ,z) 给出，这里 r 和 θ 在 xOy 平面内度量。r 的正方向是保持 θ 和 z 不变，r 增加的方向，$\boldsymbol{e}_r$ 是 r 方向的单位矢量。类似地，θ 的正方向是保持 r 和 z 不变，θ 增大的方向，$\boldsymbol{e}_\theta$ 是 θ 方向的单位矢量；z 的正方向是保持 r 和 θ 恒定，z 增大的方向，$\boldsymbol{e}_z$ 是 z 方向的单位矢量。对于空间给定矢量 $\boldsymbol{A}$ ，有

$$A = A_r e_r + A_\theta e_\theta + A_z e_z$$

式中，A_r、A_θ 和 A_z 分别是 A 在 r、θ 和 z 方向分量的大小，如图 1.16（b）所示。

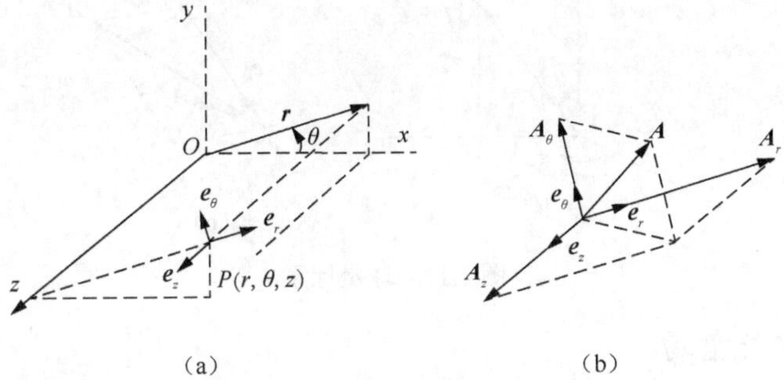

图 1.16　柱坐标系

笛卡儿坐标系和柱坐标系之间的转换关系可以从图 1.16（a）中得出，即

$$\begin{cases} x = r\cos\theta \\ y = r\sin\theta \\ z = z \end{cases} \tag{1.34}$$

反过来，可得

$$\begin{cases} r = \sqrt{x^2 + y^2} \\ \theta = \arctan\dfrac{y}{x} \\ z = z \end{cases} \tag{1.35}$$

图 1.17（a）所示的是球坐标系，虚线表示的是笛卡儿坐标系（为了清晰起见，z 轴垂直绘制）。空间点 P 的位置由三维坐标 (r,θ,φ) 给出，这里 r 是点 P 到坐标原点 O 的距离；θ 是在 rOz 平面内，z 轴和 r 所成的夹角；φ 是在 xOy 平面内，x 轴和 r 在 xOy 平面内的投影线所成的夹角。r 的正方向是保持 θ 和 φ 恒定，r 增加的方向，e_r 是 r 方向的单位矢量。类似地，θ 的正方向是保持 r 和 φ 不变，θ 增加的方向，e_θ 是 θ 方向的单位矢量；φ 的正方向是保持 r 和 θ 不变，φ 增加的方向，e_φ 是 φ 方向的单位矢量。显然，单位矢量 e_r、e_θ 和 e_φ 彼此垂直。对于球坐标系中给定矢量 A，有

$$A = A_r e_r + A_\theta e_\theta + A_\varphi e_\varphi$$

这里 A_r、A_θ 和 A_φ 分别是矢量 A 沿 r、θ 和 φ 方向分量的大小，如图 1.17（b）所示。由图 1.17（a）可以得出球坐标系和笛卡儿坐标系之间的转换关系，即

$$\begin{cases} x = r\sin\theta\cos\varphi \\ y = r\sin\theta\sin\varphi \\ z = r\cos\theta \end{cases} \tag{1.36}$$

反过来，可得

$$\begin{cases} r = \sqrt{x^2 + y^2 + z^2} \\ \theta = \arccos\dfrac{z}{r} \\ \varphi = \arccos\dfrac{x}{\sqrt{x^2 + y^2}} \end{cases} \tag{1.37}$$

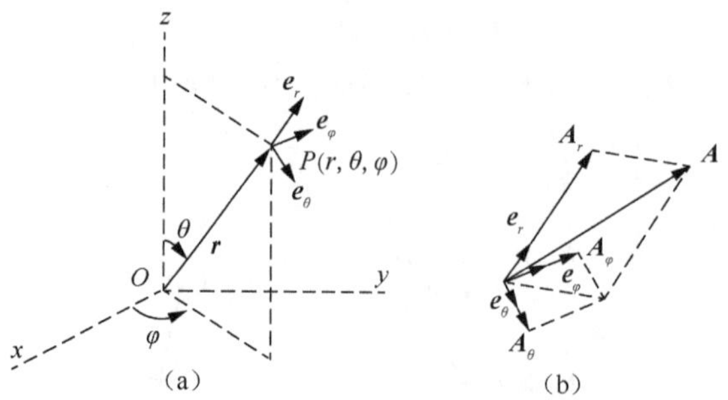

图 1.17 球坐标系

*1.4.3 标量场和矢量场

由空间坐标和时间 t 的函数给出的标量称为标量场。例如，对于标量压强、密度和温度，有

$$p = p(x,y,z,t) = p(r,\theta,z,t) = p(r,\theta,\varphi,t)$$
$$\rho = \rho(x,y,z,t) = \rho(r,\theta,z,t) = \rho(r,\theta,\varphi,t)$$
$$T = T(x,y,z,t) = T(r,\theta,z,t) = T(r,\theta,\varphi,t)$$

式中，p、ρ 和 T 分别称为压强场、密度场和温度场。

类似地，由空间坐标和时间 t 的函数给出的矢量称为矢量场。例如，在笛卡儿坐标系下，速度 $\boldsymbol{V}$ 的矢量场为

$$\boldsymbol{V} = u\boldsymbol{i} + v\boldsymbol{j} + w\boldsymbol{k}$$

式中，$u = u(x,y,z,t)$；$v = v(x,y,z,t)$；$w = w(x,y,z,t)$。在柱坐标系和球坐标系下，矢量场有类似的表达。

上述的矢量场和标量场是许多气动理论问题中在给定初始条件和边界条件下所要求解的内容。

*1.4.4 标量积和矢量积

由式（1.32）和式（1.33）所定义的标量积和矢量积，可以用矢量分量的形式来表示。

在笛卡儿坐标系下，有

$$\boldsymbol{A} = A_x\boldsymbol{e}_1 + A_y\boldsymbol{e}_2 + A_z\boldsymbol{e}_3$$
$$\boldsymbol{B} = B_x\boldsymbol{e}_1 + B_y\boldsymbol{e}_2 + B_z\boldsymbol{e}_3$$

那么

$$\boldsymbol{A}\cdot\boldsymbol{B} = A_xB_x + A_yB_y + A_zB_z \tag{1.38}$$

$$\boldsymbol{A}\times\boldsymbol{B} = \begin{vmatrix} \boldsymbol{e}_1 & \boldsymbol{e}_2 & \boldsymbol{e}_3 \\ A_x & A_y & A_z \\ B_x & B_y & B_z \end{vmatrix} = \boldsymbol{e}_1(A_yB_z - A_zB_y) + \boldsymbol{e}_2(A_zB_x - A_xB_z) + \boldsymbol{e}_3(A_xB_y - A_yB_x) \tag{1.39}$$

在柱坐标系下，有

$$\boldsymbol{A} = A_r\boldsymbol{e}_r + A_\theta\boldsymbol{e}_\theta + A_z\boldsymbol{e}_z$$
$$\boldsymbol{B} = B_r\boldsymbol{e}_r + B_\theta\boldsymbol{e}_\theta + B_z\boldsymbol{e}_z$$

那么

$$\boldsymbol{A}\cdot\boldsymbol{B} = A_rB_r + A_\theta B_\theta + A_zB_z \tag{1.40}$$

$$
\boldsymbol{A}\times\boldsymbol{B}=\begin{vmatrix}\boldsymbol{e}_r & \boldsymbol{e}_\theta & \boldsymbol{e}_z\\ A_r & A_\theta & A_z\\ B_r & B_\theta & B_z\end{vmatrix} \tag{1.41}
$$

在球坐标系下，有

$$
\boldsymbol{A}=A_r\boldsymbol{e}_r+A_\theta\boldsymbol{e}_\theta+A_\varphi\boldsymbol{e}_\varphi
$$

$$
\boldsymbol{B}=B_r\boldsymbol{e}_r+B_\theta\boldsymbol{e}_\theta+B_\varphi\boldsymbol{e}_\varphi
$$

那么

$$
\boldsymbol{A}\cdot\boldsymbol{B}=A_rB_r+A_\theta B_\theta+A_\varphi B_\varphi \tag{1.42}
$$

$$
\boldsymbol{A}\times\boldsymbol{B}=\begin{vmatrix}\boldsymbol{e}_r & \boldsymbol{e}_\theta & \boldsymbol{e}_\varphi\\ A_r & A_\theta & A_\varphi\\ B_r & B_\theta & B_\varphi\end{vmatrix} \tag{1.43}
$$

1.4.5　梯度算子

梯度算子也称哈密顿算子，用符号 ∇ 来表示。在三维正交笛卡儿坐标系中，梯度算子的表达式为

$$
\nabla=\boldsymbol{e}_1\frac{\partial}{\partial x}+\boldsymbol{e}_2\frac{\partial}{\partial y}+\boldsymbol{e}_3\frac{\partial}{\partial z} \tag{1.44}
$$

梯度算子是一个矢量微分算子，它既有矢量特性，也有微分特性。与一般矢量不同的是，梯度算子只对其右侧的变量发生微分作用。所以在进行矢量运算时，梯度算子不可以与其他矢量进行位置上的交换。例如，$\nabla\cdot\boldsymbol{V}$ 不可以写成 $\boldsymbol{V}\cdot\nabla$。

在用单位矢量表达坐标轴方向的柱坐标系中，梯度算子的表达式为

$$
\nabla=\boldsymbol{e}_r\frac{\partial}{\partial r}+\boldsymbol{e}_\theta\frac{1}{r}\frac{\partial}{\partial\theta}+\boldsymbol{e}_z\frac{\partial}{\partial z}
$$

梯度算子

在用单位矢量表达坐标轴方向的球坐标系中，梯度算子的表达式为

$$
\nabla=\boldsymbol{e}_r\frac{\partial}{\partial r}+\boldsymbol{e}_\theta\frac{1}{r}\frac{\partial}{\partial\theta}+\boldsymbol{e}_\varphi\frac{1}{r\sin\theta}\frac{\partial}{\partial\varphi}
$$

1.4.6　标量场的梯度

对于定常压强标量场，有

$$
p=p(x,y,z)=p(r,\theta,z)=p(r,\theta,\varphi)
$$

压强 p 在空间某点的梯度 ∇p 定义为如下矢量：

（1）大小等于空间给定点单位坐标长度上压强 p 的最大变化率。

（2）方向为给定点压强 p 变化最快的方向。

图 1.18 所示为二维笛卡儿空间的压强场。实线是等压线，是压强场中所有压强相等的点的连接线。对图 1.18 中任意一点 (x,y)，如果从该点起沿任意方向移动，那么因为点的空间位置已经改变，所以压强 p 通常会改变。再者，沿某个方向，该点压强 p 在单位长度上变化最大。这就定义了该点压强 p 的梯度方向，如图 1.18 所示。∇p 的大小是压强 p 在梯度方向上单位长度变化率。在给定的坐标系中，∇p 的大小和方向都会随点的不同而改变。

如图 1.18 所示，在空间画一条曲线，使得线上各点的切线方向就是该点的梯度方向，这样的曲线称为梯度线。坐标空间中任何点的梯度线和等值线正交。

如图 1.19 所示，∇p 是给定点 (x,y) 的压强梯度，$\boldsymbol{s}$ 为任意选择的一个方向，$\boldsymbol{e}_s$ 是 $\boldsymbol{s}$ 方向的单位矢量。压强 p 在 $\boldsymbol{s}$ 方向上单位长度的变化率是

$$\frac{\partial p}{\partial s}=\nabla p\cdot\boldsymbol{e}_s \tag{1.45}$$

在式（1.45）中，$\partial p/\partial s$ 称为 p 在 $\boldsymbol{s}$ 方向的方向导数。由式（1.45）可以知道，压强 p 在任意方向上的变化率就是压强梯度 ∇p 在该方向的一个分量。

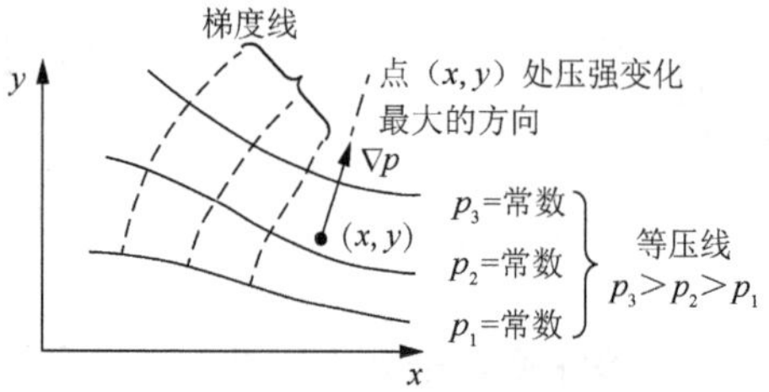

图 1.18 标量场的梯度

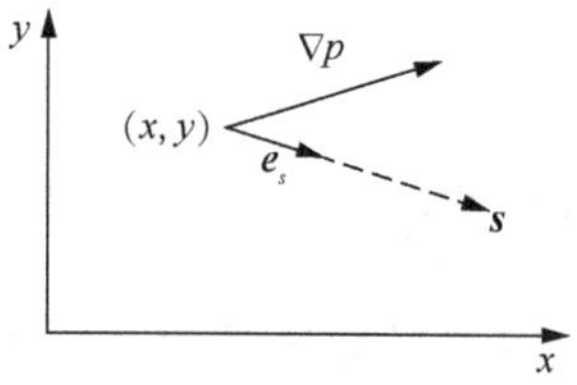

图 1.19 方向导数

在三种不同坐标系中 ∇p 的表述形式如下。

笛卡儿坐标系时，$p=p(x,y,z)$，则

$$\nabla p=\frac{\partial p}{\partial x}\boldsymbol{e}_1+\frac{\partial p}{\partial y}\boldsymbol{e}_2+\frac{\partial p}{\partial z}\boldsymbol{e}_3 \tag{1.46}$$

柱坐标系时，$p=p(r,\theta,z)$，则

$$\nabla p=\frac{\partial p}{\partial r}\boldsymbol{e}_r+\frac{1}{r}\frac{\partial p}{\partial \theta}\boldsymbol{e}_\theta+\frac{\partial p}{\partial z}\boldsymbol{e}_z \tag{1.47}$$

球坐标系时，$p=p(r,\theta,\varphi)$，则

$$\nabla p=\frac{\partial p}{\partial r}\boldsymbol{e}_r+\frac{1}{r}\frac{\partial p}{\partial \theta}\boldsymbol{e}_\theta+\frac{1}{r\sin\theta}\frac{\partial p}{\partial \varphi}\boldsymbol{e}_\varphi \tag{1.48}$$

1.4.7 矢量场的散度

设定常矢量场

$$\boldsymbol{V}=\boldsymbol{V}(x,y,z)=\boldsymbol{V}(r,\theta,z)=\boldsymbol{V}(r,\theta,\varphi)$$

$\boldsymbol{V}$ 可以代表任何矢量，出于应用目的以及为了理解其散度的物理意义，这里设 $\boldsymbol{V}$ 为流速。对质量一定，以速度 $\boldsymbol{V}$ 运动的流体微团，它在空间运动过程中体积通常会改变。在后面的内容中将证明速度 $\boldsymbol{V}$ 的散度就是在运动过程中流体微团的体积对时间的相对变化率，记为 $\nabla\cdot\boldsymbol{V}$。速度散度是一个标量，在不同坐标系下有不同的表达式。

笛卡儿坐标系时，$\boldsymbol{V}=\boldsymbol{V}(x,y,z)=u\boldsymbol{e}_1+v\boldsymbol{e}_2+w\boldsymbol{e}_3$，则

$$\nabla\cdot\boldsymbol{V}=\frac{\partial u}{\partial x}+\frac{\partial v}{\partial y}+\frac{\partial w}{\partial z} \tag{1.49}$$

柱坐标系时，$\boldsymbol{V}=\boldsymbol{V}(r,\theta,z)=V_r\boldsymbol{e}_r+V_\theta\boldsymbol{e}_\theta+V_z\boldsymbol{e}_z$，则

$$\nabla \cdot \boldsymbol{V} = \frac{1}{r}\frac{\partial(rV_r)}{\partial r} + \frac{1}{r}\frac{\partial V_\theta}{\partial \theta} + \frac{\partial V_z}{\partial z} \tag{1.50}$$

球坐标系时，$\boldsymbol{V} = \boldsymbol{V}(r,\theta,\varphi) = V_r\boldsymbol{e}_r + V_\theta\boldsymbol{e}_\theta + V_\varphi\boldsymbol{e}_\varphi$，则

$$\nabla \cdot \boldsymbol{V} = \frac{1}{r^2}\frac{\partial(r^2V_r)}{\partial r} + \frac{1}{r\sin\theta}\frac{\partial(V_\theta \sin\theta)}{\partial \theta} + \frac{1}{r\sin\theta}\frac{\partial V_\varphi}{\partial \varphi} \tag{1.51}$$

1.4.8　矢量场的旋度

设定常矢量场

$$\boldsymbol{V} = \boldsymbol{V}(x,y,z) = \boldsymbol{V}(r,\theta,z) = \boldsymbol{V}(r,\theta,\varphi)$$

尽管$\boldsymbol{V}$可以是任意矢量场，这里同样不妨设$\boldsymbol{V}$为速度场。流体微团运动过程中可能有旋转角速度$\boldsymbol{\omega}$。后面将证明$\boldsymbol{\omega}$是速度旋度的一半，记$\boldsymbol{V}$的旋度为$\nabla\times\boldsymbol{V}$。$\boldsymbol{V}$的旋度是一个矢量，在不同的坐标系中有不同的表达式。

笛卡儿坐标系时，$\boldsymbol{V} = u\boldsymbol{e}_1 + v\boldsymbol{e}_2 + w\boldsymbol{e}_3$，则

$$\begin{aligned}\nabla \times \boldsymbol{V} &= \begin{vmatrix} \boldsymbol{e}_1 & \boldsymbol{e}_2 & \boldsymbol{e}_3 \\ \dfrac{\partial}{\partial x} & \dfrac{\partial}{\partial y} & \dfrac{\partial}{\partial z} \\ u & v & w \end{vmatrix} \\ &= \boldsymbol{e}_1\left(\frac{\partial w}{\partial y} - \frac{\partial v}{\partial z}\right) + \boldsymbol{e}_2\left(\frac{\partial u}{\partial z} - \frac{\partial w}{\partial x}\right) + \boldsymbol{e}_3\left(\frac{\partial v}{\partial x} - \frac{\partial u}{\partial y}\right)\end{aligned} \tag{1.52}$$

柱坐标系时，$\boldsymbol{V} = V_r\boldsymbol{e}_r + V_\theta\boldsymbol{e}_\theta + V_z\boldsymbol{e}_z$，则

$$\nabla \times \boldsymbol{V} = \frac{1}{r}\begin{vmatrix} \boldsymbol{e}_r & r\boldsymbol{e}_\theta & \boldsymbol{e}_z \\ \dfrac{\partial}{\partial r} & \dfrac{\partial}{\partial \theta} & \dfrac{\partial}{\partial z} \\ V_r & rV_\theta & V_z \end{vmatrix} \tag{1.53}$$

球坐标系时，$\boldsymbol{V} = V_r\boldsymbol{e}_r + V_\theta\boldsymbol{e}_\theta + V_\varphi\boldsymbol{e}_\varphi$，则

$$\nabla \times \boldsymbol{V} = \frac{1}{r^2\sin\theta}\begin{vmatrix} \boldsymbol{e}_r & r\boldsymbol{e}_\theta & (r\sin\theta)\boldsymbol{e}_\varphi \\ \dfrac{\partial}{\partial r} & \dfrac{\partial}{\partial \theta} & \dfrac{\partial}{\partial \varphi} \\ V_r & rV_\theta & (r\sin\theta)V_\varphi \end{vmatrix} \tag{1.54}$$

1.4.9　线积分

设定常矢量场

$$\boldsymbol{A} = \boldsymbol{A}(x,y,z) = \boldsymbol{A}(r,\theta,z) = \boldsymbol{A}(r,\theta,\varphi)$$

如图 1.20（a）所示，C是连接a和b两点的空间曲线，设$\mathrm{d}s$是曲线上的一个微元，$\boldsymbol{\tau}$是曲线的切向单位矢量，定义矢量$\mathrm{d}\boldsymbol{r} = \boldsymbol{\tau}\,\mathrm{d}s$。那么$\boldsymbol{A}$沿曲线$C$从$a$点到$b$点的线积分是

$$\int_a^b \boldsymbol{A}\cdot \mathrm{d}\boldsymbol{r}$$

如果曲线是封闭的，如图 1.20（b）所示，那么线积分表示为$\oint_C \boldsymbol{A}\cdot \mathrm{d}\boldsymbol{r}$，并且规定逆时针方向为封闭曲线$C$的正方向（人在封闭曲线上沿正方向运动时，封闭的区域始终在人的左手边）。

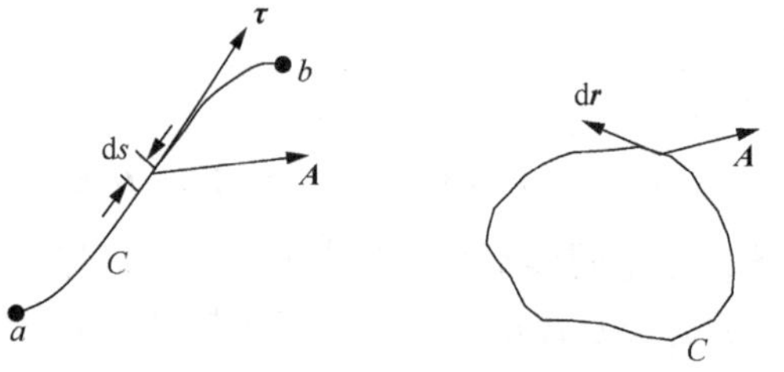

（a）沿有向曲线段的积分　　（b）沿封闭曲线的积分

图 1.20　线积分

1.4.10　面积分

对于非封闭曲面S，其边界是曲线C，如图 1.21 所示。设$\boldsymbol{n}\mathrm{d}S$是点$P$处的一个有向微元面，$\boldsymbol{n}$为该点处微元面的法向单位矢量，$\boldsymbol{n}$的正方向与封闭曲线$C$遵循右手定则。沿曲面$S$的面积分有 3 种方式：

$$\iint_S p\boldsymbol{n}\mathrm{d}S = \text{标量 } p \text{ 在非封闭面 } S \text{ 上的面积分（结果是一个矢量）}$$

$$\iint_S \boldsymbol{A}\cdot\boldsymbol{n}\mathrm{d}S = \text{矢量 } \boldsymbol{A} \text{ 在非封闭面 } S \text{ 上的面积分（结果是一个标量）}$$

$$\iint_S \boldsymbol{A}\times\boldsymbol{n}\mathrm{d}S = \text{矢量 } \boldsymbol{A} \text{ 在非封闭面 } S \text{ 上的面积分（结果是一个矢量）}$$

如果面S是封闭的（例如，面S是球面或者正方体的表面），则$\boldsymbol{n}$从封闭体内指向外，如图 1.22 所示，于是封闭曲面上的积分分别是$\oiint_S p\boldsymbol{n}\mathrm{d}S$、$\oiint_S \boldsymbol{A}\cdot\boldsymbol{n}\mathrm{d}S$和$\oiint_S \boldsymbol{A}\times\boldsymbol{n}\mathrm{d}S$。

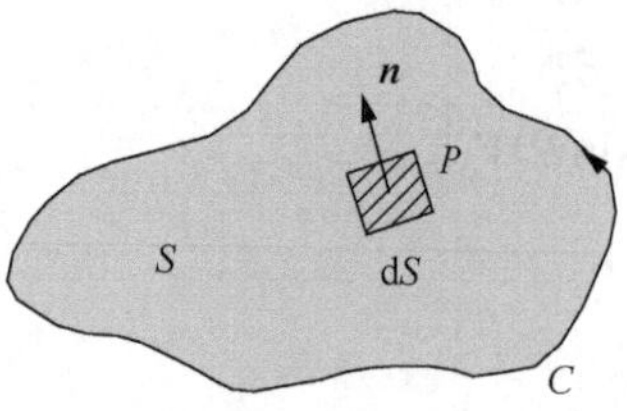

图 1.21　面积分

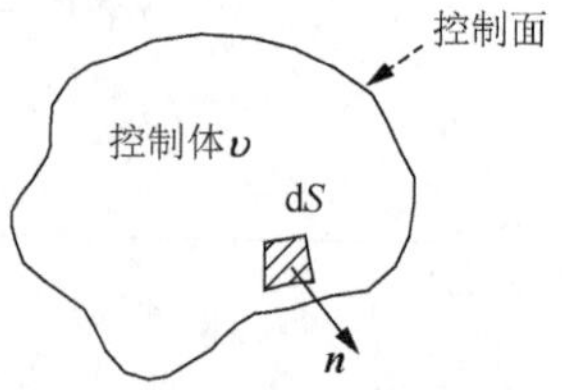

图 1.22　封闭曲面S形成的域υ

1.4.11　体积分

设空间域υ，ρ是该空间的标量场，则标量ρ在域υ上的体积分记为

$$\oiiint_{\upsilon} \rho \mathrm{d}\upsilon = \text{标量}\rho\text{ 在域}\upsilon\text{ 上的体积分（结果是一个标量）}$$

设 $\boldsymbol{A}$ 是该空间的矢量场，则矢量 $\boldsymbol{A}$ 在域 υ 上的体积分记为

$$\oiiint_{\upsilon} \boldsymbol{A} \mathrm{d}\upsilon = \text{矢量 }\boldsymbol{A}\text{ 在域}\upsilon\text{ 上的体积分（结果是一个矢量）}$$

1.4.12　三个积分定理

如图 1.21 所示，非封闭面 S 的边界曲线为 C，$\boldsymbol{A}$ 是一个矢量场，根据斯托克斯定理（Stokes' theorem），$\boldsymbol{A}$ 沿曲线 C 的线积分和 $\boldsymbol{A}$ 沿面 S 的面积分之间有如下关系

$$\oint_{C} \boldsymbol{A} \cdot \mathrm{d}\boldsymbol{r} = \iint_{S} (\nabla \times \boldsymbol{A}) \cdot \boldsymbol{n} \mathrm{d}S \tag{1.55}$$

如图 1.22 所示，对于封闭曲面 S 所封闭的空间域 υ，由散度定理可得矢量场 $\boldsymbol{A}$ 的面积分和体积分之间存在如下关系

$$\oiint_{S} \boldsymbol{A} \cdot \boldsymbol{n} \mathrm{d}S = \oiiint_{\upsilon} (\nabla \cdot \boldsymbol{A}) \mathrm{d}\upsilon \tag{1.56}$$

对于标量场 p，由梯度定理有

$$\oiint_{S} p\boldsymbol{n} \mathrm{d}S = \oiiint_{\upsilon} \nabla p \mathrm{d}\upsilon \tag{1.57}$$

*1.5　爱因斯坦求和约定

1.5.1　指标与求和约定

为了简洁地表达求和公式，爱因斯坦于 1916 年引入了求和约定。对 n 维空间，爱因斯坦求和约定有以下两项约定：

（1）除了作特殊说明外，用作下标的小写英文字母或拉丁字母指标，都将取 1～n 的值。

（2）若一项中有一个指标重复，就意味着要对该项的这个指标遍历范围 $1,2,\cdots,n$ 求和。

指标与求和约定

根据以上的约定，两个矢量点积的公式（1.38）可以简写为

$$\boldsymbol{A} \cdot \boldsymbol{B} = A_i B_i \tag{1.58}$$

据以求和的指标（重复的指标）称为哑指标。而没有求和意义的指标（在每个项中只出现一次，不重复的指标）称为自由指标。需要注意的是，在应用求和约定时，一定要保证任何项里均不许同一指标出现两次以上，例如，$A_i B_i C_i$ 是不符合求和约定的。式（1.58）中的指标 i 在右端项中出现两次，所以是哑指标，需要对该指标遍历 $1,2,3$ 求和；而对于 $A_i B_i C_j$ 来说，指标 j 只出现一次，所以是自由指标，该指标不具有求和意义。

利用爱因斯坦求和约定，梯度算子在笛卡儿坐标系的表达式（1.44）可以简写为

$$\nabla = \boldsymbol{e}_i \frac{\partial}{\partial x_i} \tag{1.59}$$

式中，$\boldsymbol{e}_i$ 为第 i 个坐标轴的单位向量。

速度的散度在笛卡儿坐标系中的表达式（1.49）可以简写为

$$\nabla \cdot \boldsymbol{V} = \frac{\partial u_i}{\partial x_i} \tag{1.60}$$

式中，$\boldsymbol{V} = (u,v,w) = (u_1,u_2,u_3)$。

1.5.2　克罗内克 δ 符号

克罗内克（Kronecker）δ 的表达式为

$$\delta_{ij} = \begin{cases} 0, & i \neq j \\ 1, & i = j \end{cases} \tag{1.61}$$

由该符号的定义，显然有

$$\delta_{ij} A_i = A_j \tag{1.62}$$

特别是对于正交单位矢量 $\boldsymbol{e}_1, \boldsymbol{e}_2, \boldsymbol{e}_3$，有 $\boldsymbol{e}_i \cdot \boldsymbol{e}_j = \delta_{ij}$。

克罗内克符号主要用于对物理现象的数学描述，例如，用于描述笛卡儿坐标系中两个矢量点积，有

$$\boldsymbol{a} = a_1\boldsymbol{e}_1 + a_2\boldsymbol{e}_2 + a_3\boldsymbol{e}_3$$

$$\boldsymbol{b} = b_1\boldsymbol{e}_1 + b_2\boldsymbol{e}_2 + b_3\boldsymbol{e}_3$$

$$\boldsymbol{a} \cdot \boldsymbol{b} = \delta_{ij} a_i b_j$$

利用克罗内克符号，一个标量的梯度式（1.46）可以简写为

$$\nabla p = \delta_{ij} \frac{\partial p}{\partial x_i} \boldsymbol{e}_j \tag{1.63}$$

1.5.3　排列符号

排列符号也称交错符号，它的定义为

$$\varepsilon_{ijk} = \begin{cases} 0, & ijk\text{为1,2,3的真重复排列} \\ 1, & ijk\text{为偶排列} \\ -1, & ijk\text{为奇排列} \end{cases} \tag{1.64}$$

即

$$\varepsilon_{111} = \varepsilon_{222} = \varepsilon_{121} = \varepsilon_{311} = \cdots = 0$$

$$\varepsilon_{123} = \varepsilon_{231} = \varepsilon_{312} = 1$$

$$\varepsilon_{213} = \varepsilon_{321} = \varepsilon_{132} = -1$$

奇偶排列如图 1.23 所示，偶排列为逆时针顺序，而奇排列为顺时针顺序。

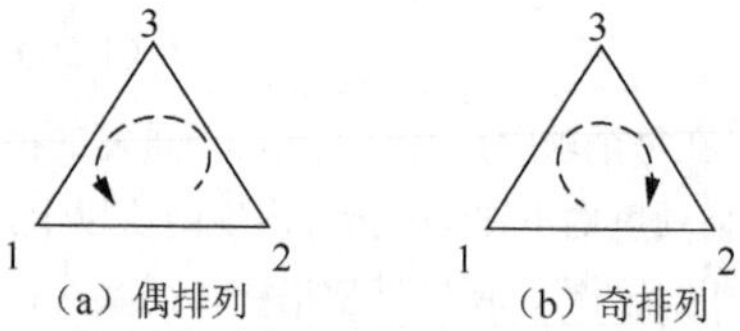

（a）偶排列　　（b）奇排列

图 1.23　三个指标偶奇排列示意图

它也用于对物理现象的数学描述。例如，用于描述笛卡儿坐标系中两个矢量叉乘，有

$$\boldsymbol{a} = a_1\boldsymbol{e}_1 + a_2\boldsymbol{e}_2 + a_3\boldsymbol{e}_3$$

$$\boldsymbol{b} = b_1\boldsymbol{e}_1 + b_2\boldsymbol{e}_2 + b_3\boldsymbol{e}_3$$

$$\boldsymbol{a} \times \boldsymbol{b} = (a_i\boldsymbol{e}_i) \times (b_j\boldsymbol{e}_j) = \varepsilon_{ijk} a_i b_j \boldsymbol{e}_k$$

因此，笛卡儿坐标系下式（1.52）可简写为

$$\nabla \times \boldsymbol{V} = \varepsilon_{ijk} \frac{\partial u_i}{\partial x_j} \boldsymbol{e}_k \tag{1.65}$$

1.6 物质导数

考虑流过流场的一个流体质点，如图 1.24 所示。设速度场为$\boldsymbol{V}(x,y,z,t)=u(x,y,z,t)\boldsymbol{i}+v(x,y,z,t)\boldsymbol{j}+w(x,y,z,t)\boldsymbol{k}$，密度场为$\rho(x,y,z,t)$。

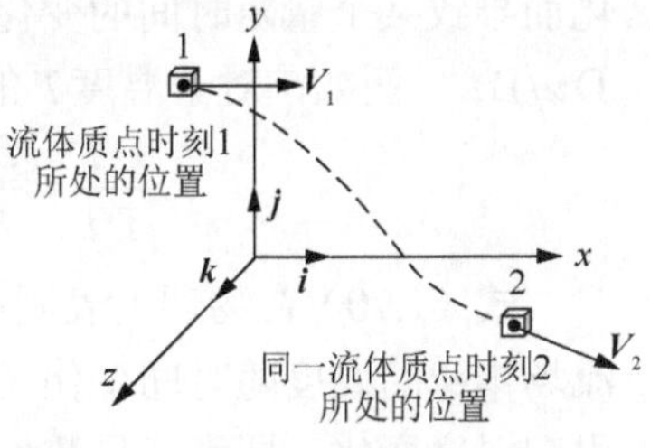

图 1.24　流场中运动的流体质点

如图 1.24 所示，在t_1时刻，流体质点位于流场的 1 点处，它的密度为$\rho_1=\rho_1(x_1,y_1,z_1,t_1)$；在$t_2$时刻，该质点运动到了流场的另外一点 2 处，它在该点处的密度为$\rho_2=\rho_2(x_2,y_2,z_2,t_2)$。

把$\rho=\rho(x,y,z,t)$在点 1 处进行泰勒级数展开，有

$$\rho_2=\rho_1+\left(\frac{\partial\rho}{\partial x}\right)_1(x_2-x_1)+\left(\frac{\partial\rho}{\partial y}\right)_1(y_2-y_1)+\left(\frac{\partial\rho}{\partial z}\right)_1(z_2-z_1)+\left(\frac{\partial\rho}{\partial t}\right)_1(t_2-t_1)+\text{高阶项}$$

忽略高阶项，把ρ_1移到等号左端，同时两边除以t_2-t_1，有

$$\frac{\rho_2-\rho_1}{t_2-t_1}=\left(\frac{\partial\rho}{\partial x}\right)_1\frac{x_2-x_1}{t_2-t_1}+\left(\frac{\partial\rho}{\partial y}\right)_1\frac{y_2-y_1}{t_2-t_1}+\left(\frac{\partial\rho}{\partial z}\right)_1\frac{z_2-z_1}{t_2-t_1}+\left(\frac{\partial\rho}{\partial t}\right)_1 \tag{1.66}$$

考虑式（1.66）等号左边的物理意义，$(\rho_2-\rho_1)/(t_2-t_1)$是流体质点从点 1 运动到点 2 时密度随时间的变化率的平均值。当$t_2\to t_1$时，取极限，这项就变为

$$\lim_{t_2\to t_1}\frac{\rho_2-\rho_1}{t_2-t_1}=\frac{\mathrm{D}\rho}{\mathrm{D}t}$$

式中，$\mathrm{D}\rho/\mathrm{D}t$表示流体质点通过点 1 时密度随时间的瞬时变化率，并把符号$\mathrm{D}/\mathrm{D}t$定义为物质导数。注意到$\mathrm{D}\rho/\mathrm{D}t$是给定的流体质点在空间运动时，密度随时间的变化率。在这里，选定运动流体质点，并且观察它通过点 1 时的密度。而式（1.66）等号右端最后一项$(\partial\rho/\partial t)_1$的物理意义是给定点 1 处密度随时间的物理变化率，即$(\partial\rho/\partial t)_1$反映的是流场中静止的点 1 处密度的瞬时振荡。由此可见，$\mathrm{D}\rho/\mathrm{D}t$和$\partial\rho/\partial t$在物理意义上和数值上都是两个完全不同的量。

回到式（1.66），注意到

$$\lim_{t_2\to t_1}\frac{x_2-x_1}{t_2-t_1}=u，\quad \lim_{t_2\to t_1}\frac{y_2-y_1}{t_2-t_1}=v，\quad \lim_{t_2\to t_1}\frac{z_2-z_1}{t_2-t_1}=w$$

因此，对式（1.66）取极限，当$t_2\to t_1$时，可以得到

$$\frac{\mathrm{D}\rho}{\mathrm{D}t}=u\frac{\partial\rho}{\partial x}+v\frac{\partial\rho}{\partial y}+w\frac{\partial\rho}{\partial z}+\frac{\partial\rho}{\partial t} \tag{1.67}$$

分析式（1.67），可以得到物质导数在笛卡儿坐标系中的表达式

$$\frac{\mathrm{D}}{\mathrm{D}t}=u\frac{\partial}{\partial x}+v\frac{\partial}{\partial y}+w\frac{\partial}{\partial z}+\frac{\partial}{\partial t} \tag{1.68}$$

式（1.68）用梯度算子可以写成

$$\frac{\mathrm{D}}{\mathrm{D}t}=\frac{\partial}{\partial t}+(\boldsymbol{V}\cdot\nabla) \tag{1.69}$$

由于式（1.69）是用矢量符号定义的物质导数，因此它在任何坐标系中都适用。

考查式（1.69），再次强调 $\mathrm{D}/\mathrm{D}t$ 是物质导数，其物理意义是运动流体质点的某个量随时间的变化率。$\partial/\partial t$ 是当地导数，其物理含义是一个确定空间点上的某个量随时间的变化率；$(\boldsymbol{V}\cdot\nabla)$ 称为牵连导数，其物理含义是在具有空间不均匀的流场中，由于质点的位置变化而导致某个量随时间的变化。物质导数可以运用于任一流场变量，如 $\mathrm{D}\rho/\mathrm{D}t$ 、$\mathrm{D}T/\mathrm{D}t$ 、$\mathrm{D}u/\mathrm{D}t$ 。例如，对于温度 T 的物质导数为

$$\frac{\mathrm{D}T}{\mathrm{D}t}=\frac{\partial T}{\partial t}+(\boldsymbol{V}\cdot\nabla)T=\frac{\partial T}{\partial t}+u\frac{\partial T}{\partial x}+v\frac{\partial T}{\partial y}+w\frac{\partial T}{\partial z} \tag{1.70}$$

式（1.70）在物理上表明：当流体质点经过流场中某点时，其温度的变化一部分是因为流场本身的温度随时间变化（当地导数），另一部分是由于质点在流场中的位置发生变化而引起温度变化，即牵连导数。

举个例子来加强对物质导数的物理意义的理解。设想你在山中徒步跋涉，而且将要进入一个山洞。山洞内的温度比山洞外低。当进入洞口时会感觉到温度的降低，这和式（1.70）中的牵连导数相似。然而，想象就在此时，一个朋友向你扔来一个雪球，刚好在你进入洞口的瞬间，雪球击中了你。当雪球击中你的瞬间，会感觉到额外的瞬时降温，这和式（1.70）中的当地导数相似。因此你进入山洞口时感觉到的总降温是走进较冷的山洞和在此瞬间被雪球击中的效果总和，总降温类似式（1.70）中的物质导数。

速度 $\boldsymbol{V}$ 的物质导数为加速度，即

$$\boldsymbol{a}=\frac{\mathrm{D}\boldsymbol{V}}{\mathrm{D}t}=\frac{\partial\boldsymbol{V}}{\partial t}+(\boldsymbol{V}\cdot\nabla)\boldsymbol{V}$$

写成分量形式为

$$\begin{cases}a_x=\dfrac{\mathrm{D}u}{\mathrm{D}t}=\dfrac{\partial u}{\partial t}+(\boldsymbol{V}\cdot\nabla)u=\dfrac{\partial u}{\partial t}+u\dfrac{\partial u}{\partial x}+v\dfrac{\partial u}{\partial y}+w\dfrac{\partial u}{\partial z}\\ a_y=\dfrac{\mathrm{D}v}{\mathrm{D}t}=\dfrac{\partial v}{\partial t}+(\boldsymbol{V}\cdot\nabla)v=\dfrac{\partial v}{\partial t}+u\dfrac{\partial v}{\partial x}+v\dfrac{\partial v}{\partial y}+w\dfrac{\partial v}{\partial z}\\ a_z=\dfrac{\mathrm{D}w}{\mathrm{D}t}=\dfrac{\partial w}{\partial t}+(\boldsymbol{V}\cdot\nabla)w=\dfrac{\partial w}{\partial t}+u\dfrac{\partial w}{\partial x}+v\dfrac{\partial w}{\partial y}+w\dfrac{\partial w}{\partial z}\end{cases} \tag{1.71}$$

1.7 速度散度的物理意义

在以后的学习过程中，经常会碰到速度散度 $\nabla\cdot\boldsymbol{V}$，因此在结束本章之前，有必要理解速度散度的物理意义，即速度散度是标定流体微团在运动过程中体积对时间的相对变化率。

流体微团在流场中运动时，其内流体的质量是恒定的，不随时间和空间变化。然而，当该流体微团运动到流场的不同区域时，由于密度和流速的不同，其体积和形状会发生改变。也就是说，虽然流体微团内流体的质量是不变的，但是流体微团的体积和形状根据流场的特性时刻在变化。图 1.25 中所示的是 t 时刻的一个长方体形状流体微团的体积变化。

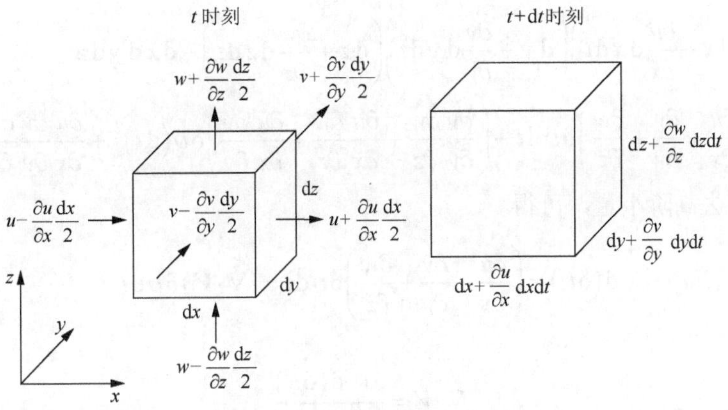

图 1.25　流体微团体积的变化

设 t 时刻长方体形状流体微团以当地平均速度 $\boldsymbol{V}(x,y,z)=(u,v,w)$ 运动，其边长分别为 $\mathrm{d}x,\mathrm{d}y,\mathrm{d}z$。在图 1.25 中，流体微团的平均速度即微团中心流体质点的速度。这样，根据泰勒展开可以得到流体微团各个面上的法向平均速度。例如，在左侧面上的平均法向速度 $u(x-\mathrm{d}x/2,y,z)$ 为

$$u(x-\mathrm{d}x/2,y,z)=u(x,y,z)+\frac{\partial u(x,y,z)}{\partial x}\left(x-\frac{\mathrm{d}x}{2}-x\right)+\text{高阶项}$$

略去高阶项，可得

$$u(x-\mathrm{d}x/2,y,z)=u-\frac{\partial u}{\partial x}\frac{\mathrm{d}x}{2} \tag{1.72}$$

同理，可以得到其他各面上的法向平均速度，如图 1.25 所示。

经过 $\mathrm{d}t$ 时间，由于流体微团各表面的运动速度不同而引起流体微团体积和形状变化。因为时间非常短和所考虑的都是平均值，所以这里可以忽略因流体微团形状改变而造成的流体微团体积的变化。即假设在 $t+\mathrm{d}t$ 时刻，流体微团的形状还是一个长方体。此时，流体微团的 x 方向边长为

$$\mathrm{d}x+\left(u+\frac{\partial u}{\partial x}\frac{\mathrm{d}x}{2}\right)\mathrm{d}t-\left(u-\frac{\partial u}{\partial x}\frac{\mathrm{d}x}{2}\right)\mathrm{d}t=\mathrm{d}x+\frac{\partial u}{\partial x}\mathrm{d}x\mathrm{d}t \tag{1.73}$$

流体微团的 y 方向边长为

$$\mathrm{d}y+\left(v+\frac{\partial v}{\partial y}\frac{\mathrm{d}y}{2}\right)\mathrm{d}t-\left(v-\frac{\partial v}{\partial y}\frac{\mathrm{d}y}{2}\right)\mathrm{d}t=\mathrm{d}y+\frac{\partial v}{\partial y}\mathrm{d}y\mathrm{d}t \tag{1.74}$$

流体微团的 z 方向边长为

$$\mathrm{d}z+\left(w+\frac{\partial w}{\partial z}\frac{\mathrm{d}z}{2}\right)\mathrm{d}t-\left(w-\frac{\partial w}{\partial z}\frac{\mathrm{d}z}{2}\right)\mathrm{d}t=\mathrm{d}z+\frac{\partial w}{\partial z}\mathrm{d}z\mathrm{d}t \tag{1.75}$$

在 t 时刻流体微团的体积为 $\delta\upsilon=\mathrm{d}x\mathrm{d}y\mathrm{d}z$。在 $t+\mathrm{d}t$ 时刻流体微团的体积为

$$\left(\mathrm{d}x+\frac{\partial u}{\partial x}\mathrm{d}x\mathrm{d}t\right)\left(\mathrm{d}y+\frac{\partial v}{\partial y}\mathrm{d}y\mathrm{d}t\right)\left(\mathrm{d}z+\frac{\partial w}{\partial z}\mathrm{d}z\mathrm{d}t\right)$$

因此，在 $\mathrm{d}t$ 时间内，整个流体微团体积的变化量 $\mathrm{d}(\delta\upsilon)$ 为

$$\mathrm{d}(\delta\upsilon)=\left(\mathrm{d}x+\frac{\partial u}{\partial x}\mathrm{d}x\mathrm{d}t\right)\left(\mathrm{d}y+\frac{\partial v}{\partial y}\mathrm{d}y\mathrm{d}t\right)\left(\mathrm{d}z+\frac{\partial w}{\partial z}\mathrm{d}z\mathrm{d}t\right)-\mathrm{d}x\mathrm{d}y\mathrm{d}z$$
$$=\left(\frac{\partial u}{\partial x}+\frac{\partial v}{\partial y}+\frac{\partial w}{\partial z}\right)\delta\upsilon\mathrm{d}t+\left(\frac{\partial v}{\partial y}\frac{\partial w}{\partial z}+\frac{\partial u}{\partial x}\frac{\partial w}{\partial z}+\frac{\partial u}{\partial x}\frac{\partial v}{\partial y}\right)\delta\upsilon(\mathrm{d}t)^2+\frac{\partial u}{\partial x}\frac{\partial v}{\partial y}\frac{\partial w}{\partial z}\delta\upsilon(\mathrm{d}t)^3$$

令 $\mathrm{d}t\to 0$，略去高阶小量，可得

$$\mathrm{d}(\delta\upsilon)=\left(\frac{\partial u}{\partial x}+\frac{\partial v}{\partial y}+\frac{\partial w}{\partial z}\right)\delta\upsilon\mathrm{d}t=(\nabla\cdot\boldsymbol{V})\delta\upsilon\mathrm{d}t$$

即

$$\nabla\cdot\boldsymbol{V}=\frac{1}{\delta\upsilon}\frac{\mathrm{d}(\delta\upsilon)}{\mathrm{d}t}$$

用物质导数的形式表达为

$$\nabla\cdot\boldsymbol{V}=\frac{1}{\delta\upsilon}\frac{\mathrm{D}(\delta\upsilon)}{\mathrm{D}t}\tag{1.76}$$

式（1.76）表明 $\nabla\cdot\boldsymbol{V}$ 的物理含义就是标定流体微团在运动过程中体积对时间的相对变化率。

式（1.76）也可以通过数学推导而得到。

$$\frac{\mathrm{D}(\delta\upsilon)}{\mathrm{D}t}=\frac{\mathrm{D}(\mathrm{d}x\mathrm{d}y\mathrm{d}z)}{\mathrm{D}t}=\mathrm{d}y\mathrm{d}z\frac{\mathrm{D}(\mathrm{d}x)}{\mathrm{D}t}+\mathrm{d}x\mathrm{d}z\frac{\mathrm{D}(\mathrm{d}y)}{\mathrm{D}t}+\mathrm{d}x\mathrm{d}y\frac{\mathrm{D}(\mathrm{d}z)}{\mathrm{D}t}\tag{1.77}$$

而

$$\frac{\mathrm{D}(\mathrm{d}x)}{\mathrm{D}t}=\frac{\partial}{\partial t}(\mathrm{d}x)+u\frac{\partial}{\partial x}(\mathrm{d}x)+v\frac{\partial}{\partial y}(\mathrm{d}x)+w\frac{\partial}{\partial z}(\mathrm{d}x)$$

$$\mathrm{d}x=u\mathrm{d}t$$

$$\frac{\partial}{\partial t}(\mathrm{d}x)=0,\quad \frac{\partial}{\partial y}(\mathrm{d}x)=0,\quad \frac{\partial}{\partial z}(\mathrm{d}x)=0$$

因此，有

$$\frac{\mathrm{D}(\mathrm{d}x)}{\mathrm{D}t}=u\frac{\partial}{\partial x}(u\mathrm{d}t)=u^2\frac{\partial}{\partial x}(\mathrm{d}t)+u\mathrm{d}t\frac{\partial u}{\partial x}$$

因为

$$\frac{\partial}{\partial x}(\mathrm{d}t)=0$$

所以，得到

$$\frac{\mathrm{D}(\mathrm{d}x)}{\mathrm{D}t}=\mathrm{d}x\frac{\partial u}{\partial x}\tag{1.78}$$

类似地，可以得到

$$\frac{\mathrm{D}(\mathrm{d}y)}{\mathrm{D}t}=\mathrm{d}y\frac{\partial v}{\partial y},\quad \frac{\mathrm{D}(\mathrm{d}z)}{\mathrm{D}t}=\mathrm{d}z\frac{\partial w}{\partial z}\tag{1.79}$$

将式（1.78）、式（1.79）代入式（1.77）中，可得

$$\frac{\mathrm{D}(\delta \upsilon)}{\mathrm{D}t} = \delta \upsilon \nabla \cdot \boldsymbol{V} \tag{1.80}$$

移项后可得

$$\nabla \cdot \boldsymbol{V} = \frac{1}{\delta \upsilon} \frac{\mathrm{D}(\delta \upsilon)}{\mathrm{D}t}$$

即式（1.76）。由此可见，在式（1.76）的推导过程中忽略流体微团变形对体积变化的影响是可行的。

习　题

1.1　大多数标准气体或接近标准气体都满足完全气体的状态方程 $p = \rho RT$，其中 $R = 287\mathrm{J/(kg \cdot K)}$。试运用该方程计算：在波音 727 机翼上的一点处，空气的压强和温度分别为$1.9 \times 10^4 \mathrm{N/m^2}$和 203K 时该点的密度。

1.2　考虑一块薄板，其弦长为c，放在超声速来流中，迎角为α。其上下表面的压强分别为 $p_u(s) = C_1$，$p_l(s) = C_2$，C_1和C_2都是常数，且$C_2 > C_1$。忽略剪切应力，计算压力中心的位置。

1.3　一块弦长为 1m 的薄板，放置在亚声速流中，其迎角为$\alpha = 10°$。已知薄板上下表面的压强和剪切应力分布分别为

$$p_u = 4 \times 10^4 (x-1)^2 + 5.4 \times 10^4, \quad p_l = 2 \times 10^4 (x-1)^2 + 1.73 \times 10^5$$

$$\tau_u = 288 x^{-0.2}, \quad \tau_l = 731 x^{-0.2}$$

其中x是沿弦向到前缘点的距离，单位是m，压强p和剪切应力τ的单位是$\mathrm{N/m^2}$。试计算：

（1）单位翼展上的法向力和轴向力；

（2）单位翼展上的升力和阻力；

（3）对前缘点的力矩和对距前缘$1/4$弦长点的力矩；

（4）压力中心的位置。

1.4　某翼型的迎角是$12°$，其法向力系数和轴向力系数分别是1.2和0.03。计算其升力系数和阻力系数。

1.5　U 型水银压力计是测量机翼风洞模型压强的常用工具。压力计一端和模型相连，另外一端和大气相通。大气压强和水银密度分别是$1.01 \times 10^5 \mathrm{N/m^2}$和$1.36 \times 10^3 \mathrm{kg/m^3}$。与机翼相连一端的水银柱高于另一端 20cm，试求机翼表面的压强。

1.6　考虑一个放置在超声速流中的圆柱，圆柱的轴线与来流垂直。设φ是圆柱上任意点和圆心的连线与前缘点（驻点）和圆心连线之间的夹角。圆柱表面的压强系数分布为：当$0 \leqslant \varphi \leqslant \pi/2$和$3\pi/2 \leqslant \varphi \leqslant 2\pi$时，$C_p = 2\cos^2\varphi$；当$\pi/2 \leqslant \varphi \leqslant 3\pi/2$时，$C_p = 0$。试计算圆柱的阻力系数（基于圆柱的横截面）。

1.7　下表是 NACA 2412 翼型的升力系数、阻力系数以及对$1/4$弦长点处的力矩随迎角变化的数据。

$\alpha/(°)$	c_l	c_d	$c_{m_{z1/4}}$
−2.0	0.05	0.006	−0.042
0	0.25	0.006	−0.040
2.0	0.44	0.006	−0.038
4.0	0.64	0.007	−0.036
6.0	0.85	0.0075	−0.036
8.0	1.08	0.0092	−0.036
10.0	1.26	0.0115	−0.034
12.0	1.43	0.0150	−0.030
14.0	1.56	0.0186	−0.025

根据上面的表格，拟合c_l、c_d和$c_{m_{z1/4}}$随α变化的曲线。

1.8　已知ϕ为标量，$\boldsymbol{a}$为矢量，试在笛卡儿坐标系中证明以下式子成立：

（1）$\nabla\cdot(\boldsymbol{a}\phi)=\phi\nabla\cdot\boldsymbol{a}+\boldsymbol{a}\cdot\nabla\phi$；

（2）$\nabla\times\nabla\phi=\boldsymbol{0}$（有位必无旋）；

（3）$\nabla\cdot(\nabla\times\boldsymbol{a})=0$（有旋必无源）。

1.9　试从一般角度分析流体微团的受力情况，并作图示之。如果不计黏性，受力情况又如何，也请用图示之。

1.10　已知某流场的速度分布为$u=yzt$，$v=zxt$，$w=0$，求当$t=10\text{s}$时流体微团在$(2,5,3)$点处的加速度。

第 2 章　流体运动基本方程和基本规律

自然科学中有三大守恒定律：质量守恒、动量守恒和能量守恒。本章首先利用三大守恒定律分别对流体微团和控制体推导出流体力学中的三个基本方程：连续方程、动量方程和能量方程。然后简要介绍这三个方程的解法，最后分析流体微团运动和旋涡运动。

2.1　连 续 方 程

质量守恒定律指出，质量既不能创造，也不能消灭。连续方程（continuity equation）的物理意义就是它描述了流体运动过程中的质量守恒规律。连续方程是流体力学中最基本的方程之一。

2.1.1　微分形式的连续方程

首先对如图 2.1 所示随流体运动的流体微团利用质量守恒定律推导连续方程的微分形式。流体微团的体积为$\delta \upsilon$，质量为$\rho\delta \upsilon$，流速为$\boldsymbol{V}$。随流体运动的流体微团的特点是流体微团内流体的质量保持不变。这是流场中流体的质量守恒定律在流体微团上的体现。

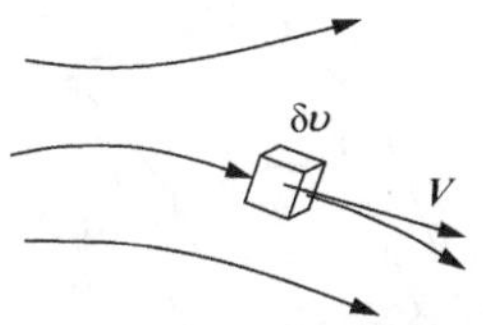

图 2.1　以随流体运动的流体微团分析流场

流体微团内流体的质量保持不变的数学表达形式为

$$\frac{\mathrm{D}(\rho\delta\upsilon)}{\mathrm{D}t}=0 \tag{2.1}$$

即

$$\delta\upsilon\frac{\mathrm{D}\rho}{\mathrm{D}t}+\rho\frac{\mathrm{D}\delta\upsilon}{\mathrm{D}t}=0$$

根据式（1.80），有

$$\delta\upsilon\frac{\mathrm{D}\rho}{\mathrm{D}t}+\rho\delta\upsilon\nabla\cdot\boldsymbol{V}=0$$

因此，有

$$\frac{\mathrm{D}\rho}{\mathrm{D}t}+\rho\nabla\cdot\boldsymbol{V}=0 \tag{2.2}$$

式（2.2）即连续方程用物质导数表达的微分形式。

再根据物质导数的定义（式（1.69）），式（2.2）可以改写为

$$\frac{\partial\rho}{\partial t}+\boldsymbol{V}\cdot\nabla\rho+\rho\nabla\cdot\boldsymbol{V}=0$$

对任意一个标量场 ρ 和矢量场 $\boldsymbol{V}$，有

$$\nabla\cdot(\rho\boldsymbol{V})=\rho\nabla\cdot\boldsymbol{V}+\boldsymbol{V}\cdot\nabla\rho \tag{2.3}$$

它表示一个标量和一个矢量乘积的散度等于标量乘以矢量的散度再加上矢量与标量的梯度的点积。

从而得到连续方程微分形式的另一种表达式为

$$\frac{\partial\rho}{\partial t}+\nabla\cdot(\rho\boldsymbol{V})=0 \tag{2.4}$$

式（2.2）和式（2.4）就是连续方程的微分形式。该方程建立了流场中某点的流动变量之间的关系。

用爱因斯坦求和符号，在笛卡儿正交直角坐标系中式（2.2）和式（2.4）分别表达为

$$\frac{\mathrm{D}\rho}{\mathrm{D}t}+\rho\frac{\partial u_i}{\partial x_i}=0 \tag{2.5}$$

$$\frac{\partial\rho}{\partial t}+\frac{\partial(\rho u_i)}{\partial x_i}=0 \tag{2.6}$$

其中，$\boldsymbol{V}=(u_1,u_2,u_3)$，$(x,y,z)=(x_1,x_2,x_3)$。

2.1.2 积分形式的连续方程

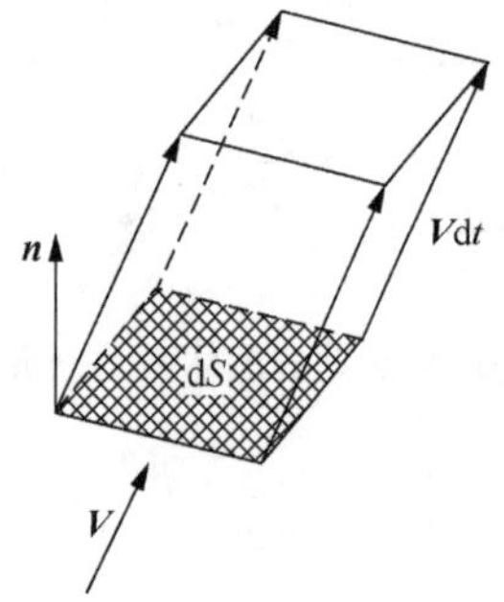

图 2.2 流过微元面 $\mathrm{d}S$ 的质量流量

在推导积分形式的连续方程之前，首先引入质量流量的概念。

设流体以速度 $\boldsymbol{V}$ 穿过微元面 $\mathrm{d}S$。在穿过该微元面以后的 $\mathrm{d}t$ 时间内，流体运动了 $V\mathrm{d}t$ 的距离，所扫过的体积即图 2.2 所示的棱柱的体积。显然，扫过的体积等于底面积 $\mathrm{d}S$ 乘以柱体的高度 $V_n\mathrm{d}t$，这里 V_n 是速度 $\boldsymbol{V}$ 在微元面 $\mathrm{d}S$ 法向上的分量，即

$$扫过的体积=(V_n\mathrm{d}t)\mathrm{d}S$$

因此，在 $\mathrm{d}t$ 时间内流过微元面 $\mathrm{d}S$ 的流体质量为

$$流过的质量=\rho V_n\mathrm{d}t\mathrm{d}S \tag{2.7}$$

定义单位时间内流过微元面 $\mathrm{d}S$ 的流体质量为流过微元面 $\mathrm{d}S$ 的质量流量（mass flow rate），其单位是 kg/s，记为 $\dot{m}$，由式（2.7）可得

$$\dot{m}=\frac{\rho V_n\mathrm{d}t\mathrm{d}S}{\mathrm{d}t}$$

即

$$\dot{m}=\rho V_n\mathrm{d}S=\rho\boldsymbol{V}\cdot\boldsymbol{n}\mathrm{d}S \tag{2.8}$$

对于不可压流，由于密度保持不变，因此经常用到体积流量（volume flow rate）。其单位为 m^3/s。根据式（2.8）可得流过微元面 $\mathrm{d}S$ 的体积流量为

$$V_n\mathrm{d}S=\boldsymbol{V}\cdot\boldsymbol{n}\mathrm{d}S$$

再引入一个相关概念——质量通量密度（mass flux densities）或质量速度。其定义为单位面积上的质量流量，用 $\dot{m}_A$ 来表示，即

$$\dot{m}_A = \frac{\dot{m}}{\mathrm{d}S} = \rho V_n = \rho \boldsymbol{V} \cdot \boldsymbol{n} \tag{2.9}$$

质量通量密度的单位是 $\mathrm{kg/(s \cdot m^2)}$。

质量流量和质量通量密度的概念很重要。式（2.9）表明穿过一个微元面的质量通量密度等于密度乘以速度在这个面法向上的投影。许多气动方程含有密度和速度的乘积项。例如，在笛卡儿坐标系中，$\boldsymbol{V} = u\boldsymbol{i} + v\boldsymbol{j} + w\boldsymbol{k}$（$u$、$v$ 和 w 分别表示速度在 x、y 和 z 方向的分量的大小），则 ρu、ρv 和 ρw 分别表示 x、y 和 z 方向的质量通量密度。一般来说，如果 V 是在某个方向上速度的投影，那么 ρV 的含义就是穿过以该方向为法向的微元面的质量通量密度。

下面采用位置在空间固定的控制体来推导连续方程。对于这样的控制体，它的体积 υ 和控制面的面积 S 都不随时间变化。但是对于非定常流场，控制体内所包含的流体质量是随时间变化的。

设流场特性随空间和时间的变化而变化，如密度 $\rho = \rho(x, y, z, t)$。在该流场中，选取如图 2.3 所示的控制体进行研究。在控制面上任取一微元面 $\mathrm{d}S$（其指向为控制面在该处的外法向矢量方向 $\boldsymbol{n}$，此处的外是指背离所选定的研究区域，即指向控制体外部），该面上流动速度是 $\boldsymbol{V}$； $\mathrm{d}\upsilon$ 是控制体内的微元体。

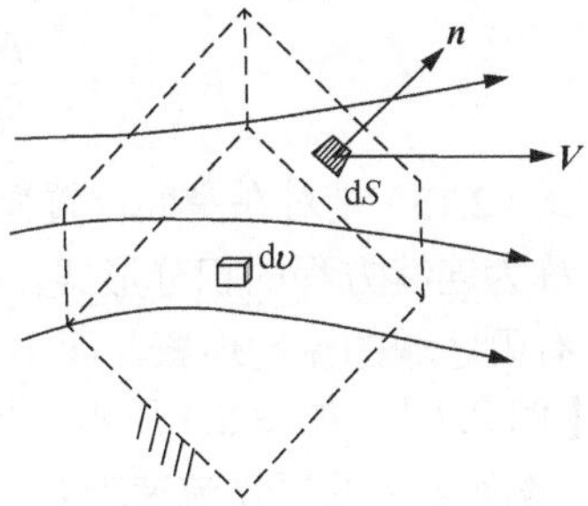

图 2.3　以空间位置固定的控制体分析流场

研究对象是某一时刻 t 时控制体内所有流体质点组成的质点系 m_{CV}^t。而对于空间位置固定的控制体，流体质点可以通过控制面流入或者流出。所以对该质点系 m_{CV}^t 而言，在一个微小的时间段 δt 后，它就是由空间位置固定控制体内的所有流体质点和净流出控制面的所有流体质点组成，从而此时其质量就等于控制体内流体质量加上净流出控制面的流体质量。对该质点系 m_{CV}^t 应用质量守恒定律，即

控制体内增加的流体质量 + 净流出控制面的流体质量 = 0

或者用质量的变化率表达为

$$\text{控制体内流体质量随时间的增加率 } B_1 + \text{净流出控制面的质量流量 } B_2 = 0 \tag{2.10}$$

因为流体质点的密度是可变的，所以在一个微小的时间段 δt 后净流出控制面的所有流体质点不易数学表达。但是净流出控制面的所有流体质点所对应的流体质量是方便数学表达的。因此，在动量方程和能量方程的积分形式的推导中，统一采用净流出控制面的流体质量来替代净流出控制面的所有流体质点来进行文字描述。

微元体 $\mathrm{d}\upsilon$ 中包含的流体质量为 $\rho \mathrm{d}\upsilon$。因此，整个控制体内的流体质量为 $\oiiint_\upsilon \rho \mathrm{d}\upsilon$。

控制体内的流体质量随时间的增加率是 $\dfrac{\partial}{\partial t} \oiiint_\upsilon \rho \mathrm{d}\upsilon$，即

$$B_1=\frac{\partial}{\partial t}\oiiint_{\upsilon}\rho\,\mathrm{d}\upsilon \tag{2.11}$$

再来分析式（2.10）的第二项。穿过微元面 $\mathrm{d}S$ 的质量流量为

$$\rho V_n\,\mathrm{d}S=\rho\boldsymbol{V}\cdot\boldsymbol{n}\,\mathrm{d}S$$

如图 2.3 所示，习惯上 $\boldsymbol{n}$ 从控制体内指向外，因此当 $\boldsymbol{V}$ 也从内指向外时，乘积 $\rho\boldsymbol{V}\cdot\boldsymbol{n}\mathrm{d}S$ 为正，其物理意义就是从微元面 $\mathrm{d}S$ 实际流出控制体的质量流量。所以，$\rho\boldsymbol{V}\cdot\boldsymbol{n}\mathrm{d}S>0$ 表示实际流出。反过来，当速度 $\boldsymbol{V}$ 指向控制体内时，$\rho\boldsymbol{V}\cdot\boldsymbol{n}\mathrm{d}S$ 为负，它的物理意义就是从微元面 $\mathrm{d}S$ 实际流入控制体的质量流量。所以，$\rho\boldsymbol{V}\cdot\boldsymbol{n}\mathrm{d}S<0$ 表示实际流入。这样，$\rho\boldsymbol{V}\cdot\boldsymbol{n}\mathrm{d}S$ 表示的就是从微元面 $\mathrm{d}S$ 流出控制体的质量流量。因此，净流出整个控制面的质量流量 B 为

$$B_2=\oiint_{S}\rho\boldsymbol{V}\cdot\boldsymbol{n}\,\mathrm{d}S \tag{2.12}$$

将式（2.11）、式（2.12）代入式（2.10），可以得到

$$\frac{\partial}{\partial t}\oiiint_{\upsilon}\rho\,\mathrm{d}\upsilon+\oiint_{S}\rho\boldsymbol{V}\cdot\boldsymbol{n}\,\mathrm{d}S=0 \tag{2.13}$$

式（2.13）是对在空间位置固定的控制体内的流体质点系运用质量守恒定律所得到的结果，称为连续方程的积分形式。很多情况下会用到这种形式的连续方程，它可以用来解释某个有限区域的流动现象，而不必关心流场中某个点的具体细节。

【例 2.1】 如图 2.4 所示，不可压流体在河道内流动，已知两横截面的面积分别为 A_1 和 A_2，截面 A_1 上的平均流速为 V_1，求截面 A_2 上的平均流速 V_2。

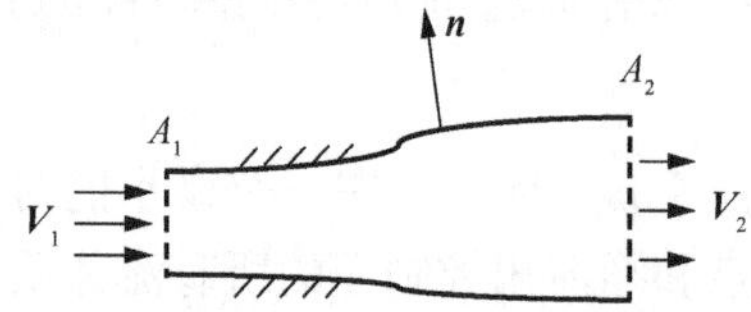

图 2.4　河道内两截面上平均流速关系

解　由于不可压流体的密度为常量，因此此时连续方程式（2.13）可简化为 $\oiint_{S}\boldsymbol{V}\cdot\boldsymbol{n}\mathrm{d}S=0$。由于沿河道边界 $\boldsymbol{V}\cdot\boldsymbol{n}\mathrm{d}S=0$，即在河道边界上，流体没有流出或者流入，因此只在两个横截面上积分不为零，所以有

$$\oiint_{S}\boldsymbol{V}\cdot\boldsymbol{n}\,\mathrm{d}S=\iint_{A_1}\boldsymbol{V}\cdot\boldsymbol{n}_1\,\mathrm{d}A_1+\iint_{A_2}\boldsymbol{V}\cdot\boldsymbol{n}_2\,\mathrm{d}A_2=0$$

即

$$-V_1A_1+V_2A_2=0\Rightarrow V_2=\frac{A_1}{A_2}V_1$$

积分形式的连续方程适合分析有限空间内的流动，而微分形式的连续方程适合了解流场的细节。值得注意的是，连续方程的微分形式（2.4）和连续方程的积分形式（2.13）是质量守恒定律的等效表示。它们只是数学表述方式不同而已，反映的实质都是“物质既不能创造，也不能消灭”。

微分形式的连续方程也可以从积分形式的连续方程推导出来。由于推导式（2.13）所用的控制体的空间位置是固定的，因此积分的极限形式也是固定的。于是，式（2.13）中对时间求偏导数可以放到体积分符号里面，即

$$\oiiint_{\upsilon}\frac{\partial\rho}{\partial t}\mathrm{d}\upsilon+\oiint_{S}\rho\boldsymbol{V}\cdot\boldsymbol{n}\,\mathrm{d}S=0 \tag{2.14}$$

运用散度定理（式（1.56）），式（2.14）的第二项可以表示为

$$\oiint_{S}\rho\boldsymbol{V}\cdot\boldsymbol{n}\,\mathrm{d}S=\oiiint_{\upsilon}\nabla\cdot\left(\rho\boldsymbol{V}\right)\mathrm{d}\upsilon \tag{2.15}$$

把式（2.15）代入式（2.14），可以得到

$$\oiiint_{\upsilon}\frac{\partial\rho}{\partial t}\mathrm{d}\upsilon+\oiiint_{\upsilon}\nabla\cdot\left(\rho\boldsymbol{V}\right)\mathrm{d}\upsilon=0$$

即

$$\oiiint_{\upsilon}\left[\frac{\partial\rho}{\partial t}+\nabla\cdot\left(\rho\boldsymbol{V}\right)\right]\mathrm{d}\upsilon=0 \tag{2.16}$$

分析式（2.16）中的被积函数，如果被积函数的值是有限的，那么式（2.16）要求该被积函数在控制体的一部分区域的积分和剩余的区域的积分大小相等，符号相反，这样在整个控制体内的积分才等于零。然而由于控制体是任意选取的，因此式（2.16）的积分等于零的唯一结果就是被积函数在控制体内恒等于零，即

$$\frac{\partial\rho}{\partial t}+\nabla\cdot\left(\rho\boldsymbol{V}\right)=0$$

此即连续方程的微分形式（式（2.4））。

在连续方程的推导过程中，关于流体性质的唯一假设就是连续介质假设。因此，式（2.4）和式（2.13）对任意流体的非定常流动、有黏或是无黏、可压或是不可压，都成立。

注意：牢记方程推导中所用的假设是很重要的，因为假设告诉我们最终结果都有哪些约束条件，从而防止在条件不成立时运用方程。在以后所有的推导过程中，要养成注意结果方程的前提假设的习惯。

有必要强调一下定常流和非定常流之间的差别。在非定常流动中，流场变量既是空间位置的函数，也是时间的函数。例如，对于密度有 $\rho=\rho\left(x,y,z,t\right)$。这就意味对空间一个固定点，该点的密度会随时间变化。这种非定常的振荡可能是由随时间变化的边界条件引起的，如翼型上下振荡或者风洞阀门的开启和关闭等。式（2.4）和式（2.13）对这种非定常流动都成立。另一方面，绝大多数的应用空气动力学问题都是和定常流动有关的，即流场变量只是空间位置的函数。例如，对于密度有 $\rho=\rho\left(x,y,z\right)$。这就意味着对空间一个固定点，该点的密度不随时间变化。

对于定常流动，所有流动参数对时间的偏导数都等于零，例如，对于密度有 $\partial\rho/\partial t=0$。因此，在定常流动下，式（2.4）和式（2.13）可分别简化为

$$\nabla\cdot(\rho\boldsymbol{V})=0 \tag{2.17}$$

和

$$\oiint_{S}\rho\boldsymbol{V}\cdot\boldsymbol{n}\,\mathrm{d}S=0 \tag{2.18}$$

式（2.17）和式（2.18）分别表示定常流的微分形式的连续方程和积分形式的连续方程。

对于不可压流动，密度为常量。因此，不可压流动的微分形式的连续方程和积分形式

的连续方程分别为

$$\nabla \cdot \boldsymbol{V} = 0 \tag{2.19}$$

和

$$\oiint_S \boldsymbol{V} \cdot \boldsymbol{n} \, \mathrm{d}S = 0 \tag{2.20}$$

2.2　动 量 方 程

动量守恒定律指出：一个系统不受外力或所受外力之和为零时，该系统的总动量保持不变。更一般地来说，一个系统的总动量随时间的变化率等于作用在该系统上的所有外力的矢量和。动量方程（momentum equation）的物理意义就是它描述了流体运动过程中动量守恒的规律。

质点系的动量定理为

$$\frac{\mathrm{d}\left(\sum m_i \boldsymbol{V}_i\right)}{\mathrm{d}t} = \sum \boldsymbol{F}_i^e \tag{2.21}$$

式中，$\boldsymbol{F}_i^e$ 为第 i 个质点所受到的外力；$m_i\boldsymbol{V}_i$ 为第 i 个质点的动量。

质点系的质心运动定理为

$$m\frac{\mathrm{d}\boldsymbol{V}_c}{\mathrm{d}t} = \sum \boldsymbol{F}_i^e \tag{2.22}$$

式中，m 为质点系的质量；$\boldsymbol{V}_c$ 为质点系质心的速度。

流体微团或控制体受到的外力有两个来源：

（1）彻体力：如重力、电磁力等。

（2）表面力：如控制面上的压力和剪切力。

在黏性流动中，除压强之外，剪切应力和法向黏性应力也会对流体微团或者控制体施加表面力。外法向为 $\boldsymbol{n}$ 的作用面上，单位面积上所受到的表面力称为应力 $\boldsymbol{p}_n$ 。

$$\boldsymbol{p}_n = \boldsymbol{n} \cdot \boldsymbol{P} \tag{2.23}$$

式中，$\boldsymbol{P}$ 为应力张量。需要强调的是，应力 $\boldsymbol{p}_n$ 的方向通常都不是沿着作用面的法向 $\boldsymbol{n}$ 。由于黏性力不是本书关注的重点，因此这里不对其进行深入探讨，详细讨论可以参考流体力学相关教科书。但是为了保持流体力学基本方程的完整性，这里还是给出黏性力相关的具体表达式：

$$\boldsymbol{P} = -p\boldsymbol{I} + \boldsymbol{\tau} \tag{2.24}$$

式中，p 为压强；$\boldsymbol{I}$ 为单位张量；$\boldsymbol{\tau}$ 为黏性应力张量。

$$\boldsymbol{I} = \begin{pmatrix} 1 & 0 & 0 \\ 0 & 1 & 0 \\ 0 & 0 & 1 \end{pmatrix} \tag{2.25}$$

对水和空气等各向同性流体，黏性应力张量 $\boldsymbol{\tau}$ 的表达式为

$$\boldsymbol{\tau}=\left[\left(\mu'-\frac{2}{3}\mu\right)\nabla\cdot\boldsymbol{V}\right]\boldsymbol{I}+2\mu\boldsymbol{S} \tag{2.26}$$

式中，$\boldsymbol{S}$ 为变形速率张量；μ' 称为第二黏性系数。变形速率张量 $\boldsymbol{S}$ 是一个对称张量，其与速度分量的偏导数之间的关系为

$$\boldsymbol{S}=\begin{pmatrix}\dfrac{\partial u}{\partial x} & \dfrac{1}{2}\left(\dfrac{\partial u}{\partial y}+\dfrac{\partial v}{\partial x}\right) & \dfrac{1}{2}\left(\dfrac{\partial u}{\partial z}+\dfrac{\partial w}{\partial x}\right)\\ \dfrac{1}{2}\left(\dfrac{\partial u}{\partial y}+\dfrac{\partial v}{\partial x}\right) & \dfrac{\partial v}{\partial y} & \dfrac{1}{2}\left(\dfrac{\partial v}{\partial z}+\dfrac{\partial w}{\partial y}\right)\\ \dfrac{1}{2}\left(\dfrac{\partial u}{\partial z}+\dfrac{\partial w}{\partial x}\right) & \dfrac{1}{2}\left(\dfrac{\partial v}{\partial z}+\dfrac{\partial w}{\partial y}\right) & \dfrac{\partial w}{\partial z}\end{pmatrix} \tag{2.27}$$

为了更好地理解压强 p 的作用，在以下关于动量方程和能量方程的推导中，根据式（2.23）和式（2.24）都把表面应力 $\boldsymbol{p}_n$ 分成压强 p 和黏性应力 $\boldsymbol{\tau}_n$ 两部分来考虑。

*2.2.1　微分形式的动量方程

随流体运动的流体微团上除黏性力以外其他面力和彻体力的受力分析如图 2.5 所示。设流体微团为边长分别为 $\mathrm{d}x,\mathrm{d}y,\mathrm{d}z$ 的长方体，其质心在长方体的几何中心 C 点处（注：实际上当流体微团趋于无限小时，流体微团就是一个流体质点。所以这里流体微团质心的具体位置对以下分析基本没有影响）。因为流体微团很小，所以在流体微团内密度 ρ 可以看作常量。流体微团的体积为 $\delta\upsilon=\mathrm{d}x\mathrm{d}y\mathrm{d}z$，因此流体微团的质量为 $\rho\delta\upsilon$。质心 C 点处的压强和流速分别为 p 和 $\boldsymbol{V}=(u,v,w)$。流体微团除了受到压强产生的表面力之外，还受到单位质量上的彻体力 $\boldsymbol{f}=(f_x,f_y,f_z)$。

因为流体微团很小，各侧面上流动参数都可以看作常量。在 x 方向，流体微团左侧面上的压强根据质心 C 处的压强 p 泰勒展开并保留一阶项，可得 $p-(\partial p/\partial x)(\mathrm{d}x/2)$；流体微团右侧面上的压强为 $p+(\partial p/\partial x)(\mathrm{d}x/2)$。同理，可以得到 y 方向和 z 方向各侧面上的压强，如图 2.5 所示。

随流体运动的流体微团上黏性应力分析如图 2.6 所示。质心 C 点处的黏性应力为 $\boldsymbol{\tau}=(\boldsymbol{\tau}_x,\boldsymbol{\tau}_y,\boldsymbol{\tau}_z)$。类似压强 p 的分析，根据泰勒展开并保留一阶项，可得流体微团左侧面上的黏性应力为 $\boldsymbol{\tau}_x-(\partial\boldsymbol{\tau}_x/\partial x)(\mathrm{d}x/2)$；流体微团右侧面上的黏性应力为 $\boldsymbol{\tau}_x+(\partial\boldsymbol{\tau}_x/\partial x)(\mathrm{d}x/2)$。左侧面和右侧面上的黏性应力方向一般接近平行，指向相反。同理，可以得到 y 方向和 z 方向各侧面上的黏性应力，如图 2.6 所示。需要注意的是，$\boldsymbol{\tau}_x=(\tau_{xx},\tau_{xy},\tau_{xz})$ 是过 C 点以 x 轴正向为法向的平面上的黏性应力，其方向一般不沿 x 方向。τ_{xx} 是以 x 轴正向为法向的平面上的沿 x 方向的黏性应力分量，称为正应力；τ_{xy} 和 τ_{xz} 分别是该平面上沿 y 方向和 z 方向的黏性应力分量，称为剪切应力。

根据以上分析，作用在图 2.6 上的黏性力为

$$\begin{aligned}&\left(\boldsymbol{\tau}_x+\frac{\partial\boldsymbol{\tau}_x}{\partial x}\frac{\mathrm{d}x}{2}\right)\mathrm{d}y\mathrm{d}z-\left(\boldsymbol{\tau}_x-\frac{\partial\boldsymbol{\tau}_x}{\partial x}\frac{\mathrm{d}x}{2}\right)\mathrm{d}y\mathrm{d}z+\left(\boldsymbol{\tau}_y+\frac{\partial\boldsymbol{\tau}_y}{\partial y}\frac{\mathrm{d}y}{2}\right)\mathrm{d}x\mathrm{d}z-\left(\boldsymbol{\tau}_y-\frac{\partial\boldsymbol{\tau}_y}{\partial y}\frac{\mathrm{d}y}{2}\right)\mathrm{d}x\mathrm{d}z\\&+\left(\boldsymbol{\tau}_z+\frac{\partial\boldsymbol{\tau}_z}{\partial z}\frac{\mathrm{d}z}{2}\right)\mathrm{d}x\mathrm{d}y-\left(\boldsymbol{\tau}_z-\frac{\partial\boldsymbol{\tau}_z}{\partial z}\frac{\mathrm{d}z}{2}\right)\mathrm{d}x\mathrm{d}y=\left(\frac{\partial\boldsymbol{\tau}_x}{\partial x}+\frac{\partial\boldsymbol{\tau}_y}{\partial y}+\frac{\partial\boldsymbol{\tau}_z}{\partial z}\right)\delta\upsilon=\delta\upsilon\nabla\cdot\boldsymbol{\tau}\end{aligned} \tag{2.28}$$

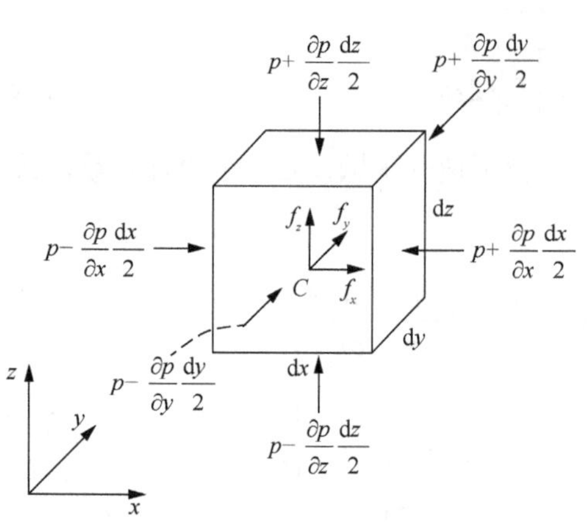

图 2.5　流体微团上除黏性力以外其他面力和彻体力受力分析

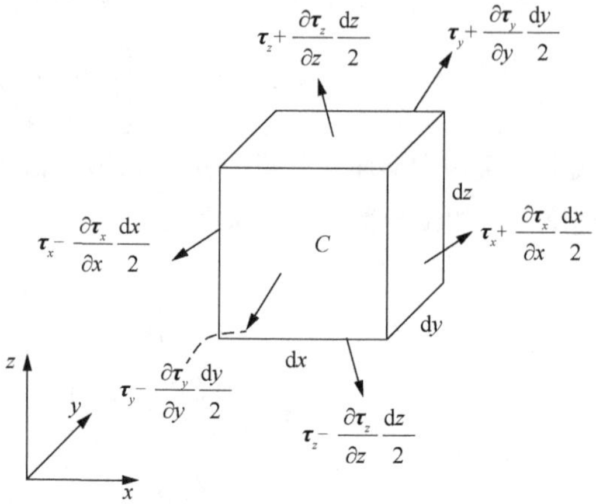

图 2.6　流体微团黏性应力分析

这样，对流体微团运用质心运动定理（式（2.22）），可得

$$\begin{cases}\rho\delta\upsilon\dfrac{\mathrm{D}u}{\mathrm{D}t}=\left(p-\dfrac{\partial p}{\partial x}\dfrac{\mathrm{d}x}{2}\right)\mathrm{d}y\mathrm{d}z-\left(p+\dfrac{\partial p}{\partial x}\dfrac{\mathrm{d}x}{2}\right)\mathrm{d}y\mathrm{d}z+\rho f_x\delta\upsilon+\delta\upsilon(\nabla\cdot\boldsymbol{\tau})_x\\ \rho\delta\upsilon\dfrac{\mathrm{D}v}{\mathrm{D}t}=\left(p-\dfrac{\partial p}{\partial y}\dfrac{\mathrm{d}y}{2}\right)\mathrm{d}x\mathrm{d}z-\left(p+\dfrac{\partial p}{\partial y}\dfrac{\mathrm{d}y}{2}\right)\mathrm{d}x\mathrm{d}z+\rho f_y\delta\upsilon+\delta\upsilon(\nabla\cdot\boldsymbol{\tau})_y\\ \rho\delta\upsilon\dfrac{\mathrm{D}w}{\mathrm{D}t}=\left(p-\dfrac{\partial p}{\partial z}\dfrac{\mathrm{d}z}{2}\right)\mathrm{d}x\mathrm{d}y-\left(p+\dfrac{\partial p}{\partial z}\dfrac{\mathrm{d}z}{2}\right)\mathrm{d}x\mathrm{d}y+\rho f_z\delta\upsilon+\delta\upsilon(\nabla\cdot\boldsymbol{\tau})_z\end{cases}\tag{2.29}$$

式中，$(\nabla\cdot\boldsymbol{\tau})_x$、$(\nabla\cdot\boldsymbol{\tau})_y$ 和 $(\nabla\cdot\boldsymbol{\tau})_z$ 分别为 $(\nabla\cdot\boldsymbol{\tau})$ 沿 x、y 和 z 方向的分量。

简化可得

$$\begin{cases}\rho\dfrac{\mathrm{D}u}{\mathrm{D}t}=-\dfrac{\partial p}{\partial x}+\rho f_x+(\nabla\cdot\boldsymbol{\tau})_x\\ \rho\dfrac{\mathrm{D}v}{\mathrm{D}t}=-\dfrac{\partial p}{\partial y}+\rho f_y+(\nabla\cdot\boldsymbol{\tau})_y\\ \rho\dfrac{\mathrm{D}w}{\mathrm{D}t}=-\dfrac{\partial p}{\partial z}+\rho f_z+(\nabla\cdot\boldsymbol{\tau})_z\end{cases}\tag{2.30}$$

式（2.30）就是动量方程在笛卡儿正交直角坐标系下的三个微分形式的分量方程。式（2.30）用矢量形式可以表达为

$$\rho\frac{\mathrm{D}\boldsymbol{V}}{\mathrm{D}t}=-\nabla p+\rho\boldsymbol{f}+\nabla\cdot\boldsymbol{\tau}\tag{2.31}$$

用爱因斯坦求和符号，式（2.31）在笛卡儿正交直角坐标系中可以表达为

$$\rho\frac{\mathrm{D}u_i}{\mathrm{D}t}=-\frac{\partial p}{\partial x_i}+\rho f_i+\frac{\partial\tau_{ij}}{\partial x_j}\tag{2.32}$$

其中，$\boldsymbol{V}=(u_1,u_2,u_3)$，$(x,y,z)=(x_1,x_2,x_3)$，$\boldsymbol{f}=(f_1,f_2,f_3)=(f_x,f_y,f_z)$。

再根据物质导数的定义（式（1.69）），式（2.31）可以改写为

$$\rho\frac{\partial\boldsymbol{V}}{\partial t}+\rho\boldsymbol{V}\cdot\nabla\boldsymbol{V}=-\nabla p+\rho\boldsymbol{f}+\nabla\cdot\boldsymbol{\tau}\tag{2.33}$$

由于

$$\frac{\partial(\rho \boldsymbol{V})}{\partial t}=\rho\frac{\partial \boldsymbol{V}}{\partial t}+\boldsymbol{V}\frac{\partial \rho}{\partial t} \tag{2.34}$$

因此，式（2.33）等号左端第一项可表达为

$$\rho\frac{\partial \boldsymbol{V}}{\partial t}=\frac{\partial(\rho \boldsymbol{V})}{\partial t}-\boldsymbol{V}\frac{\partial \rho}{\partial t} \tag{2.35}$$

运用式（2.3）中的矢量记号，有

$$\begin{cases}\nabla\cdot(\rho u\boldsymbol{V})=\nabla\cdot\left[u(\rho\boldsymbol{V})\right]=u\nabla\cdot(\rho\boldsymbol{V})+(\rho\boldsymbol{V})\cdot\nabla u\\ \nabla\cdot(\rho v\boldsymbol{V})=\nabla\cdot\left[v(\rho\boldsymbol{V})\right]=v\nabla\cdot(\rho\boldsymbol{V})+(\rho\boldsymbol{V})\cdot\nabla v\\ \nabla\cdot(\rho w\boldsymbol{V})=\nabla\cdot\left[w(\rho\boldsymbol{V})\right]=w\nabla\cdot(\rho\boldsymbol{V})+(\rho\boldsymbol{V})\cdot\nabla w\end{cases} \tag{2.36}$$

从而，可得

$$\nabla\cdot(\rho\boldsymbol{V}\boldsymbol{V})=\boldsymbol{V}\nabla\cdot(\rho\boldsymbol{V})+(\rho\boldsymbol{V})\cdot\nabla\boldsymbol{V} \tag{2.37}$$

因此，式（2.33）等号左端第二项可表达为

$$(\rho\boldsymbol{V})\cdot\nabla\boldsymbol{V}=\nabla\cdot(\rho\boldsymbol{V}\boldsymbol{V})-\boldsymbol{V}\nabla\cdot(\rho\boldsymbol{V}) \tag{2.38}$$

这样，把式（2.35）、式（2.38）代入式（2.33），可得

$$\frac{\partial(\rho \boldsymbol{V})}{\partial t}-\boldsymbol{V}\frac{\partial \rho}{\partial t}+\nabla\cdot(\rho\boldsymbol{V}\boldsymbol{V})-\boldsymbol{V}\nabla\cdot(\rho\boldsymbol{V})=-\nabla p+\rho\boldsymbol{f}+\nabla\cdot\boldsymbol{\tau}$$

或者

$$\frac{\partial(\rho \boldsymbol{V})}{\partial t}+\nabla\cdot(\rho\boldsymbol{V}\boldsymbol{V})-\boldsymbol{V}\left[\frac{\partial \rho}{\partial t}+\nabla\cdot(\rho\boldsymbol{V})\right]=-\nabla p+\rho\boldsymbol{f}+\nabla\cdot\boldsymbol{\tau} \tag{2.39}$$

式（2.39）中等号左端方括号里面的两项刚好是连续方程式（2.4）等号的左端项。由于式（2.4）等号右端项等于零，因此方括号里面的和也等于零。所以式（2.39）变为

$$\frac{\partial(\rho \boldsymbol{V})}{\partial t}+\nabla\cdot(\rho\boldsymbol{V}\boldsymbol{V})=-\nabla p+\rho\boldsymbol{f}+\nabla\cdot\boldsymbol{\tau} \tag{2.40}$$

式（2.40）用爱因斯坦求和符号可以表达为

$$\frac{\partial(\rho u_i)}{\partial t}+\frac{\partial(\rho u_i u_j)}{\partial x_j}=-\frac{\partial p}{\partial x_i}+\rho f_i+\frac{\partial \tau_{ij}}{\partial x_j} \tag{2.41}$$

式（2.31）和式（2.40）都是动量方程的微分形式。这种形式的方程建立了空间某个点的流动参数之间的关系。

2.2.2　积分形式的动量方程

流场中空间位置固定的控制体的受力分析如图 2.7 所示。控制体受到控制面上压强分布 p 产生的表面力、黏性产生的黏性应力 $\boldsymbol{\tau}_n$ 和单位质量上的彻体力 $\boldsymbol{f}$ 的作用。

将质点系动量定理式（2.21）运用到如图 2.7 所示的空间位置固定的控制体。研究对象是某一时刻 t 时控制体内所有流体质点组成的质点系 m_{CV}^t。先考虑式（2.21）等号的右端项，求所有外力的矢量和 $\sum\boldsymbol{F}_i^e$ 的表达式，即当流体穿过控制体时施加给质点系 m_{CV}^t 的力。

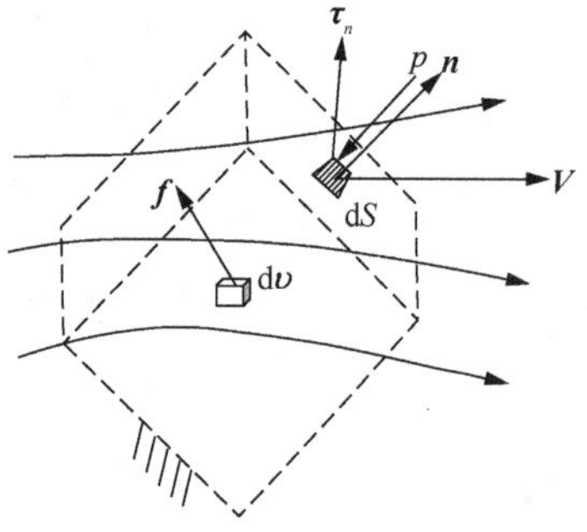

图 2.7　空间位置固定的控制体的流场和受力分析

由于体元 $\mathrm{d}\upsilon$ 上所受到的彻体力为 $\rho\boldsymbol{f}\,\mathrm{d}\upsilon$，因此施加给整个控制体 υ 内质点系 m_{CV}^t 的总的彻体力就是 $\rho\boldsymbol{f}\,\mathrm{d}\upsilon$ 在域 υ 内的积分，即

$$彻体力=\oiiint_{\upsilon}\rho\boldsymbol{f}\,\mathrm{d}\upsilon \tag{2.42}$$

压强在面元 $\mathrm{d}S$ 上产生的表面力是 $-p\boldsymbol{n}\,\mathrm{d}S$，这里的负号表示压力的方向和 $\boldsymbol{n}$ 的方向相反，也就是说，控制面受到周围流体施加的压力指向控制体内。图 2.7 表明了这样一个方向指向控制体内的力，它的方向与 $\boldsymbol{n}$ 的方向（外法向）相反。因此，控制体内质点系 m_{CV}^t 所受的总压力就等于表面力 $-p\boldsymbol{n}\,\mathrm{d}S$ 在整个控制面上的积分，即

$$压力=-\oiint_S p\boldsymbol{n}\,\mathrm{d}S \tag{2.43}$$

黏性应力在面元 $\mathrm{d}S$ 上产生的表面力是 $\boldsymbol{\tau}_n\,\mathrm{d}S$，根据式（2.23），有

$$\boldsymbol{\tau}_n\,\mathrm{d}S=\boldsymbol{\tau}\cdot\boldsymbol{n}\,\mathrm{d}S$$

因此，控制体内质点系 m_{CV}^t 所受的总黏性力就等于表面力 $\boldsymbol{\tau}\cdot\boldsymbol{n}\,\mathrm{d}S$ 在整个控制面上的积分，即

$$黏性力=\oiint_S \boldsymbol{\tau}\cdot\boldsymbol{n}\,\mathrm{d}S \tag{2.44}$$

这样，当流体穿过空间位置固定的控制体时，控制体内质点系 m_{CV}^t 所受到的外力的矢量和就是式（2.42）～式（2.44）的总和，即

$$\sum\boldsymbol{F}_i^e=\oiiint_{\upsilon}\rho\boldsymbol{f}\,\mathrm{d}\upsilon-\oiint_S p\boldsymbol{n}\,\mathrm{d}S+\oiint_S \boldsymbol{\tau}\cdot\boldsymbol{n}\,\mathrm{d}S \tag{2.45}$$

现在考虑式（2.21）等号的左端项。由于研究对象是控制体内的质点系 m_{CV}^t。而对于空间位置固定的控制体，流体质点可以通过控制面流入或者流出，从而造成流体动量通过控制面的流入或者流出。因此对质点系 m_{CV}^t 而言，在一个微小的时间段 δt 后，其动量就等于控制体内流体动量加上净流出控制面的流体质量所携带的动量。令 $\delta t\to 0$，则可得到质点系 m_{CV}^t 动量随时间的变化率为 $\boldsymbol{G}_1$ 和 $\boldsymbol{G}_2$ 两项之和，即

$$\frac{\mathrm{d}\left(\sum m_i\boldsymbol{V}_i\right)}{\mathrm{d}t}=\boldsymbol{G}_1+\boldsymbol{G}_2 \tag{2.46}$$

式中，$\boldsymbol{G}_1$ 为单位时间内净流出控制面的流体质量所携带的总动量；$\boldsymbol{G}_2$ 为控制体内因流场的非定常特性而产生的动量的当地变化率。

考虑式（2.46）中用 $\boldsymbol{G}_1$ 表示的这一项。如图 2.7 中的控制体，流出面元 $\mathrm{d}S$ 的质量流量是 $\rho\boldsymbol{V}\cdot\boldsymbol{n}\,\mathrm{d}S$，其相应的动量为 $(\rho\boldsymbol{V}\cdot\boldsymbol{n}\,\mathrm{d}S)\boldsymbol{V}$。这样，单位时间内净流出控制面的流体质量所携带的总动量就是 $(\rho\boldsymbol{V}\cdot\boldsymbol{n}\,\mathrm{d}S)\boldsymbol{V}$ 在控制面 S 上的积分，即

$$\boldsymbol{G}_1=\oiint_S \boldsymbol{V}\left(\rho\boldsymbol{V}\cdot\boldsymbol{n}\,\mathrm{d}S\right) \tag{2.47}$$

现在考虑式（2.46）中的 $\boldsymbol{G}_2$。如图 2.7 所示的体元 $\mathrm{d}\upsilon$ 中流体的动量为 $(\rho\mathrm{d}\upsilon)\boldsymbol{V}$，因此在任意瞬时，控制体内包含的总动量为 $\oiiint\limits_{\upsilon}\rho\boldsymbol{V}\mathrm{d}\upsilon$。由于流场的非定常特性而产生的控制体内的动量随时间的变化率为

$$\boldsymbol{G}_2=\frac{\partial}{\partial t}\oiiint\limits_{\upsilon}\rho\boldsymbol{V}\mathrm{d}\upsilon \tag{2.48}$$

结合式（2.47）和式（2.48），可以得到流体穿过空间位置固定的控制体时，质点系 m_{CV}^{t} 的动量随时间总的变化率的表达式，即式（2.21）等号的左端项为

$$\frac{\mathrm{d}\left(\sum m_i\boldsymbol{V}_i\right)}{\mathrm{d}t}=\boldsymbol{G}_1+\boldsymbol{G}_2=\oiint\limits_{S}\boldsymbol{V}\left(\rho\boldsymbol{V}\cdot\boldsymbol{n}\mathrm{d}S\right)+\frac{\partial}{\partial t}\oiiint\limits_{\upsilon}\rho\boldsymbol{V}\mathrm{d}\upsilon \tag{2.49}$$

因此，根据式（2.45）、式（2.49）和质点系的动量定理式（2.21）可以得出

$$\oiint\limits_{S}\boldsymbol{V}\left(\rho\boldsymbol{V}\cdot\boldsymbol{n}\mathrm{d}S\right)+\frac{\partial}{\partial t}\oiiint\limits_{\upsilon}\rho\boldsymbol{V}\mathrm{d}\upsilon=\oiiint\limits_{\upsilon}\rho\boldsymbol{f}\mathrm{d}\upsilon-\oiint\limits_{S}p\boldsymbol{n}\mathrm{d}S+\oiint\limits_{S}\boldsymbol{\tau}\cdot\boldsymbol{n}\mathrm{d}S \tag{2.50}$$

式（2.50）是积分形式的动量方程，它是一个矢量方程。和积分形式的连续方程一样，它可以直接用于研究某个有限区域的气动问题，而不必考虑流场中某个具体点的细节。

微分形式的动量方程式（2.40）也可以由积分形式的动量方程式（2.50）推导出来。和从积分形式的连续方程推导微分形式的连续方程类似，对式（2.50）等号右端的第二项运用梯度定理（式（1.57）），可得

$$-\oiint\limits_{S}p\boldsymbol{n}\mathrm{d}S=-\oiiint\limits_{\upsilon}\nabla p\mathrm{d}\upsilon \tag{2.51}$$

对式（2.50）等号右端的第三项运用散度定理式（1.56），可得

$$\oiint\limits_{S}\boldsymbol{\tau}\cdot\boldsymbol{n}\mathrm{d}S=\oiiint\limits_{\upsilon}\nabla\cdot\boldsymbol{\tau}\mathrm{d}\upsilon \tag{2.52}$$

同样，因为控制体的空间位置固定，所以式（2.50）等号左端的第二项中对时间的偏导数可以直接移到积分符号里面。因此式（2.50）可以写成

$$\oiiint\limits_{\upsilon}\frac{\partial(\rho\boldsymbol{V})}{\partial t}\mathrm{d}\upsilon+\oiint\limits_{S}\boldsymbol{V}\left(\rho\boldsymbol{V}\cdot\boldsymbol{n}\mathrm{d}S\right)=\oiiint\limits_{\upsilon}\rho\boldsymbol{f}\mathrm{d}\upsilon-\oiiint\limits_{\upsilon}\nabla p\mathrm{d}\upsilon+\oiiint\limits_{\upsilon}\nabla\cdot\boldsymbol{\tau}\mathrm{d}\upsilon \tag{2.53}$$

式（2.53）是一个矢量方程，很容易写成相应的三个标量方程。在笛卡儿坐标系下，$\boldsymbol{V}=u\boldsymbol{i}+v\boldsymbol{j}+w\boldsymbol{k}$，式（2.53）沿 x 方向的分量方程为

$$\oiiint\limits_{\upsilon}\frac{\partial(\rho u)}{\partial t}\mathrm{d}\upsilon+\oiint\limits_{S}u\left(\rho\boldsymbol{V}\cdot\boldsymbol{n}\mathrm{d}S\right)=\oiiint\limits_{\upsilon}\rho f_x\mathrm{d}\upsilon-\oiiint\limits_{\upsilon}\frac{\partial p}{\partial x}\mathrm{d}\upsilon+\oiiint\limits_{\upsilon}(\nabla\cdot\boldsymbol{\tau})_x\mathrm{d}\upsilon \tag{2.54}$$

注意：在式（2.54）中，$(\rho\boldsymbol{V}\cdot\boldsymbol{n}\mathrm{d}S)$ 是一个标量，因此没有分量。对式（2.54）等号左端第二项的面积分运用散度定理式（1.56），可得

$$\oiint\limits_{S}u\left(\rho\boldsymbol{V}\cdot\boldsymbol{n}\mathrm{d}S\right)=\oiint\limits_{S}(\rho u\boldsymbol{V})\cdot\boldsymbol{n}\mathrm{d}S=\oiiint\limits_{\upsilon}\nabla\cdot(\rho u\boldsymbol{V})\mathrm{d}\upsilon \tag{2.55}$$

把式（2.55）代入式（2.54），有

$$\oiiint_{\upsilon}\left[\frac{\partial(\rho u)}{\partial t}+\nabla\cdot(\rho u\boldsymbol{V})-\rho f_x+\frac{\partial p}{\partial x}-(\nabla\cdot\boldsymbol{\tau})_x\right]\mathrm{d}\upsilon=0 \tag{2.56}$$

和 2.1.2 节介绍的原因相同，积分式（2.56）在流场中处处为零，因此必有

$$\frac{\partial(\rho u)}{\partial t}+\nabla\cdot(\rho u\boldsymbol{V})=-\frac{\partial p}{\partial x}+\rho f_x+(\nabla\cdot\boldsymbol{\tau})_x \tag{2.57}$$

式（2.57）是沿 x 方向的微分形式的动量方程。同理可以得出沿 y 和沿 z 方向的微分形式的动量方程分别为

$$\frac{\partial(\rho v)}{\partial t}+\nabla\cdot(\rho v\boldsymbol{V})=-\frac{\partial p}{\partial y}+\rho f_y+(\nabla\cdot\boldsymbol{\tau})_y \tag{2.58}$$

和

$$\frac{\partial(\rho w)}{\partial t}+\nabla\cdot(\rho w\boldsymbol{V})=-\frac{\partial p}{\partial z}+\rho f_z+(\nabla\cdot\boldsymbol{\tau})_z \tag{2.59}$$

把式（2.57）～式（2.59）合并写成矢量方程为

$$\frac{\partial(\rho\boldsymbol{V})}{\partial t}+\nabla\cdot(\rho\boldsymbol{V}\boldsymbol{V})=\rho\boldsymbol{f}-\nabla p+\nabla\cdot\boldsymbol{\tau}$$

此即微分形式的动量方程式（2.40）。

注意：微分形式的动量方程式（2.40）和积分形式的动量方程式（2.50）对任何三维非定常、可压或者不可压、有黏或者无黏的流动都适用。

特别地，对无彻体力$(\boldsymbol{f}=0)$的定常$(\partial/\partial t=0)$、无黏$(\boldsymbol{\tau}=0)$流动，微分形式的动量方程式（2.40）和积分形式的动量方程式（2.50）分别可以简化为

$$\nabla\cdot(\rho\boldsymbol{V}\boldsymbol{V})=-\nabla p \tag{2.60}$$

和

$$\oiint_{S}\boldsymbol{V}(\rho\boldsymbol{V}\cdot\boldsymbol{n}\,\mathrm{d}S)=-\oiint_{S}p\boldsymbol{n}\,\mathrm{d}S \tag{2.61}$$

对于无黏流的动量方程，如式（2.60）和式（2.61），称为欧拉（Euler）方程。对于黏流的动量方程，如式（2.40）和式（2.50），称为纳维-斯托克斯（Navier-Stokes）方程，简称 N-S 方程。

2.3 能量方程

对不可压流，密度 ρ 是常量，流场的主要变量是压强 p 和速度 $\boldsymbol{V}$。前面的连续方程和动量方程都是关于 p 和 $\boldsymbol{V}$ 的方程，因此，对不可压流动，连续方程和动量方程已经封闭，已经可以求解具体的流动问题。

然而，对可压流，密度 ρ 也是一个变量。为了使方程组封闭，需要再补充一个基本方程，这就是本节要推导的能量方程。在推导过程中，引入了另外两个流场变量：内能 e 和温度 T。对于这两个变量，还需要引入附加的方程，这将在后面的内容中提到。流体力学中

的能量方程是基于一般的能量守恒定律：能量既不能创造，也不能消灭，它只能从一种形式转化成另一种形式，或者从一个物体转移到另一个物体，而总能量保持不变。

取某封闭边界内的一定质量的物质，这些物质定义为一个系统。由于系统内的分子和原子永远是运动的，因此系统具有一定的能量。为了简单起见，设系统的质量为单位质量，单位质量物质含有的内能用 e 表示。

系统以外的区域定义为外界环境。假设外界环境传给系统热量 δq，同时外界环境对系统做功 δw。热量和功都是能量的表现形式。当外界环境对系统传热或做功时，系统的内能将发生变化，内能的变化用 $\mathrm{d}e$ 表示。根据能量守恒定律，对宏观静止的系统有

$$\delta q + \delta w = \mathrm{d}e \tag{2.62}$$

式（2.62）就是热力学第一定律的表达式。

因此，可以得到功率方程为

$$\delta \dot{q} + \delta \dot{w} = \frac{\mathrm{d}e}{\mathrm{d}t} \tag{2.63}$$

式中，$\delta \dot{q}$ 为外界环境传给系统热量的传热率；$\delta \dot{w}$ 为外界环境对系统做功的功率。

在推导能量方程之前，首先来分析功率的计算。取如图 2.8 所示的物体，对其施加力 $\boldsymbol{F}$。物体的位置由矢径 $\boldsymbol{r}$ 来确定。在 $\mathrm{d}t$ 时间内，物体从 $\boldsymbol{r}_1$ 运动到 $\boldsymbol{r}_2$，其位移是 $\mathrm{d}\boldsymbol{r}$。这样，在该过程中力 $\boldsymbol{F}$ 对物体所做的元功就定义为

$$\delta w = \boldsymbol{F} \cdot \mathrm{d}\boldsymbol{r}$$

因此，力在该过程中的功率就是

$$\delta \dot{w} = \frac{\boldsymbol{F} \cdot \mathrm{d}\boldsymbol{r}}{\mathrm{d}t}$$

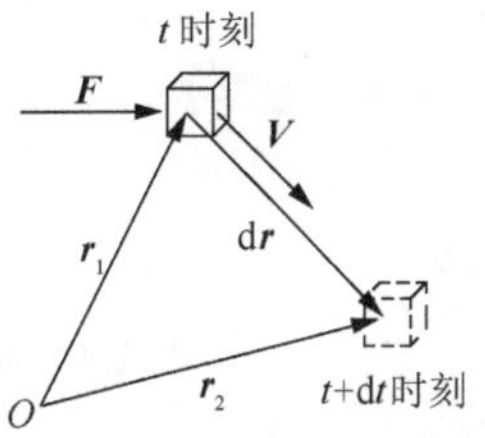

图 2.8　力 $\boldsymbol{F}$ 对运动物体做功

由于 $\mathrm{d}\boldsymbol{r}/\mathrm{d}t = \boldsymbol{V}$，即物体的运动速度，因此力 $\boldsymbol{F}$ 对物体所做功的功率为

$$\delta \dot{w} = \boldsymbol{F} \cdot \boldsymbol{V} \tag{2.64}$$

简而言之，力对运动物体做功的功率等于速度和力在速度方向分量的乘积。

传热的方式主要有热传导（thermal conduction）和热辐射（thermal radiation）两种。此外，在流体微团或者控制体内也可能发生化学氧化过程，如喷气引擎里燃料和空气的燃烧。对于热传导，根据傅里叶定律，对于空气和水等各向同性流体，单位时间通过单位面积的热流密度矢量 $\dot{\boldsymbol{q}}_c$ 为

$$\dot{\boldsymbol{q}}_c = -k\nabla T \tag{2.65}$$

式中，k 为导热系数，其单位为 W/（m · K）；T 为热力学温度。

对于热辐射或其他原因传入单位质量流体热功率设为 $\dot{q}_r$，其单位是 J/（s · kg）。

能量方程（energy equation）的物理意义是它描述了流体运动过程中的能量守恒规律。下面分别用随流体运动的流体微团和空间位置固定的控制体推导能量方程。

*2.3.1　微分形式的能量方程

随流体运动的流体微团的受力分析和运动分析如图 2.9 和图 2.10 所示。设流体微团为边长分别为 $\mathrm{d}x$，$\mathrm{d}y$，$\mathrm{d}z$ 的长方体，其质心在长方体的几何中心 C 点处。因为流体微团很小，所以在流体微团内密度 ρ 可以

看作常量。流体微团的体积为$\delta\upsilon = \mathrm{d}x\mathrm{d}y\mathrm{d}z$，因此流体微团的质量为$\rho\delta\upsilon$。质心 C 点处的压强和流速分别为 p 和$\boldsymbol{V} = (u, v, w)$，黏性应力张量为$\boldsymbol{\tau} = (\boldsymbol{\tau}_x, \boldsymbol{\tau}_y, \boldsymbol{\tau}_z)$。流体微团受到单位质量上的彻体力为$\boldsymbol{f} = (f_x, f_y, f_z)$。

在动量方程的推导过程中，已经指出流体微团左侧面上的压强为$p - (\partial p/\partial x)(\mathrm{d}x/2)$，右侧面上的压强为$p + (\partial p/\partial x)(\mathrm{d}x/2)$，前侧面上的压强为$p - (\partial p/\partial y)(\mathrm{d}y/2)$，后侧面上的压强为$p + (\partial p/\partial y)(\mathrm{d}y/2)$，下侧面上的压强为$p - (\partial p/\partial z)(\mathrm{d}z/2)$，上侧面上的压强为$p + (\partial p/\partial z)(\mathrm{d}z/2)$，如图 2.9 所示。

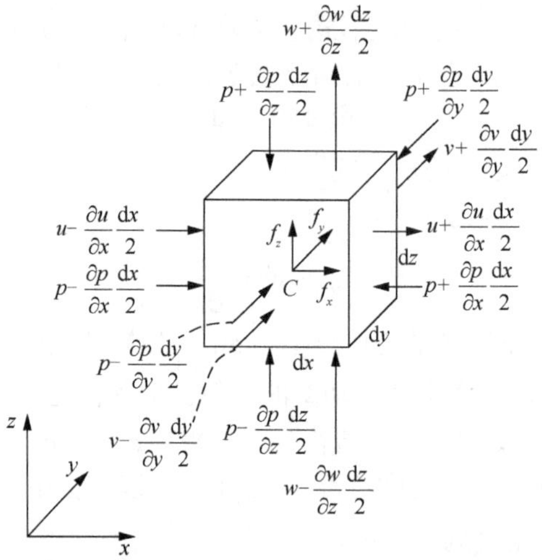

图 2.9　流体微团上除黏性力以外其他面力和彻体力受力分析和运动分析

因为各侧面上的压强始终与对应的表面垂直，所以计算压强产生的功率时只需要分析各侧面流速的法向分量。用各侧面上压强分析类似方法可以得到各侧面上流速的法向分量。流体微团左侧面上的法向流速为$u - (\partial u/\partial x)(\mathrm{d}x/2)$，右侧面上的法向流速为$u + (\partial u/\partial x)(\mathrm{d}x/2)$，前侧面上的法向流速为$v - (\partial v/\partial y)(\mathrm{d}y/2)$，后侧面上的法向流速为$v + (\partial v/\partial y)(\mathrm{d}y/2)$，下侧面上的法向流速为$w - (\partial w/\partial z)(\mathrm{d}z/2)$，上侧面上的法向流速为$w + (\partial w/\partial z)(\mathrm{d}z/2)$，如图 2.9 所示。需要注意的是，各侧面上的压强始终垂直指向对应的侧面，而法向流速方向始终沿对应坐标方向的正向（流速本身可正可负，所以实际流速可能沿坐标方向的负方向）。

这样，流体微团上压强做功的功率为

$$\left[\left(p - \frac{\partial p}{\partial x}\frac{\mathrm{d}x}{2}\right)\mathrm{d}y\mathrm{d}z\right]\left(u - \frac{\partial u}{\partial x}\frac{\mathrm{d}x}{2}\right) - \left[\left(p + \frac{\partial p}{\partial x}\frac{\mathrm{d}x}{2}\right)\mathrm{d}y\mathrm{d}z\right]\left(u + \frac{\partial u}{\partial x}\frac{\mathrm{d}x}{2}\right)$$
$$+\left[\left(p - \frac{\partial p}{\partial y}\frac{\mathrm{d}y}{2}\right)\mathrm{d}x\mathrm{d}z\right]\left(v - \frac{\partial v}{\partial y}\frac{\mathrm{d}y}{2}\right) - \left[\left(p + \frac{\partial p}{\partial y}\frac{\mathrm{d}y}{2}\right)\mathrm{d}x\mathrm{d}z\right]\left(v + \frac{\partial v}{\partial y}\frac{\mathrm{d}y}{2}\right)$$
$$+\left[\left(p - \frac{\partial p}{\partial z}\frac{\mathrm{d}z}{2}\right)\mathrm{d}x\mathrm{d}y\right]\left(w - \frac{\partial w}{\partial z}\frac{\mathrm{d}z}{2}\right) - \left[\left(p + \frac{\partial p}{\partial z}\frac{\mathrm{d}z}{2}\right)\mathrm{d}x\mathrm{d}y\right]\left(w + \frac{\partial w}{\partial z}\frac{\mathrm{d}z}{2}\right)$$

将上式展开，可得压强做功的功率为

$$\left[-\left(u\frac{\partial p}{\partial x} + p\frac{\partial u}{\partial x}\right) - \left(v\frac{\partial p}{\partial y} + p\frac{\partial v}{\partial y}\right) - \left(w\frac{\partial p}{\partial z} + p\frac{\partial w}{\partial z}\right)\right]\delta\upsilon = -\delta\upsilon\nabla\cdot(p\boldsymbol{V}) \tag{2.66}$$

单位质量上的彻体力 $\boldsymbol{f}$ 做功的功率为

$$(\rho\boldsymbol{f}\delta\upsilon)\cdot\boldsymbol{V} \tag{2.67}$$

如图 2.10 所示，流体微团左侧面上的黏性应力为$\boldsymbol{\tau}_x - (\partial\boldsymbol{\tau}_x/\partial x)(\mathrm{d}x/2)$，右侧面上的黏性应力为

$\boldsymbol{\tau}_x + (\partial \boldsymbol{\tau}_x / \partial x)(\mathrm{d}x/2)$，前侧面上的黏性应力为 $\boldsymbol{\tau}_y - (\partial \boldsymbol{\tau}_y / \partial y)(\mathrm{d}y/2)$，后侧面上的黏性应力为 $\boldsymbol{\tau}_y + (\partial \boldsymbol{\tau}_y / \partial y)(\mathrm{d}y/2)$，下侧面上的黏性应力为 $\boldsymbol{\tau}_z - (\partial \boldsymbol{\tau}_z / \partial z)(\mathrm{d}z/2)$，上侧面上的黏性应力为 $\boldsymbol{\tau}_z + (\partial \boldsymbol{\tau}_z / \partial z)(\mathrm{d}z/2)$。

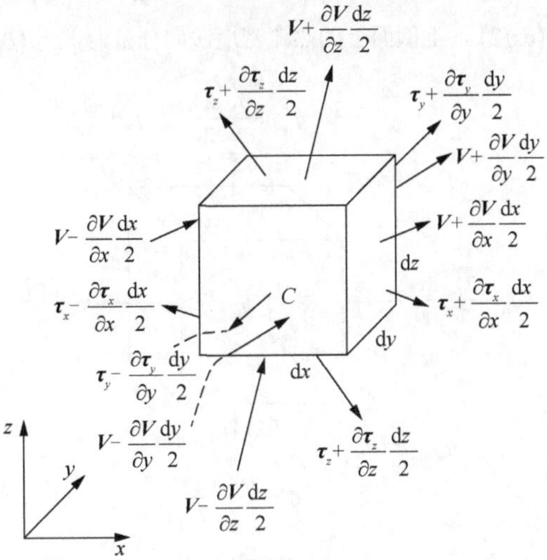

图 2.10　流体微团上黏性力受力分析和运动分析

因为各侧面上的黏性应力一般与对应的表面不垂直，所以计算黏性应力产生的功率时必须分析各侧面上的流速矢量。流体微团左侧面上的流速为 $\boldsymbol{V} - (\partial \boldsymbol{V} / \partial x)(\mathrm{d}x/2)$，右侧面上的流速为 $\boldsymbol{V} + (\partial \boldsymbol{V} / \partial x)(\mathrm{d}x/2)$，前侧面上的流速为 $\boldsymbol{V} - (\partial \boldsymbol{V} / \partial y)(\mathrm{d}y/2)$，后侧面上的流速为 $\boldsymbol{V} + (\partial \boldsymbol{V} / \partial y)(\mathrm{d}y/2)$，下侧面上的流速为 $\boldsymbol{V} - (\partial \boldsymbol{V} / \partial z)(\mathrm{d}z/2)$，上侧面上的流速为 $\boldsymbol{V} + (\partial \boldsymbol{V} / \partial z)\cdot(\mathrm{d}z/2)$，如图 2.10 所示。

因此，流体微团上黏性力做功的功率为

$$
\begin{aligned}
&\left[-\left(\boldsymbol{\tau}_x - \frac{\partial \boldsymbol{\tau}_x}{\partial x}\frac{\mathrm{d}x}{2}\right)\mathrm{d}y\mathrm{d}z\right]\cdot\left(\boldsymbol{V} - \frac{\partial \boldsymbol{V}}{\partial x}\frac{\mathrm{d}x}{2}\right) + \left[\left(\boldsymbol{\tau}_x + \frac{\partial \boldsymbol{\tau}_x}{\partial x}\frac{\mathrm{d}x}{2}\right)\mathrm{d}y\mathrm{d}z\right]\cdot\left(\boldsymbol{V} + \frac{\partial \boldsymbol{V}}{\partial x}\frac{\mathrm{d}x}{2}\right) \\
&+\left[-\left(\boldsymbol{\tau}_y - \frac{\partial \boldsymbol{\tau}_y}{\partial y}\frac{\mathrm{d}y}{2}\right)\mathrm{d}x\mathrm{d}z\right]\cdot\left(\boldsymbol{V} - \frac{\partial \boldsymbol{V}}{\partial y}\frac{\mathrm{d}y}{2}\right) + \left[\left(\boldsymbol{\tau}_y + \frac{\partial \boldsymbol{\tau}_y}{\partial y}\frac{\mathrm{d}y}{2}\right)\mathrm{d}x\mathrm{d}z\right]\cdot\left(\boldsymbol{V} + \frac{\partial \boldsymbol{V}}{\partial y}\frac{\mathrm{d}y}{2}\right) \\
&+\left[-\left(\boldsymbol{\tau}_z - \frac{\partial \boldsymbol{\tau}_z}{\partial z}\frac{\mathrm{d}z}{2}\right)\mathrm{d}x\mathrm{d}y\right]\cdot\left(\boldsymbol{V} - \frac{\partial \boldsymbol{V}}{\partial z}\frac{\mathrm{d}z}{2}\right) + \left[\left(\boldsymbol{\tau}_z + \frac{\partial \boldsymbol{\tau}_z}{\partial z}\frac{\mathrm{d}z}{2}\right)\mathrm{d}x\mathrm{d}y\right]\cdot\left(\boldsymbol{V} + \frac{\partial \boldsymbol{V}}{\partial z}\frac{\mathrm{d}z}{2}\right)
\end{aligned}
\tag{2.68}
$$

将上式展开，可得黏性力做功的功率为

$$
\begin{aligned}
&\left[\left(\boldsymbol{\tau}_x \cdot \frac{\partial \boldsymbol{V}}{\partial x} + \boldsymbol{V}\cdot\frac{\partial \boldsymbol{\tau}_x}{\partial x}\right) + \left(\boldsymbol{\tau}_y \cdot \frac{\partial \boldsymbol{V}}{\partial y} + \boldsymbol{V}\cdot\frac{\partial \boldsymbol{\tau}_y}{\partial y}\right) + \left(\boldsymbol{\tau}_z \cdot \frac{\partial \boldsymbol{V}}{\partial z} + \boldsymbol{V}\cdot\frac{\partial \boldsymbol{\tau}_z}{\partial z}\right)\right]\delta\upsilon \\
&= \left[\frac{\partial(\boldsymbol{\tau}_x \cdot \boldsymbol{V})}{\partial x} + \frac{\partial(\boldsymbol{\tau}_y \cdot \boldsymbol{V})}{\partial y} + \frac{\partial(\boldsymbol{\tau}_z \cdot \boldsymbol{V})}{\partial z}\right]\delta\upsilon = \delta\upsilon\nabla\cdot(\boldsymbol{\tau}\cdot\boldsymbol{V})
\end{aligned}
\tag{2.69}
$$

因此，根据式（2.66）、式（2.67）和式（2.69），所有的力对流体微团做功的功率为

$$
\delta\dot{w} = \delta\upsilon\left[\rho\boldsymbol{f}\cdot\boldsymbol{V} - \nabla\cdot(p\boldsymbol{V}) + \nabla\cdot(\boldsymbol{\tau}\cdot\boldsymbol{V})\right] \tag{2.70}
$$

设流体微团中心处的热流密度矢量为 $\dot{\boldsymbol{q}}_c = -k\nabla T = (\dot{q}_{cx}, \dot{q}_{cy}, \dot{q}_{cz})$。由于只有沿表面法向的热流密度矢量

分量才能向表面内外传导热量，因此分析流体微团上因热传导而产生的传热时只需要分析流体微团各表面上热流密度矢量的法向分量。如图 2.11 所示，流体微团左侧面上的热流密度法向分量为 $\dot{q}_{cx}-(\partial\dot{q}_{cx}/\partial x)(\mathrm{d}x/2)$，右侧面上的热流密度法向分量为 $\dot{q}_{cx}+(\partial\dot{q}_{cx}/\partial x)(\mathrm{d}x/2)$，前侧面上的热流密度法向分量为 $\dot{q}_{cy}-(\partial\dot{q}_{cy}/\partial y)(\mathrm{d}y/2)$，后侧面上的热流密度法向分量为 $\dot{q}_{cy}+(\partial\dot{q}_{cy}/\partial y)(\mathrm{d}y/2)$，下侧面上的热流密度法向分量为 $\dot{q}_{cz}-(\partial\dot{q}_{cz}/\partial z)(\mathrm{d}z/2)$，上侧面上的热流密度法向分量为 $\dot{q}_{cz}+(\partial\dot{q}_{cz}/\partial z)(\mathrm{d}z/2)$。

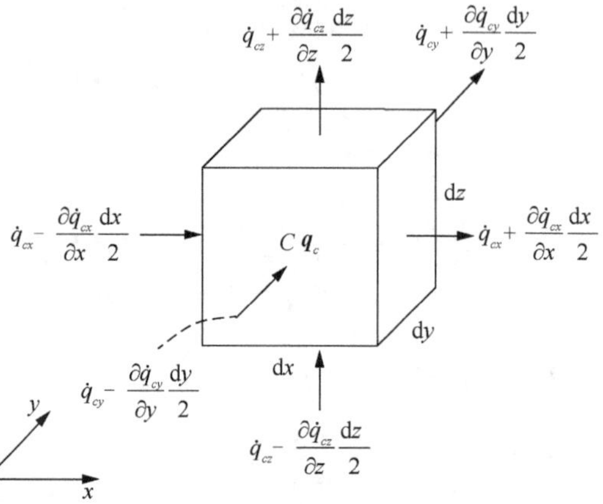

图 2.11　流体微团热传导分析

因此，因热传导而流入流体微团的热传导功率为

$$\begin{aligned}&\left(\dot{q}_{cx}-\frac{\partial\dot{q}_{cx}}{\partial x}\frac{\mathrm{d}x}{2}\right)\mathrm{d}y\mathrm{d}z-\left(\dot{q}_{cx}+\frac{\partial\dot{q}_{cx}}{\partial x}\frac{\mathrm{d}x}{2}\right)\mathrm{d}y\mathrm{d}z\\&+\left(\dot{q}_{cy}-\frac{\partial\dot{q}_{cy}}{\partial y}\frac{\mathrm{d}y}{2}\right)\mathrm{d}x\mathrm{d}z-\left(\dot{q}_{cy}+\frac{\partial\dot{q}_{cy}}{\partial y}\frac{\mathrm{d}y}{2}\right)\mathrm{d}x\mathrm{d}z\\&+\left(\dot{q}_{cz}-\frac{\partial\dot{q}_{cz}}{\partial z}\frac{\mathrm{d}z}{2}\right)\mathrm{d}x\mathrm{d}y-\left(\dot{q}_{cz}+\frac{\partial\dot{q}_{cz}}{\partial z}\frac{\mathrm{d}z}{2}\right)\mathrm{d}x\mathrm{d}y\end{aligned}$$

将上式展开，可得热传导功率为

$$-\left(\frac{\partial\dot{q}_{cx}}{\partial x}+\frac{\partial\dot{q}_{cy}}{\partial y}+\frac{\partial\dot{q}_{cz}}{\partial z}\right)\delta\upsilon=-\delta\upsilon\nabla\cdot\dot{\boldsymbol{q}}_c \tag{2.71}$$

将式（2.65）代入式（2.71），则热传导功率为

$$\delta\upsilon\nabla\cdot(k\nabla T) \tag{2.72}$$

由于热辐射或其他原因传入单位质量流体的热功率为 $\dot{q}_r$，因此流体微团内因此而产生的热功率为

$$\rho\dot{q}_r\delta\upsilon \tag{2.73}$$

从而外界环境传递给流体微团的传热率为

$$\delta\dot{q}=\left[\nabla\cdot(k\nabla T)+\rho\dot{q}_r\right]\delta\upsilon \tag{2.74}$$

热力学第一定律式（2.62）和功率方程式（2.63）都是针对宏观静止系统的。对于运动的流体而言，系统的总能量等于系统内能和宏观动能的总和。这里，重力已经默认包含在彻体力做功部分，所以系统总能量不能再重复考虑重力势能。

对于如图 1.2 所示以速度 $\boldsymbol{V}$ 运动的流体微团，设单位质量流体的内能为 e，则系统的总能量为

$$E=\left(e+\frac{V^2}{2}\right)\rho\delta\upsilon \tag{2.75}$$

综合式（2.70）、式（2.74）和式（2.75），根据功率方程式（2.63）并注意到此时系统的总能量是 E 而不是 e，可得

$$\frac{\mathrm{D}}{\mathrm{D}t}\left[\left(e+\frac{V^2}{2}\right)\rho\delta\upsilon\right]=\delta\upsilon\left[\rho\boldsymbol{f}\cdot\boldsymbol{V}-\nabla\cdot\left(p\boldsymbol{V}\right)+\nabla\cdot\left(\boldsymbol{\tau}\cdot\boldsymbol{V}\right)\right]+\left[\nabla\cdot\left(k\nabla T\right)+\rho\dot{q}_r\right]\delta\upsilon \tag{2.76}$$

根据式（2.1），式（2.76）的左端项可表达为

$$\frac{\mathrm{D}}{\mathrm{D}t}\left[\left(e+\frac{V^2}{2}\right)\rho\delta\upsilon\right]=\rho\delta\upsilon\frac{\mathrm{D}}{\mathrm{D}t}\left(e+\frac{V^2}{2}\right) \tag{2.77}$$

因此，式（2.76）简化为

$$\rho\frac{\mathrm{D}}{\mathrm{D}t}\left(e+\frac{V^2}{2}\right)=\rho\boldsymbol{f}\cdot\boldsymbol{V}-\nabla\cdot\left(p\boldsymbol{V}\right)+\nabla\cdot\left(\boldsymbol{\tau}\cdot\boldsymbol{V}\right)+\nabla\cdot\left(k\nabla T\right)+\rho\dot{q}_r \tag{2.78}$$

式（2.78）是用物质导数形式表达的能量方程的微分形式。它建立了流场中任意给定点的流动变量之间的关系。

用爱因斯坦求和符号，式（2.78）在笛卡儿正交直角坐标系中可以表达为

$$\rho\frac{\mathrm{D}}{\mathrm{D}t}\left(e+\frac{V^2}{2}\right)=\rho f_i u_i-\frac{\partial\left(pu_i\right)}{\partial x_i}+\frac{\partial\left(\tau_{ij}u_i\right)}{\partial x_j}+\frac{\partial}{\partial x_i}\left(k\frac{\partial T}{\partial x_i}\right)+\rho\dot{q}_r \tag{2.79}$$

根据式（1.80），式（2.76）的左端项也可以表达为

$$\frac{\mathrm{D}}{\mathrm{D}t}\left[\left(e+\frac{V^2}{2}\right)\rho\delta\upsilon\right]=\delta\upsilon\frac{\mathrm{D}}{\mathrm{D}t}\left[\rho\left(e+\frac{V^2}{2}\right)\right]+\rho\left(e+\frac{V^2}{2}\right)\delta\upsilon\nabla\cdot\boldsymbol{V} \tag{2.80}$$

根据物质导数的定义和式（2.3），式（2.80）可以进一步表达为

$$\frac{\mathrm{D}}{\mathrm{D}t}\left[\left(e+\frac{V^2}{2}\right)\rho\delta\upsilon\right]=\delta\upsilon\left\{\frac{\partial}{\partial t}\left[\rho\left(e+\frac{V^2}{2}\right)\right]+\nabla\cdot\left[\rho\left(e+\frac{V^2}{2}\right)\boldsymbol{V}\right]\right\} \tag{2.81}$$

将式（2.81）代入式（2.76），简化后可得

$$\frac{\partial}{\partial t}\left[\rho\left(e+\frac{V^2}{2}\right)\right]+\nabla\cdot\left[\rho\left(e+\frac{V^2}{2}\right)\boldsymbol{V}\right]=\rho\boldsymbol{f}\cdot\boldsymbol{V}-\nabla\cdot\left(p\boldsymbol{V}\right)+\nabla\cdot\left(\boldsymbol{\tau}\cdot\boldsymbol{V}\right)+\nabla\cdot\left(k\nabla T\right)+\rho\dot{q}_r \tag{2.82}$$

式（2.82）是能量方程微分形式的又一种表达形式。

用爱因斯坦求和符号，式（2.82）在笛卡儿正交直角坐标系中可以表达为

$$\frac{\partial}{\partial t}\left[\rho\left(e+\frac{V^2}{2}\right)\right]+\frac{\partial}{\partial x_i}\left[\rho\left(e+\frac{V^2}{2}\right)u_i\right]=\rho f_i u_i-\frac{\partial\left(pu_i\right)}{\partial x_i}+\frac{\partial\left(\tau_{ij}u_i\right)}{\partial x_j}+\frac{\partial}{\partial x_i}\left(k\frac{\partial T}{\partial x_i}\right)+\rho\dot{q}_r \tag{2.83}$$

在能量方程中，引入了另外两个未知的流场变量 e 和 T 。现在有三个方程，即连续方程、动量方程和能量方程，但它们包含了五个独立的变量，ρ 、p 、$\boldsymbol{V}$ 、e 和 T 。通过热力学状态关系可以获得有关 e 的第四个方程。如果气体是完全气体，那么

$$e=c_V T \tag{2.84}$$

式中，c_V 为比定容热容。利用完全气体状态方程就可以使这几个方程组成的系统封闭

$$p = \rho RT$$

2.3.2 积分形式的能量方程

对流过如图 2.7 所示的空间位置固定的控制体的流体，研究对象是某一时刻 t 时控制体内所有流体质点组成的质点系 m_{CV}^t。设：

$B_1 =$ 外界环境传递给质点系 m_{CV}^t 热量的传热率

$B_2 =$ 外界环境对质点系 m_{CV}^t 做功的功率

$B_3 =$ 质点系 m_{CV}^t 能量的变化率

根据功率方程式（2.63），有

$$B_1 + B_2 = B_3 \tag{2.85}$$

图 2.7 中，控制体的体元 $\mathrm{d}\upsilon$ 内包含的流体质量是 $\rho\mathrm{d}\upsilon$，因此，这些物质总的以热辐射或其他原因传递的热功率是 $\dot{q}_r\rho\mathrm{d}\upsilon$。对整个控制体进行积分，有

$$\text{热辐射等原因在质点系 } m_{CV}^t \text{ 内产生的热功率} = \oiiint_\upsilon \dot{q}_r\rho\mathrm{d}\upsilon \tag{2.86}$$

在控制面的面元 $\mathrm{d}S$ 上因热传导而产生的热功率为 $-\dot{\boldsymbol{q}}_c\cdot\boldsymbol{n}\mathrm{d}S = k\nabla T\cdot\boldsymbol{n}\mathrm{d}S$，因此在整个控制面上因热传导流入控制体内质点系 m_{CV}^t 的热功率为

$$\text{因热传导流入质点系 } m_{CV}^t \text{ 的热功率} = \oiint_S k\nabla T\cdot\boldsymbol{n}\mathrm{d}S \tag{2.87}$$

因此在式（2.85）中，质点系 m_{CV}^t 总的热量增加率可以由式（2.86）和式（2.87）给出，即

$$B_1 = \oiiint_\upsilon \dot{q}_r\rho\mathrm{d}\upsilon + \oiint_S k\nabla T\cdot\boldsymbol{n}\mathrm{d}S \tag{2.88}$$

下面来推导外界环境对质点系 m_{CV}^t 做功的功率 B_2 的表达式。考虑图 2.7 中控制面上一个面元 $\mathrm{d}S$。面元所受的压力为 $-p\boldsymbol{n}\mathrm{d}S$，黏性力为 $\boldsymbol{\tau}\cdot\boldsymbol{n}\mathrm{d}S$。当流体以速度 $\boldsymbol{V}$ 穿过面元 $\mathrm{d}S$ 时，压力和黏性力对穿过面元 $\mathrm{d}S$ 的流体做功的功率分别为 $(-p\boldsymbol{n}\mathrm{d}S)\cdot\boldsymbol{V}$、$(\boldsymbol{\tau}\cdot\boldsymbol{n}\mathrm{d}S)\cdot\boldsymbol{V}$。因此对整个控制面求积分，有

$$\text{控制面 } S \text{ 上的压力和黏性力对质点系 } m_{CV}^t \text{ 做功的功率} = -\oiint_S \boldsymbol{V}\cdot(p\boldsymbol{n}\mathrm{d}S) + \oiint_S \boldsymbol{V}\cdot(\boldsymbol{\tau}\cdot\boldsymbol{n}\mathrm{d}S) \tag{2.89}$$

此外，取控制体内的一个体元 $\mathrm{d}\upsilon$，如图 2.7 所示，彻体力为 $\boldsymbol{f}\rho\mathrm{d}\upsilon$。彻体力对体元做功的功率是 $(\rho\boldsymbol{f})\cdot\boldsymbol{V}\mathrm{d}\upsilon$。对整个控制体求积分，有

$$\text{彻体力对质点系 } m_{CV}^t \text{ 做功的功率} = \oiiint_\upsilon \rho\boldsymbol{f}\cdot\boldsymbol{V}\mathrm{d}\upsilon \tag{2.90}$$

于是对控制体内质点系 m_{CV}^t 做功的总功率就是式（2.89）、式（2.90）的和，即

$$B_2 = -\oiint_S p\boldsymbol{V}\cdot\boldsymbol{n}\mathrm{d}S + \oiint_S (\boldsymbol{\tau}\cdot\boldsymbol{V})\cdot\boldsymbol{n}\mathrm{d}S + \oiiint_\upsilon \rho\boldsymbol{V}\cdot\boldsymbol{f}\mathrm{d}\upsilon \tag{2.91}$$

为了分析清楚控制体内质点系 m_{CV}^t 的能量，回到式（2.62）中表达的热力学第一定律，

内能e是系统内的原子和分子的随机运动的能量，式（2.62）描述的只是一个宏观上静止的系统。然而，图 2.7 所示控制体内的流体质点不是静止的，而是以当地速度$\boldsymbol{V}$运动，因而单位质量流体质点的动能为$V^2/2$。因此，单位质量运动流体质点的总能量是其内能和动能之和$e+V^2/2$，这个和称为单位质量流体质点的总能。

现在来求B_3的表达式。研究对象是控制体内的质点系m_{CV}^t。而对于空间位置固定的控制体，流体质点可以通过控制面流入或者流出，从而造成流体能量通过控制面的流入或者流出。所以对质点系m_{CV}^t而言，在一个微小的时间段δt后，其能量就等于控制体内流体能量加上净流出控制面的流体质量所携带的能量。令$\delta t \to 0$，则可得到质点系m_{CV}^t能量随时间的变化率为单位时间内净流出控制面的流体质量所携带的能量和控制体内流体能量随时间的变化率两项之和。

通过面元$\mathrm{d}S$流出图 2.7 所示控制体的质量流量是$\rho\boldsymbol{V}\bullet\boldsymbol{n}\mathrm{d}S$，那么单位时间内流出面元$\mathrm{d}S$的流体质量所携带的总能是$\rho(\boldsymbol{V}\bullet\boldsymbol{n}\mathrm{d}S)\left(e+V^2/2\right)$。这样，沿整个控制面积分，可以得到单位时间内净流出整个控制面的流体质量所携带的总能为

$$\oiint_S \left(e+\frac{1}{2}V^2\right)(\rho\boldsymbol{V}\cdot\boldsymbol{n}\mathrm{d}S) \tag{2.92}$$

此外，如果流动是非定常的，由于流场变量的瞬时振荡，控制体内的总能就有一个随时间的变化率。体元$\mathrm{d}\upsilon$含有的总能是$\rho\left(e+V^2/2\right)\mathrm{d}\upsilon$，因此整个控制体内的总能为$\oiiint_\upsilon \rho\left(e+V^2/2\right)\mathrm{d}\upsilon$，从而因控制体内流场的非定常特性而产生的总能当地变化率为

$$\frac{\partial}{\partial t}\oiiint_\upsilon \rho\left(e+\frac{1}{2}V^2\right)\mathrm{d}\upsilon \tag{2.93}$$

所以，B_3等于式（2.92）与式（2.93）的和，即

$$B_3=\frac{\partial}{\partial t}\oiiint_\upsilon \rho\left(e+\frac{1}{2}V^2\right)\mathrm{d}\upsilon+\oiint_S\left(e+\frac{1}{2}V^2\right)(\rho\boldsymbol{V}\cdot\boldsymbol{n}\mathrm{d}S) \tag{2.94}$$

于是，把式（2.88）、式（2.91）和式（2.94）代入式（2.85），可以得出

$$\begin{aligned}&\oiiint_\upsilon \dot{q}_r\rho\mathrm{d}\upsilon+\oiint_S k\nabla T\cdot\boldsymbol{n}\mathrm{d}S-\oiint_S p\boldsymbol{V}\cdot\boldsymbol{n}\mathrm{d}S+\oiint_S(\boldsymbol{\tau}\cdot\boldsymbol{V})\cdot\boldsymbol{n}\mathrm{d}S+\oiiint_\upsilon \rho\boldsymbol{f}\cdot\boldsymbol{V}\mathrm{d}\upsilon\\&=\frac{\partial}{\partial t}\oiiint_\upsilon \rho\left(e+\frac{1}{2}V^2\right)\mathrm{d}\upsilon+\oiint_S\rho\left(e+\frac{1}{2}V^2\right)\boldsymbol{V}\cdot\boldsymbol{n}\mathrm{d}S\end{aligned} \tag{2.95}$$

式（2.95）是积分形式的能量方程，其实质是流体中的热力学第一定律。

为了完整起见，如果是射流流过图 2.7 中的控制面，那么由射流传递的功率也必须加到式（2.95）等号的左端。此外，由于重力默认包含在彻体力中，因此重力势能并没有显式地出现在式（2.95）中。本书中考虑的空气动力学问题并不考虑射流功率，通常也忽略重力的影响。

与连续方程和动量方程一样，微分形式的能量方程也可以从积分形式的能量方程式（2.95）导出。对式（2.95）中的面积分运用散度定理，并把所有项都整理到同一个体积分，令被积函数为零，可以得到

$$\frac{\partial}{\partial t}\left[\rho\left(e+\frac{1}{2}V^2\right)\right]+\nabla\cdot\left[\rho\left(e+\frac{1}{2}V^2\right)\boldsymbol{V}\right]$$
$$=\rho\boldsymbol{f}\cdot\boldsymbol{V}-\nabla\cdot\left(p\boldsymbol{V}\right)+\nabla\cdot\left(\boldsymbol{\tau}\cdot\boldsymbol{V}\right)+\nabla\cdot\left(k\nabla T\right)+\rho\dot{q}_r$$

该式就是微分形式的能量方程式（2.82）。

如果流动是定常$(\partial/\partial t=0)$、无黏$(\boldsymbol{\tau}=\boldsymbol{0})$、绝热$(\dot{q}_r=0,k=0)$，并且忽略彻体力$(\boldsymbol{f}=0)$，则式（2.82）和式（2.95）可以分别简化为

$$\nabla\cdot\left[\rho\left(e+\frac{1}{2}V^2\right)\boldsymbol{V}\right]=-\nabla\cdot(p\boldsymbol{V}) \tag{2.96}$$

和

$$\oint\!\!\!\oint_S\rho\left(e+\frac{1}{2}V^2\right)\boldsymbol{V}\cdot\boldsymbol{n}\,\mathrm{d}S=-\oint\!\!\!\oint_S p\boldsymbol{V}\cdot\boldsymbol{n}\,\mathrm{d}S \tag{2.97}$$

*2.4 N-S 方程和两种特殊的流动

2.4.1 N-S 方程

流体力学的连续方程、动量方程和能量方程所组成的方程组通常称为N-S方程（有时也专指黏流的动量方程）。根据式（2.2）、式（2.31）和式（2.78），N-S方程的微分形式为

$$\begin{cases}\dfrac{\mathrm{D}\rho}{\mathrm{D}t}+\rho\nabla\cdot\boldsymbol{V}=0\\[2mm]\rho\dfrac{\mathrm{D}\boldsymbol{V}}{\mathrm{D}t}=-\nabla p+\rho\boldsymbol{f}+\nabla\cdot\boldsymbol{\tau}\\[2mm]\rho\dfrac{\mathrm{D}}{\mathrm{D}t}\left(e+\dfrac{V^2}{2}\right)=\rho\boldsymbol{f}\cdot\boldsymbol{V}-\nabla\cdot\left(p\boldsymbol{V}\right)+\nabla\cdot\left(\boldsymbol{\tau}\cdot\boldsymbol{V}\right)+\nabla\cdot\left(k\nabla T\right)+\rho\dot{q}_r\end{cases} \tag{2.98}$$

式中，ρ为密度；$\boldsymbol{V}$为流速；p为压强；$\boldsymbol{f}$为单位质量上的彻体力；T为温度；e为单位质量流体的内能；k为导热系数；$\dot{q}_r$为热辐射或其他原因传入单位质量流体的热功率；黏性应力张量$\boldsymbol{\tau}$由式（2.26）和式（2.27）给定。

三维N-S方程有三个方程，但却有五个未知量ρ，$\boldsymbol{V}$，p，T和e。对于完全气体，N-S方程必须和状态方程$p=\rho RT$以及内能与温度之间的关系式$e=c_V T$联立才能求解。

根据式（2.13）、式（2.50）和式（2.95），N-S方程的积分形式为

$$\begin{cases}\displaystyle\iiint_\upsilon\frac{\partial\rho}{\partial t}\mathrm{d}\upsilon+\oint\!\!\!\oint_S\rho\boldsymbol{V}\cdot\boldsymbol{n}\,\mathrm{d}S=0\\[2mm]\displaystyle\oint\!\!\!\oint_S\boldsymbol{V}\left(\rho\boldsymbol{V}\cdot\boldsymbol{n}\,\mathrm{d}S\right)+\iiint_\upsilon\frac{\partial\left(\rho\boldsymbol{V}\right)}{\partial t}\mathrm{d}\upsilon=\iiint_\upsilon\rho\boldsymbol{f}\,\mathrm{d}\upsilon-\oint\!\!\!\oint_S p\boldsymbol{n}\,\mathrm{d}S+\oint\!\!\!\oint_S\boldsymbol{\tau}\cdot\boldsymbol{n}\,\mathrm{d}S\\[2mm]\displaystyle\oint\!\!\!\oint_S\left(k\nabla T-p\boldsymbol{V}+\boldsymbol{\tau}\cdot\boldsymbol{V}\right)\cdot\boldsymbol{n}\,\mathrm{d}S+\iiint_\upsilon\rho\left(\boldsymbol{f}\cdot\boldsymbol{V}+\dot{q}_r\right)\mathrm{d}\upsilon=\iiint_\upsilon\frac{\partial\left(\rho E\right)}{\partial t}\mathrm{d}\upsilon+\oint\!\!\!\oint_S\rho E\boldsymbol{V}\cdot\boldsymbol{n}\,\mathrm{d}S\end{cases} \tag{2.99}$$

式中，$E = e + V^2/2$。

N-S 方程式（2.98）和式（2.99）都是高度非线性偏微分方程或者积分方程。到目前为止，还没有这些方程的解析解。但是人们想出两种替代的方法。一种是针对某些应用空气动力学问题，对控制方程进行一定程度的简化，从而找出简化方程的解析解。例如，正激波的流动分析。由于穿过激波时流场变量只在流动方向发生变化，因此它是一维流动。在这种情况下，连续方程、动量方程和能量方程中对 y 和 z 的偏导数都等于零，从而得到一维方程。再如，绕翼型的可压流动，迎角很小且自由来流的马赫数 M 不接近 1 并且不大于 5，那么控制方程中的许多项相对其余项要小得多，可以忽略，简化后的方程是线性的。而对不可压无黏流动来说控制方程更是完全线性的。对有些情况，简化方程是可以得到解析解的，即使不能得到解析解，简化方程的求解也要方便得多。

另一种求解 N-S 方程的一般方法是数值计算——计算流体动力学（CFD）。计算流体动力学的最大优点在于可以处理完全非线性的连续方程、动量方程和能量方程。正因为如此，许多以前不能求解的空气动力学的复杂流动，都可以用计算流体动力学的方法来解决。有关 CFD 的基础知识将在第 10 章讨论。

2.4.2　两种特殊的流动

在极少数简单的情况，根据流动的物理背景和几何性质，N-S 方程中的很多项都将精确地变为零，从而使解析求解 N-S 方程成为可能。库埃特流动（Couette flow）和泊肃叶流动（Poiseuille flow）就属于这种情况。因为这两种流动的流线都是直线，而且相互之间是平行的，所以通常称为平行流。

1. 库埃特流动

考虑图 2.12 所示的黏性流动模型，两块距离为 D 的无限长平行平板，下面的平板固定不动，上面的平板以速度 u_e 向右运动。根据无滑移边界条件，平板和流体之间没有相对运动，所以在上面平板壁面处（$y = D$），流体速度 $u = u_e$。类似地，在下面平板壁面处（$y = 0$），流体速度 $u = 0$。上面平板运动将对 $y = D$ 处的流体产生向右的剪切应力 τ_e，驱动流体向右运动。根据作用力和反作用力原理，流体对上面平板产生向左的剪切应力 τ_e，阻滞平板向右运动。假设作用在上面平板上的外力足以克服流体产生的剪切应力，以保证平板以匀速 u_e 向右运动。

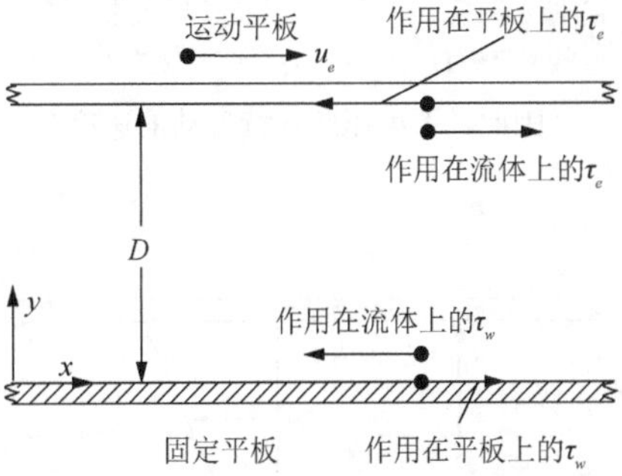

图 2.12　库埃特流动示意图

库埃特流动具有以下特点：

（1）忽略重力影响。

（2）由于两块平板都是与 x 轴平行的，平板间的流体只受到 x 方向的作用力，因此平板间的流线都是直线，且相互平行，也就是说，平板间的流体只有 x 方向的速度，而 y 和 z 方向的速度都为零。

（3）由于平板是无限长的，因此流动参数沿 x 方向没有变化，只可能沿 y 方向发生变化。

（4）由于流动是定常的，因此所有流动参数对时间的偏导数项都为零。

考察 N-S 方程式（2.98），对于库埃特流动，有以下条件成立：

$$v = w = 0\,,\quad \frac{\partial(*)}{\partial x} = 0\,,\quad \frac{\partial(*)}{\partial z} = 0\,,\quad \frac{\partial(*)}{\partial t} = 0$$

这里 * 表示任意的流动参数。所以，对于库埃特流动，根据 N-S 方程式（2.98）可得：x 方向动量方程为

$$\frac{\partial}{\partial y}\left(\mu\frac{\partial u}{\partial y}\right)=0 \tag{2.100}$$

y 方向动量方程为

$$\frac{\partial p}{\partial y}=0 \tag{2.101}$$

能量方程为

$$\frac{\partial}{\partial y}\left(k\frac{\partial T}{\partial y}\right)+\frac{\partial}{\partial y}\left(\mu u\frac{\partial u}{\partial y}\right)=0 \tag{2.102}$$

式（2.100）～式（2.102）为库埃特流动的控制方程。这里要强调的是，这些方程是应用于库埃特流动的 N-S 方程的精确形式，没有作任何近似。从式（2.101）可以知道，压强 p 沿 y 保持不变；另外，从前面的分析可知，$\partial p/\partial x$ 也为零，所以压强 p 在整个流场中为常数。以下分别就不可压和可压缩库埃特流动进行讨论。

1）不可压库埃特流动

对于不可压流，ρ、μ 和 k 都为常量，因此式（2.100）可以改写为

$$\frac{\partial^2 u}{\partial y^2}=0 \tag{2.103}$$

对 y 进行两次积分，得到

$$u=ay+b \tag{2.104}$$

式中，a 和 b 为积分常数，可以通过边界条件确定：在 $y=0$ 处，$u=0$，因此 $b=0$；在 $y=D$ 处，$u=u_e$，因此 $a=u_e/D$。

因此，不可压库埃特流动的速度分布为

$$u=u_e\frac{y}{D} \tag{2.105}$$

速度沿 y 方向线性变化，如图 2.13 所示。

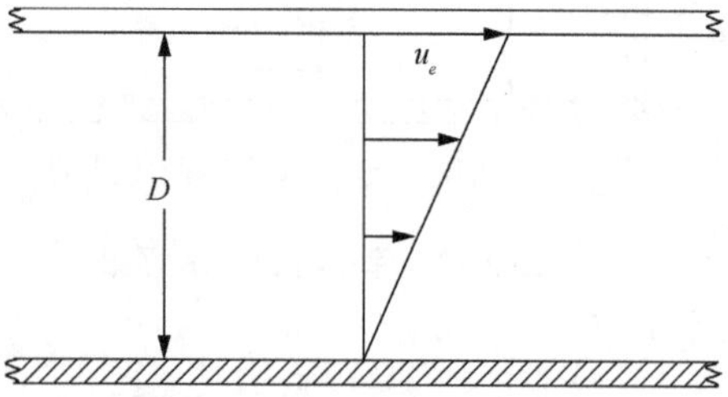

图 2.13　不可压库埃特流动的速度型

一旦速度型得到，就可以计算流场中任意一点的剪切应力

$$\tau=\mu\frac{\partial u}{\partial y} \tag{2.106}$$

由式（2.105）得到

$$\frac{\partial u}{\partial y}=\frac{u_e}{D} \tag{2.107}$$

因此

$$\tau=\mu\frac{u_e}{D} \tag{2.108}$$

速度场确定后，可以通过对式（2.102）进行积分得到温度场的分布。

2）可压缩库埃特流动

对于可压缩库埃特流动，ρ、μ 和 k 不再为常量。由于温度是 y 的函数，它们也都是 y 的函数，即 $\rho=\rho(y)$、$\mu=\mu(y)$ 和 $k=k(y)$。由式（2.106）和式（2.100）得到

$$\frac{\partial}{\partial y}\left(\mu\frac{\partial u}{\partial y}\right)=\frac{\partial \tau}{\partial y}=0 \tag{2.109}$$

或者

$$\tau = 常数 \tag{2.110}$$

由于 $\mu = \mu(y)$，而 $\tau = \mu \partial u/\partial y$，因此 $\partial u/\partial y$ 不再是常量，这是可压缩库埃特流动和不可压库埃特流动本质不同的地方。现在，式（2.102）可以改写为

$$\frac{\partial}{\partial y}\left(k\frac{\partial T}{\partial y}\right) + \tau\frac{\partial u}{\partial y} = 0 \tag{2.111}$$

μ 可以通过萨瑟兰公式来确定

$$\mu = \mu_0\left(\frac{T}{T_0}\right)^{3/2}\frac{T_0 + 110}{T + 110} \tag{2.112}$$

因此

$$\tau = \mu\frac{\partial u}{\partial y} = \mu_0\left(\frac{T}{T_0}\right)^{3/2}\frac{T_0 + 110}{T + 110}\left(\frac{\partial u}{\partial y}\right) \tag{2.113}$$

由于 μ 和 k 都是变量，因此式（2.111）为非线性偏微分方程，没有解析解，必须通过数值方法进行求解。

2. *泊肃叶流动*

考虑图 2.14 所示两块无限长平行平板间的黏性流动，与库埃特流动不同，现在两块平板都是固定的，平板间流体流动不是靠平板运动产生的剪切应力驱动，而是靠流场中存在的压强梯度来驱动。现在来考察泊肃叶流动的 N-S 方程表述形式，为了简单起见，只考虑定常不可压流动。

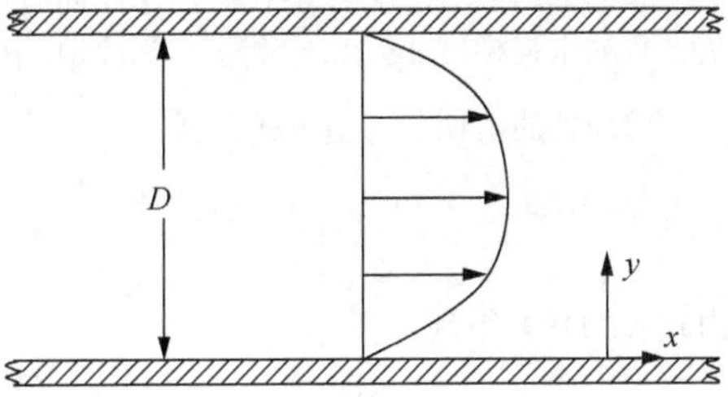

图 2.14　泊肃叶流动示意图

由式（2.98），二维定常不可压连续方程为

$$\frac{\partial u}{\partial x} + \frac{\partial v}{\partial y} = 0 \tag{2.114}$$

由于是平行流，$v = 0$，因此 $\partial v/\partial y = 0$。由式（2.114）得到 $\partial u/\partial x = 0$，即沿 x 方向 u 保持不变，u 仅仅是 y 的函数。由式（2.98）中 y 方向动量方程可得

$$\frac{\partial p}{\partial y} = 0 \tag{2.115}$$

所以 p 只沿着 x 方向发生变化，即 $p = p(x)$。由式（2.98）中 x 方向动量方程可得

$$0 = -\frac{\partial p}{\partial x} + \frac{\partial}{\partial y}\left(\mu\frac{\partial u}{\partial y}\right) \tag{2.116}$$

或者

$$\frac{\partial p}{\partial x} = \frac{\partial}{\partial y}\left(\mu\frac{\partial u}{\partial y}\right) = 常数 \tag{2.117}$$

式中，由于 p 仅是 x 的函数，u 仅是 y 的函数，因此这两项必定等于同一个常数。再根据式（2.116）可以得到，沿流向压强梯度为常数，这是不可压泊肃叶流动的一个重要性质。正是因为流场中存在压强梯度，才驱使流体运动。流场中的压强梯度必须通过外部机制建立，如在流场左侧放置高压源，在流场右侧放置低压源等。

速度型可以通过求解方程式（2.117）得到。由于 p 仅是 x 的函数，为方便起见，把压强的偏导数写成常微分形式 $\mathrm{d}p/\mathrm{d}x$。对式（2.117）进行两次积分，得到

$$u = \frac{1}{2\mu}\frac{\mathrm{d}p}{\mathrm{d}x}y^2 + ay + b \tag{2.118}$$

式中，a 和 b 是积分常数，可以利用边界条件确定。在 $y=0$ 处，$u=0$，因此 $b=0$；在 $y=D$ 处，$u=0$，因此 $a=-\left[D/(2\mu)\right](\mathrm{d}p/\mathrm{d}x)$。

所以式（2.118）变为

$$u = \frac{1}{2\mu}\frac{\mathrm{d}p}{\mathrm{d}x}\left(y^2 - Dy\right) \tag{2.119}$$

从式（2.119）可以看出，速度型是抛物型的，在 y 相同的情况下，速度大小和压强梯度 $\mathrm{d}p/\mathrm{d}x$ 成正比。最大速度可以通过对式（2.119）求极值得到。令

$$\frac{\partial u}{\partial y} = \frac{1}{2\mu}\frac{\mathrm{d}p}{\mathrm{d}x}(2y - D) = 0 \tag{2.120}$$

因此 u 在 $y=D/2$ 处取极大值 $u_{\max}$。把 $y=D/2$ 代入式（2.119），得到

$$u_{\max} = -\frac{D^2}{8\mu}\frac{\mathrm{d}p}{\mathrm{d}x} \tag{2.121}$$

如图 2.14 所示，为了驱使流体从左向右运动，压强必须沿正 x 方向递减，也就是说，压强梯度必须为负。负的压强梯度 $\mathrm{d}p/\mathrm{d}x$ 使得式（2.121）中的 $u_{\max}$ 为正，$u_{\max}$ 的大小和压强梯度 $\mathrm{d}p/\mathrm{d}x$ 的大小成正比。

壁面处的剪切应力由下式得到

$$\tau_w = \mu\left(\frac{\partial u}{\partial y}\right)_w \tag{2.122}$$

由式（2.119）得到

$$\frac{\partial u}{\partial y} = \frac{1}{2\mu}\frac{\mathrm{d}p}{\mathrm{d}x}(2y - D) \tag{2.123}$$

在 $y=0$ 处，由式（2.123）得到

$$\left(\frac{\partial u}{\partial y}\right)_w = -\frac{D}{2\mu}\frac{\mathrm{d}p}{\mathrm{d}x} \tag{2.124}$$

因此壁面剪切应力为

$$\tau_w = \mu\left(\frac{\partial u}{\partial y}\right)_w = -\frac{D}{2}\frac{\mathrm{d}p}{\mathrm{d}x} \tag{2.125}$$

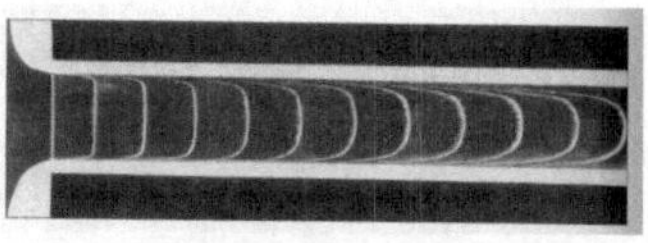

图 2.15　完全发展的流动

图 2.15 表示完全发展的实际流动情况。在管道入口处，黏性作用仅限于壁面附近的薄层区域。随着流动的发展，黏性作用区域逐渐增大。当流体在管道内流经足够长距离后，速度型就完全由黏性主宰，形成抛物型的速度型，变成了这一节讨论的泊肃叶流动。

2.5　流体微团运动分析

2.5.1　流场的迹线和流线

流体力学中，除了要求解密度场、压强场、温度场和速度场以外，还需要绘制流场的流动图画。为此，引入迹线和流线的概念。

分析由速度场$\boldsymbol{V}=\boldsymbol{V}(x,y,z,t)$给定的非定常流动，并取一个流过该流场的流体微团$A$，如图 2.16（a）所示。流体微团$A$经过点 1，跟踪流体微团$A$的运动轨迹，如图 2.16（a）中曲线所示。流体微团A的轨迹就定义为流体微团A的迹线。现在跟踪另外一个流体微团B，如图 2.16（b）所示。假设流体微团B也经过点 1，但是和流体微团A不是同时经过。流体微团B的迹线如图 2.16（b）中曲线所示。由于流动是非定常的，因此点 1 处（流场中其他的点也一样）的速度随时间变化。流体微团A和B的迹线分别是图 2.16（a）和图 2.16（b）中不同的曲线。一般来说，对非定常流动，通过流场中同一点的不同流体微团，其迹线也不相同。由以上分析可以得出，迹线（path line）是指同一流体微团在不同时刻的位置所连成的曲线。

流线（stream line）是流场中的一条瞬时曲线，其上各点的切向与该点处的流体微团的速度方向相同，如图 2.17 所示。对于非定常流动，由于速度的大小和方向随时间变化而变化，因此不同时刻的流线形状也不相同。

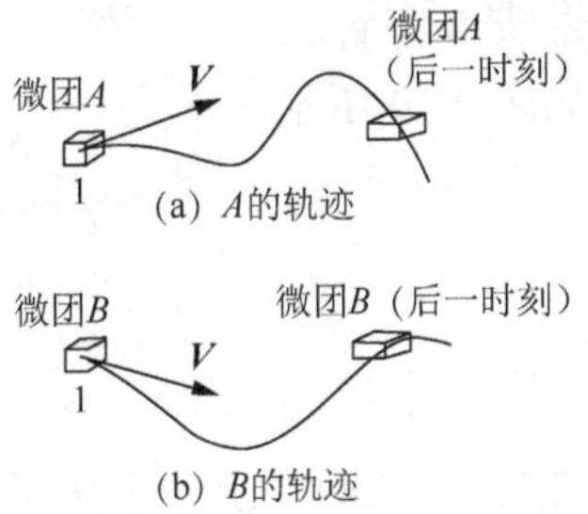

图 2.16　迹线

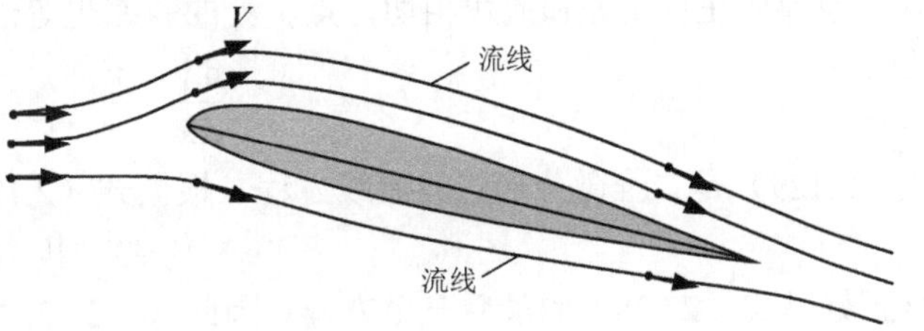

图 2.17　流线

通常情况下，流线和迹线不重合，是不同的空间曲线。然而对于定常流动，由于流场中给定点的速度的大小和方向都不随时间变化，因此经过流场中同一点的不同流体微团，其迹线相同，并且迹线和流线也重合。因此在定常流动中，流线和迹线没有区别，它们是相同的空间曲线，如图 2.18 所示。在图 2.18 中，给定流体微团经过点 1 形成一条迹线，显然后来经过点 1 的流体微团也跟随相同的迹线；又因为在任何时刻该迹线上所有点的速度矢量都与迹线相切，所以该迹线同时也是一条流线。

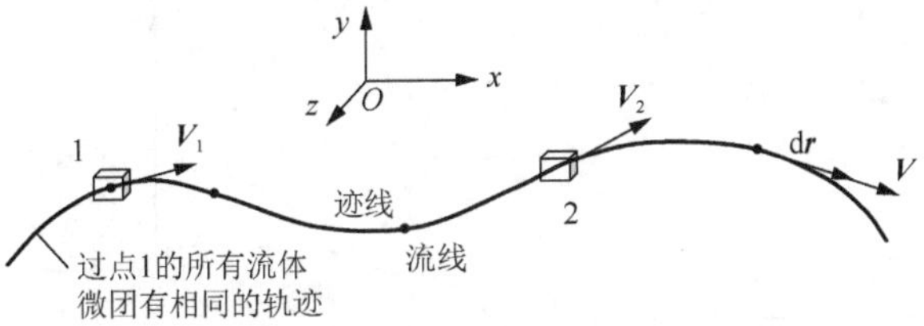

图 2.18　定常流中迹线和流线相同

问题：如果流动的速度场给定，那么如何获得流线的数学方程呢？设$\mathrm{d}\boldsymbol{r}$是流线上某点处的一个有向弧长微段，如图 2.18 所示。根据流线的定义，该点处的速度$\boldsymbol{V}$和$\mathrm{d}\boldsymbol{r}$平行，因此

$$\mathrm{d}\boldsymbol{r}\times\boldsymbol{V}=\boldsymbol{0} \tag{2.126}$$

式（2.126）就是流线方程。在笛卡儿坐标系下展开式（2.126），有

$$\mathrm{d}\boldsymbol{r}=\mathrm{d}x\boldsymbol{i}+\mathrm{d}y\boldsymbol{j}+\mathrm{d}z\boldsymbol{k}$$

$$\boldsymbol{V}=u\boldsymbol{i}+v\boldsymbol{j}+w\boldsymbol{k}$$

$$\mathrm{d}\boldsymbol{r}\times\boldsymbol{V}=\begin{vmatrix}\boldsymbol{i}&\boldsymbol{j}&\boldsymbol{k}\\ \mathrm{d}x&\mathrm{d}y&\mathrm{d}z\\ u&v&w\end{vmatrix}=(w\mathrm{d}y-v\mathrm{d}z)\boldsymbol{i}+(u\mathrm{d}z-w\mathrm{d}x)\boldsymbol{j}+(v\mathrm{d}x-u\mathrm{d}y)\boldsymbol{k}=\boldsymbol{0} \tag{2.127}$$

所以，有

$$\begin{cases}w\mathrm{d}y-v\mathrm{d}z=0\\ u\mathrm{d}z-w\mathrm{d}x=0\\ v\mathrm{d}x-u\mathrm{d}y=0\end{cases} \tag{2.128}$$

式（2.128）是微分形式的流线方程。u、v 和 w 都是坐标 x、y 和 z 的函数，对式（2.128）积分，就可以得到流线方程。

为了深入理解式(2.128)的物理意义，考虑如图 2.19 中所示二维情况下的流线 $y=f(x)$。流线上点 1 处的斜率是 $\mathrm{d}y/\mathrm{d}x$，速度 $\boldsymbol{V}$ 在 x 和 y 方向的分量分别是 u 和 v。

因为 $\boldsymbol{V}$ 在点 1 处和流线相切，点 1 处的斜率也等于 v/u，如图 2.19 所示。于是

$$\frac{\mathrm{d}y}{\mathrm{d}x}=\frac{v}{u} \tag{2.129}$$

式（2.129）是二维微分形式的流线方程。根据式（2.129），有

$$v\mathrm{d}x-u\mathrm{d}y=0$$

这正好是式（2.128）的最后一个方程。因此式（2.128）和式（2.129）在数学上表示速度和流线相切。

流管是和流线相关的一个概念。在流场中任意选取一条不为流线且不自交的封闭曲线 C，如图 2.20 所示。经过曲线 C 上每一点作流线，所有这些流线的集合所构成的管状曲面称为流管（stream tube）。由于流管由流线组成，因此流体不能流出或者流入流管表面。在任意瞬时，流场中的流管类似真实的固体管壁。对于定常流动，直接运用积分形式的连续方程，可以证明穿过流管截面的质量流量是不变的（读者自己证明）。

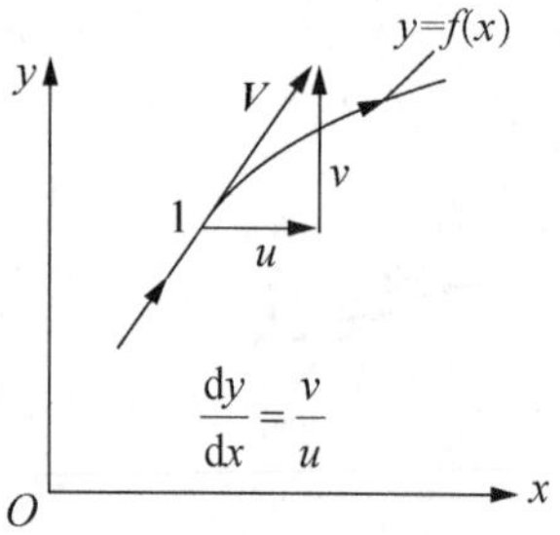

图 2.19　二维流线方程

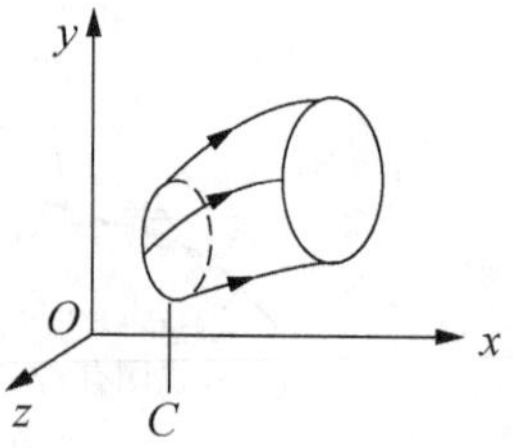

图 2.20　流管

【例 2.2】　考虑由 $u=y/(x^2+y^2)$ 和 $v=-x/(x^2+y^2)$ 确定的速度场。计算通过点 $(0,5)$ 的流线方程。

解　根据式（2.129），可得

$$\mathrm{d}y/\mathrm{d}x=v/u=-x/y$$

则有

$$y\,\mathrm{d}y=-x\,\mathrm{d}x$$

对上式积分，可以得出

$$y^2=-x^2+C$$

式中，C 是积分常数。

对通过点 $(0,5)$ 的流线，有

$$5^2=0+C \quad\Rightarrow\quad C=25$$

因此过该点的流线方程为

$$x^2+y^2=25$$

注意到，该流线是以原点为中心，半径为 5 的圆。

2.5.2　角速度和角变形率

在前面章节中曾多次用到流体微团的概念，在这一节中，将更加深入地分析流体微团的运动，并引入理论空气动力学中一个很重要的概念——旋度。

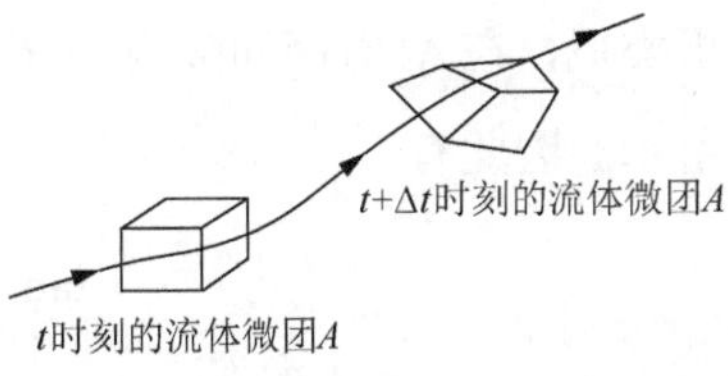

图 2.21　运动中的流体微团

流体微团做平移运动的同时，还会伴随着做旋转和变形运动（包括线变形和剪切变形），如图 2.21 所示。流体微团的旋转和变形量取决于速度场，本节的目的就是用速度场量化分析流体微团的旋转和变形运动。

考虑 xOy 平面内的一个二维流动。取流场中的一个流体微团，假设在 t 时刻，流体微团是矩形，如图 2.22 的左图所示。为了分析的方便，忽略线变形，即 $\mathrm{d}x$ 和 $\mathrm{d}y$ 的长度在运动中保持不变。微团向右上方运动，它在 $t+\Delta t$ 时刻的位置和形状如图 2.22 的右图所示。在 Δt 时间间隔内，AB 边和 AC 边旋转的角位移分别是 $\Delta\theta_1$ 和 $\Delta\theta_2$（习惯上以逆时针旋转为正）。由于图 2.22 中 AB 边是顺时针旋转，因此其角位移是负值 $\Delta\theta_1<0$。对 AC 边，它之所以旋转是因为在 Δt 时间间隔内，A 点与 C 点的运动不同。考虑 y 方向的速度，t 时刻 A 点在 y 方向上的速度分量为 v，如图 2.22 所示，C 点与 A 点的水平距离是 $\mathrm{d}x$，因此在 t 时刻，点 C 在 y 方向上的速度分量是 $v+(\partial v/\partial x)\mathrm{d}x$。于是可得

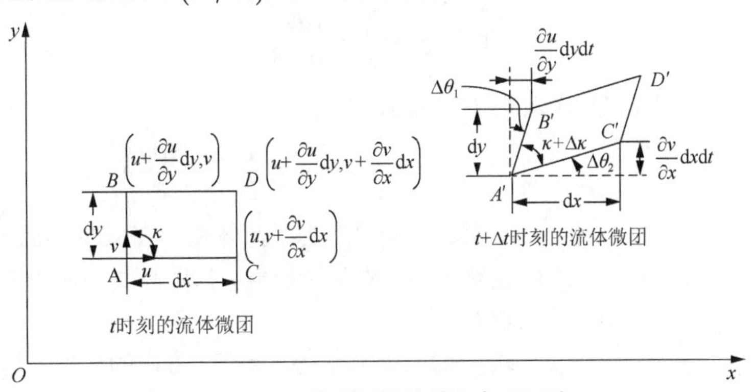

图 2.22　流体微团的旋转和变形运动

$$\Delta t\ \text{时间间隔内}\ A\ \text{点在}\ y\ \text{方向的位移} = v\Delta t$$

$$\Delta t\ \text{时间间隔内}\ C\ \text{点在}\ y\ \text{方向的位移} = \left(v + \frac{\partial v}{\partial x}\mathrm{d}x\right)\Delta t$$

$$C'\ \text{点相对于}\ A'\ \text{点在}\ y\ \text{方向上的位移} = \left(v + \frac{\partial v}{\partial x}\mathrm{d}x\right)\Delta t - v\Delta t = \left(\frac{\partial v}{\partial x}\mathrm{d}x\right)\Delta t$$

这个相对位移如图 2.22 右侧所示。根据图 2.22 中的几何关系，有

$$\tan\Delta\theta_2 = \frac{\left[(\partial v/\partial x)\mathrm{d}x\right]\Delta t}{\mathrm{d}x} = \frac{\partial v}{\partial x}\Delta t \tag{2.130}$$

因为$\Delta\theta_2$很小，所以$\tan\Delta\theta_2 \approx \Delta\theta_2$。因此式（2.130）可以写成

$$\Delta\theta_2 = \frac{\partial v}{\partial x}\Delta t \tag{2.131}$$

现在考虑 AB 边。t 时刻 A 点在 x 方向的速度分量为 u，如图 2.22 所示。B 点与 A 点在 y 方向的距离为 $\mathrm{d}y$，因此，t 时刻 B 点在 x 方向的速度分量为 $u + (\partial u/\partial y)\mathrm{d}y$。与上面的分析类似，在 Δt 时间间隔内，B' 点相对 A' 点的水平位移是 $\left[(\partial u/\partial y)\mathrm{d}y\right]\Delta t$，如图 2.22 右侧所示。因此有

$$\tan\Delta\theta_1 = -\frac{\left[(\partial u/\partial y)\mathrm{d}y\right]\Delta t}{\mathrm{d}y} = -\frac{\partial u}{\partial y}\Delta t \tag{2.132}$$

由于$\Delta\theta_1$是一个小量，式（2.132）可以写成

$$\Delta\theta_1 = -\frac{\partial u}{\partial y}\Delta t \tag{2.133}$$

定义 AB 边和 AC 边的角速度分别为 $\mathrm{d}\theta_1/\mathrm{d}t$ 和 $\mathrm{d}\theta_2/\mathrm{d}t$。由式（2.133），有

$$\frac{\mathrm{d}\theta_1}{\mathrm{d}t} = \lim_{\Delta t\to 0}\frac{\Delta\theta_1}{\Delta t} = -\frac{\partial u}{\partial y} \tag{2.134}$$

由式（2.131），有

$$\frac{\mathrm{d}\theta_2}{\mathrm{d}t} = \lim_{\Delta t\to 0}\frac{\Delta\theta_2}{\Delta t} = \frac{\partial v}{\partial x} \tag{2.135}$$

流体微团在 xOy 平面的角速度定义为 AB 边和 AC 边的角速度的平均值，记作 ε_z，因此

$$\varepsilon_z = \frac{1}{2}\left(\frac{\mathrm{d}\theta_1}{\mathrm{d}t} + \frac{\mathrm{d}\theta_2}{\mathrm{d}t}\right) \tag{2.136}$$

把式（2.134）和式（2.135）代入式（2.136），有

$$\varepsilon_z = \frac{1}{2}\left(\frac{\partial v}{\partial x} - \frac{\partial u}{\partial y}\right) \tag{2.137}$$

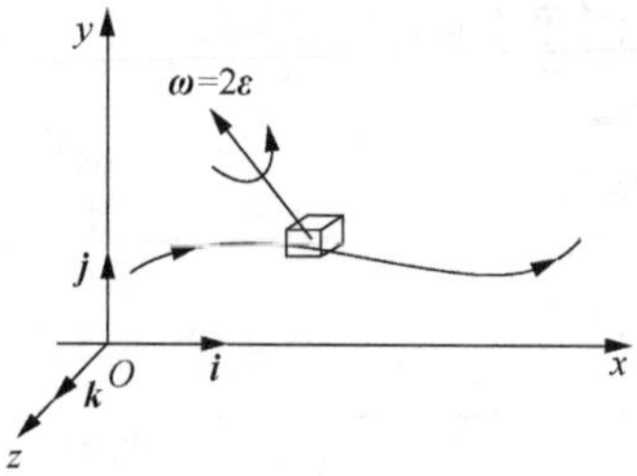

图 2.23　流体微团的角速度

上面的讨论只考虑了流体微团在 xOy 平面内的运动。对一般的三维流动，它的角速度 $\boldsymbol{\varepsilon}$ 是指向某个特定方向的矢量，如图 2.23 所示。

式（2.137）只获得了 $\boldsymbol{\varepsilon}$ 在 z 方向的分量，这就是为什么在式（2.136）和式（2.137）中 ε 有下标 z。以同样的方法，可以得到 $\boldsymbol{\varepsilon}$ 在 x 和 y 方向的分量。流体微团在三维空间的角速度是

$$\boldsymbol{\varepsilon} = \varepsilon_x \boldsymbol{i} + \varepsilon_y \boldsymbol{j} + \varepsilon_z \boldsymbol{k}$$

$$\boldsymbol{\varepsilon} = \frac{1}{2}\left[\left(\frac{\partial w}{\partial y} - \frac{\partial v}{\partial z}\right)\boldsymbol{i} + \left(\frac{\partial u}{\partial z} - \frac{\partial w}{\partial x}\right)\boldsymbol{j} + \left(\frac{\partial v}{\partial x} - \frac{\partial u}{\partial y}\right)\boldsymbol{k}\right] \tag{2.138}$$

式（2.138）用速度场表达了流体微团的角速度，更准确地说，是用速度场的偏导数表示了流体微团的角速度。

很快就可以看到，流体微团的角速度在理论空气动力学中起着非常重要的作用，但在分析问题时多采用旋度 $\boldsymbol{\omega}$，且定义旋度为角速度的两倍，即

$$\boldsymbol{\omega} \equiv 2\boldsymbol{\varepsilon}$$

根据式（2.138），有

$$\boldsymbol{\omega} = \left(\frac{\partial w}{\partial y} - \frac{\partial v}{\partial z}\right)\boldsymbol{i} + \left(\frac{\partial u}{\partial z} - \frac{\partial w}{\partial x}\right)\boldsymbol{j} + \left(\frac{\partial v}{\partial x} - \frac{\partial u}{\partial y}\right)\boldsymbol{k} \tag{2.139}$$

对比式（1.52），即笛卡儿坐标系下 $\nabla \times \boldsymbol{V}$ 的表达式，有

$$\boldsymbol{\omega} = \mathrm{curl}\boldsymbol{V} = \nabla \times \boldsymbol{V} \tag{2.140}$$

显然，流体微团的旋度就等于速度的旋度。

在流体力学中，可根据流体微团是否具有旋转运动，而将流体运动分为有旋流动和无旋流动两大类。在流场中，如果 $\boldsymbol{\omega} = \boldsymbol{0}$ 处处成立，则称这种流动为无旋流动。反之，如果 $\boldsymbol{\omega} \neq \boldsymbol{0}$，则称这种流动为有旋流动。显然，无旋流动只做纯粹的平移运动和变形运动，而有旋流动除平移、变形运动外，还做旋转运动。

图 2.24 举例说明了有旋流动，沿上下两条迹线运动的流体微团分别表示了流体微团不同的旋转模式。图 2.25 举例说明了无旋流动的情况。沿着上面迹线运动的流体微团各边的角速度都等于零，沿着下面迹线运动的流体微团表示的是相交的两条边的角速度大小相等，但符号相反，因此它们的和等于零。这两种情况下流体微团的角速度都等于零，流动是无旋的。

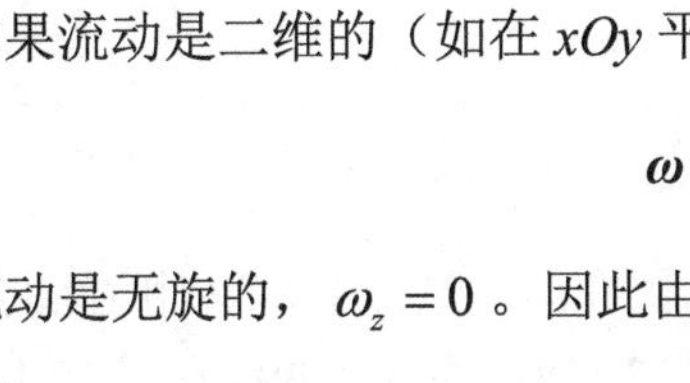

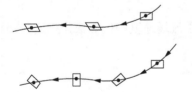

图 2.24　有旋流动中的流体微团

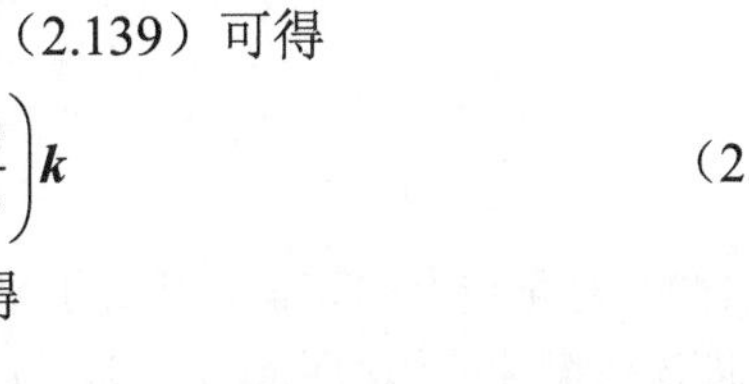

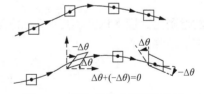

图 2.25　无旋流动中的流体微团

如果流动是二维的（如在 xOy 平面），那么由式（2.139）可得

$$\boldsymbol{\omega} = \omega_z \boldsymbol{k} = \left(\frac{\partial v}{\partial x} - \frac{\partial u}{\partial y}\right)\boldsymbol{k} \tag{2.141}$$

如果流动是无旋的，$\omega_z = 0$。因此由式（2.141）可得

$$\frac{\partial v}{\partial x} - \frac{\partial u}{\partial y} = 0 \tag{2.142}$$

式（2.142）是 xOy 平面内二维无旋流动所要满足的条件，将在许多情况下用到。

为什么区分有旋流动和无旋流动有如此重要呢？随着学习空气动力学的深入，就会发现研究无旋流动比有旋流动要简单得多，许多实际的空气动力学问题中的流动都是无旋的。

例如，绕翼型的亚声速流动，小迎角下绕细长体的超声速流动，喷管的亚声速和超声速流动。对这些情况，一般在贴近物面处有一个很薄的黏性边界层。在边界层内，流动是高度有旋的。然而，在边界层以外，流动一般是无旋的。所以，无旋流动的研究是空气动力学一个很重要的方面。

回到图 2.22 所示的流体微团。设 AB 和 AC 之间的夹角为 κ。当流体微团在流场中运动时，κ 也会相应改变。图 2.22 中，在 t 时刻，κ 的初始值为 90°。在 $t+\Delta t$ 时刻，κ 变化了 $\Delta\kappa$，这里

$$\Delta\kappa = -\Delta\theta_2 + \Delta\theta_1 \tag{2.143}$$

流体微团在 xOy 平面内 κ 的变化定义为角变形，并且规定当 κ 减小时角变形为正。因此由式（2.143）可得

$$角变形 = -\Delta\kappa = \Delta\theta_2 - \Delta\theta_1 \tag{2.144}$$

在黏性流动中，角变形随时间的变化率是一个非常重要的量，称为角变形率，用 γ_z 表示。由式（2.144）可得

$$\gamma_z = -\frac{\mathrm{d}\kappa}{\mathrm{d}t} = \frac{\mathrm{d}\theta_2}{\mathrm{d}t} - \frac{\mathrm{d}\theta_1}{\mathrm{d}t} \tag{2.145}$$

把式（2.134）和式（2.135）代入式（2.145），有

$$\gamma_z = \frac{\partial v}{\partial x} + \frac{\partial u}{\partial y} \tag{2.146a}$$

类似地，在 yOz 和 zOx 平面，有

$$\gamma_x = \frac{\partial w}{\partial y} + \frac{\partial v}{\partial z} \tag{2.146b}$$

和

$$\gamma_y = \frac{\partial u}{\partial z} + \frac{\partial w}{\partial x} \tag{2.146c}$$

注意到角速度（以及旋度）和角变形率只取决于流场速度的偏导数，把这些偏导数列成如下的矩阵形式

$$\begin{vmatrix} \dfrac{\partial u}{\partial x} & \dfrac{\partial u}{\partial y} & \dfrac{\partial u}{\partial z} \\ \dfrac{\partial v}{\partial x} & \dfrac{\partial v}{\partial y} & \dfrac{\partial v}{\partial z} \\ \dfrac{\partial w}{\partial x} & \dfrac{\partial w}{\partial y} & \dfrac{\partial w}{\partial z} \end{vmatrix} \tag{2.147}$$

式（2.147）对角线上的元素之和等于 $\nabla\cdot\boldsymbol{V}$，表示流体微团在运动过程中体积对时间的相对变化率，即流体微团的体积膨胀率。非对角线上的各项是式（2.138）、式（2.139）和式（2.146a）～式（2.146c）中出现的交叉偏导数，因此非对角线上各项与流体微团的旋转运动和角变形运动相关。

至此已经分析了流体微团在流场中运动时，它的旋转和变形运动。流体微团在流动中某点的角速度和相应旋度的概念，对分析黏性流动和无黏流动都很有用；特别是在无旋流

动（旋度等于零）的情况，流动的分析将大大简化。在后面的章节中，在处理无黏流动时将充分利用这种简化，角变形率将在学习黏性流动中用到。

【例 2.3】 对于例 2.2 中给定的速度场，计算其旋度。

解 $$\boldsymbol{\omega} = \nabla \times \boldsymbol{V} = \begin{vmatrix} \boldsymbol{i} & \boldsymbol{j} & \boldsymbol{k} \\ \dfrac{\partial}{\partial x} & \dfrac{\partial}{\partial y} & \dfrac{\partial}{\partial z} \\ u & v & w \end{vmatrix} = \begin{vmatrix} \boldsymbol{i} & \boldsymbol{j} & \boldsymbol{k} \\ \dfrac{\partial}{\partial x} & \dfrac{\partial}{\partial y} & \dfrac{\partial}{\partial z} \\ \dfrac{y}{x^2+y^2} & \dfrac{-x}{x^2+y^2} & 0 \end{vmatrix}$$

$$= (0-0)\boldsymbol{i} + (0-0)\boldsymbol{j} - \left[\frac{x^2+y^2-x\cdot 2x}{(x^2+y^2)^2} + \frac{x^2+y^2-y\cdot 2y}{(x^2+y^2)^2}\right]\boldsymbol{k}$$

$$= \mathbf{0}$$

因此，除了坐标原点$\left(x^2+y^2=0\right)$外，该流场的其余各点都是无旋的。

2.5.3 流函数和速度位

1. 流函数

对于二维不可压流动，连续方程式（2.2）可以写为

$$\frac{\partial u}{\partial x} + \frac{\partial v}{\partial y} = 0 \tag{2.148}$$

高等数学关于全微分的知识表明，对任意两个二维函数 $p(x,y)$ 和 $q(x,y)$，如果满足 $\partial p/\partial y = \partial q/\partial x$，则存在如下全微分公式

$$\mathrm{d}f = p\,\mathrm{d}x + q\,\mathrm{d}y \tag{2.149}$$

因此，式（2.148）表明$u\,\mathrm{d}y - v\,\mathrm{d}x$是某个函数$\psi(x,y,t)$在$t$时刻的全微分，即

$$\mathrm{d}\psi = u\,\mathrm{d}y - v\,\mathrm{d}x \tag{2.150}$$

在t时刻，有

$$\mathrm{d}\psi = \frac{\partial \psi}{\partial y}\mathrm{d}y + \frac{\partial \psi}{\partial x}\mathrm{d}x \tag{2.151}$$

故有

$$\begin{cases} u = \dfrac{\partial \psi}{\partial y} \\ v = -\dfrac{\partial \psi}{\partial x} \end{cases} \tag{2.152}$$

函数$\psi(x,y,t)$称为流函数。现在求流函数$\psi(x,y,t)$为常数的曲线。令式（2.150）中$\mathrm{d}\psi = 0$，得到

$$u\,\mathrm{d}y - v\,\mathrm{d}x = 0$$

即

$$\frac{dx}{u}=\frac{dy}{v} \tag{2.153}$$

式（2.153）说明，曲线$\psi(x,y,t)=$常数上各点的切线方向和该点的速度方向重合，因此该曲线为一条流线。式（2.153）和式（2.129）相同，为平面流动的流线方程。

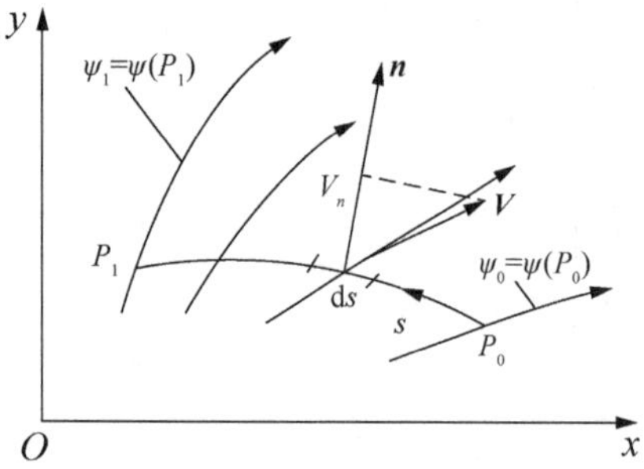

图 2.26　流场中的流线及速度分量

在二维定常不可压流场上作任意曲线P_0P_1，见图 2.26。现计算每秒流过此曲线与垂直于xOy平面单位长度所组成的截面上的体积流量Q。为此，在P_0P_1曲线上取微段弧长ds，ds方向沿着由P_0到P_1的方向，与ds垂直的单位法向量为$\boldsymbol{n}$，其方向取与流体速度$\boldsymbol{V}$方向在P_0P_1截面的同侧。

通过微小面积$ds\times1$的体积流量为

$$dQ=V_n ds\times1=V_n ds$$

式中，V_n表示法向速度。它可以用分速度u和v表达为

$$V_n=u\cos(\boldsymbol{n},\boldsymbol{i})+v\cos(\boldsymbol{n},\boldsymbol{j})$$

由此得

$$dQ=\left[u\cos(\boldsymbol{n},\boldsymbol{i})+v\cos(\boldsymbol{n},\boldsymbol{j})\right]ds$$

因式中

$$\cos(\boldsymbol{n},\boldsymbol{i})=\frac{dy}{ds},\quad \cos(\boldsymbol{n},\boldsymbol{j})=-\frac{dx}{ds}$$

所以

$$dQ=u\,dy-v\,dx$$

根据式（2.150）可得$dQ=d\psi$，则沿P_0P_1截面的总流量为

$$Q=\int_{P_0}^{P_1}dQ=\int_{P_0}^{P_1}d\psi=\psi(P_1)-\psi(P_0)=\psi_1-\psi_0 \tag{2.154}$$

上式说明，对于二维定常不可压流动，通过流场中任意曲线P_0P_1与垂直xOy平面单位长度所组成截面的体积流量，等于该曲线两端点流函数之差，而与曲线的形状无关。因此，对于二维定常不可压流动，若通过两给定点作流线，由此两条流线所界定的流管的体积流量，即两流线上流函数值之差。

【例 2.4】　已知下列二维定常不可压流动的速度分布$u=x^2-y^2$，$v=-2xy$，求流函数。

解　由式（2.150），有

$$d\psi=\left(x^2-y^2\right)dy-(-2xy)dx$$

已知该式等号右端是函数ψ的全微分，所以等号的右端项一定可以凑成或构造成一个全微分的形式，

$$d\psi=\left(x^2dy+2xy\,dx\right)-y^2dy$$

$$d\psi=d\left(x^2y\right)+d\left(-\frac{y^3}{3}\right)$$

可得

$$\psi = x^2 y - \frac{y^3}{3} + C$$

式中，C 为任意常数。略去该常数，可得流函数为

$$\psi = x^2 y - \frac{y^3}{3}$$

已知速度场求流函数的通用方法是利用全微分的积分与路径无关的原理进行积分。相比较而言，本例所用的凑法或者构造法更简单、实用。

2. 速度位

前面介绍过，无旋流动定义为流场中任意点处的旋度都为零的流动。根据式（2.140），对于无旋流动有

$$\boldsymbol{\omega} = \nabla \times \boldsymbol{V} = \boldsymbol{0} \tag{2.155}$$

如果ϕ是一个标量函数，那么有

$$\nabla \times (\nabla \phi) = \boldsymbol{0} \tag{2.156}$$

即一个标量函数的梯度的旋度恒等于零。

比较式（2.155）和式（2.156），可以得出

$$\boldsymbol{V} = \nabla \phi \tag{2.157}$$

式（2.157）说明对于无旋流动，一定存在一个标量函数ϕ，使得ϕ的梯度等于速度，函数ϕ称为速度位（velocity potential）。ϕ是空间坐标和时间的函数，例如，在笛卡儿坐标系里$\phi = \phi(x, y, z, t)$。根据梯度的定义和式（2.157），有

$$u\boldsymbol{i} + v\boldsymbol{j} + w\boldsymbol{k} = \frac{\partial \phi}{\partial x}\boldsymbol{i} + \frac{\partial \phi}{\partial y}\boldsymbol{j} + \frac{\partial \phi}{\partial z}\boldsymbol{k} \tag{2.158}$$

于是

$$\begin{cases} u = \dfrac{\partial \phi}{\partial x} \\ v = \dfrac{\partial \phi}{\partial y} \\ w = \dfrac{\partial \phi}{\partial z} \end{cases} \tag{2.159}$$

同理，在柱坐标中有

$$\begin{cases} V_r = \dfrac{\partial \phi}{\partial r} \\ V_\theta = \dfrac{1}{r}\dfrac{\partial \phi}{\partial \theta} \\ V_z = \dfrac{\partial \phi}{\partial z} \end{cases} \tag{2.160}$$

在球坐标中有

$$
\begin{cases}
V_r = \dfrac{\partial \phi}{\partial r} \\
V_\theta = \dfrac{1}{r}\dfrac{\partial \phi}{\partial \theta} \\
V_\varphi = \dfrac{1}{r\sin\theta}\dfrac{\partial \phi}{\partial \varphi}
\end{cases}
\tag{2.161}
$$

与流函数ψ类似，速度位ϕ的偏导数也和流场速度相关。但是ϕ和ψ有如下的区别。

（1）流场的各方向速度分量可以通过对ϕ在相同方向求偏导得到，见式（2.159）～式（2.161）；而对于ψ，必须对该方向的法向求导才是该方向的速度分量，见式（2.152）。

（2）速度位是在无旋流动的条件下定义的。而流函数不管是有旋流动还是无旋流动都存在。

因此，只有流动无旋，才可以定义速度位。这样就没有必要通过三个方程去求三个未知的速度分量，而只要把速度位当成一个未知量来求解。只要给定问题的ϕ已知，那么就可以通过式（2.159）～式（2.161）直接求出速度。这就是在理论空气动力学中，要严格区分有旋流动和无旋流动的原因，这也是无旋流动比有旋流动要简单的原因。

由于无旋流动可以用速度位来描述，因此这种流动也称为位流（potential flow）。

【例 2.5】 已知二维流场分布，$u = x$，$v = -y$，求该流场的位函数。

解 首先判断该流场是否是无旋流动

$$
\nabla \times \boldsymbol{V} = \left(\frac{\partial v}{\partial x} - \frac{\partial u}{\partial y}\right)\boldsymbol{k} = \left[\frac{\partial(-y)}{\partial x} - \frac{\partial x}{\partial y}\right]\boldsymbol{k} = \boldsymbol{0}
$$

该流动为无旋流动，所以存在速度位。

根据梯度的定义，容易证明

$$
\mathrm{d}\phi = \mathrm{d}\boldsymbol{r} \cdot \nabla \phi \tag{2.162}
$$

式中，$\mathrm{d}\boldsymbol{r} = \mathrm{d}x\boldsymbol{i} + \mathrm{d}y\boldsymbol{j}$。因此，有

$$
\mathrm{d}\phi = u\,\mathrm{d}x + v\,\mathrm{d}y = x\,\mathrm{d}x - y\,\mathrm{d}y
$$

与前面流函数的求法类似，已知该式等号右端是函数ϕ的全微分，所以等号的右端项一定可以凑成或构造成一个全微分的形式，

$$
\mathrm{d}\phi = u\,\mathrm{d}x + v\,\mathrm{d}y = \mathrm{d}\left(\frac{x^2}{2}\right) + \mathrm{d}\left(-\frac{y^2}{2}\right)
$$

可得

$$
\phi = \frac{x^2 - y^2}{2} + C
$$

式中，C为任意常数。由于流体力学中关心的是流场，而速度位加减一个常数对速度场没有影响，因此略去该常数，可得速度位为

$$
\phi = \frac{x^2 - y^2}{2}
$$

与路径无关的积分

已知速度场求位函数的通用方法是利用全微分的积分与路径无关的原理进行积分。相比较而言，本例所用的凑法或者构造法更简单、实用。

3. 流函数和速度位的关系

前面介绍了对于无旋流动，存在速度位ϕ使得$\boldsymbol{V}=\nabla\phi$。对于$\phi$值相等的线，由于$\phi$是速度位，给它取一个专有名称：等位线。此外，空间还有一条线，使得$\nabla\phi$和各点的切线方向一致，称为梯度线。由于$\nabla\phi=\boldsymbol{V}$，因此这条梯度线就是流线。由流函数部分的讨论知道，对于二维不可压流动，流线就是流函数ψ值相等的线。由标量场梯度的相关知识可知，梯度线和等值线正交，因此等位线（$\phi=$常数）和流线（$\psi=$常数）始终正交（驻点除外）。

考虑笛卡儿坐标系中的二维无旋不可压流动，对流线$\psi(x,y)=$常数，沿着流线方向ψ的差值为零；根据式（2.159）和式（2.152），可得

$$\begin{cases} u=\dfrac{\partial\phi}{\partial x}=\dfrac{\partial\psi}{\partial y} \\ v=\dfrac{\partial\phi}{\partial y}=-\dfrac{\partial\psi}{\partial x} \end{cases} \tag{2.163}$$

取速度位的梯度和流函数的梯度的点积，可得

$$\begin{aligned}\nabla\phi\cdot\nabla\psi&=\left(\frac{\partial\phi}{\partial x}\boldsymbol{i}+\frac{\partial\phi}{\partial y}\boldsymbol{j}\right)\cdot\left(\frac{\partial\psi}{\partial x}\boldsymbol{i}+\frac{\partial\psi}{\partial y}\boldsymbol{j}\right)\\&=(u\boldsymbol{i}+v\boldsymbol{j})\cdot(-v\boldsymbol{i}+u\boldsymbol{j})=-uv+uv=0\end{aligned} \tag{2.164}$$

根据梯度的相关知识，$\nabla\phi$的方向垂直于等位线，$\nabla\psi$的方向垂直于流线。因此，式（2.164）表明等位线和流线正交，驻点除外。

2.6 旋涡运动

前面已经指出，流体的运动可以分为无旋运动和有旋运动两种，无旋运动是流场中流体微团的旋转角速度$\boldsymbol{\varepsilon}=0$的运动，而有旋运动则是流场中流体微团的旋转角速度$\boldsymbol{\varepsilon}\neq0$的运动。

旋涡运动是自然界、日常生活以及工程实践中常碰到的现象。例如，龙卷风是一种强大的旋涡运动；在船尾的后面、河床的拐弯处以及水管的突然扩大处等都会产生旋涡；飞机在飞行时也会产生旋涡。总之，旋涡运动是实际存在的一种重要的运动，因而旋涡运动的研究有着重要的意义。

2.6.1 涡线、涡管以及旋涡强度

如同流场可以用流线描述一样，有旋运动的旋涡场也可以用涡线来描述。因此，速度场里所引进的关于流线、流管、流量等一系列概念，可以套用到旋涡场中来。

和流线相类似，涡线是旋涡场中的一条瞬时曲线，其上各点的切向与该点处的流体微团的旋转角速度方向相同（旋转轴线方向遵循右手定则），如图 2.27 所示。

参照流线方程，涡线的微分形式方程为

$$\frac{\mathrm{d}x}{\varepsilon_x}=\frac{\mathrm{d}y}{\varepsilon_y}=\frac{\mathrm{d}z}{\varepsilon_z} \tag{2.165}$$

一般情况下，$\boldsymbol{\varepsilon}$ 是空间坐标和时间的函数，涡线随时间而改变，在定常流中 $\boldsymbol{\varepsilon}$ 只是空间坐标的函数，涡线不随时间改变。

在旋涡场中任意选取一条不为涡线且不自交的封闭曲线，如图 2.28 所示。经过曲线上每一点作涡线，所有这些涡线集合构成的管状曲面称为涡管。

速度的旋度 $\nabla\times\boldsymbol{V}$ 称为涡量。类似于流量，通过任一截面的涡量称为涡通量，定义为 $\iint_S(\nabla\times\boldsymbol{V})\cdot\boldsymbol{n}\,\mathrm{d}S$。

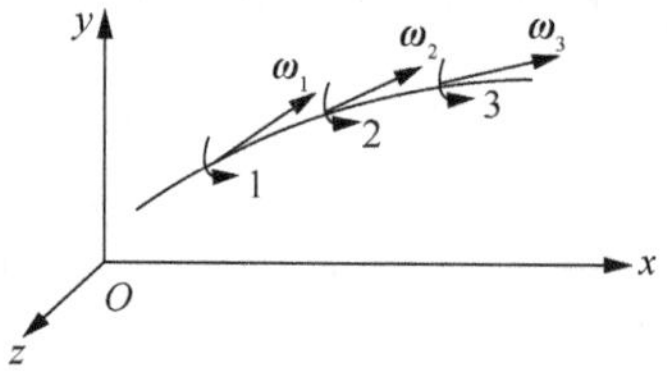

图 2.27　流场中的涡线

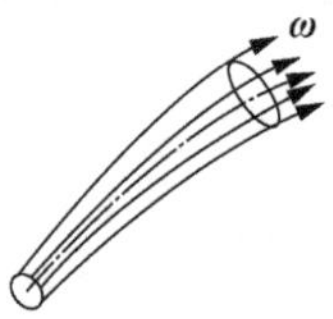

图 2.28　旋涡场中的涡管

涡管的侧表面是涡面。在这个涡面上流体微团的角速度矢量 $\boldsymbol{\varepsilon}$ 与涡面的单位法向矢量 $\boldsymbol{n}$ 互相垂直。这表示了旋涡的涡通量不能穿越涡管表面，正如流量不能穿越流管表面一样。涡管与所取的围线的大小有关，因此涡管可粗可细，也可以是无限小，涡线就是横截面积趋向于零的涡管。

设在涡管上取一横截面，截面面积为 S，则定义涡管强度为

$$\kappa=\iint_S(\nabla\times\boldsymbol{V})\cdot\boldsymbol{n}\,\mathrm{d}S \tag{2.166}$$

应该指出，虽然涡场、涡线、涡量等在概念上和流场、流线、流量等相似，但不能把两者混淆起来。涡线和流线应该是不同的，如果运动有涡，便存在涡线，运动无旋则不存在涡线。但是只要有流体运动，不论是否有涡，流线总是存在的。

2.6.2　速度环量和斯托克斯定理

本章前面的内容给出了流场中流体微团的旋转运动以及涡量的概念。而在同一流动区域中所有流体涡量的总效应则是以速度环量 Γ 来体现的。

首先，分析流场中速度矢量沿任意一条指定曲线的线积分

$$\int_A^B\boldsymbol{V}\cdot\mathrm{d}\boldsymbol{r} \tag{2.167}$$

因为

$$\boldsymbol{V}=u\boldsymbol{i}+v\boldsymbol{j}+w\boldsymbol{k}$$

$$\mathrm{d}\boldsymbol{r}=\mathrm{d}x\boldsymbol{i}+\mathrm{d}y\boldsymbol{j}+\mathrm{d}z\boldsymbol{k}$$

故式（2.167）可以写成

$$\int_A^B(u\,\mathrm{d}x+v\,\mathrm{d}y+w\,\mathrm{d}z) \tag{2.168}$$

式中，A，B 分别为指定曲线的起点和终点。

一般情况下，线积分值与 A 到 B 的积分路径有关，但在无旋场中，因有速度位函数存在，根据式（2.162）则有

$$\int_A^B \boldsymbol{V}\cdot \mathrm{d}\boldsymbol{r}=\int_A^B (u\,\mathrm{d}x+v\,\mathrm{d}y+w\,\mathrm{d}z)=\int_A^B \mathrm{d}\phi=\phi_B-\phi_A \tag{2.169}$$

由式（2.169）可知，当流场中有速度位存在时，速度沿任意指定曲线的线积分只取决于积分路径两端 B 和 A 处速度位 ϕ 值之差，而与积分路径无关。所以在无旋流场中求速度线积分时可以取最方便的路径进行。

如果积分路径为一封闭曲线，则速度线积分的值定义为速度环量，即

$$\Gamma=\oint \boldsymbol{V}\cdot \mathrm{d}\boldsymbol{r} \tag{2.170}$$

速度环量取逆时针积分方向为正，见图 2.29。

由式（2.169）可知，在无旋流场中，如果速度位是单值函数，沿任意封闭曲线 A 和 B 重合，则速度环量 Γ 应等于零，即

$$\Gamma=\oint \mathrm{d}\phi=\phi_A-\phi_B=0 \tag{2.171}$$

式（2.139）定义速度的旋度为

$$\boldsymbol{\omega}=\nabla\times\boldsymbol{V}=\left(\frac{\partial w}{\partial y}-\frac{\partial v}{\partial z}\right)\boldsymbol{i}+\left(\frac{\partial u}{\partial z}-\frac{\partial w}{\partial x}\right)\boldsymbol{j}+\left(\frac{\partial v}{\partial x}-\frac{\partial u}{\partial y}\right)\boldsymbol{k}$$

其分量形式为

$$\begin{cases}\omega_x=\dfrac{\partial w}{\partial y}-\dfrac{\partial v}{\partial z}\\[2mm] \omega_y=\dfrac{\partial u}{\partial z}-\dfrac{\partial w}{\partial x}\\[2mm] \omega_z=\dfrac{\partial v}{\partial x}-\dfrac{\partial u}{\partial y}\end{cases} \tag{2.172}$$

速度旋度各分量在某点的值由包围该点的闭合曲线上的速度环量在闭合曲线收缩向该点时的极限来定义。例如，在图 2.30 中，在流体微团收缩向中心点时，环绕流体微团 $abcd$ 的速度线积分除以积分路径包围的面积的极限值为

$$\omega_z=\lim_{\Delta S\to 0}\left\{\frac{\oint (u\,\mathrm{d}x+v\,\mathrm{d}y)}{\Delta S}\right\}=\frac{\partial v}{\partial x}-\frac{\partial u}{\partial y} \tag{2.173}$$

式中，$\Delta S=\mathrm{d}x\,\mathrm{d}y$ 为积分路径包围的面积。

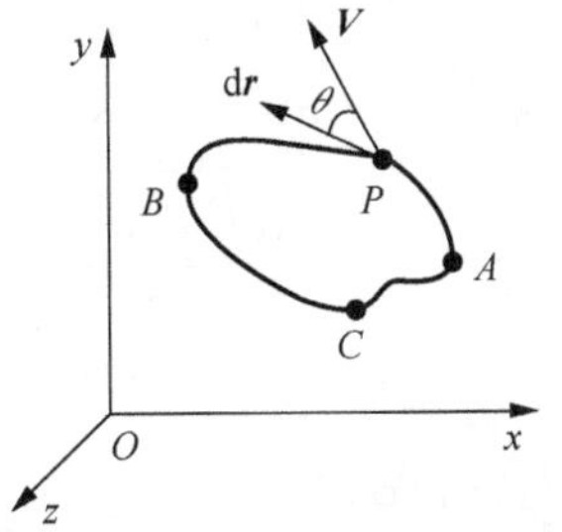

图 2.29　速度环量与积分路径

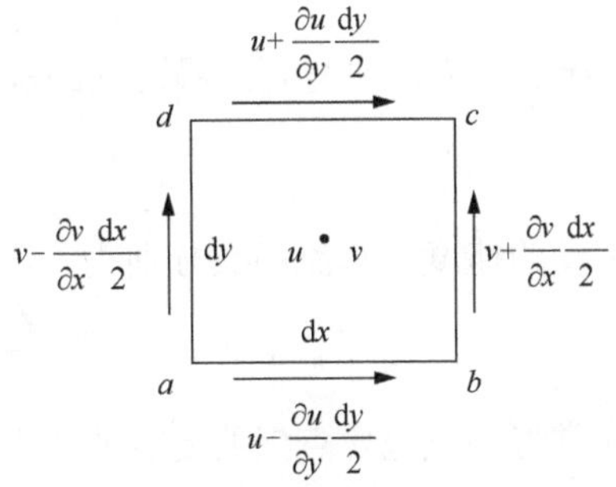

图 2.30　沿流体微团边界的速度分量

对任意空间平面，式（2.173）可以写成

$$\omega_n = \lim_{\Delta S \to 0}\left\{\frac{\oint \boldsymbol{V}\cdot \mathrm{d}\boldsymbol{r}}{\Delta S}\right\} \tag{2.174}$$

这里的 ω_n 表示垂直 ΔS 平面的 $\boldsymbol{\omega}$ 分量。

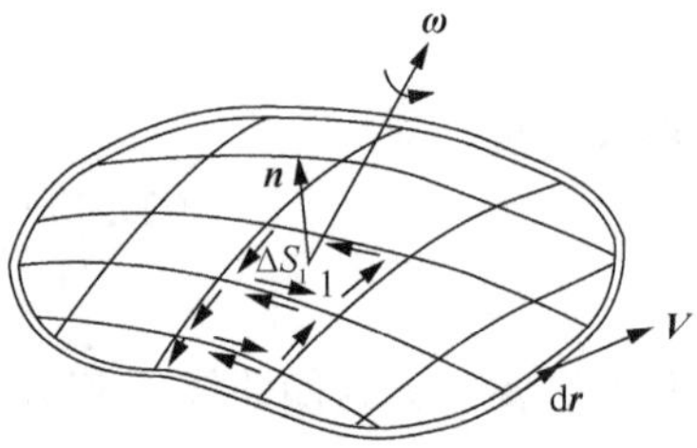

图 2.31　斯托克斯定理

将流场中任意连续曲面划分成 k 个小块，见图 2.31。若流动为已知，则每个小块上垂直于该小块的旋度分量可以用式（2.174）求出。将式（2.174）应用于图 2.31 中的第一个小块，可得

$$\omega_{n1}\Delta S_1 = \oint_1 \boldsymbol{V}\cdot \mathrm{d}\boldsymbol{r}$$

将所有小块上的 $\omega_{ni}\Delta S_i$ 求和，可得

$$\sum_{i=1}^{k}\omega_{ni}\Delta S_i = \sum_{i=1}^{k}\oint_i \boldsymbol{V}\cdot \mathrm{d}\boldsymbol{r} \tag{2.175}$$

对式（2.175）等号右端所有速度线积分作求和时，注意到凡是两块速度线积分共同的路径，在它上面的速度线积分对求和都不产生贡献。因此，所有块上速度线积分的和正好等于绕整个曲面 S 边界上的速度线积分。当每个小块 $\Delta S \to 0$ 时，式（2.175）的极限形式为

$$\iint_S \omega_n \,\mathrm{d}S = \iint_S (\nabla\times\boldsymbol{V})\cdot\boldsymbol{n}\,\mathrm{d}S = \oint \boldsymbol{V}\cdot \mathrm{d}\boldsymbol{r} = \varGamma \tag{2.176}$$

式（2.176）是著名的斯托克斯定理的数学表达式。斯托克斯定理表明：沿空间任一封闭曲线 l 上的速度环量，等于贯通以此曲线所成的任意曲面上旋度的面积分。根据此定理，一个涡管的涡管强度可以用此涡管的围线的速度环量值代替，所以速度环量也就成了涡管强度的同义词。如果曲线所围成的区域中无涡通量，则沿此围线的速度环量为零。

式（2.176）表明，流场中若沿任意闭合曲线的速度环量均为零，则该流场中的流动一定是无旋的。例如，对于点涡流动 $V_\theta = k/r$，该流动除了坐标原点 $r=0$ 外，处处都是无旋的。此时，式（2.176）的积分值只要在积分路径不包含 $r=0$ 点时，其值都为零。如果 $r=0$ 点位于积分闭合曲线中，即积分闭合曲线中存在点涡，则式（2.176）的积分值不等于零。

在点涡运动中，沿任意流线（$r=$常数）计算速度线积分，注意到 $\boldsymbol{V}\cdot\mathrm{d}\boldsymbol{r} = (k/r)r\,\mathrm{d}\theta$，可得

$$\varGamma = \oint \boldsymbol{V}\cdot \mathrm{d}\boldsymbol{r} = \int_0^{2\pi}\frac{k}{r}r\,\mathrm{d}\theta = 2\pi k$$

用 $\varGamma/2\pi$ 代替 k，便得到点涡运动的等价表达式

$$V_\theta = \frac{\varGamma}{2\pi r}$$

点涡运动的速度位和流函数分别为

$$\phi = \frac{\varGamma}{2\pi}\theta,\quad \psi = -\frac{\varGamma}{2\pi}\ln r$$

通常将围绕包含点涡的闭合曲线上的速度环量 $\varGamma$ 称为点涡强度。

2.6.3 毕奥-萨伐尔定律及直线涡的诱导速度

通常把流场中由于旋涡存在而产生的速度称为诱导速度（induced velocity）。诱导速度的大小可以由毕奥-萨伐尔定律（Biot-Savart law）来确定。在不可压流动中，此定律指出了强度为Γ的涡线上微段$\mathrm{d}\boldsymbol{r}_1$对周围流场中任意点$P$所产生的诱导速度为$\mathrm{d}\boldsymbol{V}_P$，其数学表达式为

$$\mathrm{d}\boldsymbol{V}_P=\frac{\Gamma}{4\pi}\frac{\mathrm{d}\boldsymbol{r}_1\times\boldsymbol{r}_{1P}}{r_{1P}^3} \tag{2.177}$$

式中，r_{1P}为流场中任意点P至微段$\mathrm{d}\boldsymbol{r}_1$的距离；$\theta$为微段$\mathrm{d}\boldsymbol{r}_1$与$\boldsymbol{r}_{1P}$之间的夹角。$\mathrm{d}\boldsymbol{V}_P$的方向垂直于三角形$\triangle ONP$所在的平面，见图 2.32。

若流场中有一段直线涡（图 2.33），旋涡强度为Γ。应用式（2.177），由于直线涡上任意微段在点P产生的速度方向完全相同（涡线在一个平面内时$|\mathrm{d}\boldsymbol{V}_P|=\mathrm{d}V_P$，而一般情况下$|\mathrm{d}\boldsymbol{V}_P|\neq\mathrm{d}V_P$），因此微段$\mathrm{d}l_1$对点$P$的诱导速度为

$$\mathrm{d}V_P=\frac{\Gamma}{4\pi}\frac{\sin\theta}{r_{1P}^2}\mathrm{d}l_1 \tag{2.178}$$

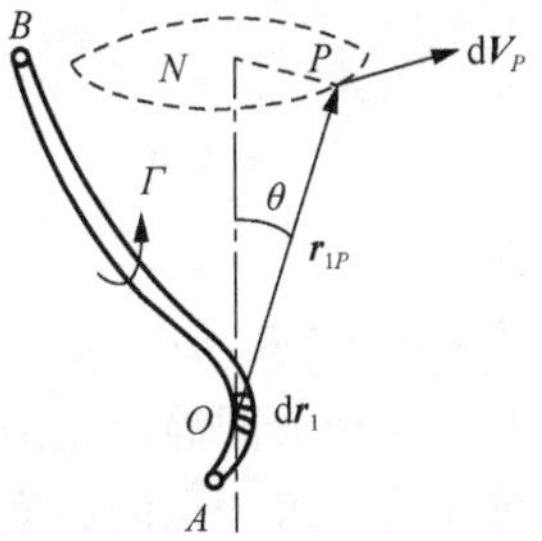

图 2.32　微段涡线$\mathrm{d}\boldsymbol{r}_1$产生的诱导速度

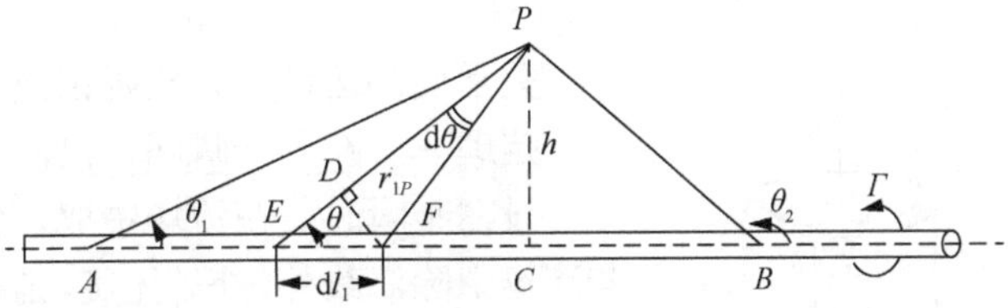

图 2.33　直线涡的诱导速度

由于$\mathrm{d}\boldsymbol{V}_P$垂直于三角形$\triangle PAB$所在平面，因此

$$V_P=\int_A^B\mathrm{d}V_P=\frac{\Gamma}{4\pi}\int_A^B\frac{\sin\theta}{r_{1P}^2}\mathrm{d}l_1 \tag{2.179}$$

作PC垂直于AB，设$\overline{PC}=h$，由图 2.33 中三角形$\triangle EDF$和$\triangle DFP$可找到

$$\overline{EF}=\mathrm{d}l_1=\frac{\overline{FD}}{\sin\theta},\quad \overline{FD}=r_{1P}\,\mathrm{d}\theta$$

由此可得

$$\mathrm{d}l_1=\frac{r_{1P}\,\mathrm{d}\theta}{\sin\theta}$$

此外，从$\triangle ECP$中可得

$$r_{1P}=\frac{h}{\sin\theta}$$

因此

$$dl_1 = \frac{h}{\sin^2\theta} d\theta$$

利用高等数学知识，更容易得到上式

$$l_1 = \overline{AE} = \frac{h}{\tan\theta_1} - \frac{h}{\tan\theta} \Rightarrow dl_1 = \frac{h}{\sin^2\theta} d\theta$$

将 r_{1P} 及 dl_1 值代入式（2.179），得到

$$V_P = \frac{\Gamma}{4\pi h}\int_{\theta_1}^{\theta_2} \sin\theta d\theta = \frac{\Gamma}{4\pi h}(\cos\theta_1 - \cos\theta_2) \tag{2.180}$$

诱导速度的方向是垂直纸面的，按图 2.33，它向外指。如果涡线的一端无限长，B 点趋向无穷远，且令 C 点与涡线另一端 A 重合，因此时 $\theta_2 \to \pi$，$\theta_1 = \pi/2$，于是有

$$V_P = \frac{\Gamma}{4\pi h}$$

如果涡线两端都延伸到无穷远，则 $\theta_1 \to 0$，$\theta_2 \to \pi$，于是有

$$V_P = \frac{\Gamma}{2\pi h}$$

对于无限长涡线所引起的诱导速度场，在与涡线垂直的平面上流动都是一样的，因此这种流动可以看作平面流动，通常称平面点涡流动。

2.6.4 亥姆霍兹旋涡定理

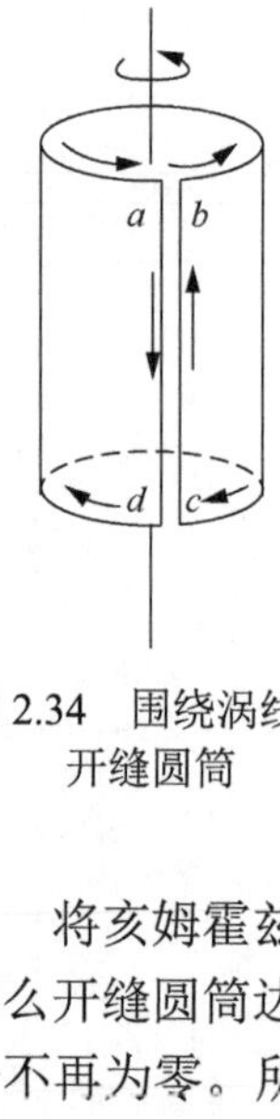

图 2.34　围绕涡线的开缝圆筒

关于旋涡运动，有亥姆霍兹的三个定理。

定理一　在同一瞬间，沿涡线或涡管的强度不变。

设在某瞬时，在流场中取一包围一段涡线的开缝圆筒，见图 2.34。若流场中除涡线外，处处无旋，则在这一开缝圆筒上每一点的旋度为零。因此，沿围成开缝圆筒边界的速度线积分为零。又因组成缝的两边线上的速度积分（b 到 c 和 d 到 a）对总积分的贡献，在缝宽趋向零时，刚好相互抵消。为使总线积分为零，必有 a 到 b 的线积分同 c 到 d 的线积分大小相等、符号相反。由此可知，穿过圆筒上下截面的涡线强度应完全相同。由于圆筒的上、下截面的位置是任选的，因此沿涡线的强度是不变的。这一定理称为亥姆霍兹第一定理。

定理二　涡管不能在流体中中断；只能在流体边界上中断或形成闭合圈。

将亥姆霍兹第一定理推广来分析涡线在开缝圆圈内部中断的情况。如果这种情况发生，那么开缝圆筒边界上 a 到 b 与 c 到 d 的线积分大小就不再相等，即沿开缝圆筒边界的线积分不再为零。所以，涡线不能在流体中中断，只能中断于流体边界或形成闭合圈。这一定理称为亥姆霍兹第二定理。例如，在二维风洞实验时，机翼上的涡线（翼展方向）止于两侧的洞壁；还有一种是涡管可以伸到无穷远去，例如，三维机翼上的涡线（与翼展同向的）在左右两侧折转后成为尾涡，向后伸到无穷远处。

定理三　如果流体是理想的、正压的且彻体力有势，那么涡的强度不随时间变化，既

不会增强，也不会削弱。本定理称为亥姆霍兹第三定理。

从本节可以看出，在无黏流中，由于流体微团只受到垂直于流体微团表面的法向力，不受切向力，所受合力通过流体微团质心，不存在使流体微团旋转的外力，因此在无黏流中，若流体运动原来无旋则永远无旋；若有旋则保持旋涡强度不变。

实际流体都是有黏性的，涡强是随时间变化的。不过空气的黏性很小，黏性使涡强的衰减并不很显著，所以仍可以按理想流体里旋涡强度不衰减处理。

习　题

2.1　考虑任意形状的物体，如果沿着物体表面的压强分布为常值，那么试证明压力在物体上产生的合力为零。

2.2　考虑一定常不可压流场，其速度分布为 $\boldsymbol{V}=V_0\left(x\boldsymbol{i}-z\boldsymbol{k}\right)/L$，其中 V_0 和 L 为两个常数。在该流场中取如图 2.35 所示的空间位置固定的三角形控制体。其顶点坐标分别为 $(0,0)$、$(0,L)$、(L,L)，垂直纸面方向的长度为 b。试求通过控制面②的体积流量。

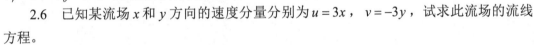

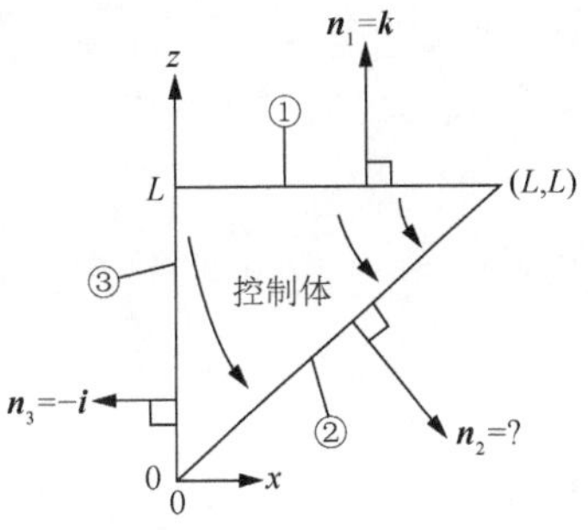

图 2.35　题 2.2 图

2.3　已知某速度场 x 和 y 方向的速度分量分别为 $u=2x/\left(x^2+y^2\right)$，$v=2y/\left(x^2+y^2\right)$，试求此流场的流线方程。

2.4　已知某速度场 x 和 y 方向的速度分量分别为 $u=2y/\left(x^2+y^2\right)$，$v=-2x/\left(x^2+y^2\right)$，试求此流场的流线方程。

2.5　在极坐标系中，流场的径向和周向速度分量分别为 $V_r=0$，$V_\theta=3r$，试求此流场的流线方程。

2.6　已知某流场 x 和 y 方向的速度分量分别为 $u=3x$，$v=-3y$，试求此流场的流线方程。

2.7　习题 2.3 中的流场是一个点源。对于点源，试计算：

（1）单位体积的流体微团其体积随时间的变化率。

（2）点源的旋度。

2.8　习题 2.4 中给定的速度场是一个点涡。对于点涡，试计算：

（1）单位体积的流体微团其体积随时间的变化率。

（2）点涡的旋度。

2.9　习题 2.5 中给定的流场是否无旋？请证明你的结论。

2.10　考虑极坐标系中的流场，其流函数是 $\psi=\psi\left(r,\theta\right)$，根据两流线之间流量的概念推导出 $V_r=\dfrac{1}{r}\dfrac{\partial\psi}{\partial\theta}$，$V_\theta=-\dfrac{\partial\psi}{\partial r}$。

2.11　假设习题 2.6 中给定的速度场的流动是不可压流动，计算其流函数和速度位函数。

2.12　一个 U 形管，其内直径是 $0.5\,\mathrm{m}$。气体以 $100\mathrm{m/s}$ 的平均速度从管的一端进入 U 型管，从管的另一个口流出，流出速度的大小和流入速度大小相同，但是方向和入口速度相反。入口和出口的压强都等于周围环境的压强。试计算气流对管施加的力的大小和方向。空气密度为1.23kg/m^3。

2.13　根据动量方程的一般形式推导出一维定常无黏流动的动量方程（不计彻体力）：

$$\rho u \mathrm{d}u = -\mathrm{d}p$$

2.14　已知二维定常不可压流动的位函数为$\phi = x^2 - y^2 + x$，试求该流动的流函数。

2.15　已知二维定常不可压流动的流函数为$\psi = xy + 2x - 3y + 10$，试求该流动的位函数。

2.16　已知二维定常不可压流动的速度分布为$u = 2\left(1 - y^2\right)$，$v = 0$，试求此流动的流函数、位函数，并分别画出流线图和等位线图。

第 3 章　不可压无黏流

在第 2 章，利用物理学中质量守恒、动量守恒、能量守恒三大定律，推导出了流体力学中的三个基本方程：连续方程、动量方程和能量方程。本章针对最简单的流体模型——不可压无黏流体，在对上述基本方程进行具体的分析、简化的基础上，重点就平面定常不可压无黏无旋流动，推导出控制方程，介绍方程的各种基本解，这些基本解的叠加，以及一些重要的流体力学理论成果，如伯努利方程、库塔-茹科夫斯基升力定理等。

3.1　伯努利方程及其应用

无黏流的动量方程就是欧拉方程。现在来研究该方程的积分。欧拉方程尽管看起来复杂，但对其可以在无旋流动的全场进行积分，也可以在有旋流动中沿流线进行积分，得到有益的结果。

3.1.1　无旋流动中的积分

根据式（2.30），无黏流的动量方程为

$$\begin{cases} \rho \dfrac{\mathrm{D}u}{\mathrm{D}t} = -\dfrac{\partial p}{\partial x} + \rho f_x \\ \rho \dfrac{\mathrm{D}v}{\mathrm{D}t} = -\dfrac{\partial p}{\partial y} + \rho f_y \\ \rho \dfrac{\mathrm{D}w}{\mathrm{D}t} = -\dfrac{\partial p}{\partial z} + \rho f_z \end{cases} \tag{3.1}$$

在彻体力中只考虑重力，由于重力是保守力，存在重力位能函数U，设单位质量流体的重力为$\boldsymbol{f}$，则有

$$f_x = -\frac{\partial U}{\partial x},\quad f_y = -\frac{\partial U}{\partial y},\quad f_z = -\frac{\partial U}{\partial z} \tag{3.2}$$

把式（3.2）代入式（3.1），可得

$$\begin{cases} \rho \dfrac{\mathrm{D}u}{\mathrm{D}t} = -\dfrac{\partial p}{\partial x} - \rho \dfrac{\partial U}{\partial x} \\ \rho \dfrac{\mathrm{D}v}{\mathrm{D}t} = -\dfrac{\partial p}{\partial y} - \rho \dfrac{\partial U}{\partial y} \\ \rho \dfrac{\mathrm{D}w}{\mathrm{D}t} = -\dfrac{\partial p}{\partial z} - \rho \dfrac{\partial U}{\partial z} \end{cases} \tag{3.3}$$

把式（3.3）中的物质导数项展开，可得

$$\begin{cases}\rho\left(\dfrac{\partial u}{\partial t}+\boldsymbol{V}\cdot\nabla u\right)=-\dfrac{\partial p}{\partial x}-\rho\dfrac{\partial U}{\partial x}\\ \rho\left(\dfrac{\partial v}{\partial t}+\boldsymbol{V}\cdot\nabla v\right)=-\dfrac{\partial p}{\partial y}-\rho\dfrac{\partial U}{\partial y}\\ \rho\left(\dfrac{\partial w}{\partial t}+\boldsymbol{V}\cdot\nabla w\right)=-\dfrac{\partial p}{\partial z}-\rho\dfrac{\partial U}{\partial z}\end{cases} \tag{3.4}$$

分析式（3.4）中 $\boldsymbol{V}\cdot\nabla u$ 项

$$\boldsymbol{V}\cdot\nabla u=u\frac{\partial u}{\partial x}+v\frac{\partial u}{\partial y}+w\frac{\partial u}{\partial z} \tag{3.5}$$

根据式（2.139）和式（2.155），无旋流的条件为

$$\frac{\partial w}{\partial y}=\frac{\partial v}{\partial z},\quad \frac{\partial u}{\partial z}=\frac{\partial w}{\partial x},\quad \frac{\partial v}{\partial x}=\frac{\partial u}{\partial y} \tag{3.6}$$

把式（3.6）中的 $\partial u/\partial y$ 和 $\partial u/\partial z$ 代入式（3.5）中，可得

$$\boldsymbol{V}\cdot\nabla u=u\frac{\partial u}{\partial x}+v\frac{\partial v}{\partial x}+w\frac{\partial w}{\partial x}=\frac{1}{2}\frac{\partial V^2}{\partial x} \tag{3.7}$$

式中，$V^2=\boldsymbol{V}\cdot\boldsymbol{V}=u^2+v^2+w^2$。同理可得

$$\boldsymbol{V}\cdot\nabla v=\frac{1}{2}\frac{\partial V^2}{\partial y},\quad \boldsymbol{V}\cdot\nabla w=\frac{1}{2}\frac{\partial V^2}{\partial z} \tag{3.8}$$

把式（3.7）和式（3.8）代入式（3.4）中，可得

$$\begin{cases}\rho\left(\dfrac{\partial u}{\partial t}+\dfrac{1}{2}\dfrac{\partial V^2}{\partial x}\right)=-\dfrac{\partial p}{\partial x}-\rho\dfrac{\partial U}{\partial x}\\ \rho\left(\dfrac{\partial v}{\partial t}+\dfrac{1}{2}\dfrac{\partial V^2}{\partial y}\right)=-\dfrac{\partial p}{\partial y}-\rho\dfrac{\partial U}{\partial y}\\ \rho\left(\dfrac{\partial w}{\partial t}+\dfrac{1}{2}\dfrac{\partial V^2}{\partial z}\right)=-\dfrac{\partial p}{\partial z}-\rho\dfrac{\partial U}{\partial z}\end{cases} \tag{3.9}$$

无旋流动存在速度位 ϕ，因此式（3.9）中的非定常项可表达为

$$\begin{cases}\dfrac{\partial u}{\partial t}=\dfrac{\partial}{\partial t}\left(\dfrac{\partial \phi}{\partial x}\right)=\dfrac{\partial}{\partial x}\left(\dfrac{\partial \phi}{\partial t}\right)\\ \dfrac{\partial v}{\partial t}=\dfrac{\partial}{\partial t}\left(\dfrac{\partial \phi}{\partial y}\right)=\dfrac{\partial}{\partial y}\left(\dfrac{\partial \phi}{\partial t}\right)\\ \dfrac{\partial w}{\partial t}=\dfrac{\partial}{\partial t}\left(\dfrac{\partial \phi}{\partial z}\right)=\dfrac{\partial}{\partial z}\left(\dfrac{\partial \phi}{\partial t}\right)\end{cases} \tag{3.10}$$

把式（3.10）代入式（3.9）中，移项并两边同时除以密度 ρ，可得

$$\begin{cases} -\dfrac{\partial U}{\partial x}-\dfrac{1}{\rho}\dfrac{\partial p}{\partial x}=\dfrac{\partial}{\partial x}\left(\dfrac{\partial \phi}{\partial t}\right)+\dfrac{1}{2}\dfrac{\partial V^2}{\partial x} \\ -\dfrac{\partial U}{\partial y}-\dfrac{1}{\rho}\dfrac{\partial p}{\partial y}=\dfrac{\partial}{\partial y}\left(\dfrac{\partial \phi}{\partial t}\right)+\dfrac{1}{2}\dfrac{\partial V^2}{\partial y} \\ -\dfrac{\partial U}{\partial z}-\dfrac{1}{\rho}\dfrac{\partial p}{\partial z}=\dfrac{\partial}{\partial z}\left(\dfrac{\partial \phi}{\partial t}\right)+\dfrac{1}{2}\dfrac{\partial V^2}{\partial z} \end{cases} \tag{3.11}$$

把式（3.11）的三个分式分别乘以 $\mathrm{d}x$、$\mathrm{d}y$ 和 $\mathrm{d}z$，于是有

$$\begin{cases} -\dfrac{\partial U}{\partial x}\mathrm{d}x-\dfrac{1}{\rho}\dfrac{\partial p}{\partial x}\mathrm{d}x=\left[\dfrac{\partial}{\partial x}\left(\dfrac{\partial \phi}{\partial t}\right)\right]\mathrm{d}x+\dfrac{1}{2}\dfrac{\partial V^2}{\partial x}\mathrm{d}x \\ -\dfrac{\partial U}{\partial y}\mathrm{d}y-\dfrac{1}{\rho}\dfrac{\partial p}{\partial y}\mathrm{d}y=\left[\dfrac{\partial}{\partial y}\left(\dfrac{\partial \phi}{\partial t}\right)\right]\mathrm{d}y+\dfrac{1}{2}\dfrac{\partial V^2}{\partial y}\mathrm{d}y \\ -\dfrac{\partial U}{\partial z}\mathrm{d}z-\dfrac{1}{\rho}\dfrac{\partial p}{\partial z}\mathrm{d}z=\left[\dfrac{\partial}{\partial z}\left(\dfrac{\partial \phi}{\partial t}\right)\right]\mathrm{d}z+\dfrac{1}{2}\dfrac{\partial V^2}{\partial z}\mathrm{d}z \end{cases} \tag{3.12}$$

将式（3.12）作和并移项，可得

$$\mathrm{d}U+\frac{1}{\rho}\mathrm{d}p+\mathrm{d}\left(\frac{\partial \phi}{\partial t}\right)+\frac{1}{2}\mathrm{d}\left(V^2\right)=0 \tag{3.13}$$

积分后，可得

$$U+\int\frac{1}{\rho}\mathrm{d}p+\frac{\partial \phi}{\partial t}+\frac{1}{2}V^2=g\left(t\right) \tag{3.14}$$

此积分称为拉格朗日积分，可用于可压非定常位流。其中，$g\left(t\right)$ 为关于时间的函数。

当流体是不可压流体时，因为 $\rho=$ 常数，所以式（3.14）可写成

$$U+\frac{p}{\rho}+\frac{\partial \phi}{\partial t}+\frac{1}{2}V^2=g(t) \tag{3.15}$$

对于不可压定常流，$\partial\phi/\partial t=0$，而函数 $g\left(t\right)$ 为一常数，式（3.15）变为

$$\frac{1}{2}V^2+\frac{p}{\rho}+U=\text{常数} \tag{3.16}$$

或

$$\frac{1}{2}\rho V^2+p+\rho U=\text{常数} \tag{3.17}$$

式（3.16）和式（3.17）就是理想不可压流体定常无旋流动的伯努利方程。式（3.16）等号左端三项分别表示单位质量流体所具有的动能、压力能和位能，这三种能量总称为机械能。它们三者之间可以互相转化，但总和是不变的。

通常，在空气的流动问题中，重力可以略去。于是，式（3.17）变为

$$p+\frac{1}{2}\rho V^2=\text{常数} \tag{3.18}$$

式中，第一项称为静压；第二项称为动压；等号右端常数项称为总压（通常用 p_0 表示），即

$$p_0=p+\frac{1}{2}\rho V^2 \tag{3.19}$$

在这里可以将总压 p_0 理解为驻点压强。驻点是指无黏流中速度为零的点。譬如远前方有一股平行的直匀流 $\boldsymbol{V}_\infty$ 流过一个上、下对称的物体，如图 3.1 所示。这时气流分成两路绕物体上、下两边流去。现考察中间分界流线上的流动情况：在该流线上，流体微团的速度越接近物面越小，压强则逐渐增大，一直到驻点 A 处为止，在该点处速度已降为零，压强 p 就达到了最大值 p_0，即驻点压强。

【例 3.1】 用文德利管测流量。

解 文德利管是一段有细腰的管子，如图 3.2 所示。管截面积由大变小，又由小变大，都是渐变的。文德利管的最大截面积 A_1 和最小截面积 A_2 都是已知的。把这样的一段管子插接在一条有低速流体流动的管道里（串联），如果测得 A_1 和 A_2 两截面上的流体静压差 (p_1-p_2)，那么就能用连续方程和伯努利方程把管道中的流量算出来。

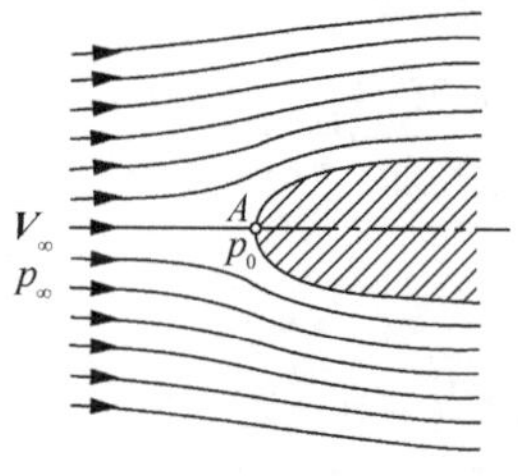

图 3.1　直匀流绕对称物体的流动

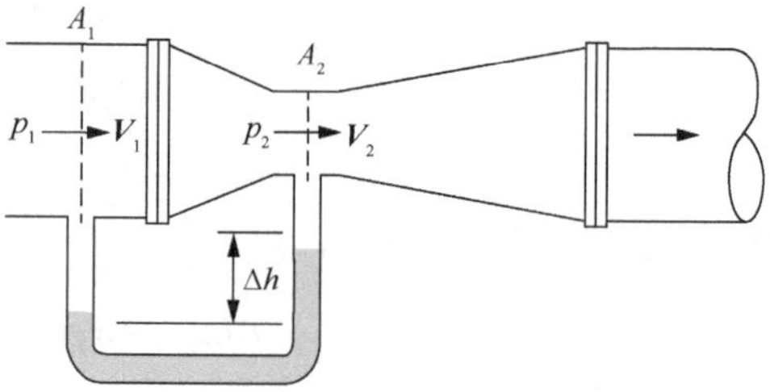

图 3.2　文德利管测量

假定管子是水平放置的，忽略管道中流体所受重力和黏性力的影响，根据式（3.19）可得

$$p_1+\frac{1}{2}\rho V_1^2=p_2+\frac{1}{2}\rho V_2^2$$

运用不可压流的连续方程，V_1 和 V_2 与管截面面积成反比，即

$$A_1V_1=A_2V_2$$

将此式代入前式，可得

$$V_2=\sqrt{\frac{2(p_1-p_2)}{\rho\left(1-A_2^2/A_1^2\right)}}$$

式中，p 的单位是 $\mathrm{N/m^2}$；ρ 的单位是 $\mathrm{kg/m^3}$。因此体积流量为

$$Q=A_2V_2=A_1A_2\sqrt{\frac{2(p_1-p_2)}{\rho\left(A_1^2-A_2^2\right)}}$$

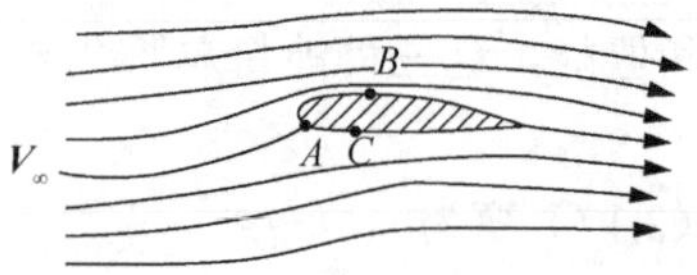

图 3.3　低速翼型绕流

【例 3.2】 在海平面上，有一低速直匀流 $\boldsymbol{V}_\infty$ 流过一个翼型，见图 3.3。远前方直匀流的静压 $p=p_\infty=101200\mathrm{N/m^2}$，流动无黏，流速 $V_\infty=100\mathrm{m/s}$。已知 A、B、C 三点速度大小分别为 $V_A=0$，$V_B=150\mathrm{m/s}$，$V_C=50\mathrm{m/s}$。空气在海平面的密度为 $\rho=1.225\ \mathrm{kg/m^3}$。求 A，B，C 三点的压强。

解 流动是无旋的，伯努利方程中的常数在全流场上通用。根据远前方条件，可得

$$p_0=\left(101200+\frac{1.225}{2}\times100^2\right)\mathrm{N/m^2}=107325\mathrm{N/m^2}$$

p_0 就是通用于全流场的常数。

$$p_A = p_0 - \frac{1}{2}\rho V_A^2 = p_0 = 107325\text{N/m}^2$$

$$p_B = p_0 - \frac{1}{2}\rho V_B^2 = \left(107325 - 0.6125 \times 22500\right)\text{N/m}^2 = 93825\text{N/m}^2$$

$$p_C = p_0 - \frac{1}{2}\rho V_C^2 = (107325 - 1531)\text{N/m}^2 = 105794\text{N/m}^2$$

3.1.2　有旋流动中的积分

在有旋流动中，欧拉方程可沿流线进行积分。把欧拉方程式（3.4）的三个分式分别乘以 $\mathrm{d}x$、$\mathrm{d}y$ 和 $\mathrm{d}z$，于是有

$$\begin{cases} \rho\dfrac{\partial u}{\partial t}\mathrm{d}x + \left(\boldsymbol{V}\cdot\nabla u\right)\mathrm{d}x = -\dfrac{\partial p}{\partial x}\mathrm{d}x - \rho\dfrac{\partial U}{\partial x}\mathrm{d}x \\ \rho\dfrac{\partial v}{\partial t}\mathrm{d}y + \left(\boldsymbol{V}\cdot\nabla v\right)\mathrm{d}y = -\dfrac{\partial p}{\partial y}\mathrm{d}y - \rho\dfrac{\partial U}{\partial y}\mathrm{d}y \\ \rho\dfrac{\partial w}{\partial t}\mathrm{d}z + \left(\boldsymbol{V}\cdot\nabla w\right)\mathrm{d}z = -\dfrac{\partial p}{\partial z}\mathrm{d}z - \rho\dfrac{\partial U}{\partial z}\mathrm{d}z \end{cases} \tag{3.20}$$

分析式（3.20）中的 $\left(\boldsymbol{V}\cdot\nabla u\right)\mathrm{d}x$ 项，

$$\left(\boldsymbol{V}\cdot\nabla u\right)\mathrm{d}x = \left(u\boldsymbol{i} + v\boldsymbol{j} + w\boldsymbol{k}\right)\cdot\left(\frac{\partial u}{\partial x}\boldsymbol{i} + \frac{\partial u}{\partial y}\boldsymbol{j} + \frac{\partial u}{\partial z}\boldsymbol{k}\right)\mathrm{d}x = u\frac{\partial u}{\partial x}\mathrm{d}x + v\frac{\partial u}{\partial y}\mathrm{d}x + w\frac{\partial u}{\partial z}\mathrm{d}x \tag{3.21}$$

根据流线方程（2.128），有

$$\begin{cases} w\,\mathrm{d}y = v\,\mathrm{d}z \\ u\,\mathrm{d}z = w\,\mathrm{d}x \\ v\,\mathrm{d}x = u\,\mathrm{d}y \end{cases} \tag{3.22}$$

将式（3.22）中的 $v\,\mathrm{d}x = u\,\mathrm{d}y$ 和 $w\,\mathrm{d}x = u\,\mathrm{d}z$ 代入式（3.21）中，有

$$\left(\boldsymbol{V}\cdot\nabla u\right)\mathrm{d}x = u\frac{\partial u}{\partial x}\mathrm{d}x + u\frac{\partial u}{\partial y}\mathrm{d}y + u\frac{\partial u}{\partial z}\mathrm{d}z = \frac{1}{2}\mathrm{d}u^2 \tag{3.23}$$

同理可得

$$\left(\boldsymbol{V}\cdot\nabla v\right)\mathrm{d}y = \frac{1}{2}\mathrm{d}v^2\text{，}\left(\boldsymbol{V}\cdot\nabla w\right)\mathrm{d}z = \frac{1}{2}\mathrm{d}w^2 \tag{3.24}$$

将式（3.23）和式（3.24）代入式（3.20）中，可得

$$\begin{cases} \rho\dfrac{\partial u}{\partial t}\mathrm{d}x + \dfrac{1}{2}\mathrm{d}u^2 = -\dfrac{\partial p}{\partial x}\mathrm{d}x - \rho\dfrac{\partial U}{\partial x}\mathrm{d}x \\ \rho\dfrac{\partial v}{\partial t}\mathrm{d}y + \dfrac{1}{2}\mathrm{d}v^2 = -\dfrac{\partial p}{\partial y}\mathrm{d}y - \rho\dfrac{\partial U}{\partial y}\mathrm{d}y \\ \rho\dfrac{\partial w}{\partial t}\mathrm{d}z + \dfrac{1}{2}\mathrm{d}w^2 = -\dfrac{\partial p}{\partial z}\mathrm{d}z - \rho\dfrac{\partial U}{\partial z}\mathrm{d}z \end{cases} \tag{3.25}$$

将式（3.25）各方程作和，方程两边同时除以密度 ρ 并移项，可得

$$dU+\frac{dp}{\rho}+d\left(\frac{1}{2}V^2\right)+\left(\frac{\partial u}{\partial t}dx+\frac{\partial v}{\partial t}dy+\frac{\partial w}{\partial t}dz\right)=0 \tag{3.26}$$

式（3.26）在推导过程中用到了流线方程，所以该式只沿同一流线成立。

对于定常不可压流动，式（3.26）沿流线积分得到

$$\frac{p}{\rho}+\frac{1}{2}V^2+U=\text{常数}\quad（沿流线） \tag{3.27}$$

进而对空气流动而言，忽略重力影响，有

$$p+\frac{1}{2}\rho V^2=p_0\quad（沿流线） \tag{3.28}$$

对比式（3.18）与式（3.28）得出：在定常无黏无旋低速空气流动中，总压 p_0 在整个无旋流场中均为同一常数；而在有旋流场中，同一流线上的总压相同，不同流线上的总压是不同的。

3.2　理想不可压无旋流动的控制方程

对于理想不可压无旋流动，连续方程简化为

$$\nabla\cdot\boldsymbol{V}=0 \tag{3.29}$$

无旋流动存在速度位 $\phi(x,y,z,t)$，满足 $\boldsymbol{V}=\nabla\phi$。因此，式（3.29）可表达为

$$\nabla\cdot(\nabla\phi)=0 \tag{3.30}$$

式（3.30）在笛卡儿坐标系展开为

$$\frac{\partial^2\phi}{\partial x^2}+\frac{\partial^2\phi}{\partial y^2}+\frac{\partial^2\phi}{\partial z^2}=0 \tag{3.31}$$

这就是不可压位流速度位满足的控制方程（governing equation），称为拉普拉斯方程。

根据式（3.31），对于理想不可压流体的平面定常无旋流动，位函数 $\phi(x,y)$ 满足下面的方程

$$\frac{\partial^2\phi}{\partial x^2}+\frac{\partial^2\phi}{\partial y^2}=0 \tag{3.32}$$

本章主要介绍理想不可压流体的平面定常无旋流动。在数学上，凡是满足拉普拉斯方程的函数都称调和函数。要找一个能代表具体的绕流问题的解，就是找一个能符合具体绕流问题的边界条件的调和函数。理想不可压流体的平面定常无旋流动的位函数所应满足的方程只有一个（式（3.32）），流体所流过的物体形状各不相同，流动情况当然是不相同的。这种问题，在数学上称为边值问题。

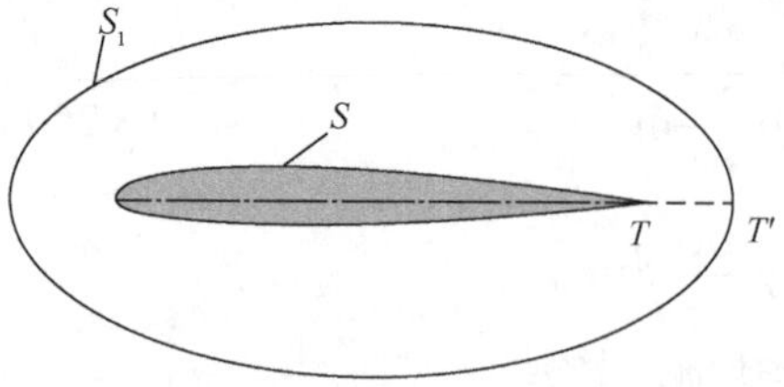

图 3.4　流场的内外边界

所谓边界条件（boundary condition）就是在流场的边界上对流动规定的条件。什么是边界？最概括的情况，可以说流场有外边界和内边界，如图 3.4 所示。外边界 S_1 和内边界 S（物面）之间加一个连接面，如

图 3.4 上的TT'。这样一来，也可以说流场总的只有一个边界。不过连接面TT'在做沿边界的计算时总是来回走过两次的，由于流动参数通量在该连接面上都是大小相等、符号相反的，完全抵消了，因此可以不管它，而只考虑外边界S_1和内边界S上的边界条件就可以了。如果是飞行问题，飞行的空间无限大，流场的外边界放到无穷远。这时外边界的边界条件仍需考虑。若使用绝对坐标系，那么无穷远处的流速为零，这就是外边界条件。若使用相对坐标系，把坐标系和飞行器连接在一起，那么就是远前方有直匀流流过来。这也就是外边界条件。

理想不可压无旋流动中的边值问题，视在边界上所给的条件是对位函数ϕ自身值的规定，还是对它的法向导数$\partial\phi/\partial n$的规定，而分为以下三类：

（1）第一类边值问题，又称狄利克雷问题，即在边界上给定ϕ值；

（2）第二类边值问题，又称纽曼问题，即在边界上给定$\partial\phi/\partial n$值；

（3）第三类边值问题，即混合边值问题，又称庞加莱问题，即在一部分边界上给定ϕ值，另一部分边界给定$\partial\phi/\partial n$值。

理想不可压无旋流动问题绝大多数属第二类边值问题。采用相对坐标系，远方的边界条件是直匀来流$\boldsymbol{V}_\infty$，物面上的边界条件是$V_n=\partial\phi/\partial n=0$；切向速度则不限，因为是理想流体，气流是从物面上滑过去的。

在理想不可压流体的平面定常无旋流动中，还存在一个流函数$\psi(x,y)$。

根据式（2.142），二维无旋流动的条件为

$$\frac{\partial v}{\partial x}-\frac{\partial u}{\partial y}=0$$

不可压流体的平面流动的流函数满足式（2.152），

$$\begin{cases}u=\dfrac{\partial\psi}{\partial y}\\[2ex] v=-\dfrac{\partial\psi}{\partial x}\end{cases}$$

因此，有

$$\frac{\partial^2\psi}{\partial x^2}+\frac{\partial^2\psi}{\partial y^2}=0 \tag{3.33}$$

此即理想不可压流体的平面定常无旋流动中流函数$\psi(x,y)$满足的控制方程，这也是拉普拉斯方程。

可见，理想不可压流体的平面定常无旋流动中，其流函数和速度位函数都满足拉普拉斯方程。

拉普拉斯方程是一个线性方程，其解满足叠加原理。即拉普拉斯方程的任意两个解的线性叠加也是该方程的解。

3.3　拉普拉斯方程的基本解

这里要介绍的基本解（fundamental solution），就是理想不可压流体的平面定常无旋流

动满足拉普拉斯方程式（3.32）和式（3.33）的速度位函数和流函数。这些基本解，其实代表着理想不可压流体的一些最基本的平面定常无旋流动。其中有的流场中会出现流速无限大的奇异点，此时的基本解称为奇异基本解。易验证，本节中介绍的速度位函数和流函数都是满足拉普拉斯方程的。

3.3.1　直匀流

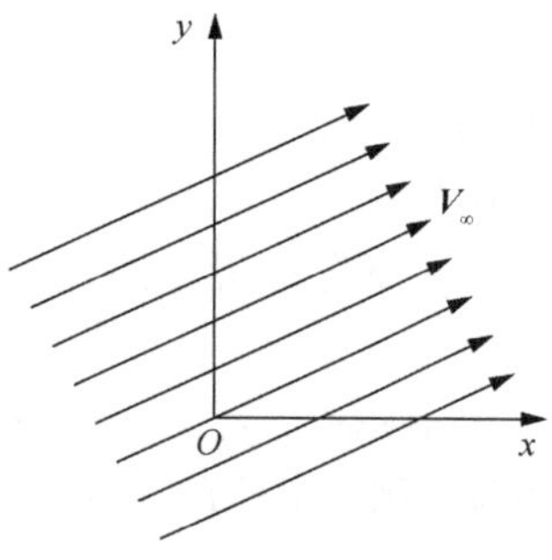

图 3.5　直匀流

直匀流（uniform stream）是一种最简单的无旋流动。流场中任一点的流速都是一样的，见图 3.5。

这种流动的位函数为

$$\phi = ax + by \tag{3.34}$$

速度分量为

$$\begin{cases} u = \dfrac{\partial \phi}{\partial x} = a \\ v = \dfrac{\partial \phi}{\partial y} = b \end{cases} \tag{3.35}$$

而流函数为

$$\psi = -bx + ay \tag{3.36}$$

流线族（$\psi =$ 常数的曲线族）是平行直线族，见图 3.5。

流体力学中常用的直匀流是流向与 x 轴平行的直匀流 V_∞，其位函数和流函数分别为

$$\begin{cases} \phi = V_\infty x \\ \psi = V_\infty y \end{cases} \tag{3.37}$$

3.3.2　点源

源可正可负。正源（source）是从流场某点有一定的流量流向四面八方的流动。负源（又名汇，sink）是一种与正源的流向相反的向心流动。

源的流动往往采用平面极坐标系表达。如果把点源放在坐标原点，则流动只有径向流速 V_r，而无周向流速 V_θ。记半径 r 处的流速为 V_r，则源的总体积流量 $Q = 2\pi r V_r$ 是一个常数，由此得

$$V_r = \frac{Q}{2\pi}\frac{1}{r} = \frac{Q}{2\pi}\frac{1}{\sqrt{x^2 + y^2}}$$

该径向流速与 θ 无关。其中，Q 称为源强。

点源的流函数由 $V_r = \dfrac{1}{r}\dfrac{\partial \psi}{\partial \theta}$ 积分得到

$$\psi = \frac{Q}{2\pi}\theta = \frac{Q}{2\pi}\arctan\left(\frac{y}{x}\right) \tag{3.38}$$

$\psi =$ 常数的流线是从源所在的那一点（现在是坐标原点）起的辐射线族，见图 3.6。

点源的位函数由 $V_r = \partial\phi/\partial r$ 积分得到

$$\phi = \frac{Q}{2\pi}\ln r = \frac{Q}{2\pi}\ln\sqrt{x^2+y^2} \tag{3.39}$$

等位线是以坐标原点为圆心的同心圆族，见图 3.6。

如果点源的位置不在坐标原点，而在 $A(\xi,\eta)$ 点，见图 3.7，则点 $P(x,y)$ 处的位函数和流函数由式（3.40）给出，而流速的分量由式（3.41）给出。

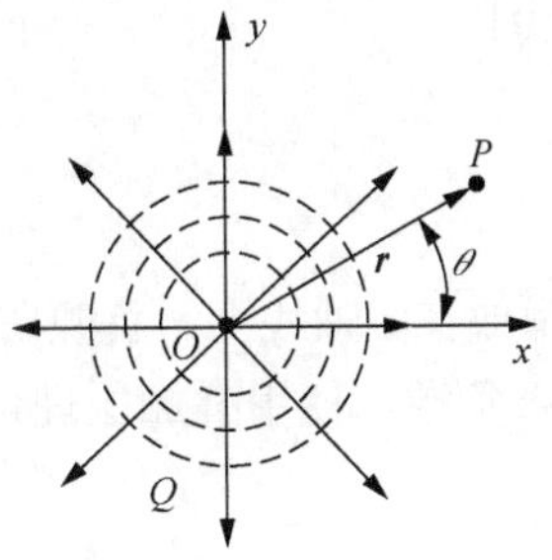

图 3.6　点源

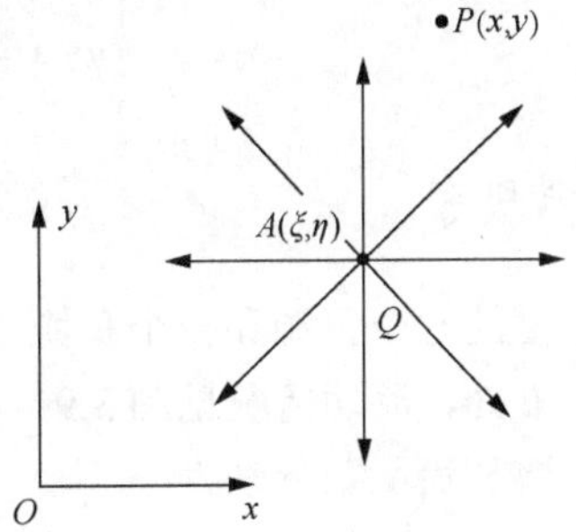

图 3.7　不在坐标原点的点源

$$\begin{cases} \phi = \dfrac{Q}{2\pi}\ln\sqrt{(x-\xi)^2+(y-\eta)^2} \\ \psi = \dfrac{Q}{2\pi}\arctan\dfrac{y-\eta}{x-\xi} \end{cases} \tag{3.40}$$

$$\begin{cases} u = \dfrac{\partial\phi}{\partial x} = \dfrac{Q}{2\pi}\dfrac{(x-\xi)}{(x-\xi)^2+(y-\eta)^2} \\ v = \dfrac{\partial\phi}{\partial y} = \dfrac{Q}{2\pi}\dfrac{(y-\eta)}{(x-\xi)^2+(y-\eta)^2} \end{cases} \tag{3.41}$$

3.3.3　点涡

这里说的点涡是涡管的一种极限情况，假设涡核小到趋近于零，这时整个的平面流场上除了涡所在的那一点之外，全是无旋流，流动做绕涡核的循环运动，只有圆周速度，其值与距离涡核的距离成反比，见图 3.8。

若把点涡放在坐标原点，则只有周向速度 V_θ，而无径向速度 V_r，且 $V_\theta = \Gamma_0/(2\pi r)$，其位函数和流函数恰好和在坐标原点的点源的这两个函数互相对调，即

$$\begin{cases} \phi = \dfrac{\Gamma_0}{2\pi}\theta = \dfrac{\Gamma_0}{2\pi}\arctan\left(\dfrac{y}{x}\right) \\ \psi = -\dfrac{\Gamma_0}{2\pi}\ln r \end{cases} \tag{3.42}$$

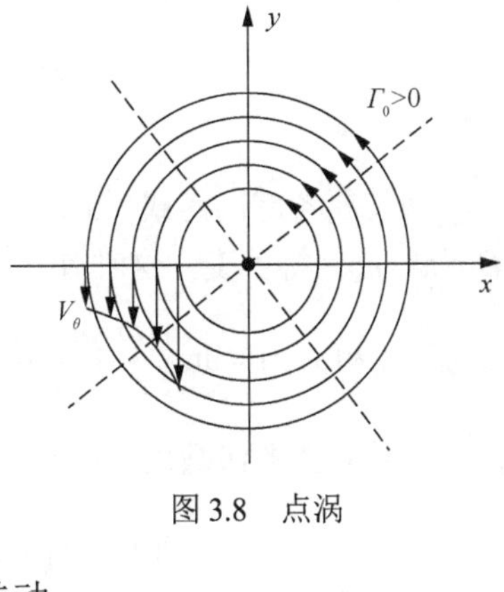

图 3.8　点涡

式中，常数 Γ_0 为点涡强度。正 Γ_0 代表的流动是逆时针转动。

在点涡流场中，沿任意一条封闭曲线计算速度环量时，只要这条曲线包含点涡，则算

得的速度环量都等于 Γ_0，而与曲线的具体形状无关。这一点是由斯托克斯定理所确定的。凡是不包含点涡的封闭曲线上的速度环量都等于零。

位于 (ξ,η) 的点涡，其位函数和流函数分别为

$$\begin{cases}\phi=\dfrac{\Gamma_0}{2\pi}\arctan\dfrac{y-\eta}{x-\xi}\\ \psi=-\dfrac{\Gamma_0}{2\pi}\ln\sqrt{(x-\xi)^2+(y-\eta)^2}\end{cases}\tag{3.43}$$

3.3.4 偶极子

等强度的一个正源和一个负源（汇）相距 $2h$，假设都放在 x 轴线上，负源在 $x=h$，正源在 $x=-h$ 处，流动情况见图 3.9，流体从正源流出，流入负源。使用叠加原理，可得此流动的位函数和流函数分别为

$$\begin{cases}\phi=\dfrac{Q}{2\pi}\ln\sqrt{\dfrac{(x+h)^2+y^2}{(x-h)^2+y^2}}\\ \psi=\dfrac{Q}{2\pi}\left[\arctan\left(\dfrac{y}{x+h}\right)-\arctan\left(\dfrac{y}{x-h}\right)\right]\end{cases}\tag{3.44}$$

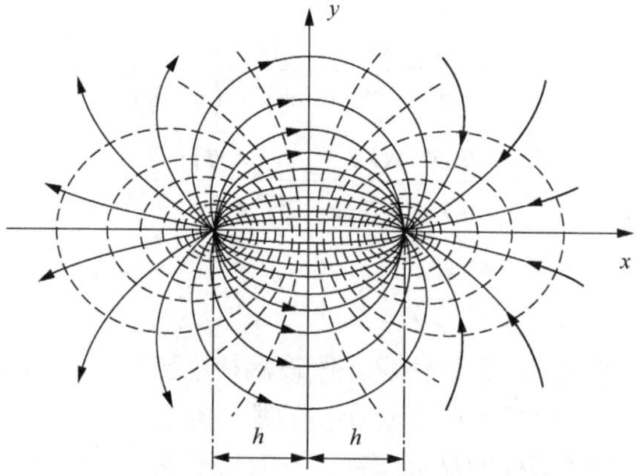

图 3.9　一个正源和一个负源相距 $2h$

现在要考虑的是式（3.44）的一种特殊的极限情况：$h\to 0$，同时规定 Q 随之增大，使 $Qh/\pi=m$ 保持不变，这时有

$$\phi(x,y)=\lim_{h\to 0}\left[\frac{Q}{4\pi}\ln\frac{x^2+y^2+2hx+h^2}{x^2+y^2-2hx+h^2}\right]=\lim_{h\to 0}\left[\frac{Q}{4\pi}\ln\left(1+\frac{4hx}{x^2+y^2-2hx+h^2}\right)\right]\tag{3.45}$$

根据自然对数的级数展开式

$$\ln(1+z)=z-\frac{z^2}{2}+\frac{z^3}{3}-\cdots+\frac{(-1)^{n-1}}{n}z^n+\cdots,\quad |z|<1$$

式（3.45）中自然对数项只保留级数展开的第一项，可得

$$\phi(x,y)=\lim_{h\to 0}\left[\frac{4Qh\cdot x}{4\pi\left(x^2+y^2-2hx+h^2\right)}\right]=m\frac{x}{x^2+y^2} \tag{3.46}$$

这是 $h\to 0$，$Q\to\infty$ 的极限情况，流动如图 3.10 所示，这种流动称为偶极子（doublet）。这里 m 表示偶极子强度。

式（3.46）即由 x 轴正向的一个负源和 x 轴负向的一个等强度正源同时无限接近坐标原点时所形成的偶极子的位函数，用极坐标形式表达为

$$\phi=\frac{m}{r}\cos\theta \tag{3.47}$$

该偶极子的流函数为

$$\psi=-m\frac{y}{x^2+y^2}=-\frac{m}{r}\sin\theta \tag{3.48}$$

由式（3.48）可知，偶极子的流线是上下两族圆，圆心都在 y 轴上，且各圆都经过坐标原点，如图 3.10 中的实线所示，图中的虚线为等位线。

偶极子的两个速度分量和流速大小分别为

$$\begin{cases} u=\dfrac{\partial\phi}{\partial x}=m\dfrac{y^2-x^2}{\left(x^2+y^2\right)^2}=-m\dfrac{\cos 2\theta}{r^2} \\ v=\dfrac{\partial\phi}{\partial y}=-m\dfrac{2xy}{\left(x^2+y^2\right)^2}=-m\dfrac{\sin 2\theta}{r^2} \end{cases} \tag{3.49}$$

$$V=\sqrt{u^2+v^2}=m/r^2$$

要注意的是，偶极子是一条直线上一个正源和一个负源无限趋近时的特殊极限情况，它是有轴线的，过正源和负源的那条直线就是它的轴线，图 3.10 是以 x 轴为轴线的偶极子；它不仅有轴线，轴线上还有指向，图 3.10 的正指向是指向负 x 轴的，即由汇指向源。

如果偶极子的正指向和负 x 轴夹角为 β，见图 3.11，则根据式（3.47）和式（3.48），此时位函数和流函数分别为

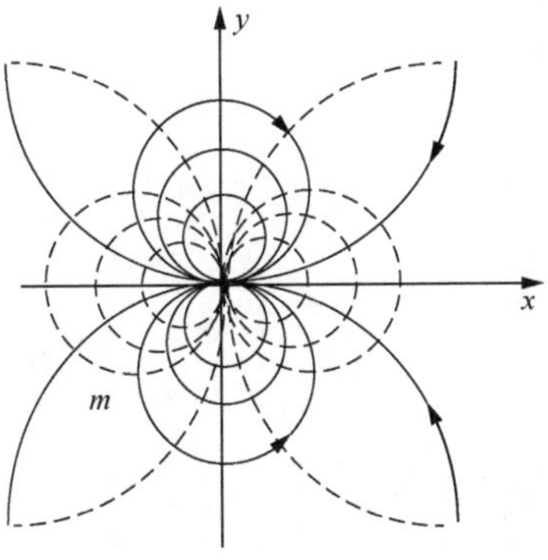

图 3.10　偶极子

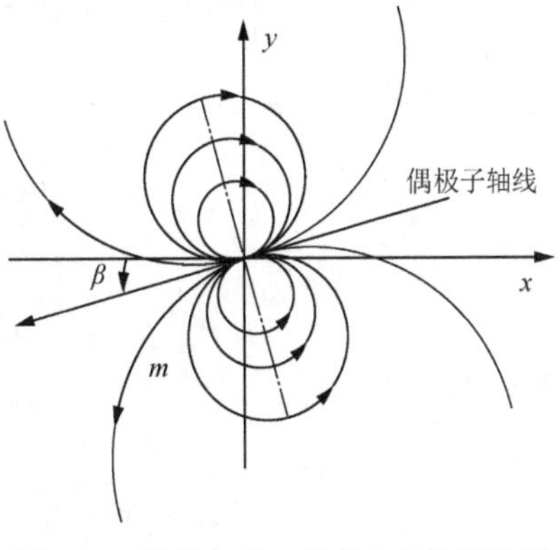

图 3.11　轴线与负 x 轴成 β 角的偶极子

$$
\begin{cases}
\phi = m\dfrac{r\cos(\theta-\beta)}{r^2} = \dfrac{m}{x^2+y^2}(x\cos\beta + y\sin\beta) \\
\psi = -m\dfrac{r\sin(\theta-\beta)}{r^2} = -\dfrac{m}{x^2+y^2}(y\cos\beta - x\sin\beta)
\end{cases}
\tag{3.50}
$$

如果偶极子位于(ξ,η)且其正指向和负x轴夹角为β，则根据式（3.50），此时的位函数和流函数分别为

$$
\begin{cases}
\phi = \dfrac{m}{(x-\xi)^2+(y-\eta)^2}\left[(x-\xi)\cos\beta + (y-\eta)\sin\beta\right] \\
\psi = -\dfrac{m}{(x-\xi)^2+(y-\eta)^2}\left[(y-\eta)\cos\beta - (x-\xi)\sin\beta\right]
\end{cases}
\tag{3.51}
$$

到此，理想不可压流体的平面定常无旋流动所满足的拉普拉斯方程的基本解就介绍完了。基本解包括直匀流、点源（或点汇）、点涡和偶极子这几种。

3.4 节将通过几个典型例子介绍运用这些基本解叠加，以获得具有一定实际意义的流动图画的基本思路和方法。

3.4　基本解叠加

3.4.1　直匀流叠加点源

直匀流V_∞平行于x轴，来自负x，点源强度为Q，放在坐标原点上，如图 3.12 所示。根据叠加原理，这两种流动所形成的组合流动的位函数和流函数分别是

$$
\begin{cases}
\phi(x,y) = V_\infty x + \dfrac{Q}{2\pi}\ln r = V_\infty x + \dfrac{Q}{4\pi}\ln\left(x^2+y^2\right) \\
\psi(x,y) = V_\infty y + \dfrac{Q}{2\pi}\arctan\left(\dfrac{y}{x}\right)
\end{cases}
\tag{3.52}
$$

流速的两个分量分别为

$$
\begin{cases}
u = V_\infty + \dfrac{Q}{2\pi}\dfrac{x}{x^2+y^2} \\
v = \dfrac{Q}{2\pi}\dfrac{y}{x^2+y^2}
\end{cases}
\tag{3.53}
$$

流速大小的平方为

$$
V^2 = u^2 + v^2 = V_\infty^2 + \left(\frac{Q}{2\pi}\right)^2\frac{1}{x^2+y^2} + \frac{QV_\infty}{\pi}\frac{x}{x^2+y^2} = V_\infty^2 + \left(\frac{Q}{2\pi}\right)^2\frac{1}{r^2} + \frac{QV_\infty}{\pi}\frac{\cos\theta}{r}
\tag{3.54}
$$

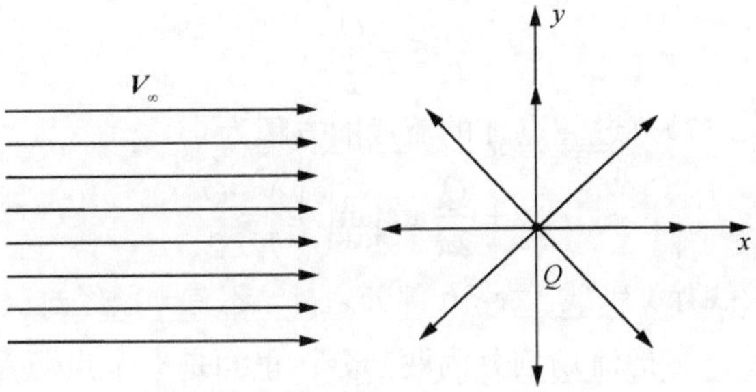

图 3.12　直匀流叠加点源示意图

由式（3.53），流场中的驻点 A 满足

$$\begin{cases} u_A = V_\infty + \dfrac{Q}{2\pi}\dfrac{x}{x^2+y^2} = 0 \\ v_A = \dfrac{Q}{2\pi}\dfrac{y}{x^2+y^2} = 0 \end{cases} \tag{3.55}$$

解得

$$\begin{cases} x_A = -\dfrac{Q}{2\pi V_\infty} \\ y_A = 0 \end{cases} \tag{3.56}$$

即该流场中存在一个驻点 A，位于负 x 轴上。驻点的具体位置是由直匀流 $\boldsymbol{V}_\infty$ 和点源强度 Q 二者所决定的，因为这一点上的 $\boldsymbol{V}_\infty$ 恰好被源的流速 $Q/2\pi x_A$ 所抵消。流谱如图 3.13（a）所示。

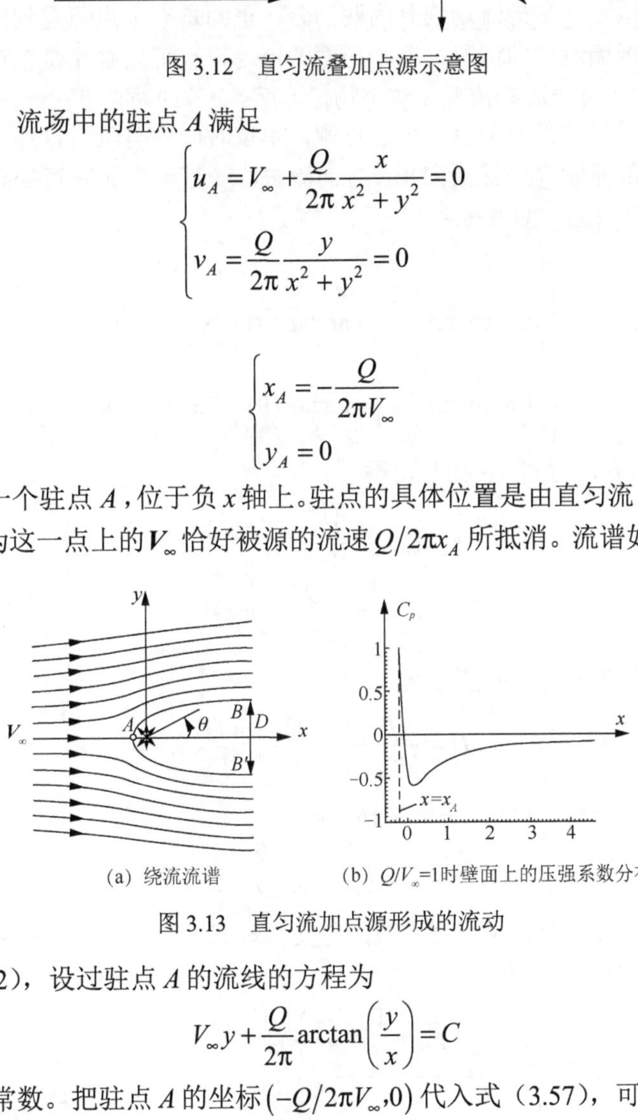

(a) 绕流流谱　　(b) Q/V_∞=1时壁面上的压强系数分布

图 3.13　直匀流加点源形成的流动

根据式（3.52），设过驻点 A 的流线的方程为

$$V_\infty y + \frac{Q}{2\pi}\arctan\left(\frac{y}{x}\right) = C \tag{3.57}$$

式中，C 为待定常数。把驻点 A 的坐标 $(-Q/2\pi V_\infty, 0)$ 代入式（3.57），可得常数 C 为

$$C = \frac{Q}{2\pi}\arctan(0) \tag{3.58}$$

根据驻点 A 的坐标和 θ 角的取值范围满足

$$y = 0,\ x < 0,\ \theta \in [0, 2\pi]$$

$x < 0$ 表明此时 θ 位于第三、四象限，因此 $\arctan(0) = \pi$。所以式（3.58）变成

$$C = \frac{Q}{2} \tag{3.59}$$

把式（3.59）代入式（3.57），过驻点 A 的流线的方程为

$$V_\infty y + \frac{Q}{2\pi}\arctan\left(\frac{y}{x}\right) = \frac{Q}{2} \tag{3.60}$$

符合这个方程的流线除 x 轴线上 $x<0$ 部分之外，还有一条经过 A 点的曲线 BAB'。这条流线可以看作一道围墙，它把流场划分为两部分：里面是一个点源受到围墙约束的流动，外面是直匀流绕此围墙流过的情况。这个外面的流动，也可以看作是在直匀流里放了一个 BAB' 这样的实心物体时的流动情况。这个物体后面是不封口的，是一个半无限体。其所以不封口是因为流场里只放了一个 Q 为正的点源，单位时间内有流量 Q 加入流场，前端围墙既然是封闭的，全部流量 Q 必然要向正 x 方向流去，一直流到无限远处。这个半无限体的宽度随 x 而增大，最后趋于渐近值 D。

式（3.60）中令 $x \to +\infty$，有

$$\begin{cases} \lim\limits_{x\to+\infty} \arctan\left(\dfrac{y}{x}\right) = \arctan(0) = 0, & y>0 \\ \lim\limits_{x\to+\infty} \arctan\left(\dfrac{y}{x}\right) = \arctan(0) = 2\pi, & y<0 \end{cases}$$

这样，令 $x \to +\infty$，由式（3.60）可得

$$\begin{cases} \lim\limits_{x\to+\infty} y = \dfrac{Q}{2V_\infty}, & y>0 \\ \lim\limits_{x\to+\infty} y = -\dfrac{Q}{2V_\infty}, & y<0 \end{cases}$$

从而得到半无限体的宽度的渐近值 D 为

$$D = \frac{Q}{2V_\infty} - \left(-\frac{Q}{2V_\infty}\right) = \frac{Q}{V_\infty}$$

过驻点的流线方程式（3.60）用极坐标表达为

$$r = \frac{Q}{2\pi V_\infty}\frac{\pi-\theta}{\sin\theta} \tag{3.61}$$

流场中各点的压强系数，用压强系数的定义和理想不可压流体定常无旋流动忽略彻体力的伯努利方程（3.19）可得到

$$C_p \equiv \frac{p-p_\infty}{\frac{1}{2}\rho V_\infty{}^2} = \frac{\left[\left(p_\infty + \frac{1}{2}\rho V_\infty{}^2\right) - \frac{1}{2}\rho V^2\right] - p_\infty}{\frac{1}{2}\rho V_\infty{}^2} = 1 - \frac{V^2}{V_\infty{}^2} \tag{3.62}$$

即理想不可压流体定常无旋流动忽略彻体力时的压强系数简化为

$$C_p = 1 - \frac{V^2}{V_\infty{}^2} \tag{3.63}$$

特别强调，式（3.63）只适用于理想不可压流体定常无旋流动忽略彻体力时的压强系数计算。

把过驻点的流线方程式（3.61）代入速度平方的大小的表达式（3.54），可得半无限体表面上速度平方的大小为

$$V^2 = V_\infty^2\left[1+\left(\frac{\sin\theta}{\pi-\theta}\right)^2+\frac{\sin 2\theta}{\pi-\theta}\right] \tag{3.64}$$

因此，根据式（3.63），物面上，即半无限体的表面上的压强系数为

$$C_p = -\frac{\sin 2\theta}{\pi-\theta}-\left(\frac{\sin\theta}{\pi-\theta}\right)^2 \tag{3.65}$$

半无限体的表面上的压强系数沿 x 轴线的分布见图 3.13（b）。在驻点 A 处，$V=0$，$C_p=1$。从驻点往后，流速迅速上升，C_p 迅速下降。在距 A 不远的地方 C_p 降为零，那里的合速度大小恰等于 V_∞。再往后去，气流继续加速，C_p 继续下降。有一个最大速度点，该处 C_p 最低，故该点又称最低压强点。以后气流的速度逐渐下降，压强缓缓回升，当 $x\to+\infty$ 时，压强恢复到远前方的值，对应的 $C_p=0$。这个例子说明，在直匀流里放置一根顺气流的长物体，在头部附近产生很大的扰动，有的地方流速下降了，有的地方上升了，而且升得远大于来流的值。

3.4.2　直匀流叠加轴向逆流的偶极子

直匀流平行于 x 轴，位于坐标原点的偶极子的轴线也与 x 轴一致，指向来流，如图 3.14 所示。这两种流动所形成的组合流动的位函数和流函数分别为

$$\begin{cases}\phi(x,y)=V_\infty x+m\dfrac{x}{r^2}=V_\infty x\left(1+\dfrac{m}{V_\infty}\dfrac{1}{r^2}\right)\\ \psi(x,y)=V_\infty y-m\dfrac{y}{r^2}=V_\infty y\left(1-\dfrac{m}{V_\infty}\dfrac{1}{r^2}\right)\end{cases} \tag{3.66}$$

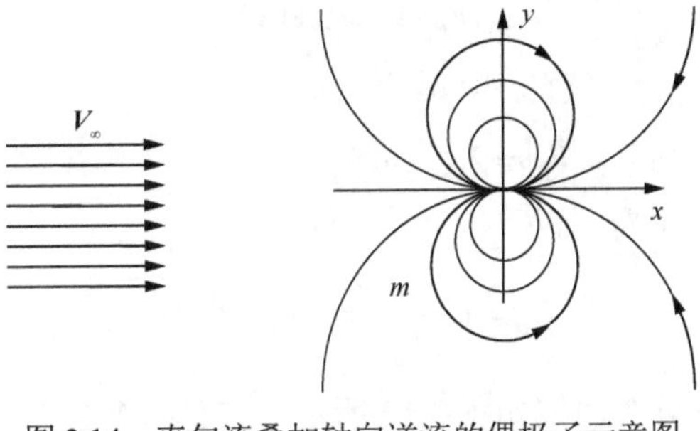

图 3.14　直匀流叠加轴向逆流的偶极子示意图

在式（3.66）中，令 $r_0=\sqrt{m/V_\infty}$。这样式（3.66）可表达为

$$\begin{cases}\phi(r,\theta)=V_\infty\left(r+\dfrac{r_0^2}{r}\right)\cos\theta\\ \psi(r,\theta)=V_\infty\left(r-\dfrac{r_0^2}{r}\right)\sin\theta\end{cases} \tag{3.67}$$

分析式（3.66）和式（3.67）中的流函数，可以发现

$$\begin{cases}\psi(x,0)=0\\ \psi(r_0,\theta)=0\end{cases} \tag{3.68}$$

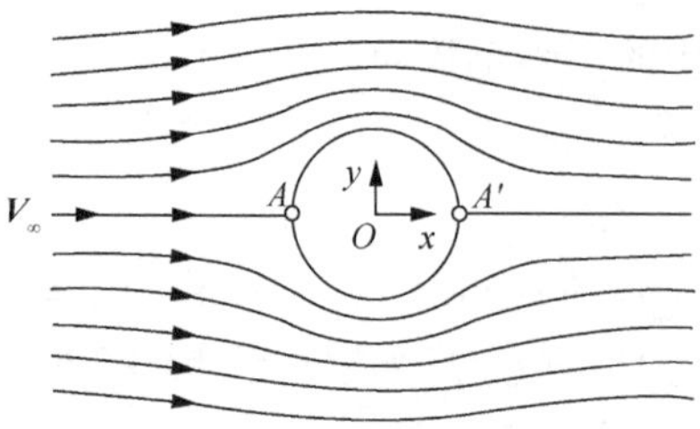

图 3.15　直匀流绕圆柱的无环量流动

式（3.68）表明 $y=0$ 和 $r=r_0$ 是一条流线。流动的流谱如图 3.15 所示。由于流体不能穿越流线，因此 $r=r_0$ 的流线把流场分为两部分，一部分是 $r=r_0$ 外的绕流，另一部分是 $r=r_0$ 内的流动。直匀流叠加轴向逆流的偶极子的合成流动在 $r=r_0$ 外的绕流与直匀流绕 $r=r_0$ 的圆柱的流动是相同的。因为直匀流和偶极子都是无旋流动，所以它们的合成流动也是无旋的。因此，直匀流加轴向逆流的偶极子的合成流动有时也称为直匀流绕圆柱的无环量流动。

两个分速度分别为

$$\begin{cases}u=V_\infty\left(1-\dfrac{r_0^2}{r^2}\cos 2\theta\right)\\ v=-V_\infty\dfrac{r_0^2}{r^2}\sin 2\theta\end{cases} \tag{3.69}$$

在圆 $r=r_0$ 上，有

$$\begin{cases}u=V_\infty(1-\cos 2\theta)\\ v=-V_\infty\sin 2\theta\end{cases} \tag{3.70}$$

或

$$\begin{cases}V_\theta=-2V_\infty\sin\theta\\ V_r=0\end{cases} \tag{3.71}$$

在圆上合速度的大小为 $V=|V_\theta|=2V_\infty|\sin\theta|$ 。

于是，圆上的压强分布为

$$C_p=1-\frac{V^2}{V_\infty^{\ 2}}=1-4\sin^2\theta \tag{3.72}$$

圆柱表面压强系数的分布曲线如图 3.16 所示。它有两个驻点，前驻点 A 和后驻点 A'，这两点的压强系数都为 $C_p=1$ 。从前驻点 A 起沿圆的上下表面流速逐渐增大，在 $\theta=\pi/2$ 和 $3\pi/2$ 处达到最大值，这时流速达到来流速度大小 V_∞ 的 2 倍，压强系数为 $C_p=-3.0$ 。过了最低压强点之后，流速逐渐下降，直到后驻点 A' 又降为零。所以沿圆表面，从前驻点到后驻点，流动历经了一个加速段和一个减速段。在加速段内，沿物面压强梯度 $\partial p/(r\partial\theta)<0$，在减速段内，沿物面压强梯度 $\partial p/(r\partial\theta)>0$ 。沿流向为负的压强梯度称为顺压梯度，沿流向为正的压强梯度称为逆压梯度。这个差别在实际有黏性的流动中是很重要的。

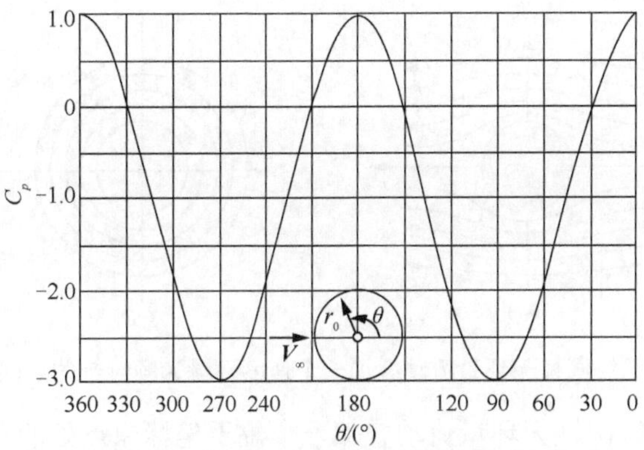

图 3.16　圆柱表面压强系数分布曲线

这个绕圆柱流动，不仅上下对称，而且前后也对称，虽然圆表面上压强分布的情况是有变化的，有的地方为正，有的地方为负（吸力），但合力为零。不过实际流动因为有黏性的缘故，流体往后流过去，到了后半圆上，是不可能贴着物面不断地减速下去，不可能进行完全的减速，后半圆上的高压不可能完全兑现，结果产生一个水平方向的阻力。

若不考虑流体的黏性，不仅像圆柱这样左右对称的物体的绕流没有阻力，而且任何一个封闭的二维物体的绕流，计算下来的阻力（即流向的合力）都等于零。这个结果是 18 世纪法国数学家达朗贝尔提出来的。这虽然是用数学证明了的，但因其不符合事实，人们称之为达朗贝尔疑题或佯谬。这个矛盾曾经在比较长的一段时间里阻碍了流体动力学的发展，因为人们以为用无黏的位流理论去研究实际的流动问题没有什么价值。后来才清楚，这样撇开黏性来处理问题，对于像机翼和机身这类流线型物体来说，是一种很有价值的合乎逻辑的抽象。它能使我们把影响流动的各种因素分开来看清楚。譬如，早期由经验得出来的良好翼型的最大升阻比不过几十比一，后来在位流理论指导下，设计出来的翼型最大升阻比竟达三百比一。这就是无黏抽象的指导意义。

3.5　绕圆柱的有环量流动和库塔-茹科夫斯基升力定理

3.5.1　绕圆柱的有环量流动

3.4 节中介绍了由直匀流和偶极子叠加获得绕圆柱的无环量流动。现在，在绕圆柱的无环量流动的基础上，在圆心处再叠加一个顺时针速度环量的点涡，如图 3.17 所示。由于点涡造成的流动是绕涡核的圆周运动，因此绕圆柱的无环量流动叠加上点涡之后，圆柱（即二维平面上的圆）这条流线不会被破坏，它代表绕圆柱的有环量的流动。

如图 3.14 所示，直匀流平行于 x 轴，偶极子的轴线也与 x 轴一致，指向来流。二者叠加形成的流动为如图 3.17（a）所示的绕圆柱的无环量流动。在此基础之上，再叠加一个位于坐标原点的顺时针速度环量的点涡，如图 3.17（b）所示。

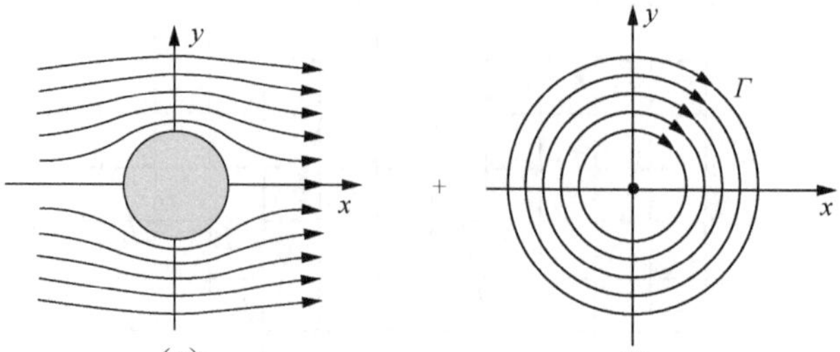

（a）　　（b）

图 3.17　绕圆柱无环量流动叠加一个速度环量为顺时针的点涡示意图

如图 3.17 所示的绕圆柱无环量流动叠加一个位于坐标原点处的顺时针速度环量的点涡所形成的合成流动的位函数和流函数分别为

$$\begin{cases} \phi = V_\infty \left(r + \dfrac{r_0^2}{r} \right) \cos\theta - \dfrac{\Gamma}{2\pi}\theta \\ \psi = V_\infty \left(r - \dfrac{r_0^2}{r} \right) \sin\theta + \dfrac{\Gamma}{2\pi}\ln r \end{cases} \tag{3.73}$$

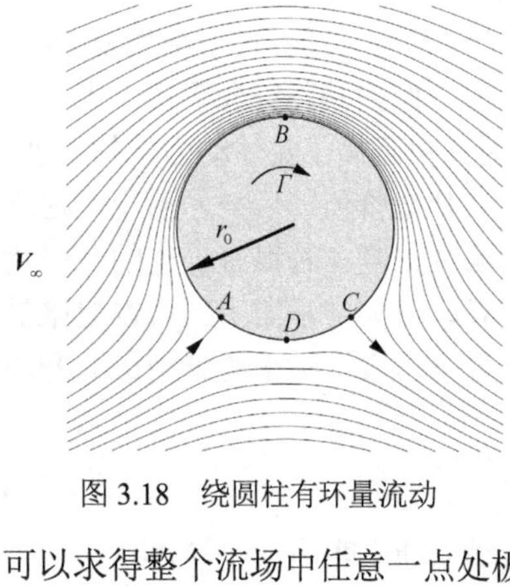

图 3.18　绕圆柱有环量流动

由式（3.73）可见，当 $r = r_0$ 时，流函数等于 $\Gamma\left(\ln r_0/(2\pi)\right)$ 为一常数，因此 $r = r_0$ 的圆为一条流线，如图 3.18 所示。

利用式（3.73），通过微分，可以求得整个流场中任意一点处的两个速度分量分别为

$$\begin{cases} u = V_\infty \left(1 - \dfrac{r_0^2}{r^2}\cos 2\theta \right) + \dfrac{\Gamma}{2\pi}\dfrac{\sin\theta}{r} \\ v = -V_\infty \dfrac{r_0^2}{r^2}\sin 2\theta - \dfrac{\Gamma}{2\pi}\dfrac{\cos\theta}{r} \end{cases} \tag{3.74}$$

利用式（3.73）以及 $V_r = \partial\phi/\partial r$ 和 $V_\theta = \partial\phi/(r\partial\theta)$，可以求得整个流场中任意一点处极坐标系下的两个速度分量分别为

$$\begin{cases} V_r = V_\infty \left(1 - \dfrac{r_0^2}{r^2} \right) \cos\theta \\ V_\theta = -V_\infty \left(1 + \dfrac{r_0^2}{r^2} \right) \sin\theta - \dfrac{\Gamma}{2\pi r} \end{cases} \tag{3.75}$$

在圆柱表面 $r = r_0$ 上，由式（3.74）可得圆柱表面速度分布为

$$\begin{cases} u = V_\infty (1 - \cos 2\theta) + \dfrac{\Gamma}{2\pi}\dfrac{\sin\theta}{r_0} \\ v = -V_\infty \sin 2\theta - \dfrac{\Gamma}{2\pi}\dfrac{\cos\theta}{r_0} \end{cases} \tag{3.76}$$

在圆柱表面 $r = r_0$ 上，由式（3.75）可得径向速度 V_r 和周向速度 V_θ 分别为

$$\begin{cases} V_r = 0 \\ V_\theta = -2V_\infty \sin\theta - \dfrac{\Gamma}{2\pi r_0} \end{cases} \tag{3.77}$$

对于绕圆柱的无环量流动，前后驻点位于 x 轴和圆柱的两个交点处，即点$(-r_0,0)$和点$(r_0,0)$。当加上点涡以后，绕圆柱的有环量流动的驻点位置将沿圆柱表面移动。

在驻点处合速度大小$V=0$。若令θ_s为驻点对应的θ值，则根据式（3.77）有

$$\theta_s = \arcsin\left(-\frac{\Gamma}{4\pi r_0 V_\infty}\right) \tag{3.78}$$

因为$\sin\theta_s = y_s/r_0$，由此可得，在直角坐标系中，有环量时圆柱表面上驻点位置为

$$\begin{cases} x_s = \pm\sqrt{r_0^2 - y_s^2} \\ y_s = -\dfrac{\Gamma}{4\pi V_\infty} \end{cases} \tag{3.79}$$

由式（3.79）可见，当点涡强度变大时，驻点将向下移动；随点涡强度继续增大到$\Gamma = 4\pi V_\infty r_0$时，两个驻点在 y 轴上$(0,-r_0)$点处重合；点涡强度进一步增大，式（3.79）不再成立，驻点将离开圆柱表面，位于圆柱体之下。图 3.19 给出了几种不同点涡强度范围时的驻点位置示意图。

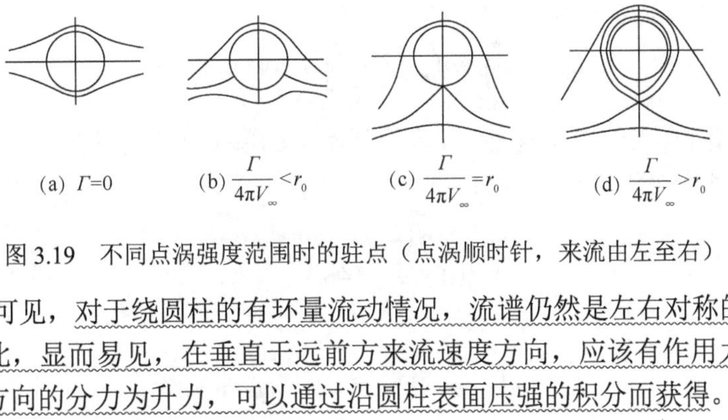

(a) $\Gamma=0$　(b) $\dfrac{\Gamma}{4\pi V_\infty} < r_0$　(c) $\dfrac{\Gamma}{4\pi V_\infty} = r_0$　(d) $\dfrac{\Gamma}{4\pi V_\infty} > r_0$

图 3.19　不同点涡强度范围时的驻点（点涡顺时针，来流由左至右）

由图 3.19 可见，对于绕圆柱的有环量流动情况，流谱仍然是左右对称的，但上下却不再对称了。因此，显而易见，在垂直于远前方来流速度方向，应该有作用力存在。气动力在垂直于来流方向的分力为升力，可以通过沿圆柱表面压强的积分而获得。

3.5.2　库塔-茹科夫斯基升力定理

下面从动量定理出发，确定绕圆柱体有环量流动时单位长度圆柱体上产生的升力。

如图 3.20 所示，以坐标原点为中心，画一个半径为r_1的大控制面S_1，整个控制面还包括圆柱的表面S_0及连接S_0和S_1的两条割线，见图 3.20 中的虚线。在连接S_0和S_1的两条割线上的压强和动量的变化都相互抵消了，因此对整个结果没有影响，可以不考虑它们。

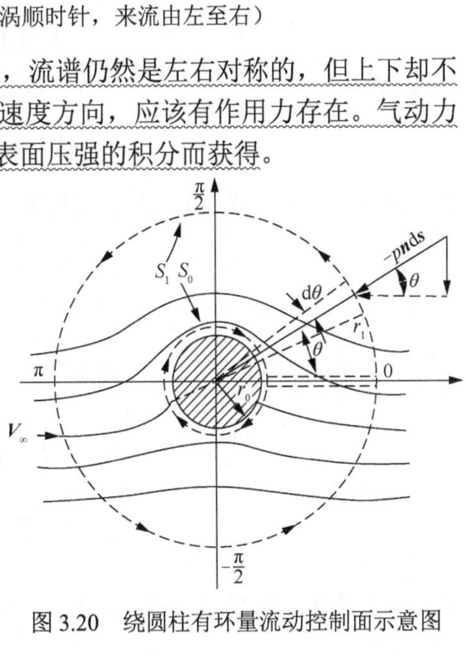

图 3.20　绕圆柱有环量流动控制面示意图

S_0上的作用力是物体所受到的气动力合力的

反作用力，在所研究的情况下，流动左右对称，没有阻力。因此，在圆柱表面作用的只有升力，用L_∞表示，下标∞表示二维问题。

根据定常欧拉方程式（2.61），有

$$\oiint_{S_0+S_1} \boldsymbol{V}\rho V_n \,\mathrm{d}S = -\oiint_{S_0+S_1} p\boldsymbol{n}\,\mathrm{d}S \tag{3.80}$$

即

$$\oiint_{S_0} \boldsymbol{V}\rho V_n \,\mathrm{d}S + \oiint_{S_1} \boldsymbol{V}\rho V_n \,\mathrm{d}S + \oiint_{S_0} p\boldsymbol{n}\,\mathrm{d}S + \oiint_{S_1} p\boldsymbol{n}\,\mathrm{d}S = \boldsymbol{0} \tag{3.81}$$

由于在圆柱表面S_0上，$V_n=0$，因此式（3.81）简化为

$$\oiint_{S_0} p\boldsymbol{n}\,\mathrm{d}S + \oiint_{S_1} \boldsymbol{V}\rho V_n \,\mathrm{d}S + \oiint_{S_1} p\boldsymbol{n}\,\mathrm{d}S = \boldsymbol{0} \tag{3.82}$$

令式（3.82）中左端第一项为

$$\oiint_{S_0} p\boldsymbol{n}\,\mathrm{d}S = \boldsymbol{F} = F_x\boldsymbol{i} + F_y\boldsymbol{j} \tag{3.83}$$

可知$\boldsymbol{F}$就是圆柱表面上的气动力的合力。因此，F_x是圆柱表面上的阻力D_∞，F_y是圆柱表面上的升力L_∞。前面的分析已经指出阻力等于零，即$D_\infty=0$。所以下面来求升力L_∞。

根据式（3.82）和式（3.83），有

$$L_\infty = -\oiint_{S_1} v\rho V_n \,\mathrm{d}S + \oiint_{S_1} p\cos(\boldsymbol{n},\boldsymbol{j})\,\mathrm{d}S \tag{3.84}$$

式中，V_n为控制面S_1上的法向速度；$\boldsymbol{n}$为控制面S_1的单位外法向量。

式（3.84）积分是沿着半径为r_1的圆（即控制面S_1）进行的。在r_1圆上，有关系式

$$\begin{cases} \cos(\boldsymbol{n},\boldsymbol{j}) = \sin\theta \\ \mathrm{d}S = r_1\,\mathrm{d}\theta \times 1 \end{cases}$$

因此可得

$$L_\infty = -\int_0^{2\pi} \rho r_1 v V_n \,\mathrm{d}\theta - \int_0^{2\pi} r_1 p \sin\theta \,\mathrm{d}\theta \tag{3.85}$$

根据式（3.74）和式（3.75）并利用伯努利方程，在控制面S_1上有

$$\begin{cases} v = -V_\infty \dfrac{r_0^2}{r_1^2}\sin 2\theta - \dfrac{\Gamma}{2\pi}\dfrac{\cos\theta}{r_1} \\ V_n = V_r = V_\infty\left(1-\dfrac{r_0^2}{r_1^2}\right)\cos\theta \\ V_\theta = -V_\infty\left(1+\dfrac{r_0^2}{r_1^2}\right)\sin\theta - \dfrac{\Gamma}{2\pi r_1} \\ p = C - \dfrac{1}{2}\rho V^2 = C - \dfrac{1}{2}\rho\left(V_r^2+V_\theta^2\right) \end{cases} \tag{3.86}$$

式中，C为未知常数。分析式（3.85）的积分函数，可知式中的积分都是关于θ的周期函数

在函数的周期$[0,2\pi]$上的积分。根据周期函数在一个周期上积分的性质

$$\int_0^{2\pi} f(\theta)\mathrm{d}\theta = \int_{-\pi}^{\pi} f(\theta)\mathrm{d}\theta$$

式（3.85）可改写为

$$L_\infty = -\int_{-\pi}^{\pi} \rho r_1 v V_n \,\mathrm{d}\theta - \int_{-\pi}^{\pi} r_1 p \sin\theta \,\mathrm{d}\theta \tag{3.87}$$

式（3.87）等号右端第一项积分根据式（3.86）中相关函数可表达为

$$\begin{aligned}
&-\int_{-\pi}^{\pi} \rho r_1 v V_n \,\mathrm{d}\theta \\
&= -\int_{-\pi}^{\pi} \rho r_1 \left(-V_\infty \frac{r_0^2}{r_1^2}\sin 2\theta - \frac{\Gamma}{2\pi}\frac{\cos\theta}{r_1}\right)\left[V_\infty\left(1-\frac{r_0^2}{r_1^2}\right)\cos\theta\right]\mathrm{d}\theta \\
&= -\rho V_\infty\left(1-\frac{r_0^2}{r_1^2}\right)\int_{-\pi}^{\pi}\left(-V_\infty \frac{r_0^2}{r_1}\sin\theta\cos^2\theta - \frac{\Gamma}{2\pi}\cos^2\theta\right)\mathrm{d}\theta \\
&= -\rho V_\infty\left(1-\frac{r_0^2}{r_1^2}\right)\int_{-\pi}^{\pi}\left[\left(-V_\infty \frac{r_0^2}{r_1}\sin\theta\cos^2\theta - \frac{\Gamma}{4\pi}\cos 2\theta\right) - \frac{\Gamma}{4\pi}\right]\mathrm{d}\theta
\end{aligned} \tag{3.88}$$

式（3.88）中的积分看上去有点复杂，实际上利用奇函数在对称区间上的积分等于零，可得

$$-\int_{-\pi}^{\pi} \rho r_1 v V_n \,\mathrm{d}\theta = \rho V_\infty \left(1-\frac{r_0^2}{r_1^2}\right)\frac{\Gamma}{2} = \frac{1}{2}\rho V_\infty \Gamma\left(1-\frac{r_0^2}{r_1^2}\right) \tag{3.89}$$

式（3.87）等号右端第二项积分根据式（3.86）中相关函数可得

$$\begin{aligned}
&-\int_{-\pi}^{\pi} r_1 p \sin\theta \,\mathrm{d}\theta \\
&= -\int_{-\pi}^{\pi} r_1 \sin\theta\left[C - \frac{1}{2}\rho\left(\left(V_\infty\left(1-\frac{r_0^2}{r_1^2}\right)\cos\theta\right)^2 + \left(-V_\infty\left(1+\frac{r_0^2}{r_1^2}\right)\sin\theta - \frac{\Gamma}{2\pi r_1}\right)^2\right)\right]\mathrm{d}\theta \\
&= \frac{1}{2\pi}\rho V_\infty \Gamma\left(1+\frac{r_0^2}{r_1^2}\right)\int_{-\pi}^{\pi}\sin^2\theta\,\mathrm{d}\theta \\
&= \frac{1}{2}\rho V_\infty \Gamma\left(1+\frac{r_0^2}{r_1^2}\right)
\end{aligned} \tag{3.90}$$

同样，在式（3.90）的积分过程中要充分利用奇函数在对称区间上的积分等于零的性质。于是，把式（3.89）和式（3.90）代入式（3.87）中，可得升力为

$$L_\infty = \frac{1}{2}\rho V_\infty \Gamma\left[\left(1-\frac{r_0^2}{r_1^2}\right) + \left(1+\frac{r_0^2}{r_1^2}\right)\right] = \rho V_\infty \Gamma \tag{3.91}$$

式（3.91）表明，作用在垂直于纸面单位长度圆柱体上的升力，其大小等于来流速度乘以流体密度，再乘以速度环量；指向是把来流方向逆着速度环量的方向旋转90°，如图 3.21 所示。升力等于$\rho V_\infty \Gamma$这个结果，称为库塔-茹科夫斯基升力定理。

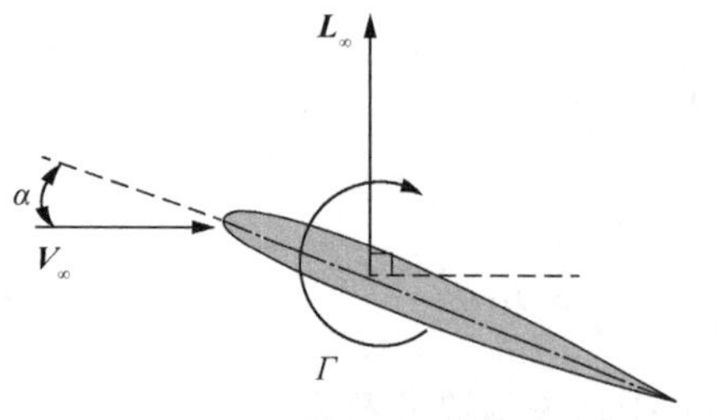

图 3.21　升力与来流和速度环量之间的几何关系

这里虽然是通过绕圆柱的流动来证明库塔-茹科夫斯基定理的，但是可以把其结论推广到一般形状的封闭物体上去。因为，只要物体是封闭的而不是半无限体，代表物体作用的点源和点汇的强度总和必然相等。这种点源和点汇虽然不像偶极子那样是重叠在一起的，但在远离物体的地方，它们的作用和一个偶极子的作用基本相似。从前面库塔-茹科夫斯基定理证明过程中可以看到，控制面 S_1 的半径 r_1 值对积分的结果没有影响，也就是说，可以把控制面 S_1 取得很大，使得在控制面上，具体物体与圆柱体形状差异对控制面流动参数的影响可以忽略不计。由此可见，在证明库塔-茹科夫斯基定理时，可以不限制于取什么样的物体形状，关键在于具有一定姿态的某种物体形状的速度环量值。有了速度环量又有了一个直匀流，那就会产生一个升力。当然，库塔-茹科夫斯基定理只解决了绕物体的速度环量和物体所产生的升力之间的联系，至于什么样的物体形状在什么条件下能形成多大的速度环量，有待于进一步研讨。

前面从定常欧拉方程出发，导出了速度环量和物体产生的升力之间的关系式，下面，直接从速度环量引起的圆柱表面速度及压强变化来理解库塔-茹科夫斯基定理。由图 3.18 和图 3.19 可以看出，在无环量时，绕圆柱上下表面的气流是对称的，因而上下表面上的速度和压强分布是对称的，结果 y 向的分力为零。如果加上一个顺时针旋转的速度环量，绕圆柱上表面的气流由于加了一个同方向的速度，因此速度增大，压强减小；与此相反，绕圆柱下表面的气流速度减小，压强增大。因此对于绕圆柱有环量的流动，将产生一个与速度环量大小有关的升力，速度环量越大，升力也越大。

习　　题

3.1　消防水枪的软管直径为 $D_1 = 10\,\text{cm}$，喷嘴直径为 $D_2 = 3\,\text{cm}$，水以每分钟 1.5 立方米的体积流量从喷嘴射到空气中。假设流体为不可压理想流体，水的密度为 $\rho = 1000\,\text{kg/m}^3$，表压（绝对压强与大气压强的差值）$p_a = 0$。试求喷嘴与软管连接处的螺栓因流动所受到的力 F_B 的大小（提示：选图 3.22 右图所示的控制体进行受力分析）。

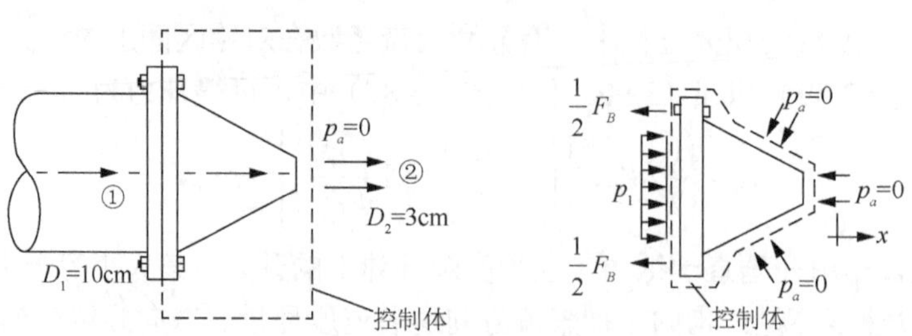

图 3.22　题 3.1 图

3.2　设有一沿 x 轴正向的直匀流 $\boldsymbol{V}_\infty$ 流过位于坐标原点的点源，点源强度为 Q，试求半无限体表面上最大垂直分速度 $v_{\max}$ 的位置及速度值，并证明，该位置处合速度的大小正好等于直匀流速度 V_∞。

3.3　令 $G(x,y)$ 是二维拉普拉斯方程的解，证明 $G(x,y)$ 可代表二维无黏不可压流的位函数或流函数。

3.4　在正三角形的三个角点 $(b,0)$、$(-b,0)$、$\left(0,\sqrt{3}b\right)$ 处放置三个等强度的点源，试写出该流动的流函数，确定其驻点坐标，并粗略地画出对应的流谱。

3.5　在 $(-b,0)$ 点和 $(b,0)$ 点处分别放入强度相等的点源和点汇，直匀流 $\boldsymbol{V}_\infty$ 以正 x 轴方向流来。设点源强度 $Q=2\pi V_\infty b$，试求流动的流函数、前后驻点的位置及过驻点的流线的形状。该流线所代表的封闭物称为兰金卵形，并确定该兰金卵形的短半轴值。

3.6　设有直匀流 $\psi=V_\infty y$ 绕过两种物体，一种是上题给定的兰金卵形封闭物体，另一种是半径等于兰金卵形短半轴的圆柱体，试比较在这两种物体表面上所产生的最大速度比，并给出适当的解释。

3.7　试证位于 $(-b,0)$ 点和 $(b,0)$ 点的强度相等的点源和点汇，对无限远处的作用和一个位于原点的偶极子的作用完全一样。

3.8　试证位于 $(0,b)$ 点和 $(0,-b)$ 点的强度相等但方向相反的点涡，当 $b\to 0$ 时，同时保持 $2\pi b\Gamma$ 为常数，其对应的流动与轴线在 x 轴上的偶极子完全相同。

3.9　在 $(-b,0)$ 点和 $(b,0)$ 点处分别放入强度为 Q 的点汇和点源，直匀流 $\boldsymbol{V}_\infty$ 以正 x 轴方向流来，试写出合成流动的流函数，并证明包含驻点的流线方程为

$$y=0 \quad \text{和} \quad x^2+y^2=b^2+\frac{2by}{\tan\left(2\pi V_\infty y/Q\right)}$$

设 $b=V_\infty=Q/(2\pi)=1$，画出合成流动对应的物体形状。

3.10　如图 3.23 所示，某流场由一个 $V_\infty=8\,\mathrm{m/s}$ 的直匀流、位于 $A(0,1.5)$ 点 $\Gamma=25\,\mathrm{m^2/s}$ 的点涡和位于坐标原点强度 $Q=-30\pi\,\mathrm{m/s}$ 的点源叠加而成，试求该流场在 $B(2,-1)$ 点的速度。

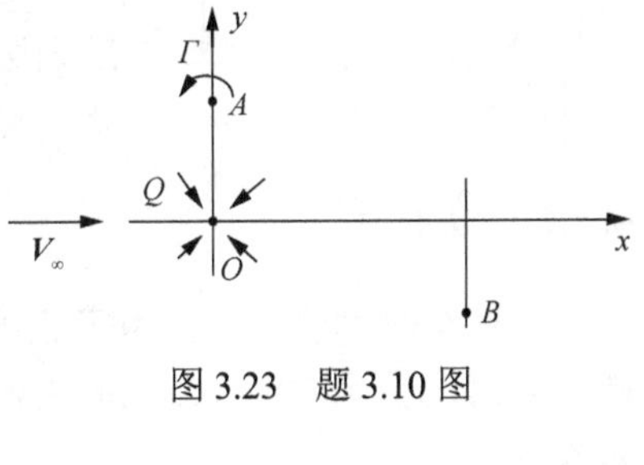

图 3.23　题 3.10 图

3.11　设绕圆柱体的速度环量为 Γ，试证明在直匀流中，半径为 r_0 的圆柱体表面上的压强系数为

$$C_p=1-4\sin^2\theta\left(1+\frac{\Gamma}{4\pi r_0 V_\infty\sin\theta}\right)^2$$

3.12　设二维流场的流函数可以写为

$$\psi=100y\left(1-\frac{25}{r^2}\right)+\frac{628}{2\pi}\ln\frac{r}{5}$$

试求：流线图、驻点位置、绕物体的速度环量、无限远处的速度和作用在该物体上的力。

第 4 章　低速黏流和边界层流动基础

在第 3 章中介绍了不可压理想流体的运动规律。而实际流体都是有黏性的。空气尽管其黏性系数很小，也是有黏性的。由于黏性的作用，实际流体的流动与理想流体的流动相比会出现一些不同之处。这是本章要介绍的主要内容之一。本章另外一个主要内容是简要介绍由普朗特提出的边界层理论。

通过本章的学习可以初步了解实际流体流动的基本特性，同时理解理想流体理论的局限性。

4.1　边界层概念

4.1.1　雷诺数

对于如图 4.1 所示的圆形管道流动，雷诺数（Reynolds number）定义如下

$$Re = \frac{\rho V l}{\mu} = \frac{V l}{\nu} \tag{4.1}$$

式中，ρ 为流体的密度；V 为流速的大小；μ 为流体的黏度；ν 为流体的运动黏度；l 为特征长度，这里取其为管道的直径 D，即 $l = D$。

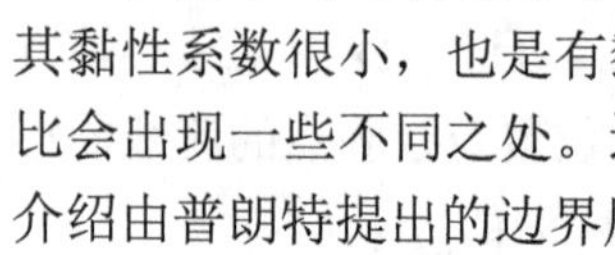

图 4.1　圆形管道流动

雷诺数是用来度量流体微团所受惯性力和黏性力之比值的准则数，是一个无量纲数。雷诺数越小意味着黏性力影响越显著，越大意味着惯性力影响越显著。

4.1.2　边界层

流体绕物体流动时，由于流体在物面上被滞流，黏性作用从物面开始并沿物面法向扩散；同时，受到黏性作用的有旋流体向下游流动，使得黏性作用只能限于物面法向上一定范围内。

图 4.2 是绕曲面流动的示意图。图中虚线表示黏性扩散的法向距离沿物面的变化，虚线与物面间的区域就是黏性影响范围。在沿物面距驻点 O 为 x 处，黏性扩散的法向距离记为 $\delta(x)$，则该距离随 x 的变化规律满足

$$\delta(x) \propto \sqrt{\nu \frac{x}{V_\infty}} \quad 或 \quad \frac{\delta(x)}{x} \propto \sqrt{\frac{\nu}{x V_\infty}} = \frac{1}{\sqrt{Re_x}} \tag{4.2}$$

由式（4.2）可见，除前缘驻点附近，如果流动的“当地雷诺数” $Re_x = V_\infty x/\nu$ 足够大，黏性作用就限于物面附近很薄的一层内，这一薄层称为边界层（boundary layer）。边界层内，

流速在物面法向上有明显的梯度，流动是有旋的、耗散的；而边界层外，流速无明显的梯度，流动几乎是无旋的。

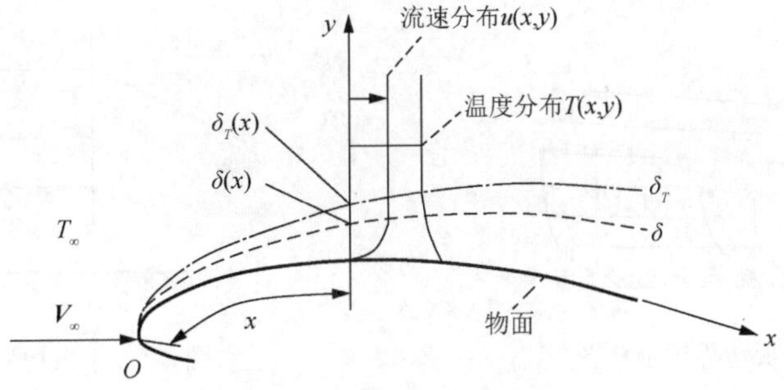

图 4.2　绕流边界层示意图

O-驻点；x-沿物面；y-沿物面法向

如果流体与物面之间有温差 $\Delta T = T_w - T_\infty$，那么还会出现热扩散。其中，$T_w$ 为物面上的温度，T_∞ 为来流的温度。同样，流体向下游流动，使得热扩散只能限于物面法向上一定范围内。类似地，热的法向扩散距离记为 $\delta_T\left(x\right)$，见图 4.2，则有

$$\delta_T(x) \propto \sqrt{\alpha\frac{x}{V_\infty}} = \sqrt{\frac{\alpha}{\nu}\frac{\nu x}{V_\infty}} \quad 或 \quad \frac{\delta_T(x)}{x} \propto \frac{1}{\sqrt{Pr}}\frac{1}{\sqrt{Re_x}} \tag{4.3}$$

式中，$\alpha = k/(\rho c_p)$ 为热扩散系数；ν 为运动黏度；$Pr = c_p\mu/k$ 为普朗特数。其中，c_p 为比定压热容，μ 为黏度，k 为导热系数。同样，除前缘驻点附近，如果流动的雷诺数 $\left(Re_x = V_\infty x/\nu\right)$ 足够大，热扩散就限于物面附近很薄的一层内，这一层称为温度边界层。温度边界层内，温度在物面法向上有明显的梯度，流动中有热扩散，而且，热导引起法向热通量与对流引起的切向（流向）的热通量是相当的；而温度边界层外，温度无明显的梯度。

通过上面的分析，可将边界层的概念小结如下：在物体绕流的雷诺数足够大时，流体的黏性效应和热扩散作用仅仅限于物面邻近很薄的一层内。层内，惯性力与黏性力相当，法向热导与切向热对流相当；流动有旋、有耗散，物面法向上有明显的流速梯度和温度梯度。层外，流动几乎无旋、无热导。对气体而言，速度厚度与温度厚度相当。于是，流场分为两个区，即层内区和层外区。层内区流动遵循黏性流体的流动规律；层外区流动，称为主流，可用理想绝热流动规律描述。

1. 边界层厚度

气流流过平板时，沿平板法线方向气流顺平板方向的速度分布，见图 4.3。

由于有黏性，在紧贴平板处的流体速度为零，在很小的距离内增至远前方来流的速度 $\boldsymbol{V}_\infty$。对于在航空中有实际意义的大雷诺数流动问题，边界层是十分薄的。在很小的距离内，速度梯度很大，因而黏性应力是不能忽略的。流动越向下游，受黏性影响减速的流体越多，即边界层越厚。通常规定流速达到 $0.99\boldsymbol{V}_\infty$ 处为边界层的外边界，由平板表面到该处的距离称为边界层厚度，用 δ 表示，见图 4.4。层外的流体，由于法向速度梯度很小，可以把黏性应力略去不计。可见在大雷诺数情况下，黏性流动问题可分成两个流动区域来研究——外部理想流体流动和内部黏性流动。

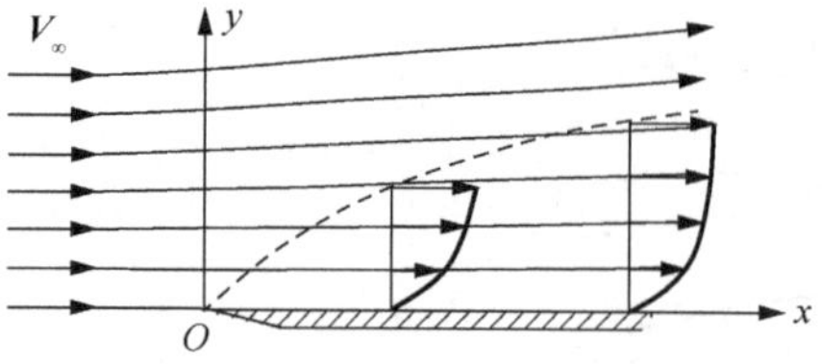

图 4.3　平板边界层示意图

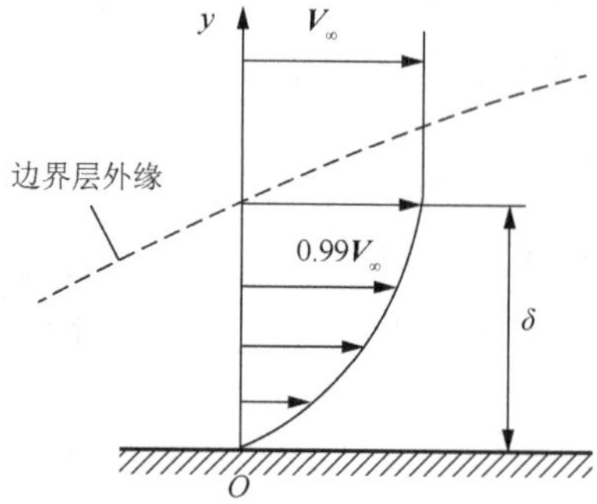

图 4.4　平板边界层的厚度

在边界层理论中，还有两种边界层厚度，即边界层位移厚度和边界层动量损失厚度，都有比较明显的物理意义，在边界层计算中用得比较广泛，现分别叙述如下。

2. *位移厚度 δ^**

在边界层内由于壁面黏性阻滞作用，流速减小，为了保证流量相等，必须加宽流动通道，即流线必须向外偏移，使黏流所占的通道比无黏流动应占通道更宽，其加宽的部分就是位移厚度，见图 4.5。这就是说，黏性流体流过物面与理想流体流过相同物面相比，由于边界层的影响，物面流线被挤出了 δ^* 距离。设有流速为 $\boldsymbol{V}_\infty$、密度为 ρ_∞ 的气流流过一平板，在 x_1 点处相同宽度流动通道因黏性影响而减少的质量流量是 $\int_0^\infty (\rho_\infty V_\infty - \rho u)\mathrm{d}y$，这些减少的质量流量要在主流中挤出 δ^* 距离而流过去。由于这两个质量流量相等，可得 δ^* 为

$$\rho_\infty V_\infty \delta^* = \int_0^\infty (\rho_\infty V_\infty - \rho u)\mathrm{d}y \tag{4.4}$$

即

$$\delta^* = \int_0^\infty \left(1 - \frac{\rho u}{\rho_\infty V_\infty}\right)\mathrm{d}y \tag{4.5}$$

式中，δ^* 称为位移厚度。由于 $y \geqslant \delta$ 时 $u \approx V_\infty$，因此式（4.4）和式（4.5）的积分上限也可以取为边界层厚度 δ。

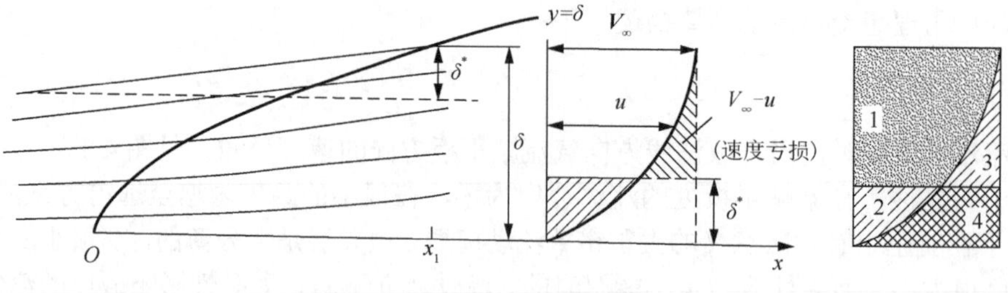

图 4.5　位移厚度 δ^* 的简图

对于不可压流动，图 4.5 中面积 $A_1 + A_2 + A_3 + A_4$ 代表流过宽度 δ 时理想流体的质量流量，面积 $A_1 + A_2$ 代表流过同样宽度时黏性流体的质量流量，二者的差值等于 $A_3 + A_4$。根据

式（4.4）可知，二者的差值等于宽度为 δ^* 的矩形面积 $A_2 + A_4$ 。从而可得图 4.5 中阴影线的两块面积 A_2 和 A_3 相等。这很直观地说明了位移厚度这一事实。

物面为曲面物体时，位移厚度为

$$\delta^* = \int_0^\infty \left(1 - \frac{\rho u}{\rho_\delta V_\delta}\right) \mathrm{d}\, y \tag{4.6}$$

式中，ρ_δ 和 V_δ 分别是理想流体中物面上对应的密度和速度，也可近似认为是边界层外边界上的密度和速度。

显然位移厚度是离物体前缘距离 x 的函数，越向下游，位移厚度越大。一般情况下位移厚度 δ^* 只有边界层厚度 δ 的几分之一。

根据上述位移厚度的意义可知，若在物面各处向外移动 δ^* 的距离，对这样修正所得的等效物面采用理想流体理论计算，所得压强分布应能较好地计及黏性影响。

3. 动量损失厚度 δ^{**}

动量损失厚度，指相同宽度流动通道上相同质量流量的流体由于黏性作用损失掉的动量流量，若以理想流体的动量通量 $\rho_\infty V_\infty^2$ 向前流动所需的通道厚度，常用符号 δ^{**} 或 θ 表示。因此

$$\rho_\infty V_\infty^2 \delta^{**} = \int_0^\infty \rho u \left(V_\infty - u\right) \mathrm{d}\, y \tag{4.7}$$

即

$$\delta^{**} = \int_0^\infty \frac{\rho u}{\rho_\infty V_\infty} \left(1 - \frac{u}{V_\infty}\right) \mathrm{d}\, y \tag{4.8}$$

式（4.7）等号右端项即边界层内的动量流量损失。下面解释一下为何式（4.7）等号右端项代表边界层内动量流量损失。考虑质量流量均为 $\rho_\infty V_\infty \left(\delta - \delta^*\right)$ 的理想流体和黏性流体流过物体表面（根据式（4.4），将积分上限取为边界层厚度 δ，可得该质量流量正是边界层内黏性流体流过宽度为边界层厚度 δ 的截面上的质量流量），则与理想流体相比，由于黏性作用损失的动量流量为 $\rho_\infty V_\infty^2 \left(\delta - \delta^*\right) - \int_0^\delta \rho u^2 \,\mathrm{d}\, y$，利用式（4.4）可得

$$\int_0^\delta \rho_\infty V_\infty^2 \,\mathrm{d}\, y - \int_0^\delta \left(\rho_\infty V_\infty - \rho u\right) V_\infty \,\mathrm{d}\, y - \int_0^\delta \rho u^2 \,\mathrm{d}\, y = \int_0^\delta \rho u \left(V_\infty - u\right) \mathrm{d}\, y$$

由于 $y \geqslant \delta$ 时 $u \approx V_\infty$，因此 $\int_0^\delta \rho u \left(V_\infty - u\right) \mathrm{d}\, y$ 也可写成 $\int_0^\infty \rho u \left(V_\infty - u\right) \mathrm{d}\, y$。与 δ^* 相同，δ^{**} 也具有鲜明的物理意义。容易想象，物体所遭受的阻力常和动量损失厚度 δ^{**} 联系在一起。

4.2　黏流的基本特性

4.2.1　物面上无滑移

无论是否考虑流体的黏性，流体都不能穿透物面。这是流体在物面上流动的规律之一。

实际流体和理想流体在物面上的流动规律还有许多不同之处。

当气流以速度$\boldsymbol{V}_\infty$流过一个固定不动的平板时，沿平板法向测量离平板不同距离处的流速所得到的速度分布，称为速度型（velocity profile），如图 4.6（a）所示。由该图可见，在紧贴平板处流速为零，然后沿平板法向向外流速逐渐增大，在离平板一定距离处，流速趋近于来流速度$\boldsymbol{V}_\infty$。

在固体边界上流体与固体之间没有相对运动，称为无滑移边界条件（no-slip boundary condition）。这是由物体表面对流体分子的黏附作用产生的。由于流体分子之间相互黏附作用，紧贴物体表面的一层流体使上一层流体速度减小，这样一层层地影响下去，在物体附近就出现了流速沿物面法向逐渐增大的速度型。

如果是理想流体以速度$\boldsymbol{V}_\infty$流过平板，其速度型见图 4.6（b），物面上流体可以滑动。

在数学表达式上，黏性流体和理想流体在物面上的流动分别满足：

$$\begin{cases}\left(\boldsymbol{V}_{流体}-\boldsymbol{V}_{固体}\right)_w=\boldsymbol{0} & (黏性流体)\\ \left(\boldsymbol{V}_{流体}-\boldsymbol{V}_{固体}\right)_w\cdot\boldsymbol{n}=\boldsymbol{0} & (理想流体)\end{cases}\tag{4.9}$$

式中，下标 w 指在物面上；$\boldsymbol{n}$ 为物面的法向单位矢量。

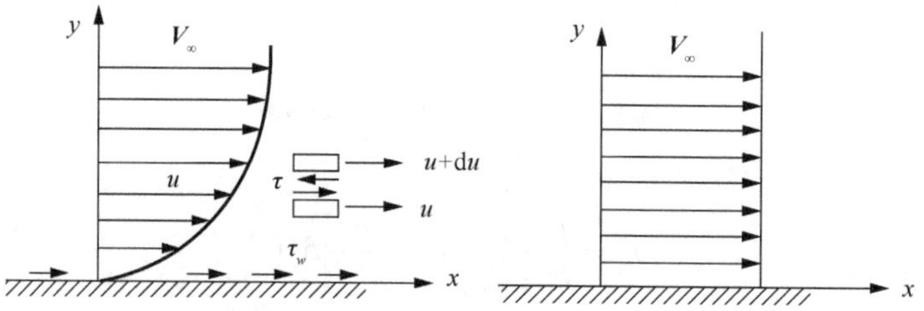

（a）黏性流体　　（b）理想流体

图 4.6　平板表面速度型

4.2.2　黏性摩擦阻力和黏性压差阻力

在理想流体中，流体与流体之间以及流体与固体边界之间只有法向应力（压强）的作用。对二维封闭物体，如圆柱，达朗贝尔佯谬表明它在不可压理想流体中运动时不受流体的阻力作用。

而在黏性流体中，流体与物面间的相互作用，除了法向压强的作用外，还有法向黏性应力和切向黏性剪切应力的作用。法向黏性应力一般很小，可以不予考虑。像图 4.6（a）的情形，由第 1 章介绍的牛顿黏性定律可知，气流作用于平板表面的黏性剪切应力为

$$\tau_w=\mu\left(\frac{\partial u}{\partial y}\right)_w\tag{4.10}$$

黏性剪切应力τ_w的作用是阻碍气流与平板间的相对运动。由此可见，如果平板在空气中穿行，那么平板会受到一个摩擦阻力。一般而言，物体在流体中运动时，都会受到这种摩擦阻力作用，这种阻力，称为黏性摩擦阻力。

黏性的作用除了使流体中运动物体受到摩擦阻力作用之外，还会使物体受到“压差阻力”的作用。压差阻力产生的原因在于，与理想流体情形相比，黏性作用改变了物面的压

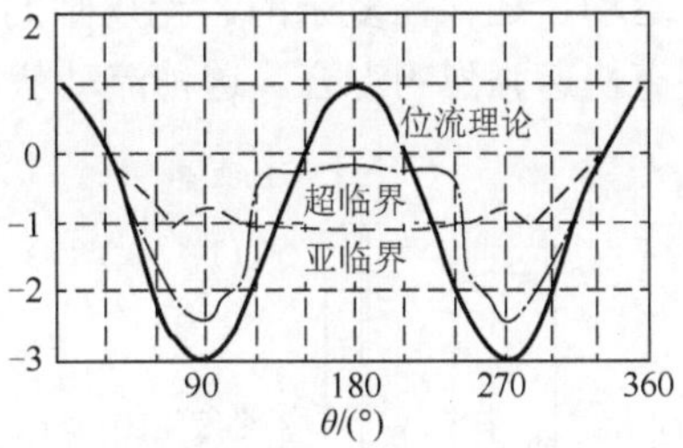

图 4.7　圆柱低速绕流的压强分布

强分布，从而使物面的压强积分在来流方向的投影不为零，受到阻力作用。这个阻力称为黏性压差阻力。例如，圆柱低速绕流中，如果流体是理想流体，圆柱表面压强分布是上下游对称的，见图 4.7 中的实曲线，那么压强沿柱面的积分在来流方向的投影为零，即压差阻力为零。而实际的压强分布是上下游不对称，见图 4.7 中的非实曲线，显然压强沿柱面的积分在来流方向的投影不再为零，而是大于零的，圆柱受到压差阻力。

因此一般来讲，物体在实际流体中运动时，因存在黏性会受到阻力作用，而且阻力是由黏性摩擦阻力和黏性压差阻力两部分组成的。

4.2.3　机械能耗散和黏滞气动热

从能量角度看，流体内部的黏性作用，即内摩擦力，使流体微团的机械能（动能和压力能）耗散成热能，使在流体中运动的物体的机械能也耗散成热能。

例如，气流的低速定常流动中，流体微团的总压 $p_0 = p + \rho V^2/2$ 沿流线的变化规律是：无黏时，总压是恒量，沿流线不变；有黏时，总压沿流线向下游逐渐减小。

$$\begin{cases} p_{01} = p_{02} = \text{常数} & \text{（理想流体，沿流线）} \\ p_{01} > p_{02} & \text{（黏性流体，沿流线）} \end{cases} \tag{4.11}$$

式中，下标 1 和 2 分别代表同一条流线上的上游和下游的两个位置。

高速气流流过物体时，由于物面对气流的黏滞作用以及气流层间的内摩擦作用，气流的机械能被耗散产生大量的热，这些热有相当的部分会传给物体，这是黏性气动加热的问题，常简称为气动热问题。飞行器高速飞行时可能会遇到很严重的气动热问题，有关内容可参见第 5 章和第 9 章。

4.2.4　层流和紊流

黏性流体的流动有两种显著不同的状态：层流和紊流（又称湍流）。这方面最早是由雷诺在实验中发现并进行研究的。

下面简要介绍雷诺实验，其装置见图 4.8。

把节门 B 打开，水从管中流出。然后再打开阀门 A，带颜色的液体随水流出。当管内流速不大时，管中带颜色的液体规则地沿着管道流动，形成一条清晰可见的稳定色带，见图 4.9（a）。这说明流体微团都沿着管轴方向流动，相邻各层之间没有宏观上的掺混，也没有无规则的脉动，而是呈“层状”流动。这种流动状态称为层流（laminar flow）。

如果加大节门 B，流速加大，色带变得逐渐不稳定，开始上下左右脉动。如再加大节门 B，流速再加大，带颜色的液体和水混成一片，不能再区分开来，见图 4.9（b）。这说明当流速增大到一定程度后，流体微团不再作有规则分层的流动，伴随着沿管道轴线的主流运动，还存在复杂的、无规则的、随机的非定常运动，无色流体微团与带颜色的流体微团有快速强烈的混合。这种流动状态称为紊流（湍流）（turbulent flow）。

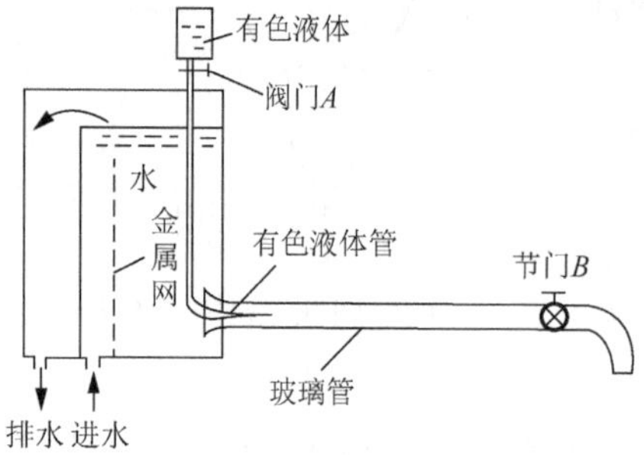

图 4.8　雷诺实验示意图

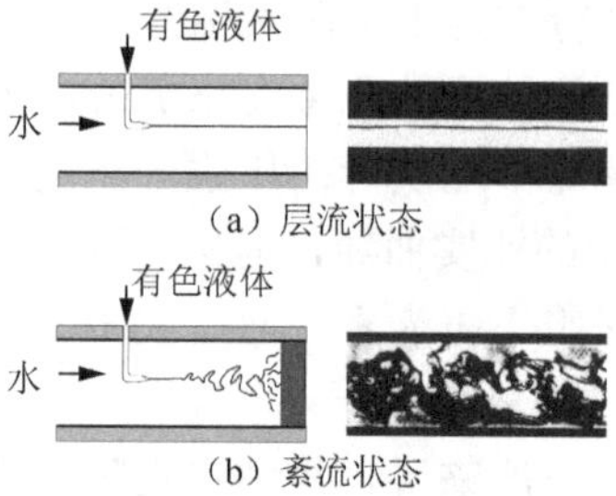

图 4.9　圆管内的流动状态

从层流状态到紊流状态中间存在一个过渡状态。由层流状态转变为紊流状态的过程称为转捩（transition）。一系列实验表明，紊流状态的出现，与由流体的属性 ρ,μ，流速 V 和管径 D 所定义的雷诺数 $Re=\rho VD/\mu$ 之值有关。对于管内流动，当雷诺数 Re 在 2300 左右时，流动一般转捩为紊流状态。如果流体进入圆管前比较稳定，管道入口段又比较光滑，转捩雷诺数可以高于 2300，在实验条件下甚至可达 40000 以上。当流动雷诺数较高、流体流动呈紊流状态时，逐渐降低雷诺数，使之降低到 2000 以下，流动将恢复为层流。也就是说，在相同条件下，随雷诺数增大、流动由层流转捩紊流对应的转捩雷诺数与随雷诺数降低、流动由紊流变为层流对应的雷诺数并不相同。为简化问题起见，工程估算时，一般把 $Re=2300$ 作为圆管内流动的转捩雷诺数，又称为圆管内流动的临界雷诺数。

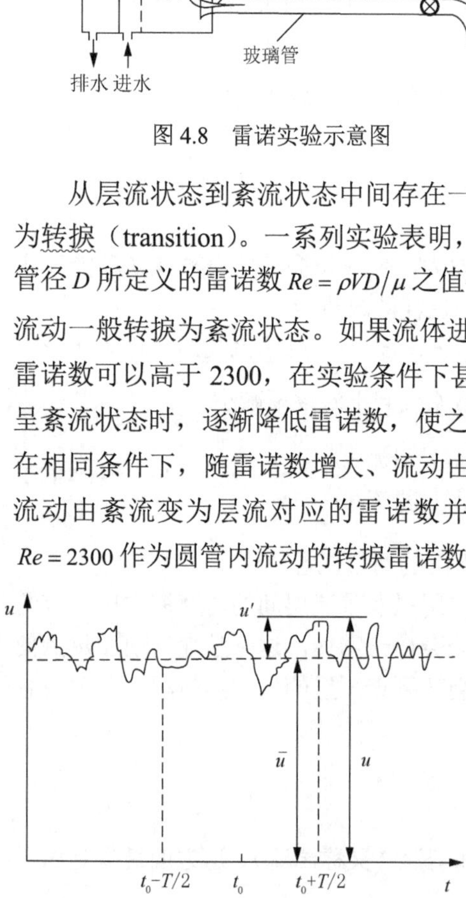

图 4.10　紊流流动中 u 随时间的变化

如前所述，紊流中流体微团作复杂的、无规则的、随机的非定常运动，流体微团间有宏观的相互混合作用。因此各流动物理量在空间固定点上是随时间不断地改变的，而且以很高频率作极不规则的脉动。图 4.10 表示空间某点 x 方向速度 u 随时间变化的情况。

但近代紊流研究发现，在一定空间范围内，紊流流动存在着状态关联的有组织的运动，出现各种条带结构、大涡结构以及其他有组织的流条、流团，即所谓的拟序结构。紊流拟序结构的发现也使紊流研究进入了一个新的阶段。对此不作详细介绍，本书只简单介绍经典紊流流动知识。

在紊流中，所有物理量都是时间和空间的随机函数。对于紊流这样的非定常运动，初始条件很难给定，且追求紊流流动的细节是十分困难的；另外，人们研究紊流时，往往关心的是它的各流动物理量的平均值，所以这里主要研究计及脉动量影响的各流动物理量的平均量。

通常采用时间平均法来决定各流动物理量的平均值，称为时均量。设 f 代表各流动物理量（如 u、v、w、p 等），则其可由时均量 $\overline{f}$（即 $\overline{u}$、$\overline{v}$、$\overline{w}$、$\overline{p}$ 等）与脉动量 f'（即 u'、v'、w'、p' 等）之和来表示，即

$$f = \overline{f} + f' \tag{4.12}$$

其中

$$\overline{f}(x,y,z,t_0) = \frac{1}{T}\int_{t_0-T/2}^{t_0+T/2} f(x,y,z,t)\mathrm{d}t \tag{4.13}$$

式（4.13）中，T 是一个取平均用的时间间隔，其值比脉动周期大得多，但又应远小于平均运动的特征时间（如流经物体长度所需时间）。一般情况下，取平均后的物理量 $\overline{f}$ 仍是时间 t_0 和空间坐标的函数，这种紊流称为非定常紊流。如果时均量 $\overline{f}$ 与时间 t_0 无关，则称为定常紊流。本书只讨论定常紊流。很明显，脉动物理量 f' 的时间平均值为零。为了表示脉动量的大小，需用脉动值平方的时均值，即

$$\left(\overline{f}'\right)^2 = \frac{1}{T}\int_{t_0-T/2}^{t_0+T/2} \left(f'\right)^2 \mathrm{d}t \tag{4.14}$$

通常用脉动速度均方和与平均速度之比来表示脉动的大小，即

$$\varepsilon = \frac{\sqrt{\frac{1}{3}\left(\overline{u}'^2 + \overline{v}'^2 + \overline{w}'^2\right)}}{\sqrt{\overline{u}^2 + \overline{v}^2 + \overline{w}^2}} \tag{4.15}$$

式中，ε 称为紊流度。

将紊流流动物理量的瞬时值看作时均值和脉动值之和，仅考虑时均值的紊流称为时均紊流。以后凡是讨论到紊流时，都是指时均紊流，为了叙述及书写方便，略去“时均”两字。但是必须注意，时均紊流毕竟是一种简化模型，它虽然在不少问题上反映了实际情况，但对某些在本质上涉及紊流脉动现象的物理量来说，还必须考虑脉动的影响，如紊流中的黏性应力，不能再用牛顿黏性定律来计算。因为紊流中两层流体间，除存在和层流一样的微观上的分子级动量交换外，还存在宏观上的流体微团级动量交换，由此而产生的速度脉动量将增大两层间的黏性应力，此部分黏性应力的值要比分子级动量交换产生的黏性应力的值大得多。

管道流动中，层流的平均流速剖面与湍流流速剖面也明显不同，如图 4.11 所示。从进口截面开始，在两边的固壁附近形成速度变化显著的黏性影响区，该区之外位流区内的速度分布是均匀的。黏性影响区厚度自进口开始向下游方向逐渐增大，直至通道两边的黏性影响区在某一横截面处汇合为止。汇合后，整个通道横截面上的速度分布都是不均匀的。再向下游经过一段距离，通道横截面上的速度分布就不再随流动方向的坐标变化，这里的流动称为完全发展的流动。当雷诺数 $Re = u_0 h/\nu$ 小于某一临界值时，流动都是层流，完全发展流动中速度在横截面上的分布是抛物线型的，如图 4.11（a）所示。当雷诺数大于某一临界值时，流动在进口附近是层流的，但向下游经过一段距离后，就开始过渡为紊流流动；在这种情况下，完全发展的流动是紊流流动，其速度在横截面上的分布比层流时的抛物线型分布要均匀得多，如图 4.11（b）所示。

这里以管内流动为例介绍了黏性流体流动的两种状态。实际上，黏性流体绕物体的流动也有层流和紊流之分。

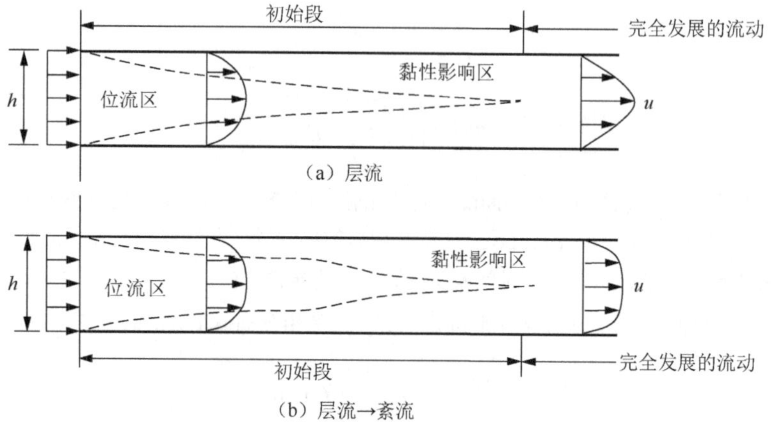

图 4.11　平行壁面构成的二维通道中的流动

4.2.5　流动分离

如果顺着流动方向，越往下游背风面的压强是逐渐增大的，则称这种压强梯度为逆压梯度。在逆压梯度条件下，背风面边界层内，流体凭借其自身的动能克服逆压向下流动，同时由于边界层内速度梯度很大、黏性作用很强，流体的动能不断在耗散，以致层内流体动能耗尽而不能继续沿物面向下游后缘流去，此时，层外的逆压迫使流体离开物面并导致回流出现。物面附近流体向下游流动到背风面一定位置时，流体离开物面而出现回流的现象称为流动分离。

流动分离的两个必要条件分别是黏性和逆压梯度。只要发生流动分离就一定同时满足这两个条件，二者缺一不可。

实际流体，在管道内流动或绕物体流动中，可能会出现流动分离现象。下面是一些典型例子。

1. 管道流动

二维扩张通道中的流动，如图 4.12 所示。如果流体是理想流体，则流动可认为是辐射对称的，即二维点源或点汇流动的一部分，如图 4.12（a）所示。

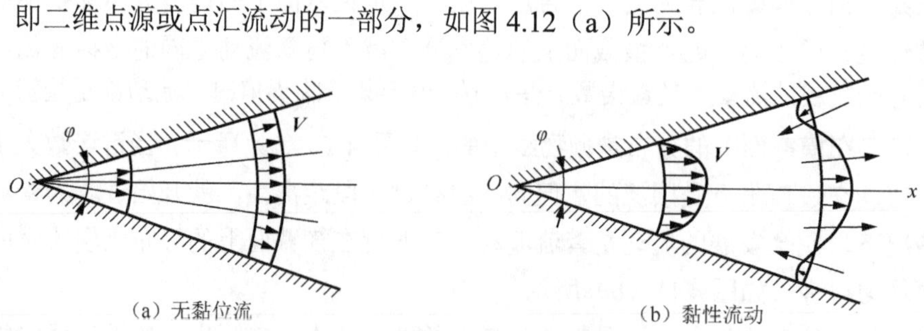

图 4.12　二维扩张通道中的流动

如果流体是真实流体，实验观察表明，在亚声速流动情况下，当通道扩张角 φ 大于某一角度值时，流动可能先后与通道两侧的内壁面分离，形成流动方向与主流相反的回流区，如图 4.12（b）所示，同时伴随着大尺度涡旋的产生和流动的整体不稳定性。对于这种流动，至今尚无完善的理论分析方法可循。

2. 钝体的绕流——绕圆柱的流动

考虑不可压流体绕半径为 r_0 的圆柱的流动，来流速度 $\boldsymbol{V}_\infty$ 垂直于圆柱轴线，无穷远处的速度分布是均匀定常的。如果流体是理想流体，那么位势理论给出了这一流动的精确解。这一流动的流线如图 4.13 所示。圆柱表面的压强系数为 $C_p = 1 - 4\sin^2\theta$，如图 4.7 中的实线所示。考虑真实流体绕圆柱的流动。根据实验观察可以发现，在不同的雷诺数 $Re = 2V_\infty r_0/\nu$ 范围，有完全不同的形态（图 4.14）。对于一个边界条件如此简单的流动，流动现象竟然如此复杂，难怪 Morkovin 在他归纳这种现象的论文前加了“绕圆柱流动——一种流动现象的千变万化”这个标题。下面是 Morkovin 对不同雷诺数范畴内圆柱绕流现象的概括：

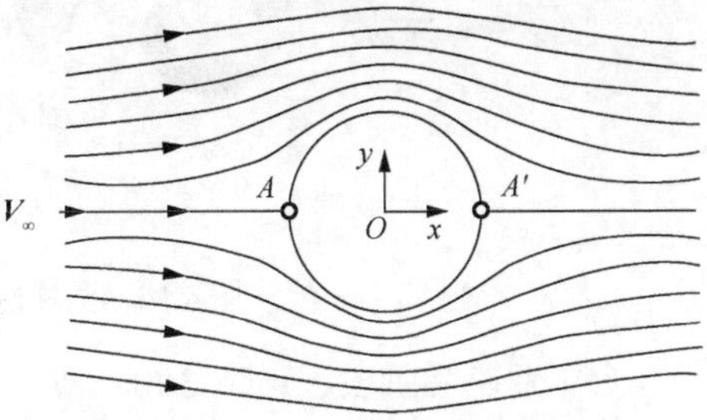

图 4.13　不可压理想流体绕圆柱的流动

（1）小雷诺数范围，$Re<1$。在这一范围内，流动基本上不与圆柱表面分离；流线差不多是前后、左右对称的，见图 4.14（a）。

（2）对涡阶段，$3 \sim 5 < Re < 30 \sim 40$。在这一阶段，圆柱的背风面出现对涡有限回流区，但流动仍然是定常层流状态，如图 4.14（b）所示。

（3）卡门涡街前期阶段，$30 \sim 40 < Re < 80 \sim 90$。对涡有限回流区仍然存在，流动仍是层流状态。尾流开始作不定常波动，但最后由于黏性衰减而消失，见图 4.14（c）。

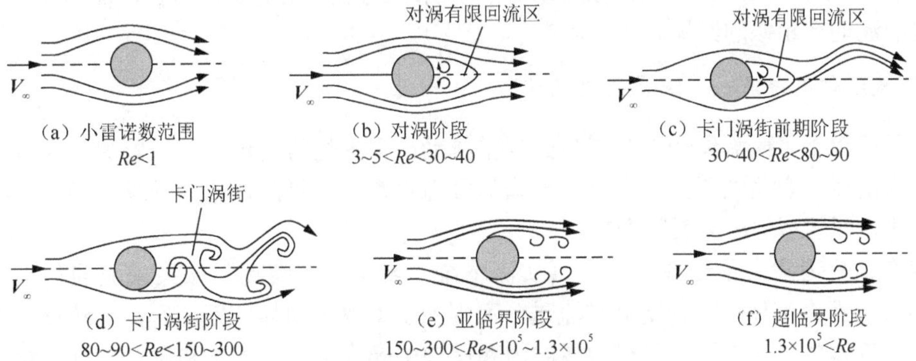

（a）小雷诺数范围 $Re<1$　（b）对涡阶段 $3\sim5<Re<30\sim40$　（c）卡门涡街前期阶段 $30\sim40<Re<80\sim90$

（d）卡门涡街阶段 $80\sim90<Re<150\sim300$　（e）亚临界阶段 $150\sim300<Re<10^5\sim1.3\times10^5$　（f）超临界阶段 $1.3\times10^5<Re$

图 4.14　真实流体绕圆柱的流动

（4）卡门涡街阶段，$80 \sim 90 < Re < 150 \sim 300$。在这一阶段，流动基本上是层流状态，但在圆柱两侧涡旋先后周期性地从圆柱表面脱落，且在尾流中形成交错排列的两列涡旋。这一现象首先是由冯·卡门于 1911～1912 年在理论上加以阐述的，称为卡门涡街，见图 4.14（d）。卡门涡街的可视化图见图 4.15。卡门涡街是流体力学中重要的现象，在自然界中常可遇到。例如，水流过桥墩、风吹过电线等都可能产生卡门涡街。

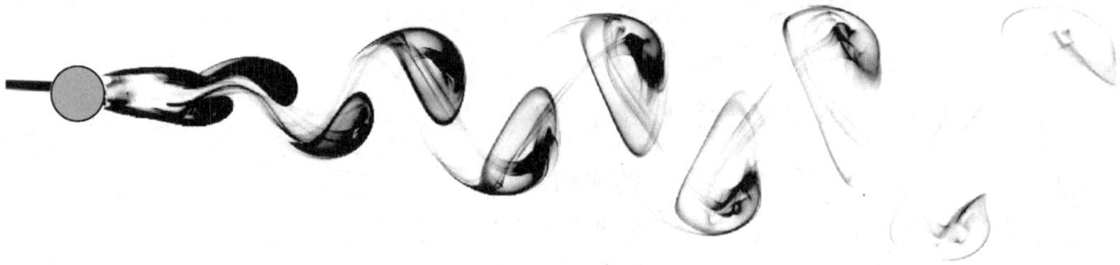

图 4.15 圆柱后卡门涡街利用油气的可视化图

（5）亚临界阶段，$150\sim300 < Re < 10^5\sim1.3\times10^5$。从前驻点开始，在圆柱的迎风面形成边界层，且边界层内流体作层流流动，层流边界层在圆柱两侧与圆柱表面分离，形成较宽大的尾迹，尾迹中的流动逐渐过渡为湍流，见图 4.14（e）。

（6）超临界阶段，$Re > 1.3\times10^5$。圆柱迎风面的层流边界层先过渡为湍流边界层，然后与圆柱表面分离，分离点位置比亚临界阶段明显偏向后缘，因而尾迹变得比较狭窄，见图 4.14（f）。

由图 4.7 可以看出：一方面，圆柱表面上下游的压强分布是不对称的，迎风面的压强比背风面的压强大得多，因而形成较大的压差阻力；另一方面，在超临界阶段，由于圆柱表面的层流边界层先过渡为湍流边界层，然后再与壁面分离，分离点位置比亚临界阶段更接近于圆柱的后缘，因而尾流较为狭窄，压差阻力比亚临界阶段的压差阻力显著减小。随着雷诺数增加，由亚临界阶段向超临界阶段的过渡是突然发生的，因此，当雷诺数增加且经过其临界值时，圆柱的阻力会有一个突然的降落，通常称为“阻力危机”。实验表明，增加圆柱表面的粗糙度，可促使亚临界阶段提前向超临界阶段过渡，从而使“阻力危机”提前（即在较低雷诺数时）发生。顺便指出，就阻力系数随雷诺数的变化而言，绕圆球的流动与绕圆柱的流动有相似的结果。

3. 流线体的绕流——绕翼型的流动

对于理想不可压流体绕二维翼型的定常流动，根据位势理论，可求解翼型周围的速度场，并求出翼型表面的压强分布以及翼型的升力系数。位势流理论的计算，必然得到达朗贝尔佯谬，即翼型的阻力系数为零。

现在，来考虑大雷诺数情况下真实流体绕二维翼型的流动。如果来流迎角不大（如小于$10°$），那么流体平滑地绕翼型流过，而翼面上不发生明显的回流区，无流动分离。这时，真实流体效应（黏性）只在边界层内和尾迹中起作用。边界层和尾迹之外，绕翼型的流场基本上与理想流体绕同一翼型的流动相同，如图 4.16 所示；翼型表面压强分布的实测值与基于理想流体位势理论的面元法所得结果非常接近，如图 4.17 所示。在这种情况下，翼型所受的阻力主要是摩擦阻力。

如果来流迎角稍稍增大$(\alpha = 10°\sim15°)$，在翼型表面将发生流动分离现象。对于较厚的翼型，通常在后缘先发生分离，见图 4.18（a）；对于较薄的翼型，则通常在前缘形成局部的分离区，见图 4.18（b）。如果来流迎角进一步增大$(\alpha > 15°)$，则无论对于哪种翼型，都会发生从前缘开始的整个翼型上表面的流动分离，见图 4.18（c）。这种流动分离现象，对翼型绕流而言，又称为失速。失速发生后，翼型表面的压强分布完全偏离理想流体位势理论所得结果，翼型的升力显著下降，阻力显著增大。对于分离后的流动，至今尚难进行完善的理论分析。

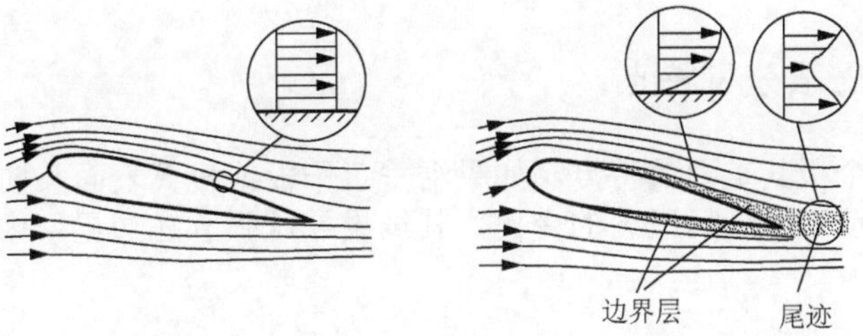

（a）理想流体　　　　　　　　　　　　（b）真实流体

图 4.16　二维翼型低速绕流（小迎角）

圆圈中为局部速度分布

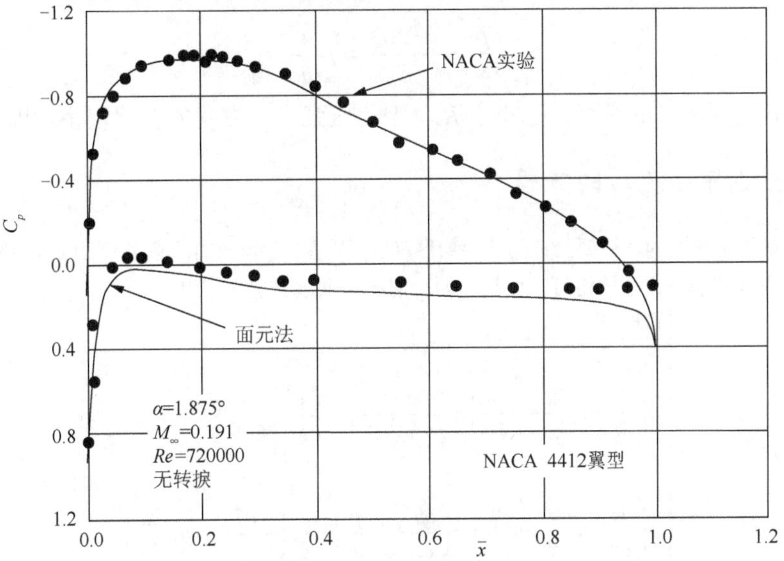

图 4.17　翼型表面压强分布面元法数值解与实测值的比较

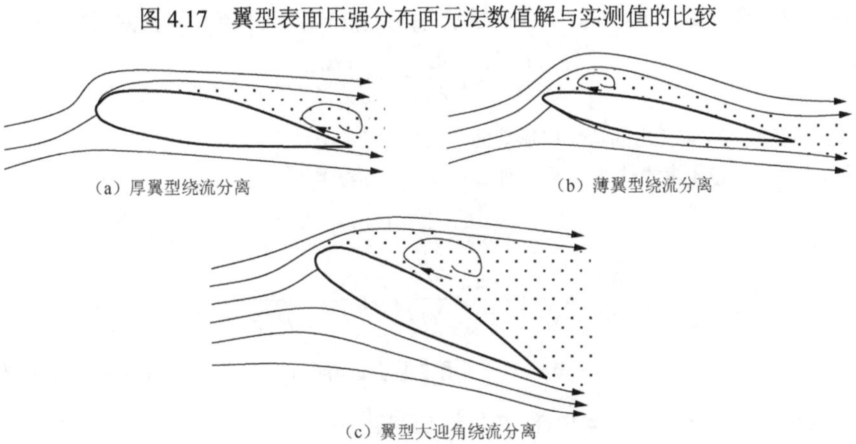

（a）厚翼型绕流分离　　　　　　　　　　（b）薄翼型绕流分离

（c）翼型大迎角绕流分离

图 4.18　绕二维翼型流动的分离

4.3　边界层流动

4.3.1　边界层内压强分布特点

边界层内有一个极其重要的特点。如果沿垂直平板或机翼表面（曲率不大的物面）的法线方向（用 y 表示）测量静压 p 的变化，其结果是压强 p 在边界层内沿着 y 方向几乎是不变的，即

$$\frac{\partial p}{\partial y} \approx 0 \tag{4.16}$$

可以从边界层内法线方向受力分析来直观地解释这一结论。假设物面的曲率半径为 R，其与边界层的厚度相比大得多，根据牛顿第二定律 $F_n = ma_n$，法线方向有

$$\frac{\partial p}{\partial y} \approx \frac{p - p_w}{\delta} \approx \rho \frac{u^2}{R}$$

由于 y 为边界层厚度 δ 的量级，远小于 R，因此压强沿 y 方向的变化很小，即 $p - p_w \approx 0$。

*4.3.2　平面边界层流动的方程

无论物面是否是弯曲的，只要当地的边界层厚度 $\delta(x)$ 远小于当地的曲率半径 $R(x)$，那么黏性流体平面流动的 N-S 方程和能量方程，将可近似简化为所谓的二维边界层方程组

$$\begin{cases} \dfrac{\partial \rho}{\partial t} + \dfrac{\partial}{\partial x}(\rho u) + \dfrac{\partial}{\partial y}(\rho v) = 0 \\ \rho\left(\dfrac{\partial u}{\partial t} + u\dfrac{\partial u}{\partial x} + v\dfrac{\partial u}{\partial y}\right) = -\dfrac{\partial p}{\partial x} + \dfrac{\partial}{\partial y}\left(\mu\dfrac{\partial u}{\partial y}\right) \\ p = P_1(x,t) \\ \rho\left(\dfrac{\partial h}{\partial t} + u\dfrac{\partial h}{\partial x} + v\dfrac{\partial h}{\partial y}\right) = \left(\dfrac{\partial p}{\partial t} + u\dfrac{\partial p}{\partial x}\right) + \dfrac{\partial}{\partial y}\left(k\dfrac{\partial T}{\partial y}\right) + \mu\left(\dfrac{\partial u}{\partial y}\right)^2 \end{cases} \tag{4.17}$$

方程组中的第三个方程就是式（4.16），$P_1(x,t)$ 由层外的主流给定。而主流的动量方程为

$$\frac{\partial U_1}{\partial t} + U_1\frac{\partial U_1}{\partial x} = -\frac{1}{\rho}\frac{\partial P_1}{\partial x} \tag{4.18}$$

式（4.17）是普朗特 1904 年提出的边界层运动的一般规律。

如果流动不可压，也不考虑传热问题，则二维边界层方程组可化为

$$\frac{\partial u}{\partial x} + \frac{\partial v}{\partial y} = 0 \tag{4.19a}$$

$$\frac{\partial u}{\partial t} + u\frac{\partial u}{\partial x} + v\frac{\partial u}{\partial y} = \frac{\partial U_1}{\partial t} + U_1\frac{\partial U_1}{\partial x} + \frac{1}{\rho}\frac{\partial \tau}{\partial y} \tag{4.19b}$$

对动量方程式（4.19b），进行积分 $\int_0^\infty (\cdot)\mathrm{d}y$，并利用物面上边界条件 $y = 0$，$u = v = 0$，$\tau = \tau_w$ 和 $y \to \infty$，$u = U_1$，$v = \tau = 0$，及连续方程式（4.19a），可得如下结果

$$\frac{C_f}{2}=\frac{1}{U_1^2}\frac{\partial}{\partial t}\left(U_1\delta^*\right)+\frac{\partial\delta^{**}}{\partial x}+\left(2+H\right)\frac{\delta^{**}}{U_1}\frac{\partial U_1^2}{\partial x} \tag{4.20}$$

这就是不可压边界层的卡门动量积分关系式。$C_f=2\tau_w\big/\left(\rho U_1^2\right)$为当地摩擦阻力系数，$H=\delta^*/\delta^{**}$为边界层的形状因子，$U_1\left(x,t\right)$是主流流速。动量积分关系式的实际用处在于，允许在满足一些边界层内、外边界条件下，对边界层内的流速分布作近似假设，而不必拘泥于流速分布的精确程度，就可求得壁面摩擦力等有工程实际意义的物理量。这一点通过下面的例子可以体会到。

*4.3.3　低速平板边界层

顺流放置的平板的绕流问题是边界层流动中最简单也是最重要的情形。对于曲面，只要不发生显著的流动分离现象，曲面边界层的摩擦阻力与平板情况差不多。因此，平板边界层的结果在分析曲率不大的物面的摩擦阻力时也是很有用的。

本小节主要介绍低速平板层流、紊流及混合边界层的流动特性及其对应的摩擦阻力。

1. 低速平板层流边界层

设来流速度为V_∞的不可压气流平行于平板流过，在平板上形成的层流边界层如图 4.19 所示。顺流动方向放置的平板是最简单的流线体，其阻力只有摩擦阻力。由平板所求得的关系式，如边界层厚度$\delta=\delta\left(x\right)$和摩擦阻力系数，可用于其他流线型物体的估算。

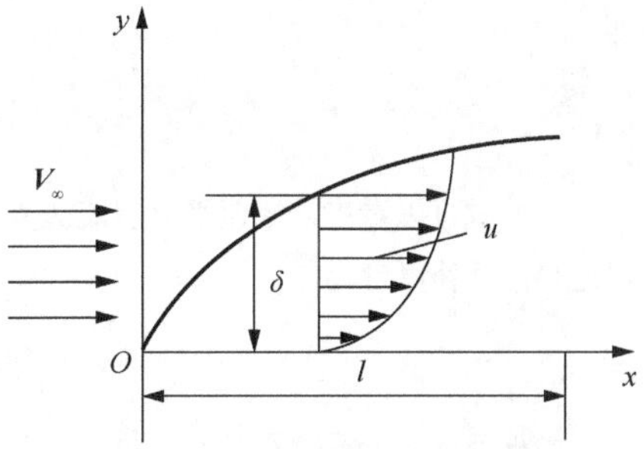

图 4.19　平板层流边界层

对于平板的层流边界层，可采用卡门动量积分关系式(4.20)分析求解，也可以直接采用平板边界层微分方程式(4.19)分析求解。下面介绍动量积分关系式解法。

由于边界层很薄，它对层外理想流体的影响可以忽略不计，即认为$U_1=V_\infty$，代入动量积分关系式（4.20）中，可得

$$\frac{\tau_w}{\rho_\infty V_\infty^2}=\frac{\mathrm{d}\delta^{**}}{\mathrm{d}x} \tag{4.21}$$

因为式（4.21）中$\tau_w=\mu\left(\partial u/\partial y\right)_{y=0}$，所以含有两个未知数$\delta\left(x\right)$和$u\left(x,y\right)$，要解出它们，还须根据实际流动给出假设的速度分布，将这个速度分布函数代入式（4.21），即可解出$\delta\left(x\right)$，从而，边界层内其他参数也就迎刃而解了。

假设边界层内速度分布为

$$u=f\left(x,y\right)=a\left(x\right)+b\left(x\right)y+c\left(x\right)y^2$$

根据边界层外边界条件：$y=0$时，$u=0$；$y=\delta$时，$u=V_\infty$，$\partial u/\partial y=0$。则可以确定系数a、b和c分别为

$$a=0\,,\quad b=\frac{2V_\infty}{\delta}\,,\quad c=-\frac{V_\infty}{\delta^2}$$

这样，就得到了近似的速度分布，即

$$\frac{u}{V_\infty}=2\left(\frac{y}{\delta}\right)-\left(\frac{y}{\delta}\right)^2 \tag{4.22}$$

由式（4.22）根据边界层位移厚度、动量损失厚度和壁面摩擦阻力表达式，对不可压流动可得

$$\begin{cases}\delta^* = \int_0^\delta \left(1-\dfrac{u}{V_\infty}\right)\mathrm{d}y = \dfrac{1}{3}\delta \\ \delta^{**} = \int_0^\delta \dfrac{u}{V_\infty}\left(1-\dfrac{u}{V_\infty}\right)\mathrm{d}y = \dfrac{2}{15}\delta \\ \tau_w = \mu\left(\dfrac{\partial u}{\partial y}\right)_{y=0} = \dfrac{2\mu V_\infty}{\delta}\end{cases} \tag{4.23}$$

将式（4.23）中第二式和第三式代入式（4.21），可得

$$\frac{2\mu V_\infty}{\rho_\infty V_\infty^2 \delta} = \frac{2}{15}\frac{\mathrm{d}\delta}{\mathrm{d}x}$$

即

$$\delta\frac{\mathrm{d}\delta}{\mathrm{d}x} = \frac{15\mu}{\rho_\infty V_\infty} \tag{4.24}$$

注意到当 $x=0$ 时 $\delta(0)=0$，积分可得

$$\delta^2(x) = \frac{30\mu x}{\rho_\infty V_\infty}$$

即

$$\delta(x) = 5.48\sqrt{\frac{\mu x}{\rho_\infty V_\infty}} = \frac{5.48x}{\sqrt{Re_x}} \tag{4.25}$$

由此式可以看出，低速平板层流边界层的厚度与离平板前缘的距离的平方根成正比。由式（4.23）可得边界层位移厚度为

$$\delta^* = \frac{1}{3}\delta = 1.83\sqrt{\frac{\mu x}{\rho_\infty V_\infty}} \tag{4.26}$$

当地摩擦应力系数 C_f 为

$$C_f = \frac{\tau_w}{\dfrac{1}{2}\rho_\infty V_\infty^2} = \frac{0.730}{\sqrt{Re_x}} \tag{4.27}$$

式中，$Re_x = \rho_\infty V_\infty x/\mu$。

根据当地摩擦应力系数 C_f，可以求出作用于平板的一个表面上的摩擦阻力 D_F，即

$$D_F = \int_0^l C_f \frac{1}{2}\rho_\infty V_\infty^2 b\,\mathrm{d}x = \frac{1}{2}\rho_\infty V_\infty^2 bl\frac{1.460}{\sqrt{Re_l}} = \frac{1}{2}\rho_\infty V_\infty^2 S\frac{1.460}{\sqrt{Re_l}}$$

式中，b 为平板宽度；l 为平板长度；S 为平板的表面积。

根据平板摩擦阻力系数 C_F 的定义

$$C_F = \frac{D_F}{\dfrac{1}{2}\rho_\infty V_\infty^2 S}$$

则有

$$C_F = \frac{1.460}{\sqrt{Re_l}} \tag{4.28}$$

式中，$Re_l = \rho_\infty V_\infty l/\mu$。

由式（4.28）可见，平板层流边界层摩擦阻力系数 C_F 与雷诺数的平方根成反比。

采用积分关系式解法，其精确程度取决于假设的速度分布与实际流动的接近程度。若采用波尔豪森四

次多项式速度分布式，则有

$$\frac{u}{V_\infty}=2\left(\frac{y}{\delta}\right)-2\left(\frac{y}{\delta}\right)^3+\left(\frac{y}{\delta}\right)^4 \tag{4.29}$$

将此速度分布代入平板动量积分关系式（4.21），可得更加精确的结果

$$\begin{cases}\delta=5.8\sqrt{\dfrac{\nu x}{V_\infty}}\\ C_f=\dfrac{0.686}{\sqrt{Re_x}}\\ C_F=\dfrac{1.372}{\sqrt{Re_l}}\end{cases} \tag{4.30}$$

对于平板层流边界层，还可以直接利用由平板层流边界层微分方程数值解法得出的精确解，即

$$\begin{cases}\delta=5.0\sqrt{\dfrac{\nu x}{V_\infty}}\\ C_f=\dfrac{0.664}{\sqrt{Re_x}}\\ C_F=\dfrac{1.328}{\sqrt{Re_l}}\end{cases} \tag{4.31}$$

式（4.30）与式（4.31）相比较十分接近。平板层流边界层的精确结果已由实验证明是符合实际的。可见，运用边界层动量积分关系式计算具有相当的准确性，又比直接求解边界层微分方程简单得多。

2. 低速平板紊流边界层

假定从前缘开始就是紊流边界层，若采用动量积分关系式解法，所得方程与式（4.21）完全一样，即

$$\frac{\tau_w}{\rho_\infty V_\infty^2}=\frac{\mathrm{d}\delta^{**}}{\mathrm{d}x}$$

但是，对于紊流，壁面摩擦阻力不能直接用牛顿黏性定律由速度型来确定。所以，式（4.21）中包含了 δ 、u 与 τ_w 三个未知数，必须再找两个补充关系式，才能求解。限于目前对紊流机制的研究状况，这两个补充关系式目前只能借助半经验的方法给出。

根据实验，可以假定紊流边界层的速度分布符合1/7 次幂规律，即

$$\frac{u}{V_\infty}=\left(\frac{y}{\delta}\right)^{1/7} \tag{4.32}$$

实验证明，对于光滑平板，当雷诺数小于 10^7 时，这个假定是符合实际流动的。

另外，由实验可以得到，平板紊流边界层摩擦阻力符合下述规律

$$\tau_w=0.0225\rho_\infty V_\infty^2\left(\frac{\nu}{V_\infty\delta}\right)^{1/4} \tag{4.33}$$

因此将补充关系式（4.32）和式（4.33）代入动量积分关系式（4.21），就可解得 $\delta(x)$ 。

由 δ^{**} 的定义可得

$$\delta^{**}=\int_0^\delta\frac{u}{V_\infty}\left(1-\frac{u}{V_\infty}\right)\mathrm{d}y=\int_0^\delta\left[\left(\frac{y}{\delta}\right)^{1/7}-\left(\frac{y}{\delta}\right)^{2/7}\right]\mathrm{d}y=\frac{7}{8}\delta-\frac{7}{9}\delta=\frac{7}{72}\delta$$

将式（4.33）及 δ^{**} 代入动量积分关系式（4.21），可得

$$0.0225\left(\frac{\nu}{V_{\infty}\delta}\right)^{1/4}=\frac{7}{72}\frac{\mathrm{d}\delta}{\mathrm{d}x} \tag{4.34}$$

也可写成

$$\delta^{1/4}\,\mathrm{d}\delta=\frac{72}{7}\times 0.0225\left(\frac{\nu}{V_{\infty}}\right)^{1/4}\mathrm{d}x$$

对上式积分，并注意到 $x=0$ 时 $\delta(0)=0$，得边界层厚度 $\delta(x)$ 为

$$\delta(x)=0.37x\left(\frac{\nu}{V_{\infty}x}\right)^{1/5}=0.37xRe_x^{-1/5} \tag{4.35}$$

由式（4.35）可以看出，平板紊流边界层的厚度 $\delta(x)$ 与离平板前缘的 4/5 次幂成正比。

由式（4.21）可知，当地摩擦应力系数 C_f 为

$$C_f=\frac{\tau_w}{\dfrac{1}{2}\rho_{\infty}V_{\infty}^2}=2\times\frac{7}{72}\frac{\mathrm{d}\delta}{\mathrm{d}x}=\frac{14}{72}\times 0.37\times\frac{4}{5}\left(\frac{\nu}{V_{\infty}x}\right)^{1/5}$$

即

$$C_f=\frac{0.0576}{Re_x^{1/5}} \tag{4.36}$$

由此可得宽为 b、长为 l 的平板的一个表面所受的紊流边界层摩擦阻力为

$$\begin{aligned}D_F&=\int_0^l\frac{1}{2}\rho_{\infty}V_{\infty}^2C_f b\,\mathrm{d}x=\frac{1}{2}\rho_{\infty}V_{\infty}^2 b\int_0^l 0.0576\left(\frac{\nu}{V_{\infty}x}\right)^{\frac{1}{5}}\mathrm{d}x\\&=\frac{1}{2}\rho_{\infty}V_{\infty}^2 bl\times 0.0576\times\frac{5}{4}\left(\frac{\nu}{V_{\infty}l}\right)^{\frac{1}{5}}\end{aligned}$$

故可得平板紊流边界层摩阻系数为

$$C_F=\frac{D_F}{\dfrac{1}{2}\rho_{\infty}V_{\infty}^2S}=\frac{0.072}{Re_l^{1/5}} \tag{4.37}$$

比较式（4.31）和式（4.37）可知，在相同的雷诺数下，紊流边界层的摩阻系数比层流边界层大得多。例如，当 $Re_l=10^6$ 时，层流边界层的摩阻系数为 0.001328，而紊流边界层的摩阻系数为 0.00455，是层流边界层摩阻系数的三倍多。这给我们一个重要启示，为减少摩擦阻力，应尽量设法使边界层保持为层流。

实验表明，若对式（4.36）和式（4.37）的常数稍加调整，则其结果与实验符合得更好

$$C_f=\frac{0.0592}{Re_x^{1/5}} \tag{4.38}$$

$$C_F=\frac{0.074}{Re_l^{1/5}} \tag{4.39}$$

式中，Re_l 的适用范围为 $5\times10^5<Re_l<10^7$。如果雷诺数大于 10^7，则采用以下的经验公式更好

$$C_f=\frac{0.37}{(\lg Re_x)^{2.58}} \tag{4.40}$$

$$C_F=\frac{0.455}{(\lg Re_l)^{2.58}} \tag{4.41}$$

为了方便起见，研究工作者已将光滑平板的摩阻系数与雷诺数关系预先算出，并可以在一些手册中查到。图 4.20 给出了光滑平板全层流边界层和全紊流边界层的摩阻系数随雷诺数变化的关系曲线。混合曲线是平板上既有层流边界层又有紊流边界层时的平均摩阻系数。

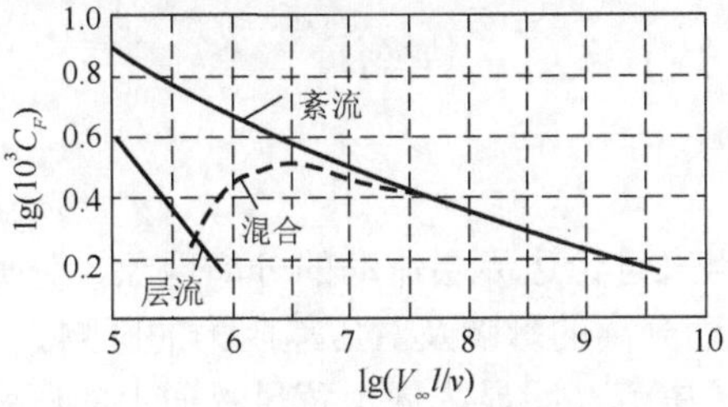

图 4.20　平板摩擦阻力系数曲线

3. 低速平板混合边界层

前面讨论的低速层流边界层计算和紊流边界层计算都是在假设从前缘至后缘全为层流或全为紊流的情况下进行的。实际中更常见的是平板前部为层流然后经过一转捩区而变为紊流，这种既有层流又有紊流的边界层称为混合边界层。转捩区通常很短，因此，在工程应用上通常把它看成一点，称为转捩点。

设平板长为 l，平板上为混合边界层，其转捩点 Z 到平板前缘的距离为 $\overline{OZ} = x_{zl}$，如图 4.21 所示。它的摩阻可以看作前面层流段的摩阻与后面紊流段的摩阻之和。层流段摩阻计算方法如前所述。而因为平板上的边界层不是全部紊流，引用前述平板紊流边界层结果须加以修改。修改方法很多，下面介绍一种。

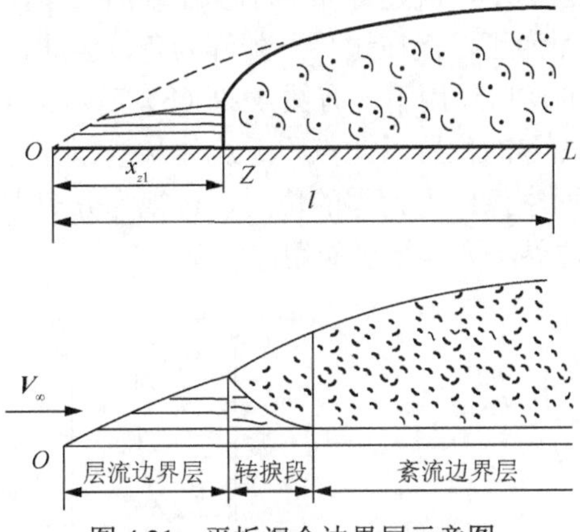

图 4.21　平板混合边界层示意图

这种方法在计算平板后段紊流边界层时，假设紊流边界层仍是从平板前缘开始发展起来的，只是在计算平板阻力时，应该把转捩点之前的、假想的紊流边界层所引起的阻力减掉，而后加上实际的层流边界层的阻力。所以，设转捩点位置为 x_{zl}，则摩擦阻力系数差值 ΔC_F 为

$$\Delta C_F = -\frac{x_{zl}}{l}\left(C_{FW} - C_{FC}\right) = -\frac{Re_{zl}}{Re_l}\left(C_{FW} - C_{FC}\right) = -\frac{A}{Re_l} \tag{4.42}$$

式中，C_{FW} 为紊流时的摩擦阻力系数；C_{FC} 为层流时的摩擦阻力系数；Re_{zl} 为转捩点雷诺数；A 为取决于转捩点位置（Re_{zl}）的常数。

于是，平板混合边界层的摩擦阻力系数可写成

$$C_F = \frac{0.074}{Re_l^{1/5}} - \frac{A}{Re_l} \tag{4.43}$$

或

$$C_F = \frac{0.455}{(\lg Re_l)^{2.58}} - \frac{A}{Re_l} \tag{4.44}$$

4.3.4 边界层分离

下面从边界层流动特点来讨论边界层流动的分离现象、分离的原因、边界层流动状态（层流或紊流）对边界层流动分离的影响及对压差阻力的影响。

边界层分离大大加宽了尾流，明显降低了背风物面上的压强，使物体受到压差阻力明显加大；而且，黏性作用区明显加宽，简化 N-S 方程的分析条件不再成立，因此边界层方程组不适用于流动分离区。但在边界层分离之前，边界层理论能对边界层分离进行预测。

普朗特的边界层方程能指出流动分离的效应。边界层分离出现之前，在物面有 $u = v = 0$，由式（4.17）中的第二个方程可得

$$\mu \frac{\partial^2 u}{\partial y^2}\bigg|_{y=0} = \frac{\partial p}{\partial x} \tag{4.45}$$

可见层外主流的压强梯度直接影响壁面处流速分布曲线的曲率。图 4.22（a）中列举了三个例子。顺压梯度（负），流速分布曲率直到边界层的边缘都是负的，这种分布弯曲平滑、稳定，没有分离迹象；零压强梯度，流速分布曲率仅在壁面为零，没有分离趋势；逆压梯度（正），流速分布曲率在壁面为正，但在边界层外缘为负，因此，其间必有拐点。这种流速分布不稳定，而且在持续的逆压作用下，有图 4.22（b）所示结果，拐点进一步远离物面，物面上出现流速法向导数为零的位置，此点附近流体从壁面分离，其后出现回流。这里看到，二维定常流动中，壁面摩擦应力为零的位置，可视为分离点，而且可以用边界层理论计算出来，因为到此位置边界层方程组尚能用。

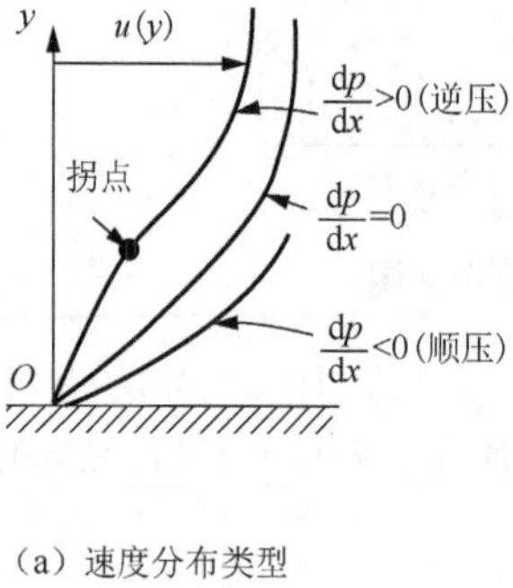

（a）速度分布类型

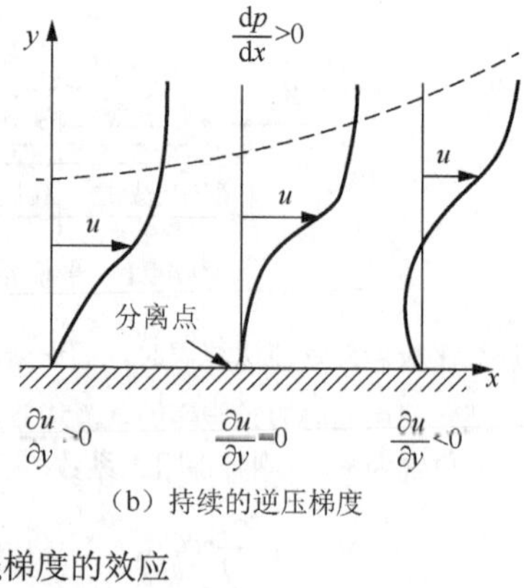

（b）持续的逆压梯度

图 4.22 压强梯度的效应

流动状态对边界层分离也有影响。如果在分离点之前边界层为层流，则称这种分离为层流边界层分离。如果在分离点之前边界层已转捩成紊流，则称这种分离为紊流边界层分离。图 4.7 中虚线及点画线曲线分别是边界层为层流和紊流的绕圆柱流动压强分布，可见紊

流边界层分离比层流边界层分离发生得晚。这是由于紊流边界层内速度型比层流边界层内速度型较为“饱满”，因此在减速区内不易变“瘦”，可以使分离现象推迟发生。因此，随着雷诺数的变化，当圆柱面上为层流边界层时，分离点可在$\theta = 81°$，而当边界层转捩为紊流时，分离点可后移到$\theta = 120°$，此时分离区突然减小，阻力也会突然下降。

压差阻力的大小，一般只能由实验得出。实验结果表明，边界层的分离区越大，压差阻力也越大；反之，压差阻力越小。要减小压差阻力，就要减小气流分离区，就是说要使边界层分离点后移。由于分离点位置与压强梯度及边界层流动状态有关，因此为减小物面的逆压梯度，通常将飞机的机身、机翼、挂弹架等都做成圆头、尖尾的形状，圆头的作用是可适应不同来流方向，尖尾的作用是使翼型后部边界层不易出现分离，这样的形状被称为流线型。对于流线型的翼型，在小迎角下，边界层流动尚未分离，压差阻力相当小，阻力中主要是黏性摩擦阻力。随着迎角增大，当翼型边界层流动分离时，压差阻力将陡增，像钝头体一样，其所受阻力主要是黏性压差阻力。

习　题

4.1　在层流边界层内，当$y = 0$时，$u = 0$；当$y = \delta$（边界层边界上）时，$u = V_\infty$，其间有一近似关系式$u = CV_\infty y/\sqrt{x}$，C为常数，试证明最简单的y方向速度分量为$v = uy/4x$。

4.2　在层流边界层中，x方向速度分量有一个有用的近似表达式，即$u = V_\infty \sin\left(\pi y/(2\delta)\right)$，其中$\delta = C\sqrt{x}$，$C$为常数。请计算$x = 0.5\,\text{m}$，$\delta = 5\,\text{mm}$处，$v/u$的最大值。

4.3　设在层流边界层中，x方向速度分量为$u = V_\infty\, y/\delta$，当$y \geqslant \delta$时，$u = V_\infty$。试求：边界层的位移厚度、动量损失厚度和摩擦阻力系数。

4.4　假定平板层流边界层内的速度为（平板长为l）$\dfrac{u}{U_1} = \dfrac{3}{2}\left(\dfrac{y}{\delta}\right) - \dfrac{1}{2}\left(\dfrac{y}{\delta}\right)^3$，$\delta$为边界层的厚度，$U_1(x,t)$是主流流速。请用动量积分关系式方法求解以下各量：

（1）$\left(\delta^{**}/x\right)\sqrt{Re_x}$；　　（2）$\left(\delta^*/x\right)\sqrt{Re_x}$；

（3）$\left(\delta/x\right)\sqrt{Re_x}$；　　（4）$C_f\sqrt{Re_x}$；

（5）$C_F\sqrt{Re_x}$。

4.5　弦长为$l = 3.5\,\text{m}$的平板，$Re_l = 10^6$。试按全层流和全紊流两种情况，估计平板后缘处的边界层厚度。

4.6　如果边界层内流速用 1/7 的指数规律$\left(u/U_1\right) = \left(y/\delta\right)^{1/7}$，$U_1(x,t)$是主流流速，试证明对平板的边界层有$H \equiv \delta^* / \delta^{**} = 1.3$。

4.7　低速飞机在 3000m 高空以 360km/h 飞行，矩形机翼面积$40\,\text{m}^2$，弦长 2.5m。用平板边界层公式估算机翼的摩擦阻力：

（1）按全紊流估算；

（2）按混合边界层估算，转捩点位于距前缘 0.5m 处。

第 5 章　高速可压流动

当流速不大时，流体中各点的压强变化也不大，相应的密度变化也不大，所以在工程问题的处理中，常把低速流动的流体当作不可压流体来处理。因此，在低速流动中，扰动的传播遍及整个流场，扰动传播的速度快到无穷大。随着流速的增大，特别当流体以可与声速相比拟的高速流动时，流体密度的变化必须加以考虑；否则所得的结果与实际流动结果可能差别很大，甚至完全不符。因此，本章要研究的高速流动问题，与第 3 章不可压流动问题对比，最大的不同点在于必须如实地把流体看作密度可变的可压流体来处理。

可压流体的流动过程伴随着流体状态的变化，与热力学是密切相关的。因此，本章首先简要介绍流体的热力学基础知识，讨论一维等熵绝热流动，其次重点介绍超声速气流中的激波与膨胀波现象，然后简单介绍高速边界层的基础知识，最后结合喷管及超声速风洞的讨论，初步介绍超声速流动的建立与实验手段，为深入研究飞行器在高速可压流中的气动特性提供必要的基础知识。

本章除 5.6 节高速可压边界层以外，其他小节如无特殊说明，都不考虑黏性的影响。

5.1　热力学基础

5.1.1　内能和焓

热力学中讨论的理想气体，在流体力学中习惯上改称为完全气体。第 1 章式（1.2）已经给出了完全气体的状态方程

$$p = \rho RT$$

这个方程又名克拉珀龙（Clapeyron）方程。习惯上把满足该方程的气体称为热完全气体。

对于这种理想化的严格遵守状态方程式（1.2）的完全气体来说，其内能只计及微观运动的动能，而忽略了分子间的引力位能。因此，内能只与绝对温度 T 有关。单位质量的完全气体的内能（internal energy）可用 e 来表示，单位是 J/kg，故有

$$e = e(T) \tag{5.1}$$

显然，内能是一个与变化过程无关的状态参数。在热力学中，特别是在气体动力学中，除内能之外，还常常引入另外一个代表热含量的参数——焓（enthalpy），习惯上用符号 h 表示，定义为

$$h = e + \frac{p}{\rho} \tag{5.2}$$

因为 p/ρ 代表单位质量气体的压力能，故焓表示单位质量气体的内能和压力能之和。

对于完全气体，焓也只取决于温度，故它也是一个状态参数。

5.1.2 热力学第一定律和比热

热力学第一定律实际上是能量守恒定律在热力学上的具体应用，即外界传递给一个封闭物质系统（气体微团是其中之一）的热量等于系统内能的增量和系统对外界所做机械功的总和。

因此，对于静止的单位质量气体有

$$\delta q = \mathrm{d}e + p\,\mathrm{d}\left(\frac{1}{\rho}\right) \tag{5.3}$$

式中，$1/\rho$ 是单位质量气体所占的体积。

由式（5.2）和式（5.3）可得

$$\delta q = \mathrm{d}h - \frac{1}{\rho}\mathrm{d}p \tag{5.4}$$

由此可见，在等压过程中$(\mathrm{d}p=0)$，焓的增量$\mathrm{d}h$将等于此过程中所吸收的热量δq。

当一个系统由于加给一微小的热量δq而温度升高$\mathrm{d}T$，则比值$\delta q/\mathrm{d}T$定义为该系统的热容，其单位J/K。单位质量上的热容称为比热容，简称比热，其单位为$\mathrm{J}/(\mathrm{kg}\cdot\mathrm{K})$。不同的物质具有不同的比热容，比热容是物质的一种特性。

由式（5.3）和式（5.4）可得比定容热容c_V（等容过程$\mathrm{d}(1/\rho)=0$）和比定压热容c_p（等压过程$\mathrm{d}p=0$）分别为

$$c_V = \left(\frac{\delta q}{\mathrm{d}T}\right)_{\rho=\text{常数}} = \frac{\mathrm{d}e}{\mathrm{d}T} \tag{5.5}$$

$$c_p = \left(\frac{\delta q}{\mathrm{d}T}\right)_{p=\text{常数}} = \frac{\mathrm{d}h}{\mathrm{d}T} \tag{5.6}$$

c_V和c_p的单位与比热容的单位相同，都是$\mathrm{J}/(\mathrm{kg}\cdot\mathrm{K})$。通常情况下，$c_V$和$c_p$均可视为常量。

取$T=0$时$e=h=0$，则有

$$e = c_V T \tag{5.7}$$

$$h = c_p T \tag{5.8}$$

习惯上把比定容热容c_V和比定压热容c_p之比称为比热比（ratio of specific heats），用符号γ表示，即

$$\gamma = \frac{c_p}{c_V} \tag{5.9}$$

对于空气，γ的值可取为1.40。将式（5.7）、式（5.8）和式（1.2）代入式（5.2）有

$$c_p = c_V + R \tag{5.10}$$

焓h用比热比可表达为

$$h = \frac{\gamma}{\gamma-1}RT = \frac{\gamma}{\gamma-1}\frac{p}{\rho} \tag{5.11}$$

5.1.3 热力学第二定律和熵

热力学第二定律指明能量相互转化是有条件的、有方向的，即一个方向的变化过程可以实现，而逆方向的变化过程或者不能实现或者只能有条件地实现。例如，热量只会从高温的物体自发地传递到低温的物体里去，而不会自发地反向传递。因此，在热力学上有可逆过程和不可逆过程之分。如果将变化过程一步步地倒回去，系统的一切热力学参数均回到初始值且外界环境也都复旧，则过程可逆，否则就是不可逆过程。流体力学中常引用熵（entropy）这个状态参数的变化来表述热力学第二定律。

在经典热力学中，常采用单位质量气体的熵增量 $\mathrm{d}s$ 的定义，对可逆过程，有

$$\mathrm{d}s = \frac{\delta q}{T} \tag{5.12}$$

由式（5.3）可以看出，δq 不是全微分，而 $\delta q/T$ 可表示为全微分，即

$$\frac{\delta q}{T} = \frac{1}{T}\left[\mathrm{d}e + p\,\mathrm{d}\left(\frac{1}{\rho}\right)\right] = \mathrm{d}\left[c_V \ln T + R\ln\left(\frac{1}{\rho}\right)\right] \tag{5.13}$$

因此，熵 s 也是一个状态参数。当系统由状态 1 (s_1, p_1, ρ_1, T_1) 变化到状态 2 (s_2, p_2, ρ_2, T_2) 时，式（5.13）积分后可以得到该变化过程中的熵增量为

$$\Delta s = s_2 - s_1 = \int_{状态1}^{状态2} \mathrm{d}s = \int_{状态1}^{状态2} \frac{\delta q}{T} = c_V \ln\frac{T_2}{T_1} + R\ln\frac{\rho_1}{\rho_2}$$

再利用完全气体的状态方程和式（5.9）、式（5.10），上式可改写为

$$\Delta s = c_V \ln\left[\frac{T_2}{T_1}\left(\frac{\rho_1}{\rho_2}\right)^{\gamma-1}\right] \tag{5.14}$$

或

$$\Delta s = c_V \ln\left[\frac{p_2}{p_1}\left(\frac{\rho_1}{\rho_2}\right)^{\gamma}\right] \tag{5.15}$$

需要指出的是，式（5.14）和式（5.15）虽然是通过可逆过程推导而得到的，但是由于熵是状态参数，因此只要热力学系统处于平衡状态，这两个式子在不可逆过程中同样适用。

热力学第二定律指出，在绝热变化过程的孤立系统中，如果过程可逆则熵值保持不变，称为等熵过程；如果过程不可逆，则熵值必增加。因此热力学第二定律也称为熵增原理。

在高速流动问题中，气体的黏性内摩擦、激波的出现以及因温度梯度存在而引起的热传导等因素，导致流动过程的不可逆。一般来说，在流场的大部分区域，速度梯度和温度梯度并不是很大，流动过程可近似认为是绝热可逆的，熵增等于零，这样的流动称为等熵流。在流体力学中，常把熵值沿一条流线保持不变的情况，称为沿流线等熵；全流场熵值相同的流动称为均（匀）熵流。

对于等熵流，即绝热可逆流动，由式（5.15）可得

$$\frac{p_2}{\rho_2^{\gamma}} = \frac{p_1}{\rho_1^{\gamma}} = 常数 \tag{5.16}$$

此式即常用的等熵关系式。

5.2　一维等熵绝热流

一维流动是指流场中的物理量只是一个空间坐标的函数的流动。对四个流动参数，流速$\boldsymbol{V}$、密度ρ、压强p和温度T，已有三个基本方程：状态方程、连续方程和无黏流动量方程（欧拉方程）。为确定这四个流动参数，应再补充一个方程，即能量方程。对于可压流动，马赫数是一个重要的无量纲参数。而要定义马赫数，首先要了解声速的概念。

5.2.1　声速

由于物体的存在或运动而引起流场参数$\boldsymbol{V},\rho,p,T$等发生变化，则说流场受到了扰动。由于气体是可压的，在某处受到的扰动就要以有限速度向四面八方传播。气体参数发生非常微小变化的扰动称为小扰动。小扰动的传播速度只取决于气体的性质及状态参数，而与何种扰源及其成因无关。

由于声波是最容易被人感觉到的一种小扰动的传播，习惯上就将小扰动在气体中的传播速度称为声速，用符号a来表示。具体来说，声速是压强小扰动在静止流场中的传播速度。声波传播的过程是等熵绝热过程。

热力学指出，任何流体的压强p、密度ρ和温度T或者熵s不是相互独立的，其中，任意三者之间存在着确定的关系。即任何热力学特性都可以表达为另外两个的函数，所以对于等熵绝热过程总是可以假定

$$\rho=\rho(p,s) \tag{5.17}$$

把式（5.17）两边进行微分，可得

$$\mathrm{d}\rho=\left[\frac{\partial\rho(p,s)}{\partial p}\right]_{s=常数}\mathrm{d}p+\left[\frac{\partial\rho(p,s)}{\partial s}\right]_{p=常数}\mathrm{d}s \tag{5.18}$$

由于声波传播过程是等熵过程，即$\mathrm{d}s=0$，从而式（5.18）变成

$$\mathrm{d}\rho=\left[\frac{\partial\rho(p,s)}{\partial p}\right]_{s=常数}\mathrm{d}p \tag{5.19}$$

由于密度随压强的增大而增大，因此$\left[\frac{\partial\rho(p,s)}{\partial p}\right]_{s=常数}>0$，因此令

$$a^2=\left[\frac{\partial p}{\partial\rho}\right]_{s=常数} \tag{5.20}$$

对于等熵过程，式（5.20）也可以表达为

$$a^2=\frac{\mathrm{d}p}{\mathrm{d}\rho} \tag{5.21}$$

式（5.20）和式（5.21）中所定义的变量a就是小扰动传播的速度——声速。

把等熵关系$p/\rho^{\gamma}=常数$代入式（5.21）中，声速a可表达为

$$a = \sqrt{\gamma RT} = \sqrt{\gamma \frac{p}{\rho}} \tag{5.22}$$

另外需要指出的是，式（5.21）中的变量 dp 就是声压。

5.2.2　能量方程

对于一维等熵绝热流，能量方程可由欧拉方程并利用等熵关系式沿流线积分求出。由一维欧拉方程 $\rho V \mathrm{d}V = -\mathrm{d}p$ 的伯努利积分有

$$\frac{V^2}{2} + \int \frac{\mathrm{d}p}{\rho} = 常数 \quad （沿流线） \tag{5.23}$$

因为沿流线等熵，利用等熵关系 $p/\rho^{\gamma} = 常数$，式（5.23）中的积分可以积出，从而得到一维等熵绝热流的能量方程为

$$\frac{V^2}{2} + \frac{\gamma}{\gamma - 1}\frac{p}{\rho} = 常数 \quad （沿流线） \tag{5.24}$$

事实上，式（5.24）就是式（2.78）的特殊形式。利用式（5.11），上式还可改写为用焓表达的形式

$$\frac{V^2}{2} + h = 常数 \quad （沿流线） \tag{5.25}$$

作为一个能量方程，式（5.25）也可以这样理解：焓 h 代表微观的热力运动所含有的能量，而 $V^2/2$ 则是流体微团宏观运动的动能。该式表明这两种能量之和为一常数。如果沿流线的流动是有黏性摩擦的，即过程非等熵，那么只要绝热条件仍能保证摩擦所产生的热只加给流体微团本身，则其总能量就仍然不变。因此，对定常绝热流，上面得到的能量方程，不论等熵与否，在形式上仍然成立。这就是说，绝热流动中黏性摩擦的作用并不改变动能和焓的总和，只不过其中一部分动能转变为焓而已。

能量方程式（5.24）还可改写为分别用温度和声速表达的以下常用形式

$$\frac{V^2}{2} + \frac{\gamma}{\gamma - 1}RT = 常数 \quad （沿流线） \tag{5.26}$$

$$\frac{V^2}{2} + \frac{a^2}{\gamma - 1} = 常数 \quad （沿流线） \tag{5.27}$$

从能量方程可以看出，对于定常绝热流，当沿流线速度 V 增大时，温度、声速和焓均下降，但动能和焓的总和保持不变。

5.2.3　参数间的基本关系式

对于一维定常等熵绝热流，上面给出的能量方程所确立的参数关系都包含一个沿流线的常数，常需给出参考点上的参数值加以确定。常用的参考点是驻点和临界点。

1. 驻点参数

这里介绍的驻点是指流速沿流线等熵地降为零的一点。该点的状态参数称为驻点参数，

或称总参数。对应于这个状态的焓、压强、温度和密度分别称为总焓、总压、总温和总密度，或驻点焓、驻点压强、驻点温度和驻点密度。分别用 h_0、p_0、T_0 和 ρ_0 表示。驻点状态的声速用 a_0 表示。于是上述能量方程可分别写为

$$\frac{V^2}{2}+\frac{\gamma}{\gamma-1}\frac{p}{\rho}=\frac{\gamma}{\gamma-1}\frac{p_0}{\rho_0} \tag{5.28}$$

$$\frac{V^2}{2}+h=h_0 \tag{5.29}$$

$$\frac{V^2}{2}+\frac{\gamma}{\gamma-1}RT=\frac{\gamma}{\gamma-1}RT_0 \tag{5.30}$$

$$\frac{V^2}{2}+\frac{a^2}{\gamma-1}=\frac{a_0^2}{\gamma-1} \tag{5.31}$$

显然，对于一维定常等熵绝热流，h_0、p_0、T_0、ρ_0 和 a_0 沿同一条流线恒等于常数而不改变。和驻点参数（或总参数）相对的是流动过程中任意一点处的当地流动参数 h、p、T、ρ 等，这些参数称为静参数。在高速流动中，取驻点作为参考点来表示任意一点处的静参数比较方便。如式（5.30）可写成

$$\frac{T_0}{T}=1+\frac{\gamma-1}{2}\frac{V^2}{\gamma RT}=1+\frac{\gamma-1}{2}M^2 \tag{5.32}$$

式中，$M=V/a$，称为流动的马赫数。在高速流动中，马赫数是一个极其重要的无量纲参数，是一个反映压缩性大小的相似准则。式（5.32）表示了流动中任意一点处的静温和总温之比只取决于当地马赫数。利用等熵关系式（5.16），还可以得到如下重要的关系式

$$\frac{p_0}{p}=\left(1+\frac{\gamma-1}{2}M^2\right)^{\frac{\gamma}{\gamma-1}} \tag{5.33}$$

$$\frac{\rho_0}{\rho}=\left(1+\frac{\gamma-1}{2}M^2\right)^{\frac{1}{\gamma-1}} \tag{5.34}$$

2. 临界状态参数、最大速度和速度系数

临界状态是指当地流速等于当地声速时的状态，有时也称为临界点，通常用下标“*”来表示。显然，在临界状态，当地马赫数 $M=1$。此时，能量方程式（5.31）可写成

$$\frac{V_*^2}{2}+\frac{a_*^2}{\gamma-1}=\frac{a_0^2}{\gamma-1}$$

由于 $V_*=a_*$，于是得到

$$a_*^2=\frac{2}{\gamma+1}a_0^2 \tag{5.35}$$

这样，式（5.32）变为

$$\frac{T_0}{T_*}=1+\frac{\gamma-1}{2}=\frac{\gamma+1}{2} \tag{5.36}$$

在有些问题中，使用无量纲速度系数比马赫数更为方便。速度系数 λ 的定义为

$$\lambda = \frac{V}{a_*} \tag{5.37}$$

由于

$$M^2 = \frac{V^2}{a^2} = \frac{V^2}{a_*^2}\frac{a_*^2}{a_0^2}\frac{a_0^2}{a^2} = \lambda^2\frac{a_*^2}{a_0^2}\frac{T_0}{T}$$

所以将式（5.32）和式（5.35）代入该式，可得速度系数 λ 与马赫数 M 之间的关系为

$$\lambda^2 = \frac{(\gamma+1)M^2}{2+(\gamma-1)M^2} \tag{5.38}$$

或

$$M^2 = \frac{\dfrac{2}{\gamma+1}\lambda^2}{1-\dfrac{\gamma-1}{\gamma+1}\lambda^2} \tag{5.39}$$

由式（5.32）和式（5.38）可以看出，当 $T\to 0$ 时，$M\to\infty$，但 λ 却趋于有限极值 $\lambda_{\max} = \sqrt{(\gamma+1)/(\gamma-1)}$。

利用式（5.39），则由式（5.32）可得用速度系数 λ 表达的静温和总温之比为

$$\frac{T}{T_0} = 1-\frac{\gamma-1}{\gamma+1}\lambda^2 \tag{5.40}$$

类似地，静压和总压之比为

$$\frac{p}{p_0} = \left(1-\frac{\gamma-1}{\gamma+1}\lambda^2\right)^{\frac{\gamma}{\gamma-1}} \tag{5.41}$$

静密度和总密度之比为

$$\frac{\rho}{\rho_0} = \left(1-\frac{\gamma-1}{\gamma+1}\lambda^2\right)^{\frac{1}{\gamma-1}} \tag{5.42}$$

在临界状态时，$M_* = \lambda = 1$，于是各临界参数与对应的总参数的换算关系分别为

$$\frac{T_*}{T_0} = \frac{2}{\gamma+1} \tag{5.43}$$

$$\frac{p_*}{p_0} = \left(\frac{2}{\gamma+1}\right)^{\frac{\gamma}{\gamma-1}} \tag{5.44}$$

$$\frac{\rho_*}{\rho_0} = \left(\frac{2}{\gamma+1}\right)^{\frac{1}{\gamma-1}} \tag{5.45}$$

由式（5.30）可见，当 $T=0$ 时速度可达到最大值，即

$$V_{\max} = \sqrt{\frac{2\gamma}{\gamma-1}RT_0} = \sqrt{\frac{2}{\gamma-1}}a_0 = \sqrt{\frac{\gamma+1}{\gamma-1}}a_* \tag{5.46}$$

这种最大速度状态只是一种假想的状态。其含义是：给定一个总温之后，流动速度所

能达到的最大值不能超过的上限，这意味着流体的全部焓值都转变成了宏观的动能。

3. 熵和总压的关系

设状态 1 在流线上游，状态 2 在同一流线的下游，则由式（5.15）可得

$$\Delta s = c_V(\gamma-1)\ln\left[\left(\frac{p_1}{p_2}\right)\left(\frac{T_2}{T_1}\right)^{\frac{\gamma}{\gamma-1}}\right] \tag{5.47}$$

又由式（5.32）和式（5.33）可得

$$\frac{p_{01}}{p_1}=\left(\frac{T_{01}}{T_1}\right)^{\frac{\gamma}{\gamma-1}},\quad \frac{p_{02}}{p_2}=\left(\frac{T_{02}}{T_2}\right)^{\frac{\gamma}{\gamma-1}} \tag{5.48}$$

将式（5.48）代入式（5.47），得到

$$\Delta s = -c_V(\gamma-1)\ln\left[\left(\frac{p_{02}}{p_{01}}\right)\left(\frac{T_{01}}{T_{02}}\right)^{\frac{\gamma}{\gamma-1}}\right] \tag{5.49}$$

若流动过程是绝热的，则总温不变 $T_{01}=T_{02}$，因此式（5.49）变为

$$\Delta s = -c_V(\gamma-1)\ln\left(\frac{p_{02}}{p_{01}}\right) \tag{5.50}$$

因此，对于等熵绝热流动总压也保持不变，即 $p_{01}=p_{02}$。

而对于一个绝热过程，如果变化过程中有摩擦等损失存在，则该过程是不可逆过程，熵必有所增加，必然表现为 $p_{02}<p_{01}$，即总压有损失。流体力学中，常记 $\sigma=p_{02}/p_{01}$ 为总压损失比。在许多用气流工作的器械里，如喷气发动机，或高速风洞，这个比值都是一个确定它的工作好坏的重要参数。

5.3　马赫波与膨胀波

5.3.1　小扰动与马赫锥

由于物体的存在或运动（称为扰源）而使流场诸参数发生了变化，则说流场受到了扰动。在一个均匀流场中，扰源 O 发出的小扰动均以声速 a 向四周传播，在静止气体（$M=0$）、亚声速气流（$M<1$）、声速气流（$M=1$）以及超声速气流（$M>1$）中的影响区分别如图 5.1（a）～（d）所示。

（1）$V=0\left(M=0\right)$：从某瞬间看，前 i 秒发出的扰动波阵面是以扰源 O 为中心、$i\times a$ 为半径的同心球面。只要时间够长，空间任意一点均会受到该扰源的影响，即扰源的影响区是全流场。

（2）$V<a\left(M<1\right)$：前 i 秒扰源 O 发出的半径为 $i\times a$ 的球面波要顺来流方向向下移动，由于 $i\times V<i\times a$，故扰动传播仍可遍及全流场。

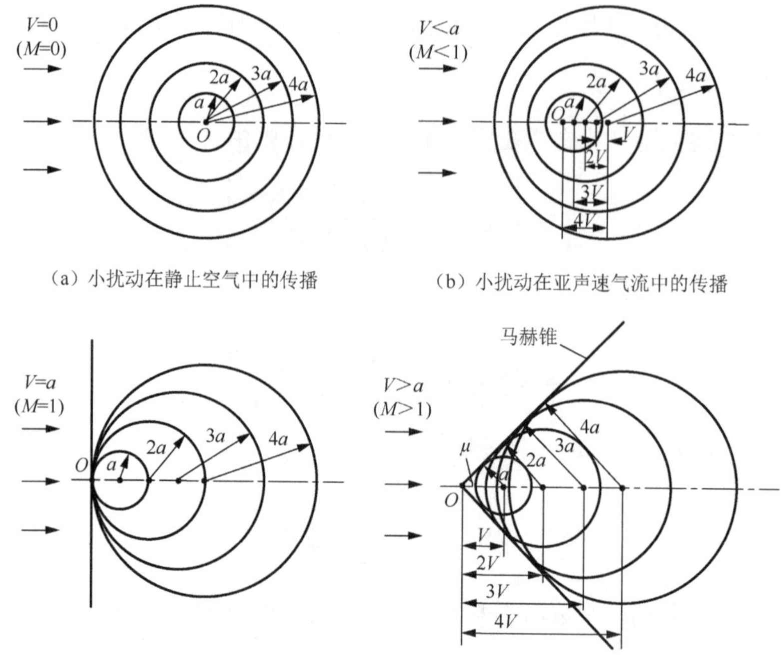

（a）小扰动在静止空气中的传播　（b）小扰动在亚声速气流中的传播

（c）小扰动在声速气流中的传播　（d）小扰动在超声速气流中的传播

图 5.1　小扰动传播与马赫锥

（3）$V > a\left(M > 1\right)$：此时$i \times V > i \times a$，扰源O的影响不仅不能传到扰源O点的前方，而且局限在以O为顶点的所有扰动球面波的包络面——圆锥面以内。这个圆锥称为马赫锥，锥的边界线称为马赫线。马赫锥的半顶角μ称为马赫角。

$$\mu = \arcsin\left(\frac{1}{M}\right)$$

显然，马赫数M值越大，马赫角μ越小。

（4）$V = a\left(M = 1\right)$：此时马赫锥张开为$\mu = \pi/2$的铅垂面，此面右侧为扰源的影响区。

由此可知，亚声速流场中小扰动可遍及全流场，气流没有到达扰源之前已感受到它的扰动，逐渐改变流向和气流参数以适应扰源的要求；而在声速和超声速流场中，小扰动不会传到扰源的上游，气流未到达扰源之前没有感受到任何扰动，因此不知道扰源的存在。即在声速和超声速流场中，沿同一流线，下游不影响上游。以上所述不论对二维流动还是三维流动均适用。在超声速流中，对薄楔形物体马赫锥是楔形的；对细长针锥形物体马赫锥当然是圆锥形的。

5.3.2　马赫波

超声速气流受到小扰动而使气流方向产生微小变化，扰动的界面是马赫波。本节讨论二维平面流动情况，导出气流经过马赫波时流动参数变化与方向偏转角之间的微分关系式。

设有$M_1 > 1$的超声速定常直匀流绕壁面AOB的流动，见图 5.2。超声速无黏气流沿壁面AO流来，在O点处偏转一个微小角度$\mathrm{d}\theta$，然后沿壁面OB向后流去。规定壁面OB相对

于壁面 OA 外折时 $\mathrm{d}\theta$ 为正，内折时 $\mathrm{d}\theta$ 为负。由于壁面偏转微小角度 $\mathrm{d}\theta$，超声速气流受到微小扰动，故在扰源折点 O 处必产生一道马赫波 OL，它与来流的夹角为 $\mu=\arcsin(1/M_1)$，波前气流参数不变，通过马赫波后气流方向偏转了 $\mathrm{d}\theta$ 角，流动参数会有微小变化。

设波前气流参数分别为 M、p、ρ、T、$\boldsymbol{V}$ 等，波后对应气流参数分别为 $M+\mathrm{d}M$、$p+\mathrm{d}p$、$\rho+\mathrm{d}\rho$、$T+\mathrm{d}T$、$\boldsymbol{V}+\mathrm{d}\boldsymbol{V}$ 等。

先来分析折角 $\mathrm{d}\theta>0$ 的情况。为了分析方便，将波前和波后的速度 $\boldsymbol{V}$ 和 $\boldsymbol{V}_{后}$ 分别分解为平行于波面和垂直于波面的两个分量，见图 5.3。取控制体"$I-I-II-II$"，并对其应用连续方程和动量方程。令 $\dot{m}_A$ 表示单位时间通过马赫波单位面积上的气体质量，则由连续方程可得

$$\dot{m}_A=\rho V_n=(\rho+\mathrm{d}\rho)(V_n+\mathrm{d}V_n)$$

将上式右端展开并略去二阶小量，得到

$$\mathrm{d}V_n=-V_n\frac{\mathrm{d}\rho}{\rho}$$

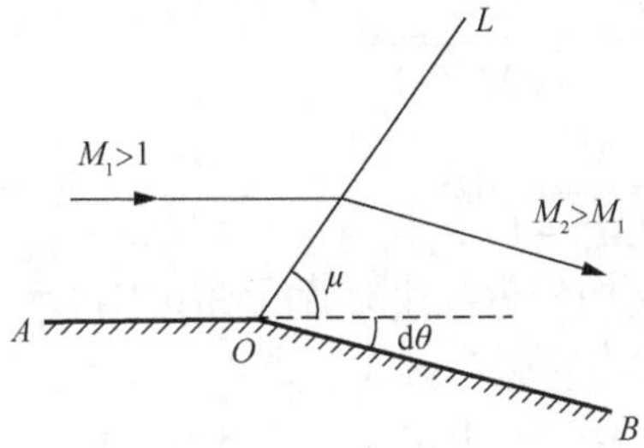

图 5.2　超声速气流绕 $\mathrm{d}\theta$ 外折壁面流动

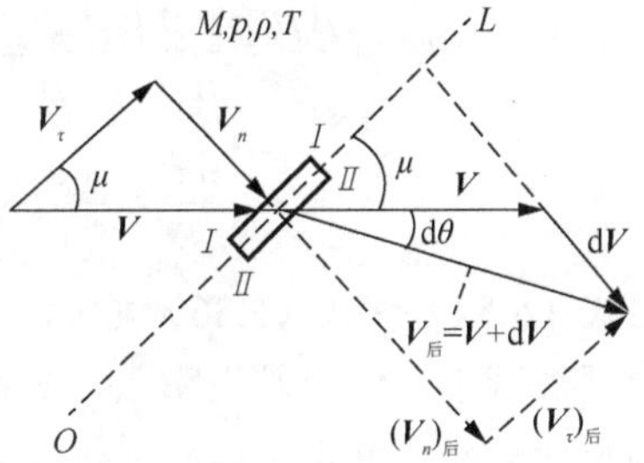

图 5.3　超声速气流绕 $\mathrm{d}\theta$ 外折壁面流动的分析

由于在平行于马赫波方向上压强无变化，故切向动量方程可写为

$$\dot{m}_A(V_\tau)_{后}-\dot{m}_A V_\tau=0$$

由此可见，波前和波后切向分速度保持不变，即

$$V_\tau=(V_\tau)_{后} \tag{5.51}$$

而法向动量方程为

$$\dot{m}_A\,\mathrm{d}V_n=-\mathrm{d}p$$

将 $\dot{m}_A=\rho V_n$ 及 $\mathrm{d}V_n=-V_n\,\mathrm{d}\rho/\rho$ 代入，可得

$$V_n=a \tag{5.52}$$

这说明马赫波前气流的法向分速度恰好等于当地声速。

由图 5.3，因为折角 $\mathrm{d}\theta$ 很小，所以 $|\boldsymbol{V}+\mathrm{d}\boldsymbol{V}|\approx V+\mathrm{d}V$，因此有

$$V_\tau=V\cos\mu$$

$$(V_\tau)_{后}=V_{后}\cos(\mu+\mathrm{d}\theta)=(V+\mathrm{d}V)\cos(\mu+\mathrm{d}\theta)$$

将这两个式子代入式（5.51），可得

$$V\cos\mu=(V+\mathrm{d}V)\cos(\mu+\mathrm{d}\theta)$$

由于 $\cos(\mathrm{d}\theta)\approx1$，$\sin(\mathrm{d}\theta)\approx\mathrm{d}\theta$，因此上式可进一步写为

$$\frac{\mathrm{d}V}{V}=\tan\mu\,\mathrm{d}\theta=\frac{\mathrm{d}\theta}{\sqrt{M^2-1}} \tag{5.53}$$

式（5.53）即超声速气流通过马赫波时气流速度变化与微小方向偏转角之间的微分关系式。对于其他流动参数与微小方向偏转角之间的微分关系可以利用此式导出。因假设无黏流且气流参数微小变化，故流动过程可以说是等熵的。

由微分形式的理想流体动量方程 $\rho V\,\mathrm{d}V=-\mathrm{d}p$，通过 $a^2=\gamma p/\rho$ 消去其中的 ρ，可得

$$\frac{\mathrm{d}V}{V}=-\frac{1}{\gamma M^2}\frac{\mathrm{d}p}{p}$$

将上式代入式（5.53），得到马赫波前后压强变化与微小方向偏转角之间的微分关系式为

$$\frac{\mathrm{d}p}{p}=-\frac{\gamma M^2}{\sqrt{M^2-1}}\mathrm{d}\theta \tag{5.54}$$

再利用声速平方的微分关系 $a^2=\mathrm{d}p/\mathrm{d}\rho$ 和完全气体的状态方程 $p=\rho RT$，可以分别得到密度变化和温度变化与微小方向偏转角之间的微分关系式分别为

$$\frac{\mathrm{d}\rho}{\rho}=\frac{\mathrm{d}\rho}{\mathrm{d}p}\frac{\mathrm{d}p}{p}\frac{p}{\rho}=\frac{1}{a^2}\frac{\mathrm{d}p}{p}\frac{a^2}{\gamma}=\frac{\mathrm{d}p}{\gamma p}=-\frac{M^2}{\sqrt{M^2-1}}\mathrm{d}\theta \tag{5.55}$$

$$\frac{\mathrm{d}T}{T}=\frac{\mathrm{d}p}{p}-\frac{\mathrm{d}\rho}{\rho}=-(\gamma-1)\frac{M^2}{\sqrt{M^2-1}}\mathrm{d}\theta \tag{5.56}$$

由式（5.54）～式（5.56）可知，当 $\mathrm{d}\theta>0$ 时，壁面外折，伴随着流速增大，压强、密度和温度都减小，气流发生膨胀，故此时的马赫波称为膨胀马赫波；当 $\mathrm{d}\theta<0$ 时，壁面内折，则伴随着流速减小，压强、密度和温度都增高，气流发生压缩，此时的马赫波称为压缩马赫波。

来流通过马赫波后壁面上的压强系数为

$$C_p=\frac{(p_\infty+\mathrm{d}p)-p_\infty}{\frac{1}{2}\rho_\infty V_\infty^2}=\frac{\mathrm{d}p}{\frac{1}{2}\frac{p_\infty}{RT_\infty}M_\infty^2a_\infty^2}=-\frac{2}{\sqrt{M_\infty^2-1}}\mathrm{d}\theta \tag{5.57}$$

应注意，上述诸公式不能直接应用到超声速气流大角度折转的情况。对于超声速气流发生大角度方向偏转的情况，流动参数与方向偏转角之间的关系将通过研究所谓的膨胀波或激波建立。

5.3.3 膨胀波

1. 膨胀波的物理过程

膨胀波（expansion waves）是超声速气流的基本变化之一。它是一种压强下降，密度下降，而流速上升的过程。下面用一个简单的例子来说明它的物理过程。

设超声速气流流过由多个无限小外折角 $\mathrm{d}\theta_1$、$\mathrm{d}\theta_2$、$\mathrm{d}\theta_3$ 等组成的一个凸壁面，见图 5.4。由于在每一个折点处都产生一道膨胀马赫波，气流每经过一道膨胀马赫波就加速一次，因此有 $\cdots>M_4>M_3>M_2>M_1$，从而 $\mu_1>\mu_2>\mu_3>\cdots$。即这些膨胀马赫波与波前气流的夹角越向后越小，因此它们在壁面外不会相交。

如果令 O_2，O_3 等折点无限靠近折点 O_1，则这些膨胀马赫波就集中起来，组成一个以折点 O_1 为中心的扇形膨胀波束，称为普朗特-麦耶膨胀波，简称膨胀波，如图 5.5 所示。

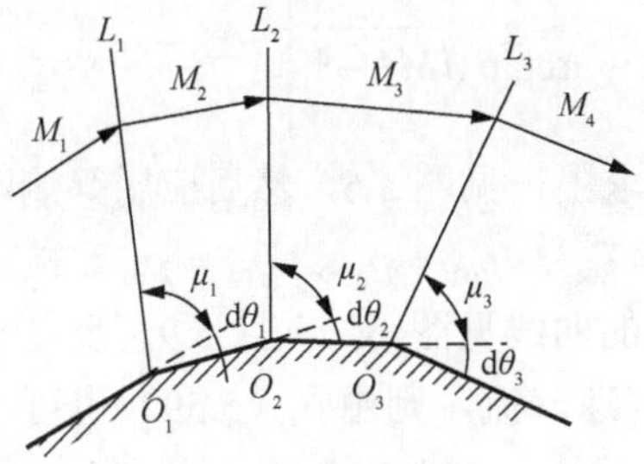

图 5.4　超声速气流流过由多个无限小外折角形成的凸壁面

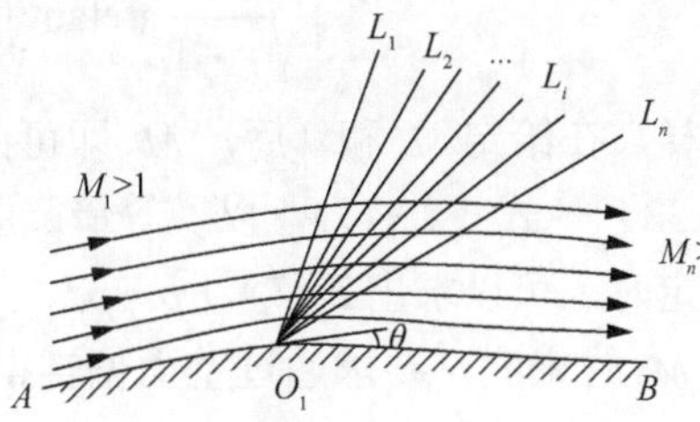

图 5.5　超声速气流绕外折角 θ 的流动

假设壁面在折点 O_1 集中向外折转了一个有限角度 θ（可视为无限多个 $d\theta$ 之和），这样，超声速气流经过发自折点 O_1 的无数道膨胀马赫波连续膨胀，马赫数从 M_1 加速到 M_2，气流参数发生了有限的变化，流向也同时偏转了 θ 角。由于气流经过每一道膨胀马赫波气流参数只发生微小的变化，因此穿过整个扇形膨胀波束时气流参数必是连续变化的。这种连续变化的过程是等熵的，故气流经过膨胀波是可逆等熵过程。对于一定的来流条件，波后气流参数只取决于总的外折角 θ，而与壁面是一次折转还是多次折转无关。

2. 超声速气流绕外折角的精确关系式

下面来推导超声速气流通过膨胀波时气流参数的变化与气流方向变化之间的关系式。为此，先确立穿过膨胀波束中任意一条马赫波时马赫数 M 变化的微分关系式。

对 $V = aM$ 取全微分可得

$$\frac{dV}{V} = \frac{dM}{M} + \frac{da}{a} = \frac{dM}{M} + \frac{dT}{2T}$$

再利用式（5.53）和式（5.56），可以得到

$$\frac{dM}{M} = \frac{1+\frac{\gamma-1}{2}M^2}{\sqrt{M^2-1}}d\theta \tag{5.58}$$

当壁面折角由零增大到 θ 时，马赫数由 M_1 增大到 M_2，对式（5.58）进行积分，可得

$$\theta = \int_{M_1}^{M_2} \frac{\sqrt{M^2-1}}{\left(1+\frac{\gamma-1}{2}M^2\right)M} dM$$

求此积分需作变量变换。令 $t^2 = M^2 - 1$，则

$$\theta = \int_{t_1}^{t_2} \frac{t}{1+\frac{\gamma-1}{2}\left(1+t^2\right)} \frac{t}{1+t^2} dt = \left[\sqrt{\frac{\gamma+1}{\gamma-1}} \arctan\sqrt{\frac{\gamma-1}{\gamma+1}}t - \arctan t\right]_{t_1}^{t_2}$$

再把 t 变换为 M，得

$$\theta=\left[\sqrt{\frac{\gamma+1}{\gamma-1}}\arctan\sqrt{\frac{\gamma-1}{\gamma+1}\left(M_2^2-1\right)}-\arctan\sqrt{M_2^2-1}\right]$$
$$-\left[\sqrt{\frac{\gamma+1}{\gamma-1}}\arctan\sqrt{\frac{\gamma-1}{\gamma+1}\left(M_1^2-1\right)}-\arctan\sqrt{M_1^2-1}\right] \tag{5.59}$$

这样，在给定M_1和θ后，M_2即可由式（5.59）求出，见图 5.6，然后应用等熵流公式（式（5.32）～式（5.34）），以及等熵膨胀过程中$T_{02}=T_{01}$、$p_{02}=p_{01}$、$\rho_{02}=\rho_{01}$，故当波前参数给定时，可以求出T_2/T_1、p_2/p_1、ρ_2/ρ_1，相应的曲线见图 5.7～图 5.9。反过来，对于给定M_1的来流，要求通过壁面偏转得到M_2的超声速气流，则由式（5.59）也可求得所需的壁面外折角θ。

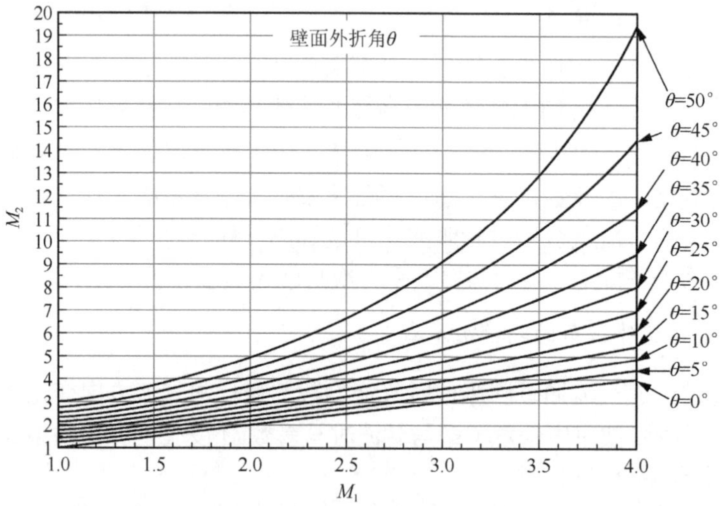

图 5.6　壁面外折时膨胀（马赫）波后的马赫数M_2随波前马赫数M_1的变化

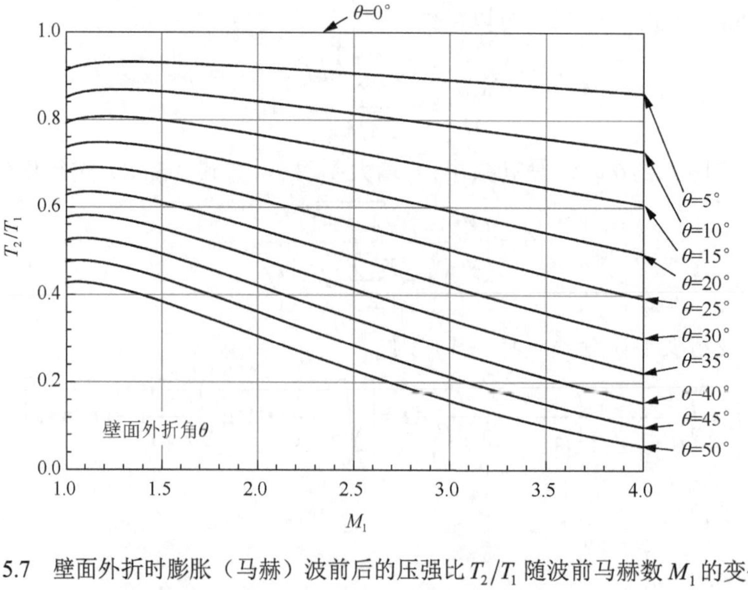

图 5.7　壁面外折时膨胀（马赫）波前后的压强比T_2/T_1随波前马赫数M_1的变化

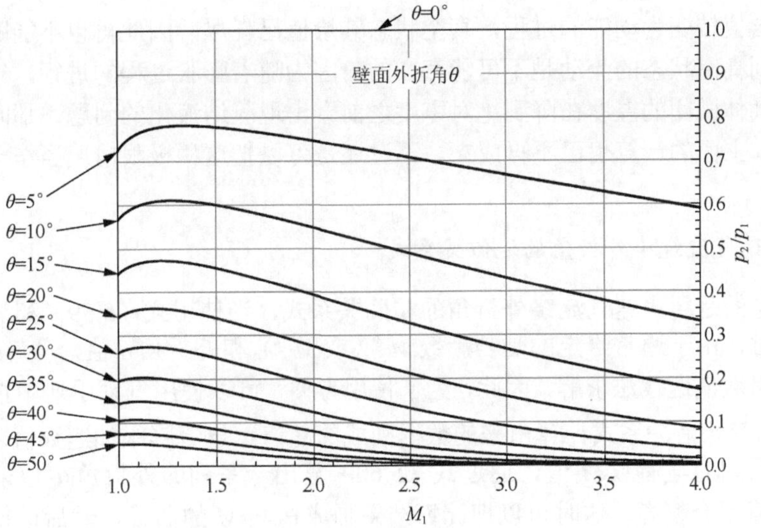

图 5.8　壁面外折时膨胀（马赫）波前后的压强比 p_2/p_1 随波前马赫数 M_1 的变化

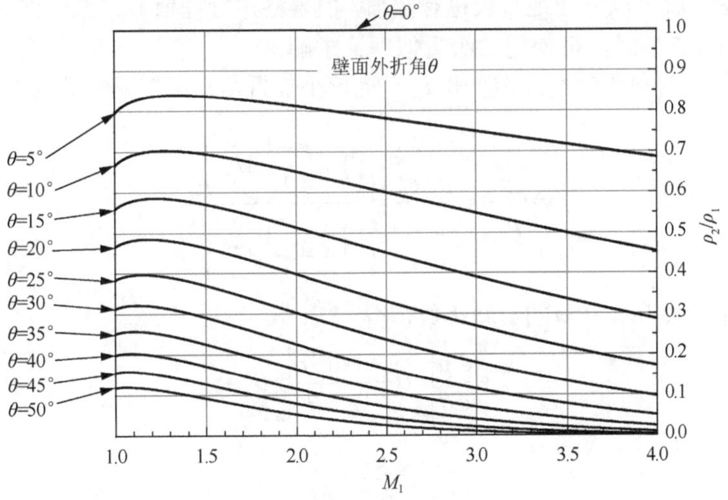

图 5.9　壁面外折时膨胀（马赫）波前后的密度比 ρ_2/ρ_1 随波前马赫数 M_1 的变化

如果指定气流是从 $M_1=1$ 的声速流开始膨胀的，那么达到某个大于 1 的马赫数 M 的外折角 θ_* 可由式（5.59）得到

$$\theta_* = \sqrt{\frac{\gamma+1}{\gamma-1}}\arctan\sqrt{\frac{\gamma-1}{\gamma+1}\left(M^2-1\right)} - \arctan\sqrt{M^2-1} \tag{5.60}$$

有

$$\theta_{*\max} = \lim_{M\to\infty}\theta_* = \left(\sqrt{\frac{r+1}{r-1}}-1\right)\frac{\pi}{2} \tag{5.61}$$

对于空气 $\theta_{*\max}=130.45°$，此时已膨胀到压强、密度、温度均降为零的真空状态。若 $\theta>\theta_{*\max}$，则气流也只能膨胀折转 $\theta_{*\max}$，不能再膨胀了。实际上，根据能量方程，膨胀过

程是气流的焓值转变为动能的过程，真空状态其焓值已耗尽，因此再也不能膨胀了。事实上一直膨胀到真空状态的流动是不可能存在的，因为随着膨胀过程的进行，气流的静温在不断下降，气体微团的温度在降到绝对零度之前会出现凝结液化的问题，那时气体的方程就不成立了，上面的计算也已不再成立。不过还是可以把这种极限情况当作一种参考情况来使用。

3. 超声速气流绕小外折角的近似关系式

前面确定的是超声速气流绕外折角的精确关系式，当使用式（5.59）和等熵诸关系式求膨胀波解时，由于通常给定的是马赫数 M_1（或 M_∞）和外折角 θ 值，马赫数 M_2 的准确值一般需要用数值迭代法求解，因此，为了使用方便，可以使用气动手册中按 $\gamma=1.4$ 利用式（5.60）和等熵诸关系式计算出来的数据列成的超声速气流膨胀加速数值表。做表时，自行选取一系列的马赫数 M 值，通过式（5.60）算出一系列的外折角 θ_* 值来。一般来说算出来的 θ_* 值不会整齐，这时可以把计算结果画成 θ_* 与 M 的曲线，然后进行插值，得出整齐的 θ_* 值所对应的 M 值。

有了数值表，就可以方便地查表进行插值，但表格进行插值会带来一定的误差。当 θ 值比较小（如小于$10°$）时，可使用二级近似理论求解。

设超声速来流的参数分别为 M_∞ 和 p_∞，绕较小外折角 θ 后气流参数为 M 和 p，则有

$$\overline{p}=\frac{p}{p_\infty}=\frac{p}{p_0}\frac{p_0}{p_\infty}=\frac{\left(1+\frac{\gamma-1}{2}M_\infty^2\right)^{\frac{\gamma}{\gamma-1}}}{\left(1+\frac{\gamma-1}{2}M^2\right)^{\frac{\gamma}{\gamma-1}}}$$

将 $\overline{p}$ 在 $\overline{p}_\infty=1$ 附近展开成 θ 角的泰勒级数，得

$$\overline{p}=1+\left.\frac{\mathrm{d}\overline{p}}{\mathrm{d}\theta}\right|_\infty\theta+\frac{1}{2!}\left.\frac{\mathrm{d}^2\overline{p}}{\mathrm{d}\theta^2}\right|_\infty\theta^2+\cdots \tag{5.62}$$

式（5.54）可改写为

$$\frac{\mathrm{d}\overline{p}}{\mathrm{d}\theta}=-\gamma\overline{p}\frac{M^2}{\sqrt{M^2-1}} \tag{5.63}$$

再对 θ 求一次导数，得

$$\frac{\mathrm{d}^2\overline{p}}{\mathrm{d}\theta^2}=-\frac{\gamma M^2}{\sqrt{M^2-1}}\frac{\mathrm{d}\overline{p}}{\mathrm{d}\theta}-\gamma\overline{p}\frac{M\left(M^2-2\right)}{\left(M^2-1\right)^{3/2}}\frac{\mathrm{d}M}{\mathrm{d}\theta}$$

把式（5.63）和式（5.58）代入得

$$\frac{\mathrm{d}^2\overline{p}}{\mathrm{d}\theta^2}=\overline{p}\frac{\gamma M^2\left[(\gamma+1)M^4-4\left(M^2-1\right)\right]}{2\left(M^2-1\right)^2} \tag{5.64}$$

注意到 $\overline{p}_\infty=1$，因而有

$$\left.\frac{\mathrm{d}\,\overline{p}}{\mathrm{d}\theta}\right|_{\infty}=-\gamma\overline{p}_{\infty}\frac{M_{\infty}^{2}}{\sqrt{M_{\infty}^{2}-1}}=-\frac{\gamma M_{\infty}^{2}}{\sqrt{M_{\infty}^{2}-1}}$$

$$\left.\frac{\mathrm{d}^{2}\,\overline{p}}{\mathrm{d}\theta^{2}}\right|_{\infty}=\frac{\gamma M_{\infty}^{2}\left[(\gamma+1)M_{\infty}^{4}-4\left(M_{\infty}^{2}-1\right)\right]}{2\left(M_{\infty}^{2}-1\right)^{2}}$$

因此，式（5.62）最后取前两项可写为

$$\overline{p}=1-\frac{\gamma M_{\infty}^{2}}{\sqrt{M_{\infty}^{2}-1}}\theta+\frac{\gamma M_{\infty}^{2}\left[(\gamma+1)M_{\infty}^{4}-4\left(M_{\infty}^{2}-1\right)\right]}{4\left(M_{\infty}^{2}-1\right)^{2}}\theta^{2}\tag{5.65}$$

从而根据 $\overline{p}$ 的定义，马赫数 M 和压强系数可分别写为

$$M=\sqrt{\frac{2}{\gamma-1}\left[\left(1+\frac{\gamma-1}{2}M_{\infty}^{2}\right)\left(\overline{p}\right)^{-\frac{\gamma-1}{\gamma}}-1\right]}\tag{5.66}$$

$$C_{p}=\frac{2}{\gamma M_{\infty}^{2}}\left(\overline{p}-1\right)=-\frac{2}{\sqrt{M_{\infty}^{2}-1}}\theta+\frac{(\gamma+1)M_{\infty}^{4}-4\left(M_{\infty}^{2}-1\right)}{2\left(M_{\infty}^{2}-1\right)^{2}}\theta^{2}\tag{5.67}$$

式（5.67）即所求的二级近似关系式。

5.4 正　激　波

5.4.1 正激波与基本方程组

试验表明，绕飞行器的高速可压流动，与低速和亚声速流动有本质区别，因而具有许多特殊的性质。例如，在许多情况下，诸如压强、密度、温度和速度等表明流体运动及状态的基本参数不再是流体所在空间点的连续函数。试验时可以观察到，超声速气流因通路收缩，例如，当壁面相对于气流内折，或因流动规定从低压区过渡到高压区而受到一定的阻滞时，就会在流场中产生这样的流动参数间断面：当气流经过这些面时，上述的流动参数值有突跃的变化。

流动过程中，气流的主要参数有显著的、突跃变化的那一个地方，称为激波（shock wave）。其是在同一位置无穷多压缩马赫波叠加而成。当激波的波阵面与来流方向垂直时，称为正激波（normal shock wave）。为了研究正激波的基本性质，本小节先建立正激波的基本方程组。

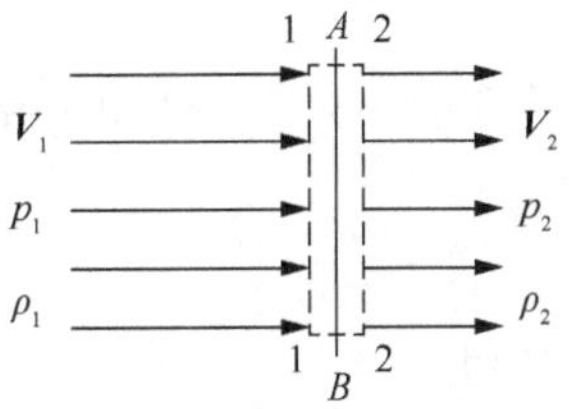

图 5.10　正激波

假定在超声速气流某截面 AB 上形成了正激波。采用相对坐标系后，正激波将固定不动。波前参数以下标 1 标记，波后参数则以下标 2 标记。如图 5.10 所示，虚线所示为控制体，则由连续方程可得

$$\rho_1 V_1 A_1=\rho_2 V_2 A_2$$

因为激波很薄，截面积 $A_1 = A_2$，则有

$$\rho_1 V_1 = \rho_2 V_2 \tag{5.68}$$

在控制体上应用动量方程，可得

$$\rho_2 V_2 A_2 V_2 - \rho_1 V_1 A_1 V_1 = p_1 A_1 - p_2 A_2$$

化简为

$$p_1 + \rho_1 V_1^2 = p_2 + \rho_2 V_2^2 \tag{5.69}$$

波前波后应有总能量相等，即有

$$\frac{V_1^2}{2} + \frac{a_1^2}{\gamma - 1} = \frac{V_2^2}{2} + \frac{a_2^2}{\gamma - 1} = \frac{\gamma + 1}{2(\gamma - 1)} a_*^2 \tag{5.70}$$

5.4.2　普朗特激波公式

用式（5.68）去除式（5.69），并移项之后可得

$$V_1 - V_2 = \frac{p_2}{\rho_2 V_2} - \frac{p_1}{\rho_1 V_1} = \frac{a_2^2}{\gamma V_2} - \frac{a_1^2}{\gamma V_1} \tag{5.71}$$

根据式（5.31）和式（5.35），可得

$$a_1^2 = \frac{\gamma + 1}{2} a_*^2 - \frac{\gamma - 1}{2} V_1^2 \tag{5.72}$$

$$a_2^2 = \frac{\gamma + 1}{2} a_*^2 - \frac{\gamma - 1}{2} V_2^2 \tag{5.73}$$

将式（5.72）和式（5.73）代入式（5.71），可得

$$\begin{aligned} V_1 - V_2 &= \frac{\gamma + 1}{2\gamma} \frac{a_*^2}{V_2} - \frac{\gamma - 1}{2\gamma} V_2 - \frac{\gamma + 1}{2\gamma} \frac{a_*^2}{V_1} + \frac{\gamma - 1}{2\gamma} V_1 \\ &= \frac{\gamma + 1}{2\gamma} a_*^2 \left(\frac{1}{V_2} - \frac{1}{V_1} \right) + \frac{\gamma - 1}{2\gamma} (V_1 - V_2) \\ &= \left(\frac{\gamma + 1}{2\gamma} \frac{a_*^2}{V_1 V_2} + \frac{\gamma - 1}{2\gamma} \right) (V_1 - V_2) \end{aligned}$$

由于 $V_1 \neq V_2$，故只可能是

$$\frac{\gamma + 1}{2\gamma} \frac{a_*^2}{V_1 V_2} + \frac{\gamma - 1}{2\gamma} = 1$$

所以

$$V_1 V_2 = a_*^2 \tag{5.74}$$

用速度系数表达为

$$\lambda_1 \lambda_2 = 1 \tag{5.75}$$

式（5.74）称为普朗特激波公式。该式表明正激波前后速度的乘积是一定值，等于临界声速的平方。从式（5.75）可以看出：超声速气流（$\lambda_1>1$）经过正激波后变为亚声速气流（$\lambda_2<1$），而且速度系数λ_1越大则速度系数λ_2越小。应当指出，从亚声速气流经过正激波后加速为超声速气流的情况是不可能发生的。其原因将在下面激波前后熵的变化中说明。

5.4.3　正激波前后流动参数的关系式

可以把式（5.38）代入式（5.75）求得正激波前后马赫数之间的关系为

$$M_2^2=\frac{1+\dfrac{\gamma-1}{2}M_1^2}{\gamma M_1^2-\dfrac{\gamma-1}{2}} \tag{5.76}$$

当$M_1=1$时，$M_2=1$；当$M_1\to\infty$时，$M_2\to\sqrt{(\gamma-1)/2\gamma}$。

由连续方程式（5.68）和式（5.38），可得正激波前后的密度比为

$$\frac{\rho_2}{\rho_1}=\frac{V_1}{V_2}=\frac{\lambda_1}{\lambda_2}=\lambda_1^2=\frac{(\gamma+1)M_1^2}{(\gamma-1)M_1^2+2} \tag{5.77}$$

再由过程的绝热性，$T_{01}=T_{02}$，以及式（5.32），可得正激波前后的温度比为

$$\frac{T_2}{T_1}=\frac{T_{01}}{T_1}\cdot\frac{T_2}{T_{02}}=\frac{2+(\gamma-1)M_1^2}{(\gamma+1)M_1^2}\left(\frac{2\gamma}{\gamma+1}M_1^2-\frac{\gamma-1}{\gamma+1}\right) \tag{5.78}$$

于是，正激波前后的压强比为

$$\frac{p_2}{p_1}=\frac{\rho_2T_2}{\rho_1T_1}=\frac{2\gamma}{\gamma+1}M_1^2-\frac{\gamma-1}{\gamma+1} \tag{5.79}$$

式（5.79）可改写为

$$\frac{\Delta p}{p_1}=\frac{p_2-p_1}{p_1}=\frac{2\gamma}{\gamma+1}\left(M_1^2-1\right) \tag{5.80}$$

因为流动是超声速的$M_1>1$，所以$\Delta p>0$，式（5.80）反映了正激波的强度。将式（5.78）和式（5.79）代入式（5.15），并整理，可得正激波前后熵的变化为

$$\Delta s=c_V\ln\left\{\left[1+\frac{2\gamma}{\gamma+1}\left(M_1^2-1\right)\right]\left[\frac{(\gamma-1)M_1^2+2}{(\gamma+1)M_1^2}\right]^{\gamma}\right\} \tag{5.81}$$

按式（5.81）进行计算，不难得出要使$\lambda_1<1$的气流经过正激波后变为超声速气流是不可能的。因为计算会得出熵减的结果，这是热力学第二定律所不允许的。反之超声速气流经过正激波的变化是绝热不等熵的。客观上，激波层内速度梯度非常大，而实际流体总有黏性，因此必有内摩擦发生，所以经过激波熵必有所增加。

式（5.50）与式（5.81）相比较，可得正激波前后总压的变化为

$$\sigma=\frac{p_{02}}{p_{01}}=\left[1+\frac{2\gamma}{\gamma+1}\left(M_1^2-1\right)\right]^{-\frac{1}{\gamma-1}}\left[\frac{(\gamma+1)M_1^2}{(\gamma-1)M_1^2+2}\right]^{\frac{\gamma}{\gamma-1}} \tag{5.82}$$

因过程绝热，$T_{01}=T_{02}$，总密度之比与总压之比相等。式（5.76）～式（5.82）说明，正激波前后流动参数的比都只取决于波前的马赫数 M_1 和气体的比热比 γ 值。如图 5.11 所示，马赫数 M_1 值越大，激波突跃变化就越强，熵增也就越大。图中各曲线的纵坐标与箭头指示方向一致。

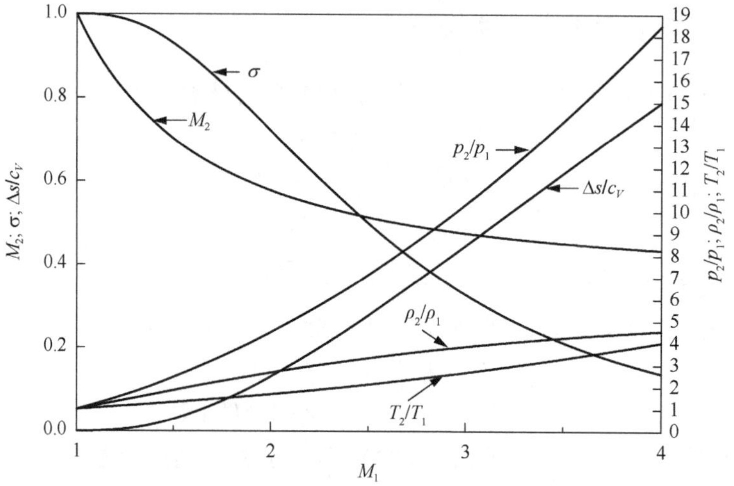

图 5.11　气流经过正激波后流动参数随波前马赫数 M_1 的变化

5.4.4　兰金-于戈尼奥方程

从式（5.77）和式（5.79）中，消去 M_1^2 可得

$$\frac{\rho_2}{\rho_1}=\frac{\dfrac{p_2}{p_1}+\dfrac{\gamma-1}{\gamma+1}}{\dfrac{\gamma-1}{\gamma+1}\dfrac{p_2}{p_1}+1} \tag{5.83}$$

式（5.83）是表示正激波前后密度比与压强比的重要关系式，称为兰金-于戈尼奥(Rankine-Hugoniot)方程。它和等熵关系大不相同。由式（5.16）可知，等熵关系用密度比与压强比可改写为

$$\frac{\rho_2}{\rho_1}=\left(\frac{p_2}{p_1}\right)^{\frac{1}{\gamma}} \tag{5.84}$$

图 5.12 是按式（5.83）和式（5.84）所绘的曲线。由等熵关系可以看出，当 $p_2/p_1\to\infty$ 时，也有 $\rho_2/\rho_1\to\infty$，而按兰金-于戈尼奥方程却趋于有限值，即 $\rho_2/\rho_1\to(\gamma+1)/(\gamma-1)$。即不管激波多强，其密度比不会超过 $(\gamma+1)/(\gamma-1)$ 的上限。对于空气，用 $\gamma=1.4$ 计算，ρ_2/ρ_1 不会超过 6。但当压强比较小时，两者几乎是一致的。因此，对于弱激波可近似按等熵关系处理。

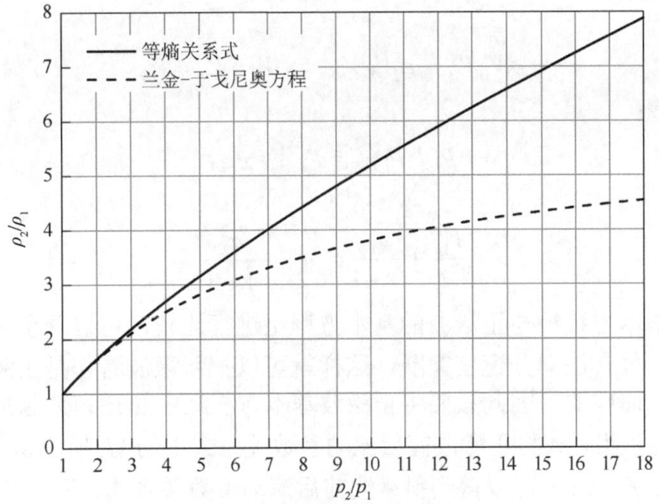

图 5.12　密度比与压强比的关系

5.5 斜 激 波

5.5.1 平面斜激波前后流动参数的关系式

当激波的波阵面与来流方向的夹角——激波角 $\beta < \pi/2$ 时，激波称为斜激波。其物理性质和正激波完全相同，只是激波强度较正激波为弱（同一个 M_1 之下），此外它多了一个气流偏折角，解析关系较正激波复杂一些。本小节研究平面斜激波前后流动参数的关系式。

图 5.13（a）表示一个顶角为 2φ 的尖劈在超声速气流中产生的斜激波。物面与来流的夹角为 φ，而斜激波与来流的速度方向的夹角为 β。在波阵面上取一段，设 $122'1'1$ 为控制面，$1-1'$ 和 $2-2'$ 都平行于波阵面，二者都无限靠近波阵面。如图 5.13（b）所示，依波阵面的方向可以把来流速度 $\boldsymbol{V}_1$ 分解成与之垂直的分速度 $\boldsymbol{V}_{1n}$ 和与之平行的分速度 $\boldsymbol{V}_{1t}$；$\boldsymbol{V}_2$ 也分解为 $\boldsymbol{V}_{2n}$ 和 $\boldsymbol{V}_{2t}$。

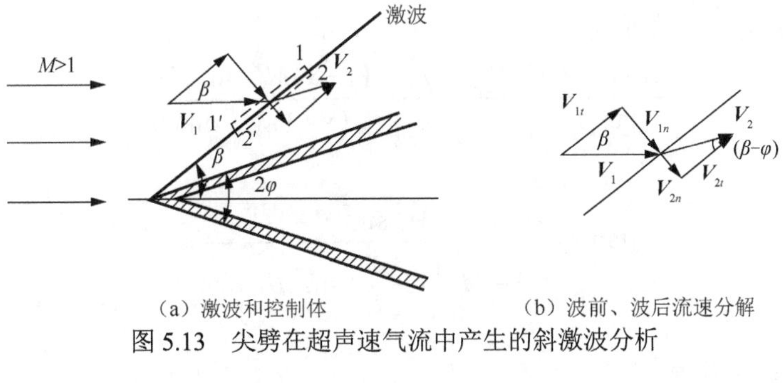

（a）激波和控制体　　（b）波前、波后流速分解

图 5.13　尖劈在超声速气流中产生的斜激波分析

对此控制面可写出如下基本方程组。

连续方程：

$$\rho_1 V_{1n} = \rho_2 V_{2n}$$

切向动量方程：

$$\rho_1 V_{1n} V_{1t} = \rho_2 V_{2n} V_{2t} \Rightarrow V_t = V_{1t} = V_{2t}$$

法向动量方程：

$$p_1 + \rho_1 V_{1n}^2 = p_2 + \rho_2 V_{2n}^2$$

能量方程：

$$\frac{V_{1n}^2}{2} + \frac{a_1^2}{\gamma-1} = \frac{V_{2n}^2}{2} + \frac{a_2^2}{\gamma-1}$$

将斜激波的基本方程组与正激波的基本方程组进行比较，可以看出气流穿过斜激波时切向分速度不变，只有法向分速度突跃。这样就可以把斜激波看作是正激波加上一个与波阵面平行的速度V_t而成的。因此只要将正激波基本方程组中的V_1和V_2换成V_{1n}和V_{2n}即可得到斜激波的基本方程组，或将正激波前后流动参数关系式中的M_1换成$M_{1n} = M_1 \sin\beta$，M_2换成$M_{2n} = M_2 \sin(\beta-\varphi)$就可以得到斜激波前后流动参数关系式，即

$$M_2^2 \sin^2(\beta-\varphi) = \frac{1+\dfrac{\gamma-1}{2}M_1^2 \sin^2\beta}{\gamma M_1^2 \sin^2\beta - \dfrac{\gamma-1}{2}} \tag{5.85}$$

$$\frac{\rho_2}{\rho_1} = \frac{(\gamma+1)M_1^2 \sin^2\beta}{(\gamma-1)M_1^2 \sin^2\beta + 2} \tag{5.86}$$

$$\frac{p_2}{p_1} = \frac{2\gamma}{\gamma+1}M_1^2 \sin^2\beta - \frac{\gamma-1}{\gamma+1} \tag{5.87}$$

$$\frac{\Delta p}{p_1} = \frac{p_2 - p_1}{p_1} = \frac{2\gamma}{\gamma+1}\left(M_1^2 \sin^2\beta - 1\right) \tag{5.88}$$

$$\frac{T_2}{T_1} = \frac{2+(\gamma-1)M_1^2 \sin^2\beta}{(\gamma+1)M_1^2 \sin^2\beta}\left(\frac{2\gamma}{\gamma+1}M_1^2 \sin^2\beta - \frac{\gamma-1}{\gamma+1}\right) \tag{5.89}$$

$$\sigma = \frac{p_{02}}{p_{01}} = \left[1+\frac{2\gamma}{\gamma+1}\left(M_1^2 \sin^2\beta - 1\right)\right]^{-\frac{1}{\gamma-1}}\left[\frac{(\gamma+1)M_1^2 \sin^2\beta}{(\gamma-1)M_1^2 \sin^2\beta + 2}\right]^{\frac{\gamma}{\gamma-1}} \tag{5.90}$$

另由图 5.13 中的速度三角形可得

$$\frac{\tan(\beta-\varphi)}{\tan\beta} = \frac{V_{2n}}{V_{1n}} = \frac{\rho_1}{\rho_2} = \frac{(\gamma-1)M_1^2 \sin^2\beta + 2}{(\gamma+1)M_1^2 \sin^2\beta} \tag{5.91}$$

解得$\tan\varphi$为

$$\tan\varphi = \frac{M_1^2 \sin^2\beta - 1}{\left[1+M_1^2\left(\dfrac{\gamma+1}{2} - \sin^2\beta\right)\right]\tan\beta} \tag{5.92}$$

*5.5.2 激波图线及其用法

由式（5.85）～式（5.92）看出，斜激波前后各物理量之间的关系式均为马赫数M_1和激波角β的函数，而β又是马赫数M_1和尖劈半顶角φ的函数。为了使用方便，将式（5.92）、式（5.87）、式（5.85）、

式（5.90）、式（5.86）和式（5.89）绘成图线，称为激波图线，见图 5.14 中的（a）～（f）。

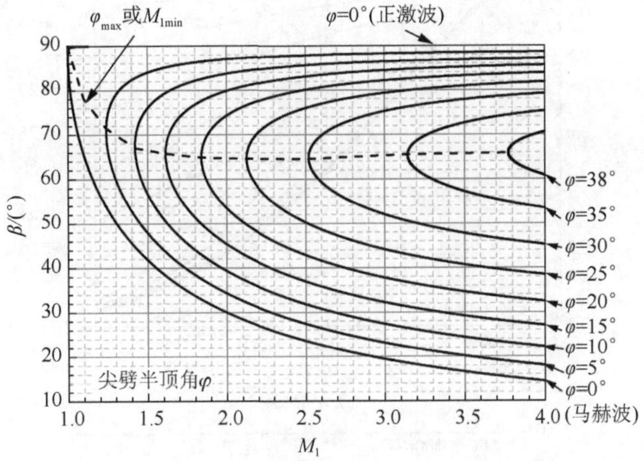

（a）$\beta(M_1,\varphi)$

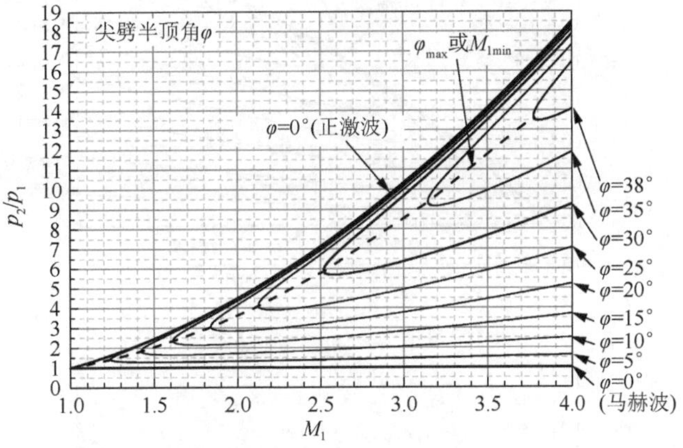

（b）$p_2/p_1 \sim (M_1,\varphi)$

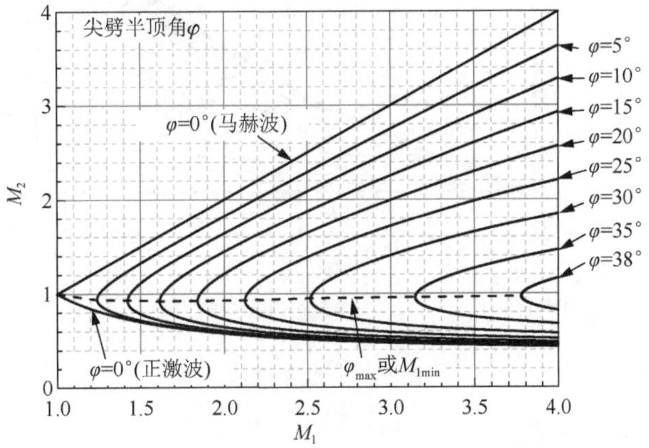

（c）$M_2(M_1,\varphi)$

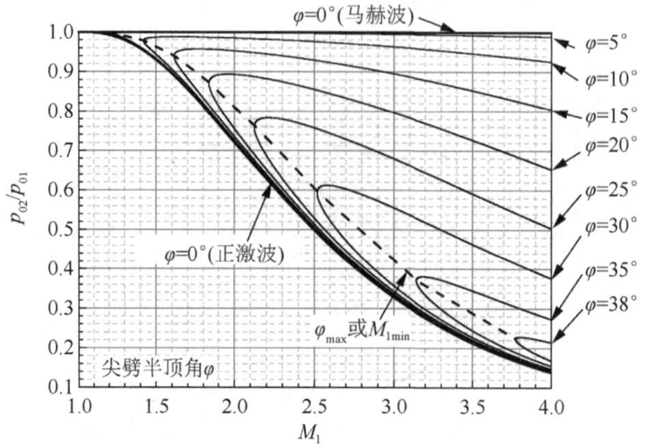

（d）$\sigma(M_1,\varphi)$

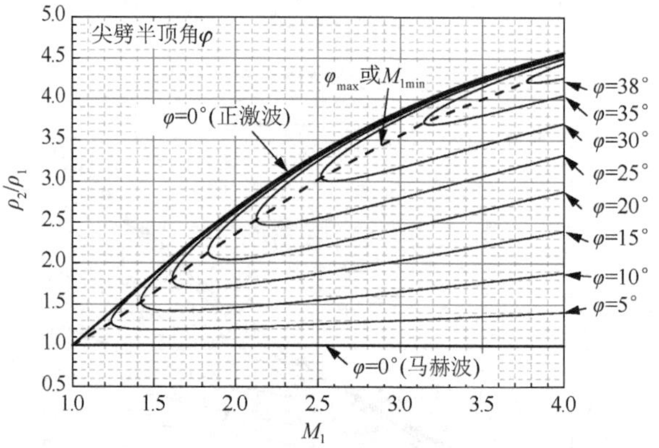

（e）$\rho_2/\rho_1\sim(M_1,\varphi)$

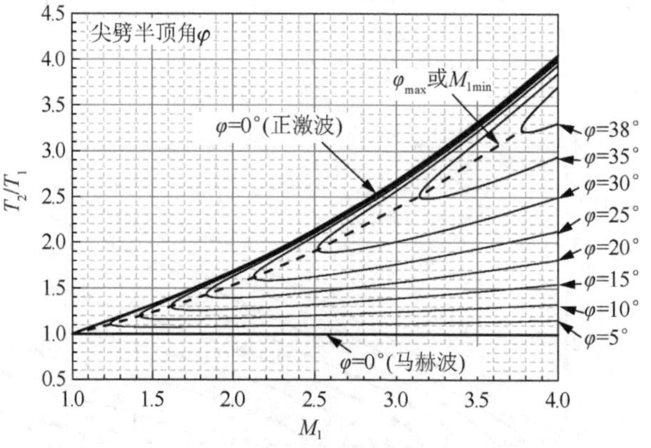

（f）$T_2/T_1\sim(M_1,\varphi)$

图 5.14　激波图线

由激波图线可以看出以下几点：

（1）由图 5.14（a），对于给定的马赫数 M_1 和尖劈半顶角 φ 值可查到两个激波角 β 值。β 值较大者为强激波，β 值较小者为弱激波。在实际应用中究竟产生哪一种激波要由具体条件决定。超声速气流绕二维尖楔，头激波迫使气流内折后顺壁面流动，称为方向决定激波。据观察，这时产生的是弱激波，应取较小

的 β 值，再利用图 5.14（b）～（d）的曲线来求此弱激波解的 p_2/p_1、M_2 和 σ。而超声速气流从喷管流出时，若出口压强 p_1 低于反压 p_a，则将通过产生斜激波提高压强，使之达到 p_a，如图 5.15 所示。这种情况称为压强决定激波。此时激波可能是强激波，也可能是弱激波，应根据 M_1 和 $p_2/p_1 = p_a/p_1$ 值查图 5.14（b）曲线确定，对应的是强就是强，是弱就是弱，并找出气流折角 φ。再查图 5.14 的其他曲线，也由强激波或弱激波查相应的解。

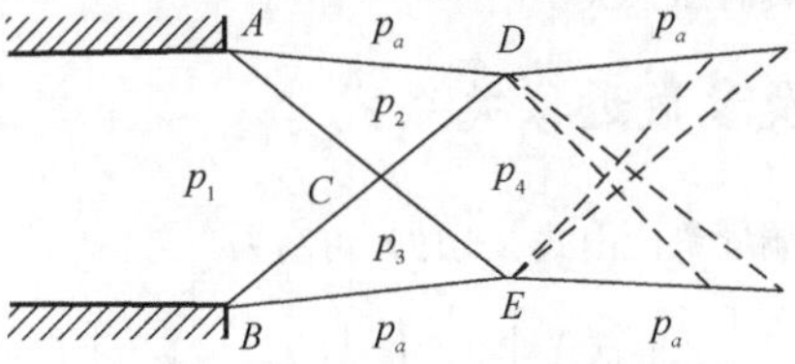

图 5.15 喷管出口的激波

（2）当 $\varphi = 0$ 时，β 为 $90°$ 或为马赫角 μ。$\beta = 90°$ 对应正激波情况，$\beta = \mu$ 对应马赫波情况。对给定 M_1 值，通过正激波的 p_2/p_1 比斜激波要大，说明对相同 M_1 的来流正激波的压缩作用比斜激波强。

（3）对给定 M_1 存在一个最大气流折角 $\varphi_{\max}$，当 $\varphi > \varphi_{\max}$ 时在激波图线上查不到解。根据观察，此时出现离（脱）体激波，见图 5.16，离体激波是位于物体前的一道弓形曲线激波，中间部分接近正激波，向下后方延伸时逐渐变斜，到无限远后方蜕化为马赫波。这时斜激波之所以离体是因为气流内折角过大，超声速气流无法通过一道附体斜激波来满足物面边界条件。离体激波后有一个不大的亚声速区，物体的扰动可在此区内前传。气流经亚声速区后，又加速成为超声速气流向后流去。当 $M_1 \to \infty$ 时，$\varphi_{\max} = 45.6°$，所以超声速气流绕钝头体（头部 $\varphi \approx 90°$）的流动必定会出现离体激波。同样，对于给定的 φ 也存在一个最小的来流马赫数 $M_{1\min}$，当 $M_1 < M_{1\min}$ 也会出现离体激波。

（4）正激波和强斜激波后流动都是亚声速的，即 $M_2 < 1$；弱斜激波后的流动则仍是超声速的，$M_2 > 1$（φ 非常接近 $\varphi_{\max}$ 时除外，见图 5.14（c））。

（5）对于给定的 M_1，气流经过正激波的总压损失比 σ 比斜激波大。对飞行器来说，出现正激波的阻力比斜激波时大，这种由激波引起的阻力称波阻。为了减小波阻，超声速机翼应当是尖头薄翼，机身应是尖头细长体，以避免出现正激波或较强的斜激波。

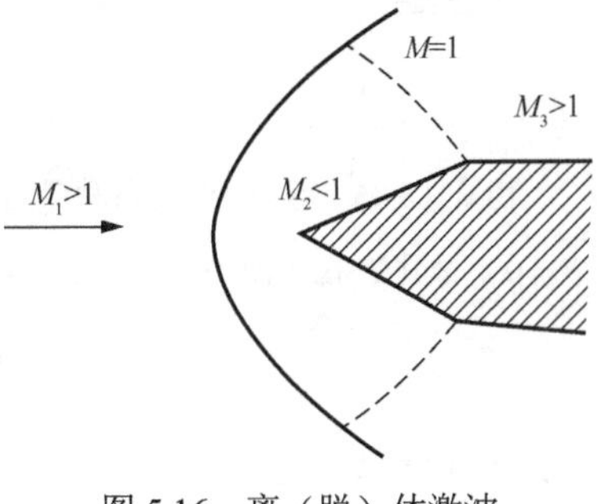

图 5.16 离（脱）体激波

【例 5.1】 如图 5.17 所示，$M_1 = 2$ 的超声速气流流过一个尖楔，试求：

（1）$\varphi = 20°$ 一次折转时的 β、M_2 和 σ 值；

（2）$\varphi = 20°$ 两次折转，每次折转 $10°$ 时的 β 和 σ 值。

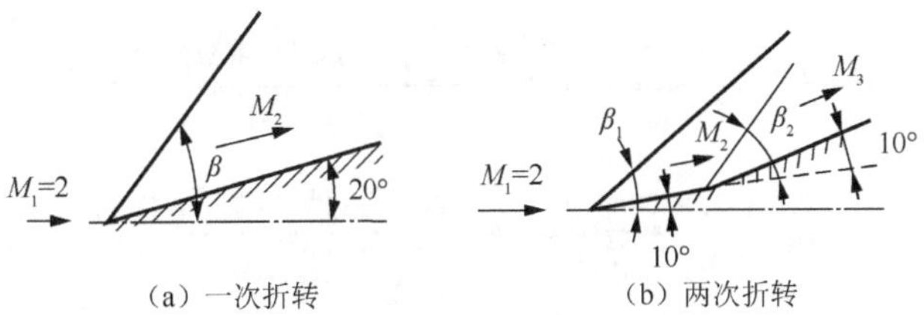

图 5.17 超声速气流流过一个尖楔

解　由 $M_1=2$，$\varphi=20°$，查图 5.14（a）得 $\beta=53.4°$，再查图 5.14 的其他曲线得 $M_2=1.21$，$\sigma=0.893$。

由 $M_1=2$，$\varphi=10°$，查图 5.14 得 $\beta_1=39.3°$，$M_2=1.64$，$\sigma_1=0.985$；再由 $M_2=1.64$，$\varphi_2=10°$，查图 5.14 得 $\beta_2=49.4°$，$M_3=1.28$，$\sigma_2=0.988$；故分两次折转经两道斜激波后总的 σ 值是

$$\sigma=\sigma_1\sigma_2=0.985\times0.988=0.973>0.893$$

即相同角度分两次折转比一次折转总压损失小。

*5.5.3　弱斜激波的熵增及参数近似关系式

单位质量气体穿过斜激波的熵增量，由式（5.15）可写为

$$\Delta s=c_V\ln\left[\frac{p_2}{p_1}\left(\frac{\rho_1}{\rho_2}\right)^{\gamma}\right]=c_V\left\{\ln\left[\left(\frac{p_2}{p_1}-1\right)+1\right]-\gamma\ln\frac{\rho_2}{\rho_1}\right\} \tag{5.93}$$

令弱斜激波强度 $P=\dfrac{p_2-p_1}{p_1}<1$，则有

$$\frac{\Delta s}{c_V}=\ln(1+P)-\gamma\ln\frac{\rho_2}{\rho_1}$$

而由式（5.86）和式（5.87）消去 $M_1^2\sin^2\beta$ 可得 ρ_2/ρ_1 与 p_2/p_1 的关系式，代入上式可得

$$\frac{\Delta s}{c_V}=\ln(1+P)-\gamma\ln\left(1+\frac{\gamma+1}{2\gamma}P\right)+\gamma\ln\left(1+\frac{\gamma-1}{2\gamma}P\right) \tag{5.94}$$

展开，整理得

$$\frac{\Delta s}{c_V}=\frac{\gamma^2-1}{12\gamma^2}P^3-\frac{\gamma^2-1}{8\gamma^2}P^4+\cdots \tag{5.95}$$

由式（5.95）可知，熵增量与激波强度的三次方项及更高次项有关，由于 $P=P(M_1,\varphi)$，且当 $\varphi=0$ 时，$P=0$，故将 P 在来流条件展成 φ 的泰勒级数可得

$$P=\left(\frac{\mathrm{d}P}{\mathrm{d}\varphi}\right)_1\varphi+\frac{1}{2!}\left(\frac{\mathrm{d}^2P}{\mathrm{d}\varphi^2}\right)_1\varphi^2+\cdots \tag{5.96}$$

将式（5.96）代入式（5.95）可得

$$\Delta s\sim\varphi^3 \tag{5.97}$$

因此，当 φ 值较小时，φ^3 和更高阶项可以略去不计，因此有 $\Delta s\approx0$。此时流动近似是等熵的，即可将穿过弱斜激波的压缩过程视为等熵压缩过程。

对于近似视为等熵压缩的弱斜激波，p_2/p_1 值的推导与小外折角膨胀波相仿，但要将 θ 改用 $-\varphi$，并保留到 φ^2 项，可得

$$P=\frac{p_2}{p_1}-1=\frac{\gamma M_1^2}{\sqrt{M_1^2-1}}\varphi+\frac{\gamma M_1^2\left[(\gamma+1)M_1^4-4(M_1^2-1)\right]}{4(M_1^2-1)^2}\varphi^2 \tag{5.98}$$

$$C_{p壁}=\frac{2P}{\gamma M_1^2}=\frac{2}{\sqrt{M_1^2-1}}\varphi+\frac{(\gamma+1)M_1^4-4(M_1^2-1)}{2(M_1^2-1)^2}\varphi^2 \tag{5.99}$$

这就是弱斜激波的二级近似关系式。在式（5.98）和式（5.99）中 φ 取正值，且 M_1 也可改用 M_∞ 来表示。

弱斜激波后其他参数由等熵压缩关系确定。

【例 5.2】　已知 $M_1 = 2$，$\varphi = 3°$，使用二级近似关系式求 p_2/p_1、M_2 和 C_{p2}。

解　由式（5.98）和式（5.99）可得

$$P = \frac{p_2}{p_1} - 1 = 0.1733$$

$$C_{p2} = \frac{2}{\gamma M_1^2} P = \frac{2}{1.4 \times 2^2} \times 0.1733 = 0.06189$$

所以

$$\frac{p_2}{p_1} = 1 + P = 1 + 0.1733 = 1.1733$$

再由式（5.33）得

$$\frac{p_2}{p_0} = \frac{p_2}{p_1}\frac{p_1}{p_0} = 1.1733 \times 0.1278 = 0.1499$$

$$M_2 = \left\{ 5\left[\left(\frac{p_0}{p_2} \right)^{1/3.5} - 1 \right] \right\}^{1/2} = 1.897$$

5.6　高速可压边界层初步知识

如果将流体的黏性和可压缩性同时考虑，那么边界层流动问题会复杂得多。本节中，通过最简单的例子介绍，指明可压黏性流动的特点：

（1）有显著的温度梯度、热传导和热交换；

（2）流速分布与温度分布相互影响，物面摩擦阻力和物面热交换相联系；

（3）超声速流动中激波与边界层相互干扰。

*5.6.1　Crocco 流

定常、平面、可压层流边界层方程组为

$$\begin{cases} \dfrac{\partial}{\partial x}(\rho u) + \dfrac{\partial}{\partial y}(\rho v) = 0 \\ \rho\left(u\dfrac{\partial u}{\partial x} + v\dfrac{\partial u}{\partial y} \right) = -\dfrac{\mathrm{d}p}{\mathrm{d}x} + \dfrac{\partial}{\partial y}\left(\mu\dfrac{\partial u}{\partial y} \right) \\ \rho c_p\left(u\dfrac{\partial T}{\partial x} + v\dfrac{\partial T}{\partial y} \right) = u\dfrac{\mathrm{d}p}{\mathrm{d}x} + \dfrac{\partial}{\partial y}\left(k\dfrac{\partial T}{\partial y} \right) + \mu\left(\dfrac{\partial u}{\partial y} \right)^2 \end{cases} \tag{5.100}$$

主流中

$$\frac{\mathrm{d}p}{\mathrm{d}x} = \frac{\mathrm{d}p_1}{\mathrm{d}x} = -\rho_1 U_1 \frac{\mathrm{d}U_1}{\mathrm{d}x} = \rho_1 c_p \frac{\mathrm{d}T_1}{\mathrm{d}x} \tag{5.101}$$

下面，首先介绍 Busemann 和 Crocco 定理。

当普朗特数 $Pr=1$ 时，无论气体黏性特性 $\mu(T)$ 是什么样的函数形式，温度分布仅仅依赖于平行于壁面的流速分布 $u(x,y)$，且有

$$T(u)=-\frac{u^2}{2c_p}+c_1u+c_2\text{（}c_1\text{、}c_2\text{为常数）}$$

设 $u(x,y)$ 为满足式（5.100）和一定边界条件的流动的流速解，并引入如下记号

$$T=T(x,y)=T(u)\,,\quad T_u\equiv \mathrm{d}T/\mathrm{d}u\,,\quad T_{uu}\equiv \mathrm{d}^2T/\mathrm{d}u^2$$

将 $T(u)$ 代入式（5.100）中的能量方程，消去式（5.100）中的动量方程中的对流项，可得

$$-\frac{\mathrm{d}p}{\mathrm{d}x}\left(c_pT_u+u\right)+\left[c_p\frac{\partial}{\partial y}\left(\mu\frac{\partial u}{\partial y}\right)-\frac{\partial}{\partial y}\left(k\frac{\partial u}{\partial y}\right)\right]T_u=\left(kT_{uu}+\mu\right)\left(\frac{\partial u}{\partial y}\right)^2 \tag{5.102}$$

如果设普朗特数 $Pr=c_p\mu/k$ 为常数，则式（5.102）变为

$$-\frac{\mathrm{d}p}{\mathrm{d}x}\left(c_pT_u+u\right)+c_p\frac{Pr-1}{Pr}\frac{\partial}{\partial y}\left(\mu\frac{\partial u}{\partial y}\right)T_u=\left(kT_{uu}+\mu\right)\left(\frac{\partial u}{\partial y}\right)^2 \tag{5.103}$$

（1）当 $Pr=1$ 且 $\mathrm{d}p/\mathrm{d}x$ 不恒为零时，显然，满足 $c_pT_u+u=0$ 的 $T(u)$ 是问题式（5.103）的一个解，即 Busemann 解为

$$T+\frac{u^2}{2c_p}=\text{常数}$$

（2）当 $Pr=1$ 且 $\mathrm{d}p/\mathrm{d}x=0$ 时，显然，满足 $c_pT_u+u=$ 常数的 $T(u)$ 是问题式（5.103）的一个解，即 Crocco 解为

$$T+\frac{u^2}{2c_p}=au+b$$

所以，当 $Pr=1$ 时，有

$$T(u)=-\frac{u^2}{2c_p}+c_1u+c_2 \tag{5.104}$$

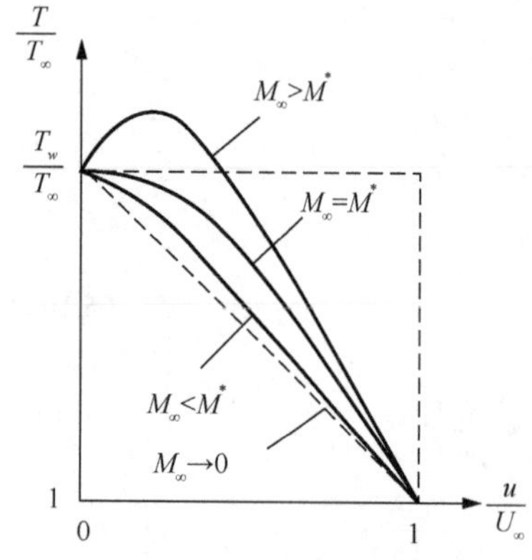

图 5.18　平板 Crocco 流的温度分布

Busemann 情形：物面可以是顺流平板，也可以是曲率不大的曲面，但无论平板还是曲面，物面是绝热的——气流与物面无热交换，此时称物面为绝热壁。于是 Busemann 解中的常数为 T_w。

Crocco 情形：物面是顺流平板（$\mathrm{d}p/\mathrm{d}x=0$），由边界条件 $y=0$，$T=T_w$，$u=0$；$y\to\infty$，$T=T_\infty$，$u=U_\infty$ 可以确定 Crocco 解中常数 a 和 b，得出 Crocco 解的温度分布为

$$\frac{T-T_w}{T_\infty}=\left(1-\frac{T_w}{T_\infty}\right)\frac{u}{U_\infty}+\frac{\gamma-1}{2}M_\infty^2\frac{u}{U_\infty}\left(1-\frac{u}{U_\infty}\right) \tag{5.105}$$

平板 Crocco 流的温度分布参见图 5.18。

通常，如果物面的温度高于来流气流温度，即 $T_w>T_\infty$，那么易推想物面是向气流传热的。但是可压流中并非一定如此。由式（5.105）可推知，平板为绝热壁时的来流马赫数为

$$M^* = \sqrt{\frac{2}{\gamma-1}\frac{T_w - T_\infty}{T_\infty}}$$

当来流马赫数 $M_\infty < M^*$ 时，物面向气流传热；当来流马赫数 $M_\infty > M^*$ 时，物面附近的气流向物面传热。

从 Crocco 流这个特例中，除了看到流速分布与温度分布相互影响外，还可进一步看到物面摩擦阻力和物面热交换相联系。由式（5.105）可推出如下关系式

$$\left(\frac{\partial T}{\partial y}\right)_{y=0} = \left[\left(T_\infty + \frac{\gamma-1}{2}M_\infty^2\right) - T_w\right]\frac{1}{U_\infty}\left(\frac{\partial u}{\partial y}\right)_{y=0} \tag{5.106}$$

由此可见气流与物面的热交换和物面摩擦应力的关联，即

$$q_w = -k\left(\frac{\partial T}{\partial y}\right)_{y=0} \propto \tau_w = \mu\left(\frac{\partial u}{\partial y}\right)_{y=0}$$

需要指出的是，空气的普朗特数是小于 1 的，与上面介绍的 Crocco 流中假设 $Pr = 1$ 有出入，但是该例子所揭示的可压边界层流动的特性，对实际空气流动也适用。

*5.6.2　物面恢复温度和复温系数

在边界层外，流动是绝热的，根据式（5.32）有

$$T_0 = T_1\left(1 + \frac{\gamma-1}{2}M_1^2\right)$$

这里的总温 T_0 是气流绝热滞止能达到的温度，也就是气流速度降为零同时又不与外界交换热所能达到的最高温度。

在边界层内，黏性的作用也使气流速度减小，直至在物面上降为零，这是黏性滞止过程。该过程中，动能耗散转化成热，同时有热传导及气流与物面的热交换。因此，流速为零的物面上，温度低于总温 T_0。即使假设气流与物面无热交换，也是如此。

通常，将气流与物面无热交换时物面的温度，称为物面恢复温度，记为 T_r。此时，物面为绝热壁，壁温常用 T_{aw} 表示，显然 $T_r = T_{\mathrm{aw}} < T_0$。边界层内的温度分布见图 5.19。而且，引入如下的复温系数 r：

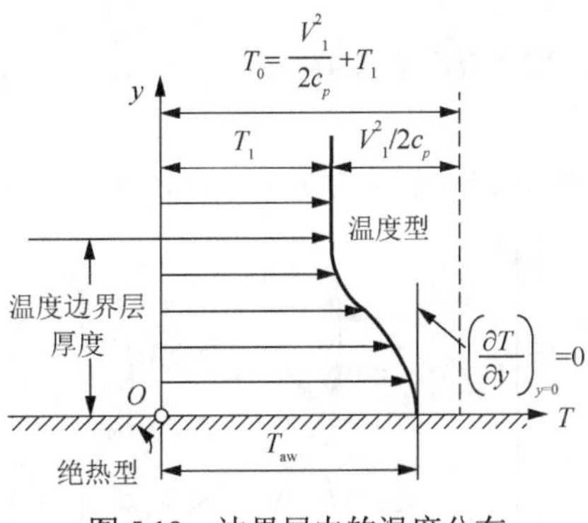

图 5.19　边界层内的温度分布

$$r \equiv \frac{T_r - T_1}{T_0 - T_1} = \frac{T_{\mathrm{aw}} - T_1}{T_0 - T_1} \tag{5.107}$$

于是可见：

$$T_r = T_{\mathrm{aw}} = T_1\left(1 + r\frac{\gamma-1}{2}M_1^2\right) \tag{5.108}$$

理论分析和实验表明，复温系数 r 主要与普朗特数有关。层流边界层内，有

$$r = \sqrt{Pr} \tag{5.109}$$

图 5.20 和图 5.21 给出了层流时的实验测量结果。

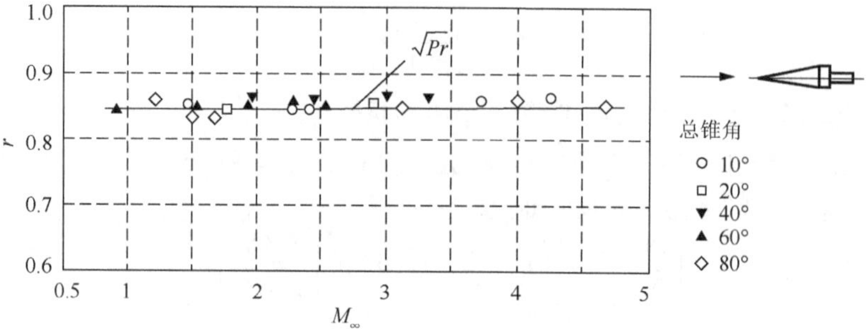

图 5.20　复温系数与马赫数的关系

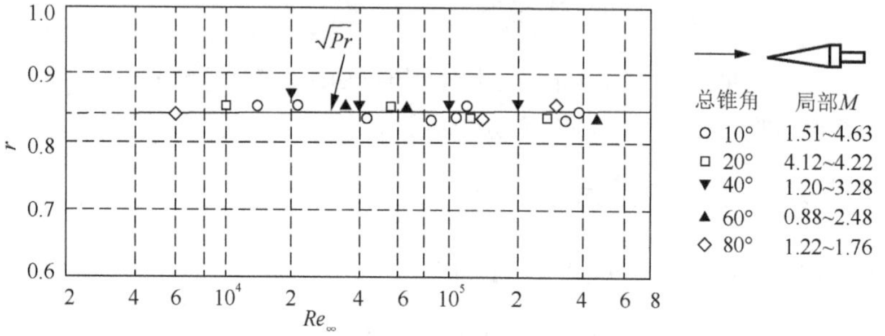

图 5.21　复温系数与雷诺数的关系

紊流边界层内，有

$$r = \sqrt[3]{Pr} \tag{5.110}$$

空气的普朗特数为 0.72。由此可见，边界层的流态会影响物面的温度，在其他条件相同的情况下，紊流边界层的物面温度要比层流的高。

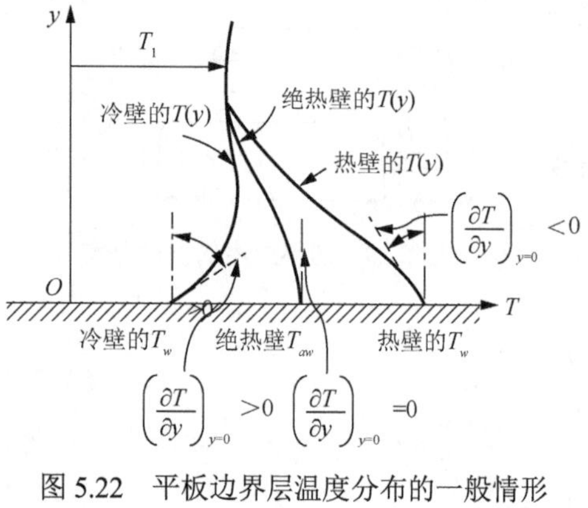

图 5.22　平板边界层温度分布的一般情形

知道复温系数 r 后，可由式（5.108）算得物面恢复温度。在飞行器设计时，绝热壁温度就是蒙皮可能达到的最高温度。

除了估算物面温度外，同样重要的还有气流与物面的热交换问题。一般来看，就是三种情况：气流向物面传热（气动加热问题，物面为冷壁）；物面向气流传热（物面冷却问题，物面为热壁）；物面是绝热壁。这取决于物面边界层内的温度分布，一般的温度分布见图 5.22。由该图可见，实际物面温度与恢复温度的关系，决定了传热的方向。

由 Crocco 特例中的式（5.106）可知

$$q_w = -\frac{1}{2}C_f \rho_\infty U_\infty c_p \left(T_{\text{aw}} - T_w\right) \tag{5.111}$$

$T_{\text{aw}} > T_w$，$q_w < 0$，气流向物面传热；反之，物面向气流传热。与图 5.22 所示情况一致。

5.6.3　激波与边界层的相互干扰

在超声速流中，尖前缘薄平板无迎角时也会出现激波，见图 5.23。这时，平板边界层的位移厚度作用，相当于表面微有隆起，使气流在前缘处偏折而出现激波。该激波在平板法向很快衰弱为马赫波，也使得平板前部压强有一增高而后恢复到来流压强过程，见图 5.23 下半部分。

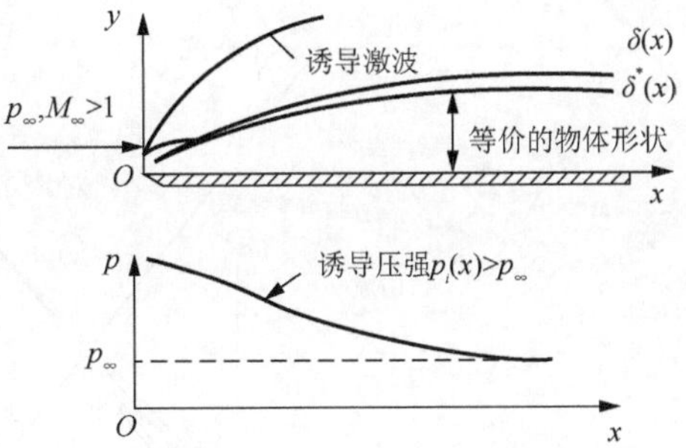

图 5.23　平板边界层诱导的激波

尖楔在超声速流中，按无黏流理论，一定条件下出现的激波是依附在尖顶的，见图 5.24(a)。但实际上边界层前缘被钝化，激波离体，见图 5.24（b）。

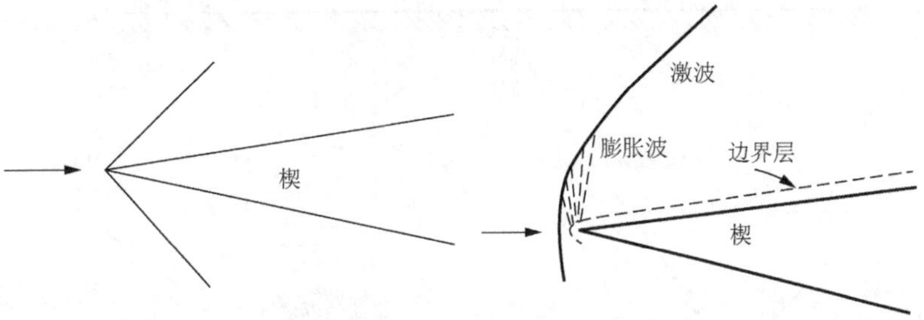

(a) 理想流体　(b) 黏性流体

图 5.24　尖楔前缘边界层的影响

超声速气流过凹角时，按无黏流理论，在折点出现一道斜激波（折角不过大）。然而，由于物面边界层的存在，激波不可能伸到物面；波后高压通过边界层的亚声速层作用到折点的上游，折点前的边界层在逆压作用下变厚，折面凹角成了凹曲面，出现一系列弱激波；这些弱激波离壁面一定距离后汇集成一道斜激波，见图 5.25。如果边界层是层流，波后高压前传较远，激波系根部出现边界层局部分离，波后边界层往往会转捩成紊流，见图 5.25 (a)；如果边界层是紊流，波后高压前传距离小得多，逆压作用范围较小，一般没有边界层局部分离，见图 5.25（b）。

由于物面有边界层，物面上激波入射和反射会出现较复杂的情况。例如，物面边界层是层流时，一道斜入射的激波可以引起图 5.26（a）所示反射情形。入射激波引起的逆压，导致边界层局部分离，对边界层外的流动而言，分离区域起了鼓包作用，其前部出现激波，其顶部附近出现膨胀波，其后部也出现激波。物面边界层是紊流时，如果激波入射处没有局部分离，反射波与无黏流动情形差不多，如图 5.26（b）所示；有局部分离的情形如图 5.26（c）所示。

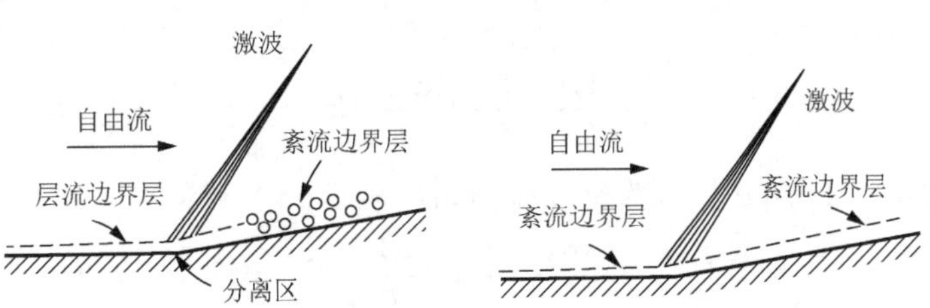

(a) 层流　(b) 紊流

图 5.25　凹角流动激波

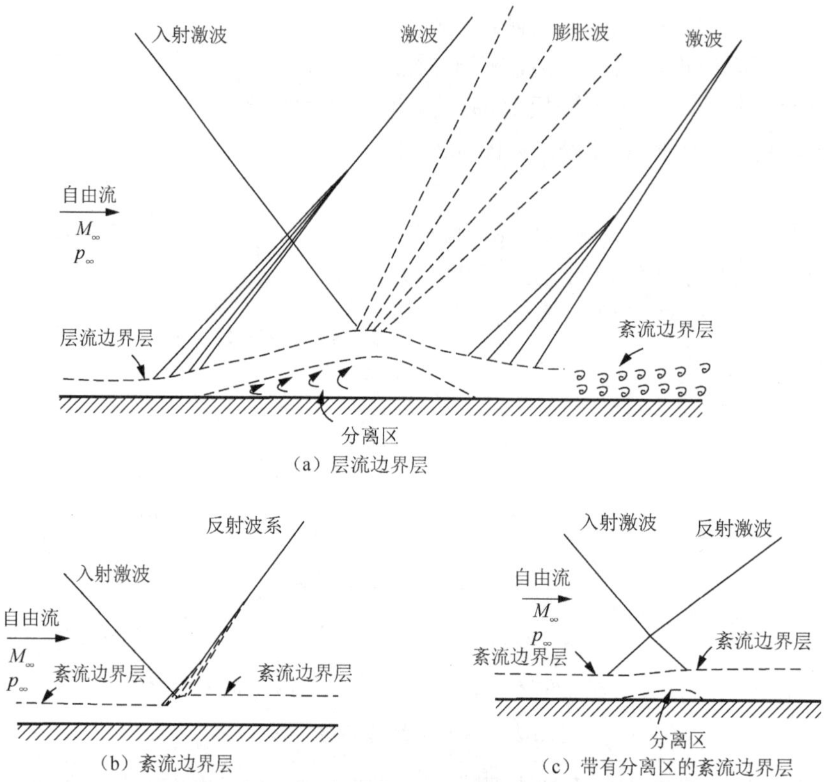

图 5.26　激波入射有边界层流动物面时的典型情形

5.7　拉瓦尔喷管与超声速风洞

5.7.1　马赫数随管流截面面积的变化

前面给出的仅是沿流线流动参数间关系式，没有将管流截面面积考虑进去。现在要研究的是管道截面面积变化时马赫数及其他流动参数是如何变化的。

为了突出截面面积变化因素，分析管道中的准一维定常等熵流。在反映流动的基本方程中，包括截面面积的是连续方程。管道中的准一维定常等熵流的连续方程是

$$\rho VA = 常数$$

两边进行微分，可得

$$\frac{\mathrm{d}\rho}{\rho}+\frac{\mathrm{d}V}{V}+\frac{\mathrm{d}A}{A}=0 \tag{5.112}$$

将声速方程 $a^2=\mathrm{d}p/\mathrm{d}\rho$ 代入欧拉方程 $\rho V\,\mathrm{d}V=-\mathrm{d}p$，可得

$$\frac{\mathrm{d}\rho}{\rho}=-M^2\frac{\mathrm{d}V}{V} \tag{5.113}$$

将此式代入连续方程式（5.112），得到

$$\left(M^2-1\right)\frac{\mathrm{d}V}{V}=\frac{\mathrm{d}A}{A} \tag{5.114}$$

式（5.114）就是等熵管流中速度变化与管流截面面积变化的关系式。可以看出：低速、亚声速（$M<1$）时，如果管道截面收缩（$\mathrm{d}A<0$）则流速增加$\mathrm{d}V>0$，如果管道截面扩大则流速下降；超声速则相反；在$M=1$处，从物理上可判断该处管道截面面积A应是极小值。超声速时截面流速随截面面积变化的规律与亚声速时相反的原因是：亚声速时密度变化比流速变化慢，而超声速时流速变化比密度变化慢，这可从式（5.113）看出。因此，要想增加流速，亚声速时管道截面面积应缩小，超声速时管道截面面积应扩大。

5.7.2　拉瓦尔喷管

对于准一维等熵管流，如果想让气流沿着管道轴线连续地从低速、亚声速加速到超声速，即始终保持$\mathrm{d}V>0$，则管道应先收缩后扩张，中间为最小截面，即喉道。这种形状的管道称为拉瓦尔喷管，如图 5.27 所示。

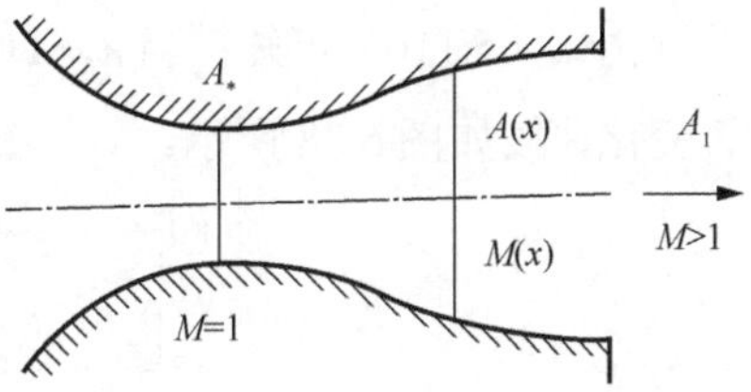

图 5.27　拉瓦尔喷管示意图

应指出，一个喷管要在出口截面达到超声速气流（$M>1$），除管道形状应符合拉瓦尔喷管形状外，还需要在喷管上下游配合足够大的压强比。一个出口接大气的喷管，如飞行器上的尾喷管，当喷管出口达到设计马赫数而出口压强恰等于外界大气压强时，则喷管处于设计状态，而大于 1 的上下游压强比（即上游总压与出口大气反压之比）则为设计压强比。如果上游压强过高或过低，喷管出口内外将出现激波或膨胀波。

如果喷管上下游压强比等于或大于设计压强比，喷管前半段是亚声速气流，中间最小截面处气流达到$M=1$的临界状态，后半段是超声速气流并在出口达到设计马赫数，则可用一维等熵流关系求出$A(M)/A_*$与马赫数M或速度系数λ的关系式。

由通过喷管任意一截面的质量流量$\dot{m}$的定义有

$$\begin{aligned}\dot{m}&=\rho VA=\rho_0\varepsilon(\lambda)\cdot\lambda a_*\cdot A\\&=\frac{p_0}{RT_0}\varepsilon(\lambda)\cdot\lambda\sqrt{\frac{2R\gamma T_0}{\gamma+1}}\cdot A\\&=\sqrt{\frac{2\gamma}{R(\gamma+1)}}\frac{p_0A}{\sqrt{T_0}}\lambda\varepsilon(\lambda)\\&=\sqrt{\frac{\gamma}{R}\left(\frac{2}{\gamma+1}\right)^{\frac{\gamma+1}{\gamma-1}}}\left(\frac{\gamma+1}{2}\right)^{\frac{1}{\gamma-1}}\frac{p_0A}{\sqrt{T_0}}\lambda\varepsilon(\lambda)\\&=\sqrt{\frac{\gamma}{R}\left(\frac{2}{\gamma+1}\right)^{\frac{\gamma+1}{\gamma-1}}}\cdot\frac{p_0A}{\sqrt{T_0}}\cdot\left(\frac{\gamma+1}{2}\right)^{\frac{1}{\gamma-1}}\lambda\varepsilon(\lambda)\end{aligned} \tag{5.115}$$

式中，$\varepsilon(\lambda)=\dfrac{\rho}{\rho_0}=\left(1-\dfrac{\gamma-1}{\gamma+1}\lambda^2\right)^{\frac{1}{\gamma-1}}$。

若定义

$$q(\lambda)=\left(\frac{\gamma+1}{2}\right)^{\frac{1}{\gamma-1}}\lambda\varepsilon(\lambda) \tag{5.116}$$

$$C=\sqrt{\frac{\gamma}{R}\left(\frac{2}{\gamma+1}\right)^{\frac{\gamma+1}{\gamma-1}}} \tag{5.117}$$

则有

$$\dot{m}=C\frac{p_0A}{\sqrt{T_0}}q(\lambda) \tag{5.118}$$

式中，$C=0.04042$（对空气取$\gamma=1.4$）。

由式（5.116）可知：当$\lambda=1$时，$q(\lambda)=1$；当$\lambda=0$或$\lambda=\lambda_{\max}$时，$q(\lambda)=0$。$q(\lambda)$随λ变化曲线如图 5.28 所示。

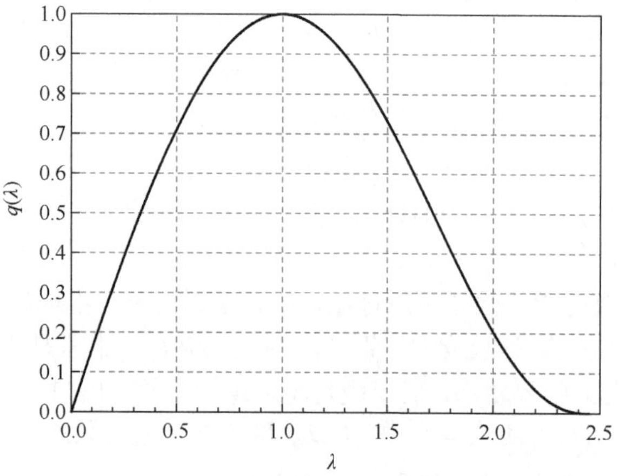

图 5.28　$q(\lambda)$ 随 λ 变化曲线

此外，由管道质量守恒条件$\dot{m}=\rho VA=\rho_* V_* A_*$可得

$$\frac{A_*}{A}=q(\lambda) \tag{5.119}$$

即喷管中喉部面积与任意一截面处截面面积之比就等于$q(\lambda)$值。因此，由式（5.119）可建立喷管截面面积与λ值间的关系。

最后，流量函数也可改用马赫数M来表示，即

$$q(M)=M\left[\left(\frac{2}{\gamma+1}\right)\left(1+\frac{\gamma-1}{2}M^2\right)\right]^{-\frac{\gamma+1}{2(\gamma-1)}} \tag{5.120}$$

5.7.3　超声速风洞

超声速风洞是指实验段气流马赫数在 1.4～5 的风洞。要获得超声速气流必须满足以下两个基本条件：

（1）要有拉瓦尔喷管（要改变实验马赫数就要改变喷管喉部与喷管出口截面之间的面

积比)；

（2）稳定段压强与扩压段出口的压强之比要足够大，且随实验马赫数增大而迅速增大。

此外，在超声速风洞中，特别是当马赫数较高时，一般都要用一种超声速扩压段以减少总压损失。

马赫数超过 5 时，需要用加热器提高气流的总温，以防止空气在实验段中发生液化，这属于高超声速风洞的范畴。马赫数低于 1.4 时，实验段的内壁应开孔或开槽，这属于跨声速风洞的范畴。超声速风洞一般没有加热器，实验段采用实壁（不开孔或槽）。

超声速风洞分为连续式和间歇式两大类。连续式超声速风洞可像一般低速风洞那样连续地工作，实验条件易于控制，实验不受时间限制，但动力设备的功率要相当大。

间歇式超声速风洞，又称暂冲式超声速风洞，其工作过程以吹气式为例（图 5.29)，大致如下：来自储气瓶的空气通过调压阀，流经稳定段、收缩段、喷管段、实验段、超声速扩压段和亚声速扩压段，最后排入大气。风洞开始工作之前，储气瓶内的空气压强应远高于风洞所需的稳定段气流总压值。在风洞工作过程中，储气瓶内空气压强不断下降，调压阀的通道面积则不断地由小而大自动地调节，以保持稳定段气流总压 p_0 为某一所需的恒定值，不受储气瓶内压强不断下降的影响。当储气瓶内的压强下降到与稳定段压强 p_0 近于相等时，立即关闭快速阀，风洞工作过程结束。

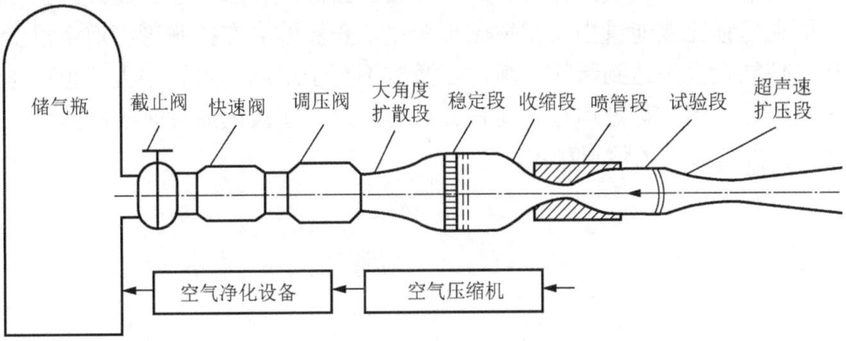

图 5.29　吹气式超声速风洞

超声速风洞的核心部分如图 5.30 所示。拉瓦尔喷管用来产生超声速气流。由式（5.119）可知，超声速气流的马赫数，取决于喷管出口横截面积（即实验段入口横截面积）A 与喉道横截面积 A_* 之比。要获得不同的实验马赫数 M，就要用面积比不同的喷管。

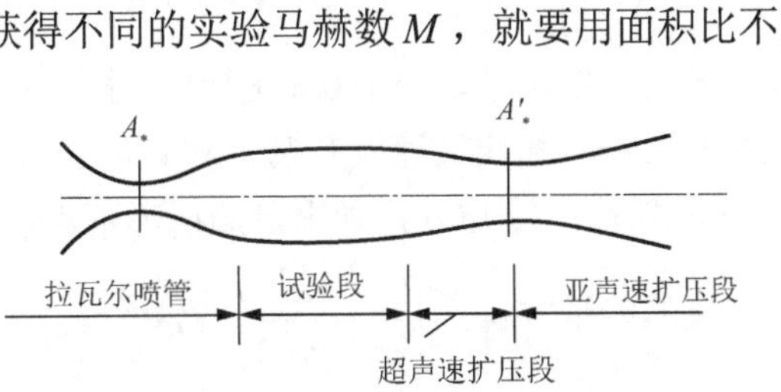

图 5.30　超声速风洞的核心部分

喷管的构造有两种：固壁喷管和柔壁喷管。固壁喷管，又称硬块喷管。每个固壁喷管，只对应一个实验马赫数，欲改变实验马赫数必须更换喷管。在实验中不能连续改变马赫数，装拆不方便，正逐渐被柔壁喷管所取代。柔壁喷管可连续改变实验马赫数。试验段一般紧跟超声速扩压段。最常见的超声速扩压段，是一种先收缩后扩张的管道。具体地说，沿气流流动方向，前面是收缩形管道，后面是扩张形管道，中间是横截面积最小的管道。超声速扩压段中横截面积最小的地方称为第二喉道，其横截面积用符号 A'_* 表示。在一座超声速风洞中，第二喉道的横截面积 A'_* 必大于第一喉道的横截面积 A_*，否则不可能在实验段中建立超声速气流。由流量相等可推知，第二喉道横截面积允许的最小值 $A'_{*\min}$ 为

$$A'_{*\min}=\frac{1}{\sigma}A_* \tag{5.121}$$

这里 σ 为总压损失比，因此，在建立超声速气流时，第二喉道横截面积 A'_* 总要比第一喉道的横截面积 A_* 大。超声速扩压段的功用，是使超声速气流减速扩压，减少风洞中气流的能量损失，并使超声速气流保持稳定。如果超声速风洞中没有超声速扩压段，实验段超声速气流经过正激波而减速，波前气流的马赫数是实验段马赫数，能量损失很大。超声速扩压段的存在，使来自实验段的超声速气流首先在收缩形管道中减速，通过第二喉道的超声速气流的马赫数可远低于实验马赫数，到了扩张形管道中，气流的马赫数又回升，最后在扩张形管道中某一位置产生正激波。这时波前的马赫数可低于实验段马赫数，气流的能量损失就比较小。所谓使超声速气流保持稳定，是指当正激波在超声速扩压段的扩张形管道中某位置时，如果压强比或能量损失发生微小变化，正激波会在扩张形管道中沿上下游方向做微小移动，使能量损失达到新的平衡，正激波不至于退回到喷管中去。也就是说，不会影响实验段超声速气流的稳定运行。简言之，超声速扩压段的原理是控制激波位置，以减小激波的强度，并使激波的位置稳定。

习　题

5.1　试根据能量方程（2.82）推导一维定常绝热流动不考虑彻体力条件下的能量方程，$V^2/2+h=$ 常数。

5.2　附表 A.6 中虽然是以原始气流的马赫数 $M=1$ 为依据的，但这个表的用处却并不仅限于 $M=1$ 的原始气流。为什么？

5.3　一架飞机在很低的高度以马赫数 $M=0.6$ 飞行，试求迎风皮托管测出的总压 p_0 值，以此 p_0 值按不可压流伯努利方程计算出的速度 V 与真实 V 的差 ΔV 是多少？

5.4　试从声速的微分形式 $a^2=\mathrm{d}p/\mathrm{d}\rho$，导出等熵情形下声速与温度的关系式。

5.5　试导出一维等熵流的能量方程：$\dfrac{V^2}{2}+\dfrac{a^2}{\gamma-1}=$ 常数。

5.6　在一维绝热有黏流中，取同一流线上 1 点和其下游 2 点来计算其熵增。求证：$\Delta s=s_2-s_1=-c_V(\gamma-1)\ln\dfrac{p_{02}}{p_{01}}$。并思考有哪些因素导致熵增。

5.7　简述拉瓦尔喷管的工作原理。

5.8　已知马赫数 $M_1 = 1.600$ 的气流绕外折角为 $\theta = 20°$ 壁面流动，求膨胀波后的 M_2 值。

5.9　$M_1 = 2.0$ 的超声速气流以 $\alpha = 2°$ 流过一个 $\overline{t} = t/c = 0.1$ 的菱形翼型，试求表面 C_p 值，并画出波系示图。

5.10　用不同于书中介绍的方法，导出兰金–于戈尼奥关系式（5.83）。该关系式对正激波和斜激波均成立。

5.11　用积分形式的基本方程推导，有限强度的扰动界面相对空气的传播速度公式：

$$U_a = \sqrt{\frac{\Delta p}{\Delta \rho}\left(1 + \frac{\Delta \rho}{\rho}\right)}$$

如果扰动很弱，该式可导出声速公式：$a = \sqrt{\left(\dfrac{\mathrm{d}p}{\mathrm{d}\rho}\right)_s}$。

下篇　飞行器空气动力学

斯托克斯简介　兰金简介　马赫简介　雷诺简介　茹科夫斯基简介

普朗特简介　冯·卡门简介　泰勒简介　格劳特简介　钱学森简介

第 6 章　低速翼型的气动特性

机翼是飞行器上产生升力的主要部件，它一般都有对称面。平行于机翼的对称面所截得的机翼截面，称为翼剖面（profile）或者翼型（airfoil），如图 6.1 所示。机翼实际上是由翼型构成的，翼型的几何形状是机翼的基本几何特性之一。由于翼型的气动特性直接影响到机翼以及整个飞行器的气动特性，因此翼型在空气动力学理论和飞行器设计中具有非常重要的地位。毫不夸张地讲，飞机设计前必须要进行的一项重要工作就是翼型的选择与设计。

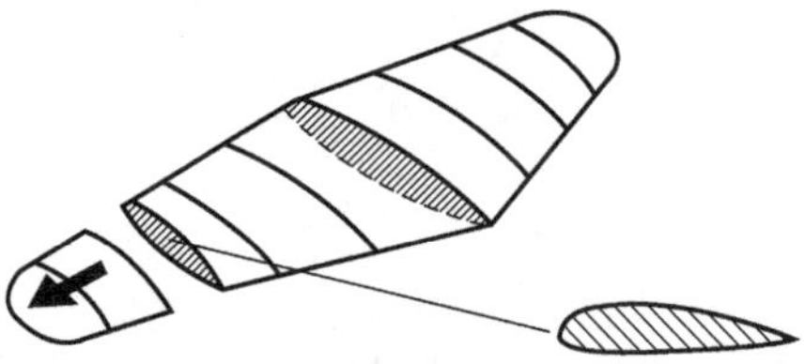

图 6.1　机翼的翼剖面（翼型）

根据翼型的几何形状，翼型分为两大类：一类是圆头尖尾的翼型，用于低速、亚声速和跨声速飞行的飞机机翼，以及低超声速飞行的超声速飞机机翼；另一类是尖头尖尾的翼型，用于较高超声速飞行的超声速飞机机翼和导弹的弹翼。我们自然要问：翼型的几何形状为什么会如此？选择与设计的依据是什么？这些问题值得大家注意和思考，特别是注意气动特性与翼型几何形状参数之间的关系。

本章围绕低速翼型的气动特性，首先介绍翼型的几何参数以及翼型的绕流图，其次介绍启动涡和库塔-茹科夫斯基后缘条件，然后介绍求解翼型气动特性的位流理论，重点是薄翼型理论，最后介绍实用翼型的一般气动特性。

6.1　翼型的几何参数

6.1.1　几何弦长

翼型的尖尾点，称为翼型的后缘（trailing edge）。在翼型轮廓线上的诸多点中，有一点与后缘的距离最大，该点称为翼型的前缘（leading edge）。连接前缘和后缘的直线段，称为翼型的弦线（chord line），其长度称为几何弦长，简称弦长，用字母 c 表示，如图 6.2 所示。弦长是翼型的特征尺寸。

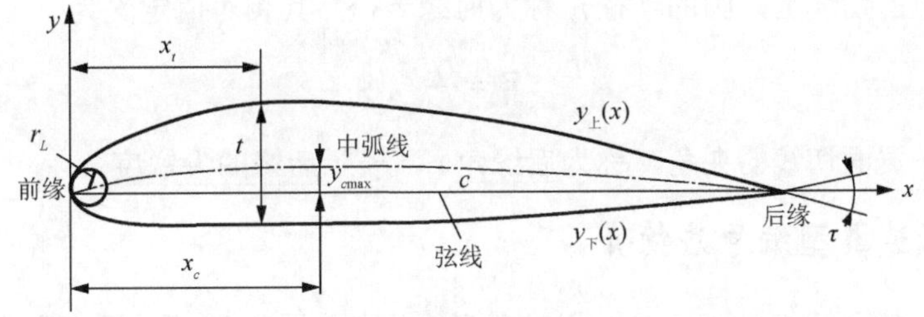

图 6.2　翼型的几何参数定义

6.1.2　翼型表面无量纲坐标

在翼型上，以前缘为坐标原点，沿弦线向后建立 x 轴，垂直弦线向上建立 y 轴，这样建立的坐标系称为体轴坐标系，如图 6.2 所示。在该坐标系中，弦向的无量纲坐标为 $\bar{x}=x/c$，翼型上表面和下表面的无量纲坐标分别为

$$\begin{cases}\bar{y}_上(\bar{x})=\dfrac{y_上(\bar{x})}{c}\\ \bar{y}_下(\bar{x})=\dfrac{y_下(\bar{x})}{c}\end{cases} \tag{6.1}$$

$\bar{y}_上(\bar{x})$ 和 $\bar{y}_下(\bar{x})$ 的具体形式既可用数学解析式表示，也可以由数据表格给出。

6.1.3　弯度

翼型上下表面平行于 y 轴的连线的中点连成的曲线，称为翼型的中弧线（mean camber line），用来描述翼型的弯曲特征。中弧线的无量纲坐标 $\bar{y}_c(\bar{x})$ 称为弯度分布函数，其最大值称为相对弯度 $\bar{f}=\bar{y}_{c\max}$，其所在弦向位置记为 $\bar{x}_c$，即

$$\bar{y}_c(\bar{x})=\frac{1}{2}\left[\bar{y}_上(\bar{x})+\bar{y}_下(\bar{x})\right] \tag{6.2}$$

如果中弧线是一条直线，这个翼型必然是对称翼型。

6.1.4　厚度

翼面到中弧线的 y 方向无量纲距离，称为厚度分布函数 $\bar{y}_t(\bar{x})$，其最大值的 2 倍称为相对厚度 $\bar{t}$，其所在弦向位置记为 $\bar{x}_t$，即

$$\bar{y}_t(\bar{x})=\frac{1}{2}\left[\bar{y}_上(\bar{x})-\bar{y}_下(\bar{x})\right] \tag{6.3a}$$

$$\bar{t}=\frac{t}{c}=2\left[\bar{y}_t(\bar{x})\right]_{\max} \tag{6.3b}$$

$\bar{t}\leqslant 12\%$ 的翼型一般称为薄翼型。

6.1.5　前缘钝度与后缘尖锐度

对于圆头翼型，用前缘处翼型轮廓的内切圆半径 r_L 表示前缘钝度，该内切圆的圆心位

于中弧线前缘点的切线上，圆的半径 r_L 称为前缘半径，其相对值定义为

$$\overline{r_L} = \frac{r_L}{c} \tag{6.4}$$

后缘处上下翼面切线的夹角，称为后缘角 τ ，表示后缘的尖锐度。

6.1.6 常用低速翼型编号法简介

一般而言，翼型的相对弯度 $\overline{f}$ 、相对弯度的弦向位置 $\overline{x}_c$ 和相对厚度 $\overline{t}$ 这三个几何参数对翼型的气动特性影响较大，常在翼型编号中全部或部分表示出来。下面对机翼设计中几种常用的美国低速翼型编号法作简单的介绍。

1. NACA 四位数字翼型

以图 6.3 所示的 NACA 2412 为例：

（1）第一位数字“2”表示相对弯度 $\overline{f} = 2\%$ ；

（2）第二位数字“4”表示相对弯度的弦向位置 $\overline{x}_c = 40\%$ ；

（3）最后两位数字“12”表示相对厚度 $\overline{t} = 12\%$ 。

所有 NACA 四位数字翼型的相对厚度的弦向位置均为 $\overline{x}_t = 30\%$ 。

图 6.3　NACA 2412 翼型

2. NACA 五位数字翼型

以图 6.4 所示的 NACA 23012 翼型为例：

（1）第一位数字“2”表示设计升力系数的 $\frac{20}{3}$ 倍，即 $2 = \frac{20}{3}c_{l设}$ ；

（2）第二位数字“3”表示相对弯度的弦向位置 $\overline{x}_c$ 的 20 倍，即 $3 = 20\overline{x}_c$ ；

（3）第三位数字表示中弧线的类型：“0”表示中弧线为标准五位数字翼型中弧线，“1”表示对 1/4 前缘点俯仰力矩为零的中弧线；

（4）最后两位数字“12”表示相对厚度 $\overline{t} = 12\%$ 。

设计升力系数 $c_{l设}$ 是指来流与翼型中弧线在前缘的切线平行时翼型的理论升力系数。另外，所有 NACA 五位数字翼型的相对厚度的弦向位置均为 $\overline{x}_t = 30\%$ 。

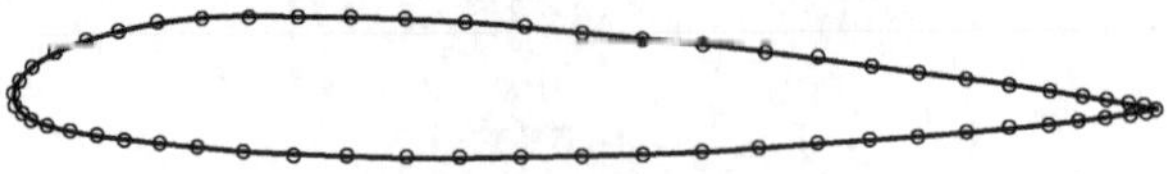

图 6.4　NACA 23012 翼型

*3. NACA 六位数字翼型（层流翼型）

以图 6.5 所示的 NACA 65_3-218（a=0.5）翼型为例：

（1）第一位数字“6”表示翼型所属族的族号；

（2）第二位数字“5”表示翼型无弯和零迎角时，翼面上最小压强点的弦向位置的 10 倍，即 $5 = 10 \times (\overline{x})_{C_{p\min}}$；

（3）第三位数字“3”表示保持低阻力的 $c_{l设}$ 的变化范围 $\Delta c_{l设}$ 的 10 倍，即 $\pm 3 = \Delta c_{l设} \times 10$；

（4）第四位数字“2”表示 $c_{l设}$ 的 10 倍，即 $2 = 10 \times c_{l设}$；

（5）最后两位数字“18”表示相对厚度 $\overline{t} = 18\%$。

其中，a 是说明中弧线载荷特性的：从前缘起到某个弦向位置 a 处载荷是常值，此后载荷线性下降，到后缘处降为零。$\Delta c_{l设}$ 表示设计升力系数 $c_{l设}$ 的一个变化范围，此范围内翼面上仍有有利的压强分布存在。NACA 六位数字翼型的相对厚度弦向位置 $\overline{x}_t$ 介于 35%和 45%，NACA 六位数字翼型又称为层流翼型。

层流翼型是为了使翼型表面保持大范围的层流，以减小阻力而设计的翼型。与普通翼型相比，层流翼型的最大厚度位置更靠后缘，前缘半径较小，上表面比较平坦，能使翼型表面尽可能保持层流流动，从而可减少摩擦阻力。

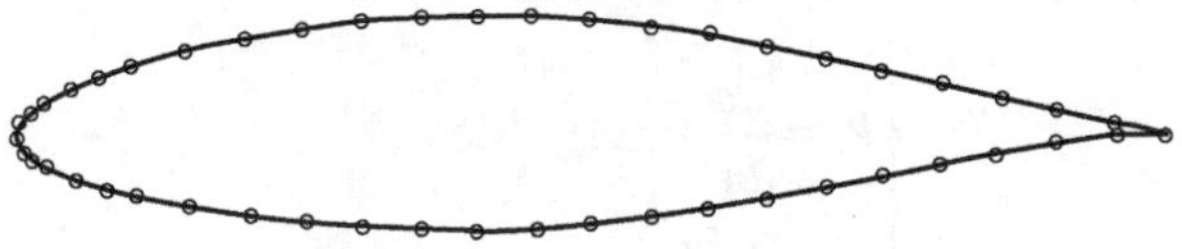

图 6.5　NACA 65_3-218 翼型

*4. NASA 翼型

美国 NASA 发展和建立了现代低速翼型系列，编号为 LS(1)-04XX，以图 6.6 所示 LS(1)-0417 翼型为例。

LS 表示低速；（1）表示族号；04 表示设计升力系数 $c_{l设}$=0.4；17 表示相对厚度 $\overline{t} = 17\%$。

LS（1）-04XX 低速翼型系列是在超临界翼型的基础上发展起来的，具有良好的低速气动特性。

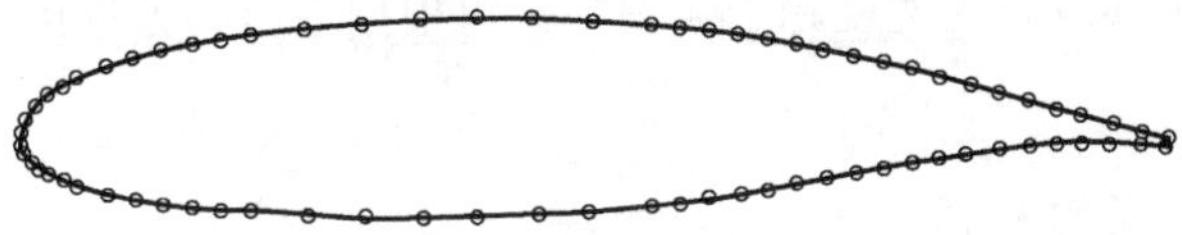

图 6.6　LS（1）-0417 翼型

6.2　低速翼型绕流的特点和启动涡

6.2.1　平面绕角低速无黏流动

由于低速翼型具有尖后缘，翼型后缘附近形成了一个平面角形区域，因此为了更好地理解绕尖角流动的特点，有必要先了解一下平面绕角低速无黏流动的位流解。根据不可压无黏位流理论，可得平面绕角 β 流动的位函数 ϕ 和流函数 ψ 分别为

$$\begin{cases} \phi = Ar^n \cos n\theta \\ \psi = Ar^n \sin n\theta \end{cases} \tag{6.5}$$

其中，A为一个有限的实数，$n=\pi/\beta$。r和θ分别是以角的顶点为坐标原点，以角的起始边定义θ的极坐系的两个坐标。

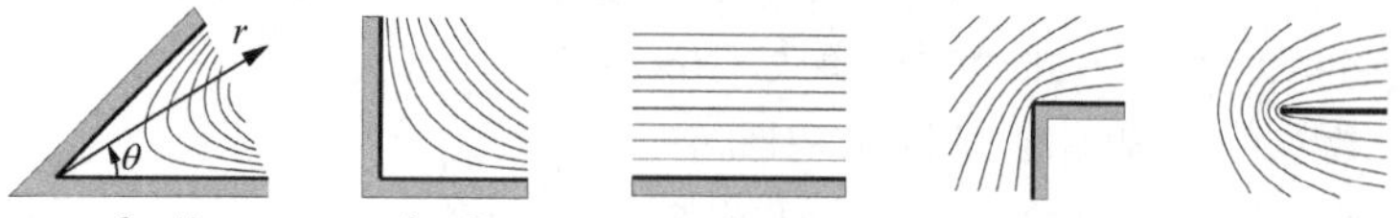

图 6.7　平面绕角流动的流谱

令流函数等于零，可得

$$\theta=0 \quad 及 \quad \theta=\pi/n=\beta \tag{6.6}$$

即角的两个边（固壁）各是一条流线。

由式（6.5）中的位函数ϕ可得径向流速和周向流速分别为

$$\begin{cases} V_r=\dfrac{\partial\phi}{\partial r}=nAr^{n-1}\cos n\theta \\ V_\theta=\dfrac{1}{r}\dfrac{\partial\phi}{\partial\theta}=-nAr^{n-1}\sin n\theta \end{cases} \tag{6.7}$$

所以，速度大小为

$$V=\sqrt{V_r^2+V_\theta^2}=n|A|r^{n-1} \tag{6.8}$$

当$\beta>\pi$时，$n=\pi/\beta<1$，如图 6.7 中后两种情形所示。此时，有

$$\lim_{r\to 0}V=n|A|\lim_{r\to 0}r^{n-1}\to\infty \tag{6.9}$$

即：当角$\beta>\pi$时，角顶点处的速度趋于无穷大。再根据伯努利方程可知，该角顶点处的压强趋于无穷小。

6.2.2　低速翼型绕流的特点

低速直匀流以小迎角流过一个圆头尖尾翼型时，其绕流图如图 6.8（a）所示。此时，绕流的基本特点是流动附体无分离。该流动用示意图 6.9 说明如下：前驻点在下翼面距前缘不远处，流经前驻点的流线将来流分成两部分，一部分沿下翼面流动，另一部分绕过前缘顺上翼面流动，上下翼面的流动在后缘处平顺汇合后向下游流去。流体黏性的影响只限于翼面上边界层以及较窄的尾迹区中。翼面上的压强系数分布图中细实线表示无黏位流理论的结果，而粗实线表示黏流的结果。由该图可见，与理想流体流动的情形相比，主要在上翼面因黏性产生的边界层位移厚度作用（流动通道加宽）而使得压强系数稍高一些，但尚无本质改变。此时，作为一种近似，用无黏位流理论计算翼型绕流中部分气动力问题，如压强分布应是合理的。低速翼型绕流压强系数曲线的特点是：在前缘和后缘处上下翼面的压强系数分别对应相等，压强系数曲线是一条封闭曲线，在驻点处压强系数恒等于 1。

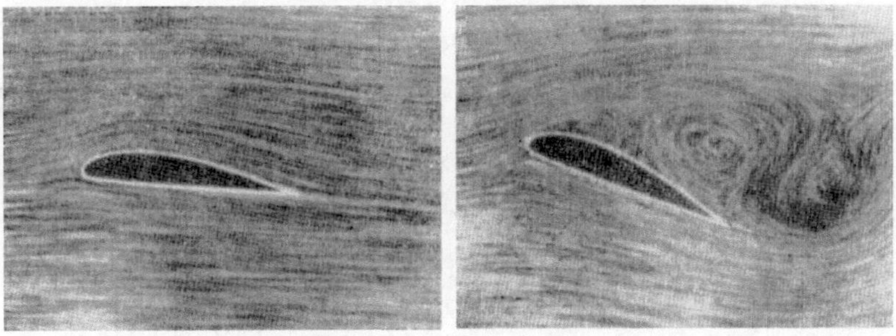

（a）　　　　（b）

图 6.8　翼型流动显示

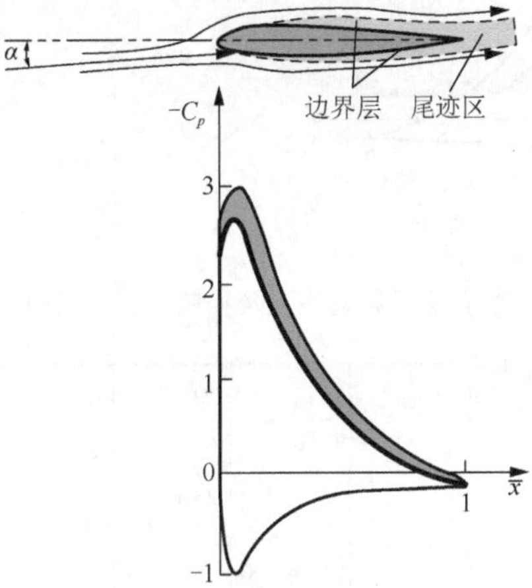

图 6.9　小迎角翼型绕流和压强分布示意图

随着迎角 α 不断增大，前驻点逐渐后移，最大速度值越来越大，最大速度点越来越靠近前缘，翼型的升力增大。中等迎角下，在较厚的圆头翼型后缘附近的上翼面，由于逆压梯度作用（真实流动，流体不会绕过后缘点流动，对于后缘角不为零的尖后缘，后缘点就是后驻点，所以后缘点压强很高），流动出现分离，如图 6.10（a）所示。这种分离称为后缘分离；而对于较薄的翼型（可以想象其极限情形，即平板，此时下翼面的流体从前驻点绕过前缘流向上翼面。根据平面绕角流的知识可知，前缘点附近压强很低），会出现前缘分离，如图 6.10（b）所示。流动分离区压强基本保持不变。很明显，这种情况下无法再用无黏位流理论处理翼型绕流的气动力问题，因为理想流体流动的压强分布与实际流动的压强分布已有本质差别。

迎角进一步增大，对较厚的翼型，流动分离向前缘方向扩展；当迎角增至某个临界值 $\alpha_{临}$ 时，升力达到最大值，当迎角 $\alpha > \alpha_{临}$ 时，上翼面流动完全分离，翼型的升力下降，阻力大增，这种现象称为失速（stall），通常将此临界迎角 $\alpha_{临}$ 称为失速迎角。此时的流动图如图 6.8（b）所示。图 6.11 给出三条 NACA 对称翼型的升力系数随迎角变化的曲线，由此可见不同翼型的失速迎角是不同的。另外，较小迎角范围内，无黏位流理论计算的升力系数值与实验结果差别不大。对于对称翼型，迎角为零时，升力系数也为零。

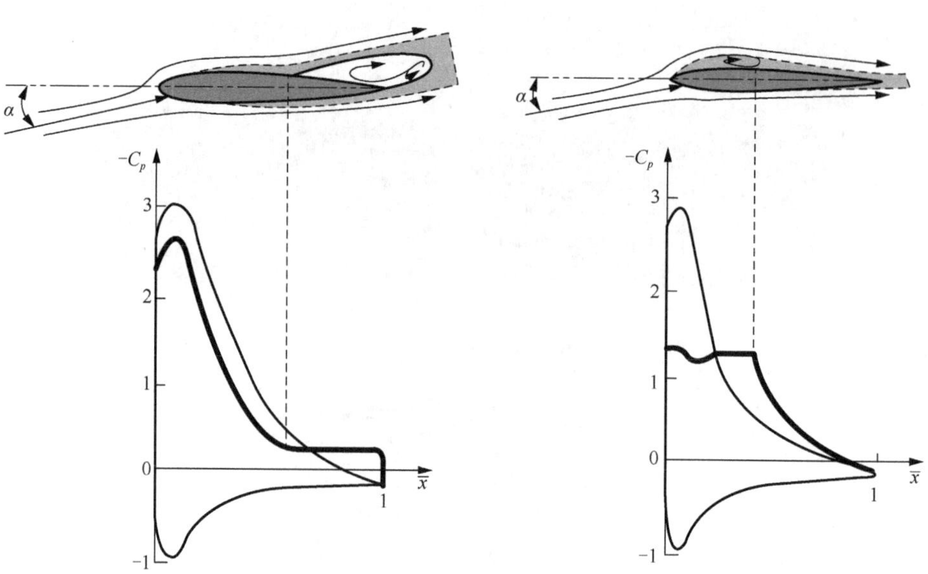

图 6.10　较大迎角下翼型绕流及相应的压强系数分布示意图

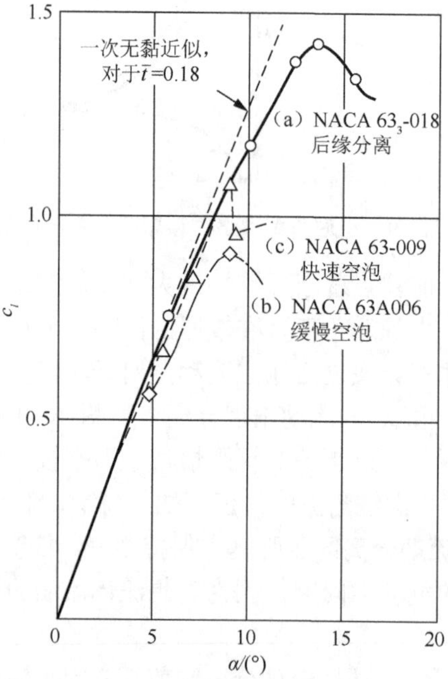

图 6.11　对称翼型的升力曲线

6.2.3　启动涡

启动涡

以上给出的都是翼型已处于运动速度恒定和迎角不变的状态下低速翼型的绕流图。然而，翼型总是由静止开始加速才达到速度恒定的运动状态的。翼型由静止开始加速到恒定运动状态的过程，称为启动过程。在启动过程中，由于流体黏性的作用和后缘有相当大的锐度，会有旋涡从后缘脱落，这种旋涡称为启动涡

（startup vortex）；与此同时，产生绕翼型的速度环量。

为了说明启动过程，给出示意图 6.12。图中，符号 A 和 B 分别表示翼型的前缘和后缘，符号 O 和 O_1 分别表示翼型上的前驻点和后驻点。

（1）静止情形。如图 6.12（a）所示，此时绕翼型的速度环量仍为零。

（2）启动情形，黏性尚未起作用。当翼型刚开始启动的瞬间，在翼型表面附近黏性还来不及起作用，流动是无黏无旋的，与静止时一样，绕翼型的速度环量仍为零；此时，从整体看下翼面流体较上翼面流体压强高，所以下翼面流体在较高的压强驱动下绕过尖后缘流向上翼面。或者从绕翼型的速度环量为零来看，下翼面附近流体流速较上翼面流体流速慢，为了保证速度环量为零，下翼面流体沿围道走的路径要比上翼面的流体长一些，所以下翼面流体绕过尖后缘流向上翼面。因此，后驻点在上翼面的 O_1 点处，见图 6.12（b）。由于后缘较尖，根据平面绕角流的知识，后缘处绕流流速非常大、压强非常低，因此流体由下翼面绕过后缘并沿上翼面流向后驻点 O_1 时，遇到非常强的逆压梯度作用。

（3）启动情形，黏性开始起作用。启动某一时间间隔后（与流体流过一个弦长的时间同量级），黏性开始发挥作用。在逆压梯度和黏性的共同作用下，沿上翼面从后缘流向后驻点 O_1 的流动出现分离，产生逆时针的旋涡，见图 6.12（c）。从前缘流向后驻点 O_1 的流动将后驻点 O_1 和旋涡向后缘推移，直至后驻点 O_1 移到后缘、旋涡从后缘脱落，上下翼面流动在后缘处平顺汇合流向下游；此时，启动涡形成并随流体流向下游，启动过程完成。

（4）匀速前进情形。之后，翼型以匀速前进，启动涡被远远地抛在下游开始启动的位置，见图 6.12（d）。

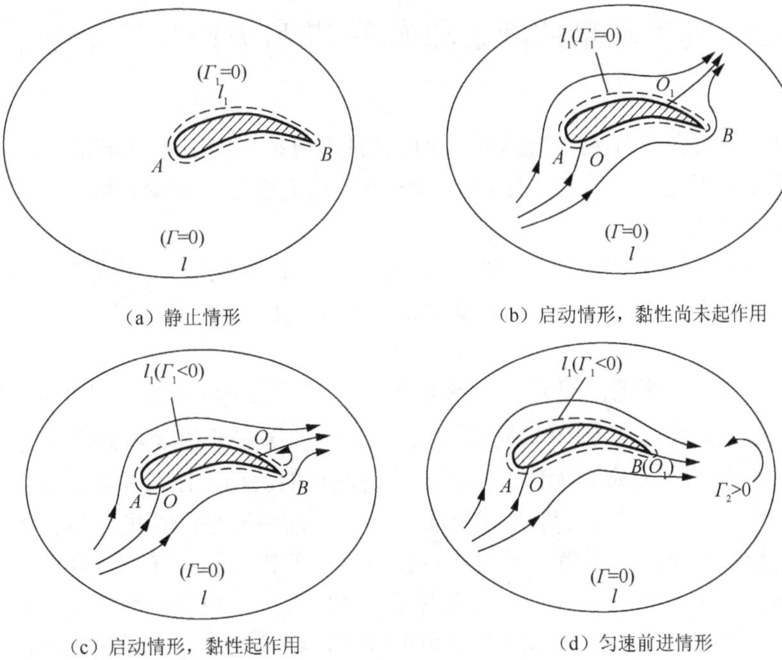

（a）静止情形　（b）启动情形，黏性尚未起作用

（c）启动情形，黏性起作用　（d）匀速前进情形

图 6.12　翼型的启动过程及启动涡和绕流速度环量的产生

如果此后，翼型又变速到一个新的速度或迎角变到某一个新角度，上述过程又将重复出现，直至上下翼面流动再次在后缘处平顺汇合流向下游，新的启动涡形成并随流体流向下游。

下面分析翼型启动过程中，绕翼型速度环量的产生。

在黏性开始起作用前，翼型附近的闭曲线l_1上的速度环量Γ_1始终为零，或者说，由前驻点O绕前缘A至后驻点O_1一段曲线的速度环量Γ_A，与由前驻点O顺下翼面绕后缘B至后驻点O_1一段曲线的速度环量Γ_B刚好抵消；启动过程结束时，后驻点O_1移到后缘B，之前的后缘B至后驻点O_1一段的逆流消失，使得$\Gamma_A > \Gamma_B$，于是出现绕翼型的顺时针速度环量Γ_1。

绕翼型的顺时针速度环量的产生，也可从另外角度来理解。图 6.12 中，流体质点组成的充分大闭曲线l上的速度环量Γ恒为零，因为那里的流动总是无黏的；启动涡的形成，产生了逆时针的速度环量Γ_2，并随流体流向下游，但总在闭曲线l内；根据旋涡守恒定律，绕翼型的顺时针速度环量Γ_1必将产生，并与启动涡逆时针的速度环量Γ_2及翼面边界层和尾迹中有旋流动的总速度环量相平衡，使得闭曲线l上的速度环量Γ保持为零。

如果启动过程结束后，不再计及黏性的作用，绕翼型的速度环量Γ_1与启动涡的速度环量Γ_2大小相等、方向相反。若之后翼型匀速前进，启动涡被遗留在远后方，则绕翼型的速度环量为一定值。理论上，绕翼型的速度环量可用旋涡来代替，因其始终附着在翼型上，常称为附着涡（attached vortex）。后面将介绍确定附着涡强度的条件。

6.3　速度环量的确定和库塔-茹科夫斯基后缘条件

6.2 节中已经看到，在小迎角绕流时，流体黏性对翼型表面压强分布和升力影响都不大。因此，除翼型阻力问题之外，在一定近似程度下，用无黏位流理论求解小迎角下翼型的升力特性问题是合理的。

绕翼型无黏位流的升力问题，遵循库塔-茹科夫斯基升力定理。根据该定理，在定常、无黏及不可压条件下，直匀流流过任意截面形状单位展长翼型的升力为

$$L_\infty = \rho V_\infty \Gamma$$

对给定的密度ρ和来流流速V_∞，只要确定出绕翼型的速度环量，即可求出翼型受到的升力。因此，用无黏位流理论求解翼型的升力问题，关键在于速度环量的确定。

在第 3 章中给出了定常、无黏、不可压流绕圆柱的流动。值得注意的是，绕圆柱的速度环量是任意给定的；这个例子展示了重要的一点，即绕圆柱的速度环量值不同，则圆柱表面上驻点的位置就不同，两者一一对应；换言之，若指定驻点在圆柱表面上的位置，就只有唯一的速度环量值与之相对应。在绕翼型无黏位流中，也有这种情况：对于形状一定的翼型而言，在给定来流密度、速度及迎角条件下，绕翼型的速度环量也可以有多个值，均满足翼型表面为流线的边界条件，但速度环量值不同，后驻点在翼面上的位置就不同，见图 6.13。就无黏位流理论而言，这些流动都是可以存在的（即都是问题的数学上的解）。

也就是说，对于形状一定的翼型而言，在给定来流密度、速度及迎角条件下，绕翼型的速度环量可以不唯一。这表明，无黏位流理论自身无法确定速度环量的唯一性。因此，若用无黏位流理论求解翼型升力问题，首先必须确定速度环量的唯一性，而且要从无黏位流理论以外找确定条件（以便从数学解中找到物理解）。

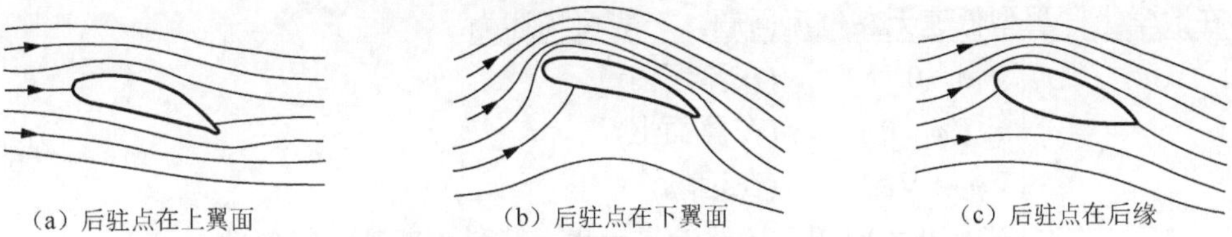
（a）后驻点在上翼面　（b）后驻点在下翼面　（c）后驻点在后缘

图 6.13　绕翼型的三种位流流谱

如图 6.13（a）、（b）所示，后驻点在翼面上而不在后缘时，根据平面绕角流的知识可知，绕尖后缘的流动流速理论上为无穷大、压强为负无穷。这两种情形，后缘到后驻点之间存在较大的逆压梯度，流动都不具有稳定性。综合实验流谱的观察（图 6.8 (a)）和理论分析，库塔于 1902 年提出：对于尖后缘翼型绕流，只有使后驻点在后缘，上下翼面流动在后缘平顺汇合流向下游的速度环量，绕翼型的流动才是稳定的。这样，就确定了翼型匀速前进时绕翼型速度环量的唯一性。由于茹科夫斯基几乎同时提出了确定速度环量唯一性的条件，而这个条件是流动在后缘处需要满足的，因此把确定绕翼型速度环量唯一性的条件称为库塔-茹科夫斯基后缘条件。

由此可见，对给定的翼型和迎角，无后缘绕流，上下翼面流动在后缘平顺汇合流向下游，确定了无黏位流理论涉及的速度环量的唯一性。

上述分析与实验流态观察是一致的，即当迎角不太大时，绕翼型的稳定流动只有图 6.13（c）是实际存在的。至于具体确定速度环量的大小，对于尖后缘翼型有理论分析结果。

归纳起来，库塔-茹科夫斯基后缘条件可表述为：对给定的翼型和迎角，翼型绕流的速度环量值应恰好使流动平滑流过后缘。

（1）若翼型后缘角 $\tau > 0$，则后缘点就是后驻点，即 $V_{后上} = V_{后下} = 0$；

（2）若翼型后缘角 $\tau = 0$，则后缘点处流速为有限值，即 $V_{后上} = V_{后下}$。

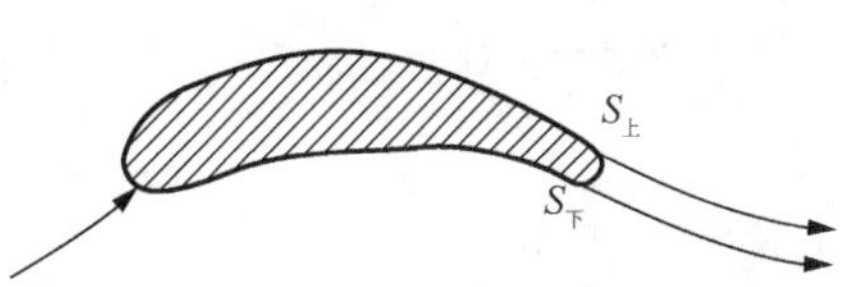

图 6.14　实际翼型的小圆弧后缘

真实翼型后缘不可能是尖角的，而往往是一个很小的圆弧，见图 6.14，尖后缘的库塔-茹科夫斯基后缘条件（1）或（2）不再适用；不过，后缘不会出现绕流，上下翼面流动从后缘邻近点 $S_上$ 和 $S_下$ 流向下游，形成的尾迹很薄，而且实验测量表明：

$$p_{S上} = p_{S下} \tag{6.10}$$

由伯努利方程可得

$$V_{S上} = V_{S下} \tag{6.11}$$

这被称为推广的库塔-茹科夫斯基后缘条件。用无黏位流理论求解时，近似将上下翼面的两点 $S_上$ 和 $S_下$ 视为在后缘点处，这样，后缘条件也可以表述为后缘处无载荷。

6.4　薄翼型理论

在数学上，翼型低速无黏位流问题，一般可描述为

$$
\begin{cases}
\nabla^2 \phi = 0 & (\text{在流场内}) \\
\boldsymbol{n} \cdot \nabla \phi = 0 & (\text{在翼面上}) \\
\nabla \phi \to \nabla \phi_\infty & (\text{在远场}) \\
\text{若是升力问题，还要满足库塔－茹科夫斯基后缘条件}
\end{cases}
\tag{6.12}
$$

式中，ϕ、ϕ_∞ 和 $\boldsymbol{n}$ 分别为绕流速度位、直匀流速度位和翼面单位外法向量。该问题的解，一般可由数值解法获得，这将在 6.5 节介绍。本节要研究的是薄翼型绕流的小扰动线性化理论及其近似的解析解法。

薄翼型绕流是指在迎角不大时厚度和弯度都很小的翼型的绕流。处理这种翼型绕流问题时，翼面上的边界条件和压强系数都可以线性化，迎角、弯度和厚度可以分开考虑；换言之，这种翼型绕流，是由迎角问题、弯度问题和厚度问题三种绕流线性叠加而成的。这种位流问题解法，在空气动力学上称为薄翼型理论。

6.4.1　流动的分解

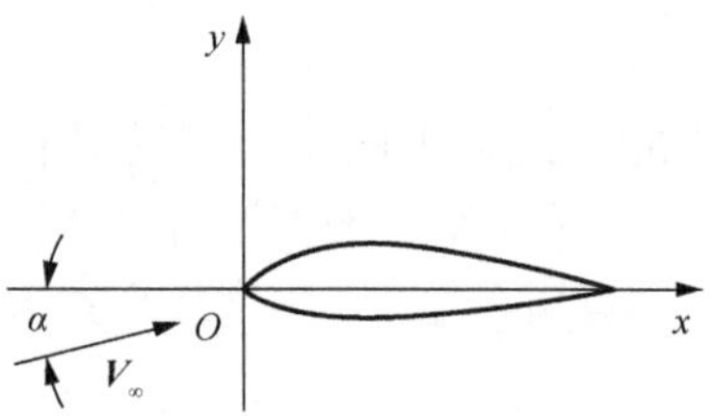

图 6.15　体轴坐标系

采用图 6.15 所示的体轴坐标系 xOy，坐标原点 O 位于前缘，x 轴沿弦线向后，y 轴向上。

1. 扰动速度位、翼面边界条件线化

1）扰动速度位 $\phi_{扰}$ 及其方程

翼型绕流速度位 ϕ 满足拉普拉斯方程，它可分解为直匀流速度位 ϕ_∞ 和因翼型存在引起的扰动速度位 $\phi_{扰}$，即

$$\phi = \phi_\infty + \phi_{扰} \tag{6.13}$$

且有

$$\frac{\partial^2 \phi_{扰}}{\partial x^2} + \frac{\partial^2 \phi_{扰}}{\partial y^2} = 0 \tag{6.14}$$

由于拉普拉斯方程是线性方程，因此扰动速度位 $\phi_{扰}$ 也有线性叠加特性。

2）翼面边界条件的线性化近似

设翼面上 x、y 方向的扰动速度分别为 $\left(u_{扰}\right)_w$ 和 $\left(v_{扰}\right)_w$，则小迎角 α 下，翼面上的速度分量分别近似为

$$
\begin{aligned}
u_w &= V_\infty \cos\alpha + \left(u_{扰}\right)_w \approx V_\infty + \left(u_{扰}\right)_w \\
v_w &= V_\infty \sin\alpha + \left(v_{扰}\right)_w \approx V_\infty \alpha + \left(v_{扰}\right)_w
\end{aligned}
\tag{6.15}
$$

翼面上所要满足的边界条件为翼面是一条流线，即

$$\frac{\mathrm{d}y_w}{\mathrm{d}x_w}=\frac{\mathrm{d}\overline{y}_w}{\mathrm{d}\overline{x}_w}=\frac{v_w}{u_w} \tag{6.16}$$

将式（6.15）代入式（6.16）得

$$\frac{(v_{扰})_w}{V_\infty}=\frac{\mathrm{d}\overline{y}_w}{\mathrm{d}\overline{x}_w}+\frac{(u_{扰})_w}{V_\infty}\frac{\mathrm{d}\overline{y}_w}{\mathrm{d}\overline{x}_w}-\alpha \tag{6.17}$$

因为翼型薄，弯度和迎角小，视 $\overline{t}$、$\overline{f}$ 和 α 均为一阶小量，所以 $\frac{(u_{扰})_w}{V_\infty}\frac{\mathrm{d}\overline{y}_w}{\mathrm{d}\overline{x}_w}$ 为二阶小量；在 $(v_{扰})_w=v_{扰}(\overline{x},0)+(\partial v_{扰}/\partial\overline{y})_{\overline{y}=0}\,\overline{y}_w+\cdots$ 中 $(\partial v_{扰}/\partial\overline{y})_{\overline{y}=0}\,\overline{y}_w$ 也是二阶小量。于是，在保留一阶小量下，式（6.17）可近似为

$$v_{扰}(\overline{x},0)=V_\infty\frac{\mathrm{d}\overline{y}_w}{\mathrm{d}\overline{x}_w}-V_\infty\alpha\text{，}\quad 0\leqslant\overline{x}\leqslant 1 \tag{6.18}$$

将式（6.2）和式（6.3a）代入式（6.18）得

$$\left(\left.\frac{\partial\phi_{扰}}{\partial y}\right|_{y=0}\right)_{上,下}=V_\infty\frac{\mathrm{d}\overline{y}_c}{\mathrm{d}\overline{x}}\pm V_\infty\frac{\mathrm{d}\overline{y}_t}{\mathrm{d}\overline{x}}-V_\infty\alpha \tag{6.19}$$

这就是翼面边界条件的线性化近似。可以看出，翼面上的扰动速度在小扰动条件下可近似表示为弯度、厚度和迎角三部分贡献的线性和。

3）扰动速度位 $\phi_{扰}$ 的线性叠加

由前面易知，满足式（6.14）和边界条件式（6.19）的翼型扰动速度位 $\phi_{扰}$ 可表达为

$$\phi_{扰}=(\phi_{扰})_\alpha+(\phi_{扰})_c+(\phi_{扰})_t$$

这里的 $(\phi_{扰})_\alpha$、$(\phi_{扰})_c$ 和 $(\phi_{扰})_t$ 都满足拉普拉斯方程，并分别满足下列边界条件

$$\left.\frac{\partial(\phi_{扰})_\alpha}{\partial y}\right|_{y=0}=-V_\infty\alpha \tag{6.20}$$

$$\left.\frac{\partial(\phi_{扰})_c}{\partial y}\right|_{y=0}=V_\infty\frac{\mathrm{d}\overline{y}_c}{\mathrm{d}\overline{x}} \tag{6.21}$$

$$\left[\left.\frac{\partial(\phi_{扰})_t}{\partial y}\right|_{y=0}\right]_{上,下}=\pm V_\infty\frac{\mathrm{d}\overline{y}_t}{\mathrm{d}\overline{x}} \tag{6.22}$$

这表明翼型的扰动速度位等于有迎角平板绕流的扰动速度位 $(\phi_{扰})_\alpha$、零迎角中弧线弯板的扰动速度位 $(\phi_{扰})_c$ 和零迎角对称厚度翼型绕流的扰动速度位 $(\phi_{扰})_t$ 三者之和。它体现了扰动速度位 $\phi_{扰}$ 可线性叠加。

2. 压强系数的线性化近似

根据伯努利方程，流场中任一点的压强系数为

$$C_p = 1 - \frac{V^2}{{V_\infty}^2} = 1 - \frac{\left(V_\infty \cos\alpha + u_{扰}\right)^2 + \left(V_\infty \sin\alpha + v_{扰}\right)^2}{{V_\infty}^2}$$

在小扰动条件下，若只保留一阶小量，则有

$$C_p = -\frac{2u_{扰}}{V_\infty} \tag{6.23}$$

将式（6.23）应用到翼面上，其压强系数可进一步近似，有

$$\begin{aligned}
\left(C_p\right)_w &= -\frac{2\left(u_{扰}\right)_w}{V_\infty} \approx -\frac{2u_{扰}\left(\bar{x},0\right)}{V_\infty} = -\frac{2}{V_\infty}\frac{\partial \phi_{扰}}{\partial x}\bigg|_{y=0} \\
&= -\frac{2}{V_\infty}\frac{\partial\left(\phi_{扰}\right)_\alpha}{\partial x}\bigg|_{y=0} - \frac{2}{V_\infty}\frac{\partial\left(\phi_{扰}\right)_c}{\partial x}\bigg|_{y=0} - \frac{2}{V_\infty}\frac{\partial\left(\phi_{扰}\right)_t}{\partial x}\bigg|_{y=0} \\
&= \left[C_p\left(x,0\right)\right]_\alpha + \left[C_p\left(x,0\right)\right]_c + \left[C_p\left(x,0\right)\right]_t \\
&= \left[\left(C_p\right)_w\right]_\alpha + \left[\left(C_p\right)_w\right]_c + \left[\left(C_p\right)_w\right]_t
\end{aligned} \tag{6.24}$$

由此可见，物面压强系数也可以线性叠加。

3. 薄翼型小迎角下位流问题的分解

由于在翼型弯度和厚度都很小、迎角不大的小扰动条件下，扰动速度位和物面压强系数均可以线性叠加，作用在薄翼型上的升力和力矩可以视为弯度、厚度和迎角三者作用之和，因此这样的绕翼型位流问题可以分解为三个简单位流问题的叠加，如图 6.16 所示。

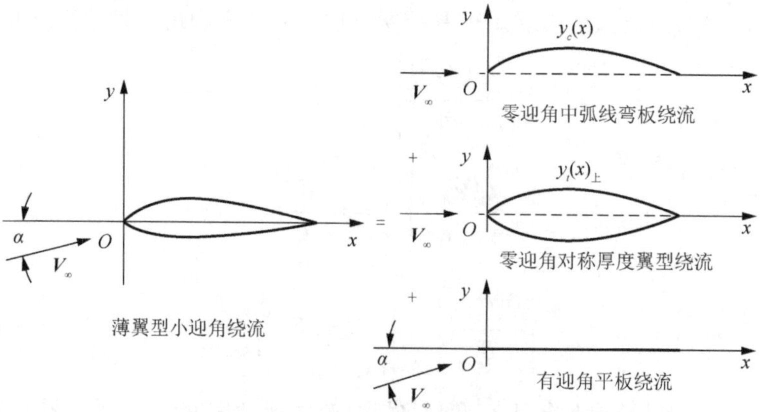

图 6.16　薄翼型位流问题分解示意图

三个简单位流问题分别是零迎角中弧线弯板绕流问题（弯度问题）、零迎角对称厚度翼型绕流问题（厚度问题）和有迎角平板绕流问题（迎角问题）。

厚度问题因流动上下对称，翼面上虽有压强作用，但不产生升力和力矩；而弯度问题和迎角问题中流动上下不对称，压差作用产生升力和力矩，弯度问题和迎角问题可以合在一起处理，并称为迎角-弯板问题（$\alpha \neq 0$ 的中弧线弯板绕流问题）。这种用有迎角的中弧线

弯板升力及力矩特性代表小迎角下薄翼型升力及力矩特性的理论，通常称为薄翼型理论。

6.4.2　迎角-弯板问题

1. 面涡及其基本特性

面涡（vortex sheet）是由无限多根垂直于纸面、两端伸向无穷远的涡丝连续分布而成的，如图 6.17 所示。其上定义的分布函数 $\gamma(s)$ 具有的作用：确保微段 $\mathrm{d}s$ 在流场中某点 P 处诱导的速度与涡强为 $\gamma(s)\mathrm{d}s$ 的集中点涡诱导的一样，$\gamma(s)$ 称为单位长度上的涡强或面涡强度。

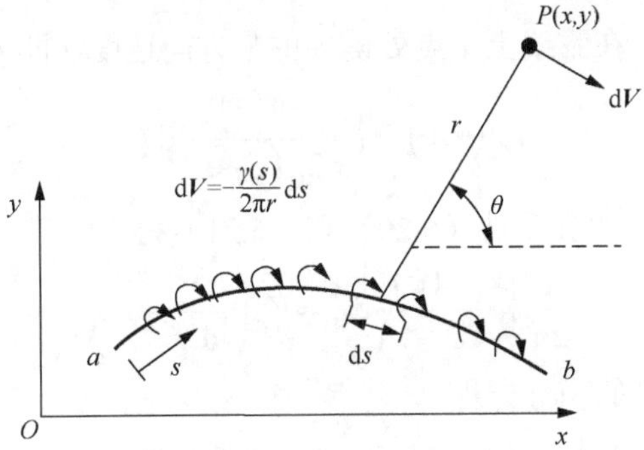

图 6.17　面涡及其微段的诱导速度

面涡在其自身外诱导的流动满足不可压连续方程，而且流动是无旋的。如图 6.17 所示的面涡在流场中某点 P 处诱导的速度位是

$$\phi_{扰} = -\int_a^b \frac{\gamma(s)\theta}{2\pi}\mathrm{d}s \tag{6.25}$$

绕面涡的速度环量为

$$\Gamma = \int_a^b \gamma(s)\mathrm{d}s \tag{6.26}$$

面涡还具有如下基本特性：设面涡邻近上下对称两点的法向和切向速度分别为 $V_{n上}$、$V_{n下}$ 和 $V_{\tau上}$、$V_{\tau下}$，则有：

（1）$V_{n上}(s) = V_{n下}(s)$，即在面涡上法向速度是连续的；

（2）$V_{\tau上}(s) - V_{\tau下}(s) = \gamma(s)$，即在面涡上切向速度是间断的，而且突跃值就是当地面涡强度；也可以说，面涡与切向速度间断面等价。如果面涡是平面的，例如，面涡落在 x 轴上，则有 $V_\tau(x,0^+) = -V_\tau(x,0^-) = \gamma(x)/2$。

2. 确定面涡强度的积分方程和后缘条件

图 6.18 为直匀流以小迎角流过中弧线弯板的迎角-弯板问题，可用某种强度分布 $\gamma(s)$ 的面涡替代中弧线弯板。由于弯度和迎角都较小，因此可用弦线上的面涡 $\gamma(\xi)$ 作为中弧线弯板上的面涡的近似。即薄翼型理论下升力问题的气动模型为

直匀流 + 面涡

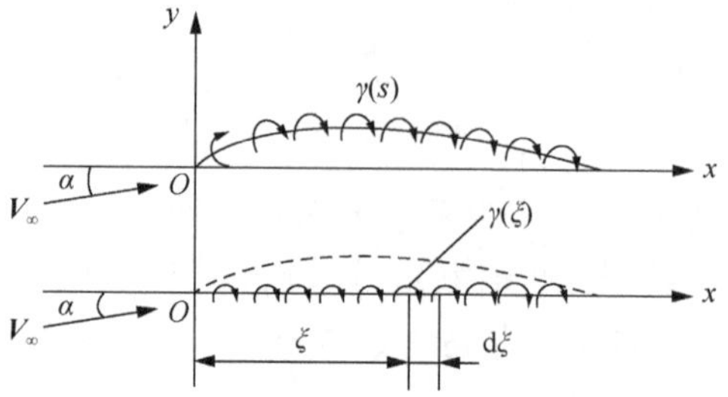

图 6.18　迎角-弯板的面涡模拟

弦线上的面涡 $\gamma(\xi)$，在弦线上 x 点处诱导的 y 方向速度（即 y 方向的扰动速度）为

$$v_{扰}(x,0)=\int_0^c \frac{\gamma(\xi)}{2\pi(\xi-x)}\mathrm{d}\xi$$

代入迎角-弯板问题的物面边界条件（6.20）和（6.21）得

$$\frac{1}{2\pi}\int_0^c \frac{\gamma(\xi)}{(\xi-x)}\mathrm{d}\xi=V_\infty\left(\frac{\mathrm{d}y_c}{\mathrm{d}x}-\alpha\right) \tag{6.27}$$

这就是确定面涡强度 $\gamma(\xi)$ 的积分方程。

当然，合适的面涡强度分布还要满足无穷远边界条件

$$u_{扰\infty}=0,\quad v_{扰\infty}=0 \tag{6.28}$$

和库塔-茹科夫斯基后缘条件：

$$\gamma(c)=0 \tag{6.29}$$

因为面涡在无穷远的诱导速度为零，无穷远边界条件式（6.28）自动满足，所以替代中弧线弯板作用的面涡强度分布 $\gamma(\xi)$ 只需满足式（6.27）和后缘条件式（6.29）。

3. 面涡强度 $\gamma(\xi)$ 的三角级数解

令变量变换

$$\xi=\frac{c}{2}(1-\cos\theta),\quad x=\frac{c}{2}(1-\cos\theta_1) \tag{6.30}$$

则积分式（6.27）可化为

$$-\frac{1}{2\pi}\int_0^\pi \frac{\gamma(\theta)\sin\theta}{\cos\theta-\cos\theta_1}\mathrm{d}\theta=V_\infty\left(\frac{\mathrm{d}y_c}{\mathrm{d}x}-\alpha\right) \tag{6.31}$$

将面涡强度 $\gamma(\theta)$ 展成如下三角级数

$$\gamma(\theta)=2V_\infty\left[A_0\cot\left(\frac{\theta}{2}\right)+\sum_{n=1}^{\infty}A_n\sin(n\theta)\right] \tag{6.32}$$

式中，$A_0,A_1,\cdots,A_n$ 为待定系数。第一项设为 $\cot(\theta/2)$，是为了表达弯板前缘处理论上将出现无穷大速度；后缘处 $\theta=\pi$，$\gamma(\pi)=0$；$\gamma(\theta)$ 满足后缘条件。将此三角级数代入积分式（6.31），利用广义积分公式

$$I_n = \int_0^{\pi} \frac{\cos n\theta}{\cos\theta - \cos\theta_1} \mathrm{d}\theta = \pi \frac{\sin(n\theta_1)}{\sin\theta_1}, \qquad (n = 0,1,2,\cdots) \tag{6.33}$$

及由其导出的另一个广义积分公式

$$\int_0^{\pi} \frac{\sin n\theta \sin\theta}{\cos\theta - \cos\theta_1} \mathrm{d}\theta = -\pi\cos(n\theta_1), \qquad (n = 1,2,\cdots)$$

可得

$$\alpha - A_0 + \sum_{n=1}^{\infty} A_n \cos(n\theta_1) = \frac{\mathrm{d}y_c}{\mathrm{d}x} \tag{6.34}$$

先将上式两边乘 $\mathrm{d}\theta_1$，并取 θ_1 由 0 到 π 的积分，得

$$A_0 = \alpha - \frac{1}{\pi}\int_0^{\pi} \frac{\mathrm{d}y_c}{\mathrm{d}x} \mathrm{d}\theta_1 \tag{6.35}$$

再将其两边乘 $\cos(n\theta_1)\mathrm{d}\theta_1$，并取 θ_1 由 0 到 π 的积分，得到各系数 A_n，即

$$A_n = \frac{2}{\pi}\int_0^{\pi} \frac{\mathrm{d}y_c}{\mathrm{d}x} \cos(n\theta_1) \mathrm{d}\theta_1 \tag{6.36}$$

可见，给定迎角和中弧线弯板，就有唯一面涡强度 $\gamma(\xi)$ 的三角级数解与之对应。三角级数解的各项系数可由式（6.35）和式（6.36）计算确定。

4. 弯板的气动特性

有了涡强度分布 $\gamma(\xi)$ 或 $\gamma(\theta)$，就可求得弯板的气动特性

$$C_{p_{\text{上}\atop\text{下}}}(x) = -\frac{2u_{\text{扰}}(x,0^{\pm})}{V_\infty} = \mp\frac{\gamma(x)}{V_\infty} \tag{6.37}$$

$$\varGamma = \int_0^c \gamma(x)\mathrm{d}x = V_\infty c\int_0^{\pi}\left[A_0\cot\frac{\theta}{2} + \sum_{n=1}^{\infty} A_n \sin(n\theta)\right]\sin\theta\,\mathrm{d}\theta = \pi V_\infty c\left(A_0 + \frac{A_1}{2}\right)$$

$$L_\infty = \rho V_\infty \varGamma = \pi\rho V_\infty{}^2 c\left(A_0 + \frac{A_1}{2}\right) \tag{6.38}$$

$$c_l = \frac{L_\infty}{\frac{1}{2}\rho V_\infty{}^2 c} = 2\pi\left(A_0 + \frac{A_1}{2}\right) \equiv 2\pi(\alpha - \alpha_0) \tag{6.39}$$

可见 c_l-α 曲线是一条直线，升力线斜率是常值 $c_l^\alpha = 2\pi/\mathrm{rad}$，截距为 $c_{l0} = -2\pi\alpha_0$，参见图 6.19。其中，α_0 是 $c_l = 0$ 时的迎角，称为零升迎角，在正弯度时是一个仅取决于弯度分布函数的小负数，其计算式如下

$$\alpha_0 = \frac{1}{\pi}\int_0^{\pi} \frac{\mathrm{d}y_c}{\mathrm{d}x}(1 - \cos\theta)\mathrm{d}\theta \tag{6.40}$$

当来流迎角等于零升迎角时，翼型上有一条过后缘且平行于此来流的直线，称为零升力线。实际来流与零升力线的夹角定义为翼型的绝对迎角 α_a，参见图 6.20，显然有关系式

$$\alpha_a = \alpha - \alpha_0 \tag{6.41}$$

$$c_l = 2\pi\alpha_a = c_l^\alpha \alpha_a \tag{6.42}$$

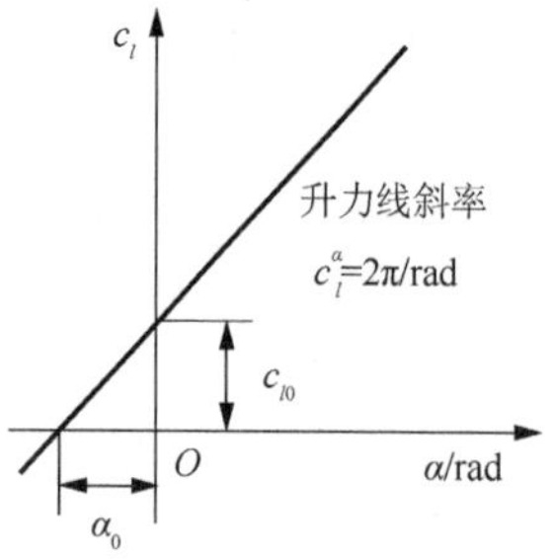

图 6.19　升力系数与迎角的关系图

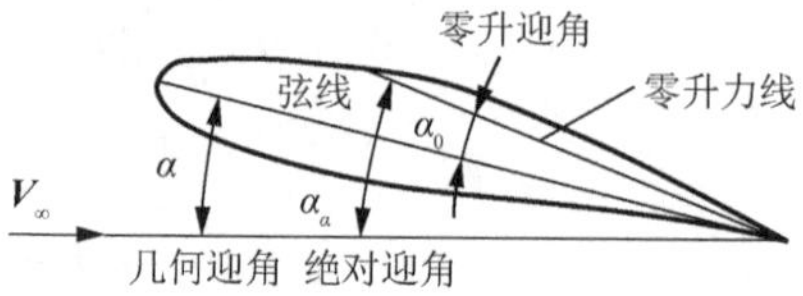

图 6.20　翼型的三个迎角的定义

对前缘的力矩系数 c_{m_z} 如下：

$$c_{m_z} \equiv \frac{M_{z\infty}}{\frac{1}{2}\rho V_\infty^2 c^2} \approx \frac{-\int_0^c \rho V_\infty \gamma(x) x \,\mathrm{d}x}{\frac{1}{2}\rho V_\infty^2 c^2} = \frac{\pi}{4}(A_2 - A_1) - \frac{1}{4}c_l \equiv c_{m_{z0}} - \frac{1}{4}c_l \tag{6.43}$$

式中

$$c_{m_{z0}} = \frac{\pi}{4}(A_2 - A_1) = \frac{1}{2}\int_0^\pi \frac{\mathrm{d}y_c}{\mathrm{d}x}(\cos 2\theta - \cos\theta)\,\mathrm{d}\theta \tag{6.44}$$

是升力为零时对前缘的力矩系数，称为零升力矩系数，在正弯度时也是一个仅取决于弯度分布函数的小负数。曲线 $c_{m_z} \sim c_l$ 也是一条直线，斜率 $c_{m_z}^{c_l} = -1/4$，截距为 $c_{m_{z0}}$，参见图 6.21。

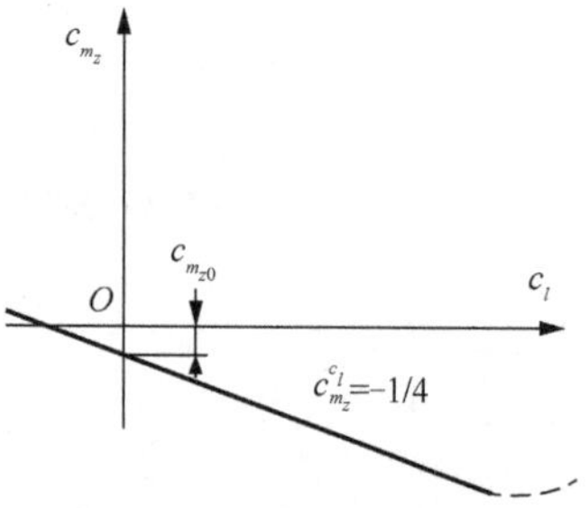

图 6.21　$c_{m_z} \sim c_l$ 曲线

升力作用点称为翼型的压心，距前缘的位置为

$$\bar{x}_{\mathrm{cp}} \equiv \frac{x_{\mathrm{cp}}}{c} \approx \frac{1}{c}\left(-\frac{M_{z\infty}}{L_\infty}\right) = -\frac{c_{m_z}}{c_l} = \frac{1}{4} - \frac{c_{m_{z0}}}{c_l} = -c_{m_z}^{c_l} - \frac{c_{m_{z0}}}{c_l} \tag{6.45}$$

事实上，翼型弦线上还有一个特殊点，升力对它所取的力矩值不随迎角或升力而变化，该值就等于升力为零时对前缘的力矩值，即零升力矩值。这一特殊点，称为翼型的气动中心，又称焦点。设焦点距前缘的距离为 x_F，则由下式和式（6.43）易导出 x_F 的公式（6.46）。

$$c_{m_{z0}} = \frac{-\int_0^c \rho V_\infty \gamma(x)(x - x_F)\cos\alpha \,\mathrm{d}x}{\frac{1}{2}\rho V_\infty^2 c^2} \approx c_{m_z} + \frac{x_F}{c}\frac{L_\infty}{\frac{1}{2}\rho V_\infty^2 c} = c_{m_z} + \bar{x}_F c_l$$

$$\bar{x}_F = \frac{1}{4} = -c_{m_z}^{c_l} \tag{6.46}$$

压心与焦点

显然，翼型的压心与焦点间有如下关系

$$\bar{x}_{\mathrm{cp}} \approx \bar{x}_F - \frac{c_{m_{z0}}}{c_l} \tag{6.47}$$

一般零升力矩为负（$c_{m_{z0}} < 0$），所以焦点在压心之前。对于对称翼型，压心和焦点重合。

薄翼型理论的优点是可用解析方法计算翼型的升力和力矩特性与迎角和中弧线弯度之

间的关系，而且结果与实验值比较吻合。

5. 例题

【例 6.1】　有迎角平板翼型的气动特性。

解　因平板的 $\mathrm{d}y_c/\mathrm{d}x=0$，故有

$$A_0=\alpha\,,\quad A_1=A_2=\cdots=A_n=0$$

所以

$$\gamma(\theta)=2V_\infty\alpha\cot\frac{\theta}{2}\,,\quad \gamma(x)=2V_\infty\alpha\sqrt{\frac{c-x}{x}}$$

$$\alpha_0=0\,,\quad c_l^\alpha=2\pi/\mathrm{rad}$$

$$c_{m_{z0}}=0\,,\quad c_{m_z}^{c_l}=-\frac{1}{4}$$

直匀流以小迎角流过平板翼型的流谱和面涡强度分布 $\gamma(x)$ 见图 6.22。

平板上下表面的压强总是垂直于表面的，压力之和 $\boldsymbol{N}_\infty$ 也垂直于平板；它在来流方向的分量不为零，$N_\infty\sin\alpha\neq0$，看似应有阻力。然而，二维物体在无黏位流中不可能有阻力出现。问题在于没有注意前缘的绕流效应。

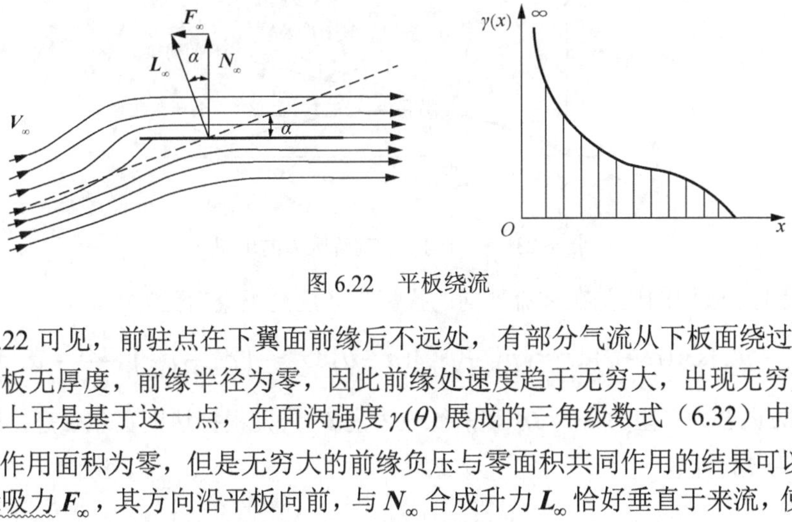

图 6.22　平板绕流

从图 6.22 可见，前驻点在下翼面前缘后不远处，有部分气流从下板面绕过前缘到上板面。由于平板无厚度，前缘半径为零，因此前缘处速度趋于无穷大，出现无穷大的前缘负压——事实上正是基于这一点，在面涡强度 $\gamma(\theta)$ 展成的三角级数式（6.32）中添加了第一项，虽然其作用面积为零，但是无穷大的前缘负压与零面积共同作用的结果可以是有限的，它就是前缘吸力 $\boldsymbol{F}_\infty$，其方向沿平板向前，与 $\boldsymbol{N}_\infty$ 合成升力 $\boldsymbol{L}_\infty$ 恰好垂直于来流，使阻力为零。于是，可得出前缘吸力系数大小为

$$c_f=c_l\sin\alpha\approx c_l\alpha\approx2\pi\alpha^2$$

【例 6.2】　有迎角抛物线形弯板翼型的气动特性。

解　弯板曲线方程为 $\overline{y}_c=4\overline{f}\,\overline{x}(1-\overline{x})$，故有

$$\frac{\mathrm{d}\overline{y}_c}{\mathrm{d}\overline{x}}=4\overline{f}\left(1-2\overline{x}\right)=4\overline{f}\cos\theta$$

于是有

$$A_0=\alpha-\frac{4\overline{f}}{\pi}\int_0^\pi\cos\theta\,\mathrm{d}\theta=\alpha$$

$$A_1 = \frac{8\bar{f}}{\pi}\int_0^{\pi}\cos^2\theta\,\mathrm{d}\theta = 4\bar{f}$$

$$A_2 = A_3 = \cdots = A_n = 0$$

$$\gamma(\theta) = 2V_\infty\alpha\cot\frac{\theta}{2} + 8V_\infty\bar{f}\sin\theta$$

$$\gamma(x) = 2V_\infty\alpha\sqrt{\frac{1-\bar{x}}{\bar{x}}} + 16V_\infty\bar{f}\sqrt{\bar{x}(1-\bar{x})}$$

$$\alpha_0 = \frac{4\bar{f}}{\pi}\int_0^{\pi}\cos\theta\,\mathrm{d}\theta - \frac{4\bar{f}}{\pi}\int_0^{\pi}\cos^2\theta\,\mathrm{d}\theta = -2\bar{f}$$

$$c_{l0} = -2\pi\alpha_0 = 4\pi\bar{f}$$

$$c_{m_{z0}} = \frac{\pi}{4}(A_2 - A_1) = -\pi\bar{f}$$

下面，给出前缘吸力的一般计算式，并就例 6.2 进行计算，再对前缘吸力进一步讨论。从图 6.23 可见

$$\frac{\mathrm{d}y_c}{\mathrm{d}x} = \tan\theta \approx \theta \quad (\theta \ll 1)$$

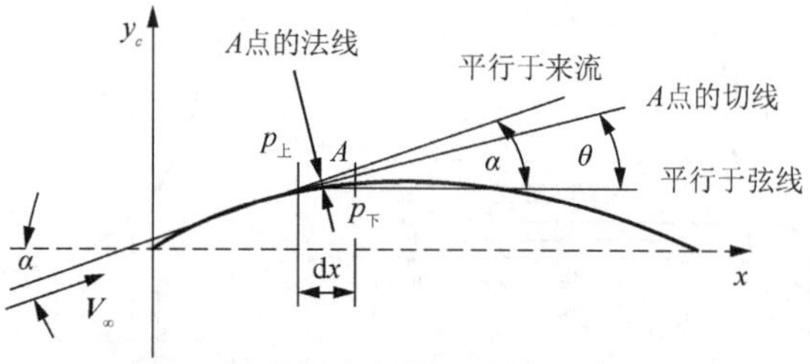

图 6.23　推导弯板的前缘吸力的用图

$\mathrm{d}x$ 微段上下表面的压差在来流方向的投影为（规定顺流为正）

$$(p_下 - p_上)\sin(\alpha-\theta)\mathrm{d}x \approx (p_下 - p_上)(\alpha-\theta)\mathrm{d}x \approx -(p_下 - p_上)\left(\frac{\mathrm{d}y_c}{\mathrm{d}x} - \alpha\right)\mathrm{d}x$$

设顺流方向合力（阻力）为 $\boldsymbol{D}_\infty$ 和前缘吸力为 $\boldsymbol{F}_\infty$，则根据达朗贝尔疑题，理想流体中翼型总阻力为零，即有

$$0 = D_\infty = F_\infty + \lim_{\varepsilon\to 0}\int_\varepsilon^c \left[-(p_下 - p_上)\left(\frac{\mathrm{d}y_c}{\mathrm{d}x} - \alpha\right)\right]\mathrm{d}x$$

前缘吸力为

$$F_\infty = \lim_{\varepsilon\to 0}\int_\varepsilon^c (p_下 - p_上)\left(\frac{\mathrm{d}y_c}{\mathrm{d}x} - \alpha\right)\mathrm{d}x$$

利用 $C_{p下}(x) - C_{p上}(x) = \dfrac{2\gamma(x)}{V_\infty}$ 及上式，得前缘吸力系数

$$c_f = \frac{F_\infty}{\frac{1}{2}\rho V_\infty^2 c} = \lim_{\varepsilon\to 0}\frac{2}{cV_\infty}\int_\varepsilon^c \gamma(x)\left(\frac{\mathrm{d}y_c}{\mathrm{d}x} - \alpha\right)\mathrm{d}x \tag{6.48}$$

将本例的相关结果代入上式得

$$c_f = \lim_{\theta_0 \to 0} \frac{2}{cV_\infty} \int_{\theta_0}^{\pi} \left[2V_\infty \alpha \cot\left(\frac{\theta}{2}\right) + 8V_\infty \bar{f} \sin\theta \right] \left(4\bar{f}\cos\theta - \alpha\right) \frac{c}{2} \sin\theta \,\mathrm{d}\theta = -2\pi\alpha^2$$

若代入平板翼型的相关条件也可得

$$c_f = \lim_{\theta_0 \to 0} \frac{2}{cV_\infty} \int_{\theta_0}^{\pi} \left[2V_\infty \alpha \cot\left(\frac{\theta}{2}\right) \right] (-\alpha) \frac{c}{2} \sin\theta \,\mathrm{d}\theta = -\lim_{\theta_0 \to 0} \frac{2}{cV_\infty} \int_{\theta_0}^{\pi} 2\alpha^2 \cot\left(\frac{\theta}{2}\right) \sin\theta \,\mathrm{d}\theta$$

$$= -\lim_{\theta_0 \to 0} \frac{2}{cV_\infty} \int_{\theta_0}^{\pi} 2\alpha^2 (1 + \cos\theta) \,\mathrm{d}\theta = -2\pi\alpha^2$$

这里的负号表示与来流方向相反。

实际气流都是有黏性的，平板或弯板前缘附近因有大的逆压梯度，气流发生分离，前缘吸力并不能兑现；将翼型头部做成小圆头形，前缘吸力基本可以兑现。

【例 6.3】 零迎角下一个弦长为1的平板翼型，其后缘襟翼偏转一个小角度η，襟翼弦长为e，见图 6.24。试求因襟翼偏转所产生的升力系数增量Δc_l的表示式，并计算$\eta = 15°$、$e = 1/3$时Δc_l的值。

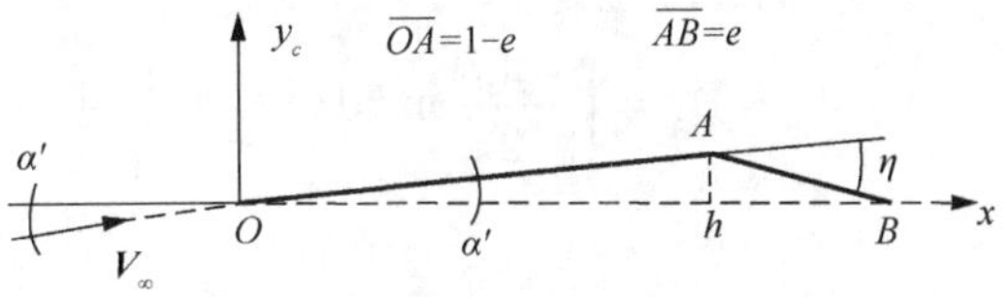

图 6.24　后缘襟翼

解　平板翼型因其襟翼偏转而成了一折板，OB 为弦线，并有了迎角α'，见图 6.24，可用迎角-弯板问题来求解。

若襟翼小偏转，则有以下各近似式：

$$\alpha' \approx \eta e,\quad \left(\frac{\mathrm{d}y_c}{\mathrm{d}x}\right)_{\text{前}} \approx \alpha'$$

$$\left(\frac{\mathrm{d}y_c}{\mathrm{d}x}\right)_{\text{后}} \approx -(\eta - \alpha'),\quad x_h \approx 1 - e,\quad \theta_h \approx \arccos(2e - 1)$$

故

$$A_0 = \alpha' - \frac{1}{\pi}\int_0^{\pi} \frac{\mathrm{d}y_c}{\mathrm{d}x}\mathrm{d}\theta = \alpha' - \frac{1}{\pi}\left[\int_0^{\theta_h}\left(\frac{\mathrm{d}y_c}{\mathrm{d}x}\right)_{\text{前}}\mathrm{d}\theta + \int_{\theta_h}^{\pi}\left(\frac{\mathrm{d}y_c}{\mathrm{d}x}\right)_{\text{后}}\mathrm{d}\theta\right] = \frac{\eta(\pi - \theta_h)}{\pi}$$

$$A_1 = \frac{2}{\pi}\int_0^{\pi}\frac{\mathrm{d}y_c}{\mathrm{d}x}\cos\theta\,\mathrm{d}\theta = \frac{2\eta}{\pi}\sin\theta_h$$

于是，因襟翼偏转所产生的升力系数增量Δc_l的表示式为

$$\Delta c_l = c_{l\text{折}} = 2\pi(A_0 + A_1/2) = 2\eta\left[(\pi - \theta_h) + \sin\theta_h\right]$$

当$\eta = 15° = \pi/12$，$e = 1/3$时

$$\theta_h \approx \arccos(-1/3) \approx 1.911,\quad \sin\theta_h = 0.943$$

代入上式计算得

$$\Delta c_l = \frac{\pi}{6}\left[(\pi - 1.911) + 0.943\right] \approx 1.138$$

6.4.3　厚度问题

1. 面源及其基本特性

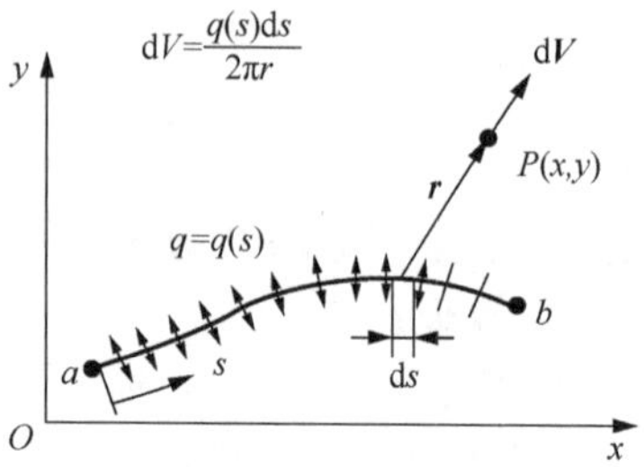

图 6.25　面源示意图

面源是由无限多根垂直于纸面、两端伸向无穷远的线源连续分布而成的，如图 6.25 所示，其上定义的分布函数 $q(s)$ 具有的作用是：微段 $\mathrm{d}s$ 在流场中某点 P 处诱导的速度与源强为 $q(s)\mathrm{d}s$ 的集中点源诱导的速度一样，$q(s)$ 称为单位长度上的源强或面源强度。

面源在其自身外诱导的流动满足不可压连续方程，而且是无旋的。如图 6.25 所示的面源在流场中某点 P 处诱导的速度位是

$$\phi_{扰} = \int_a^b \frac{q(s)}{2\pi} \ln r \, \mathrm{d}s \tag{6.49}$$

绕面源的体积流量为

$$Q = \int_a^b q(s) \mathrm{d}s \tag{6.50}$$

面源还具有如下基本特性：设面源邻近上下对称两点的法向和切向速度分别为 $V_{n上}$、$V_{n下}$ 和 $V_{\tau上}$、$V_{\tau下}$，则有：

（1）$V_{\tau上}(s) = V_{\tau下}(s)$，即在面源上切向速度是连续的；

（2）$V_{n上}(s) - V_{n下}(s) = q(s)$，即在面源上法向速度是间断的，而且突跃值就是当地面源强度；也可以说，面源与法向速度间断面等价。如果面源是平面的，例如，面源落在 x 轴上，则有 $V_n(x,0^+) = -V_n(x,0^-) = q(x)/2$。

2. 厚度问题解法

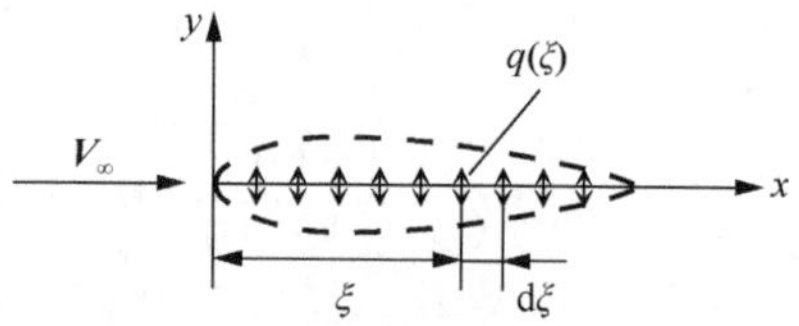

图 6.26　厚度问题的面源模拟

薄翼型的厚度问题，可在其弦线上分布面源的方法求解，如图 6.26 所示。给定厚度分布函数 $y_t(x)$，就有唯一的面源强度分布 $q(x)$ 与之对应。具体方法如下。

由于弦线上分布的面源是平面的，因此有

$$v_{扰}(\xi, 0^+) = -v_{扰}(\xi, 0^-) = q(\xi)/2$$

根据式（6.22），翼面边界条件为

$$v_{扰}(x, 0^\pm) = \pm V_\infty \frac{\mathrm{d}y_t}{\mathrm{d}x}$$

所以，面源强度 $q(x)$ 满足方程

$$q(\xi)=2V_\infty \left.\frac{\mathrm{d}y_t}{\mathrm{d}x}\right|_{x=\xi} \tag{6.51}$$

根据式（6.23）或式（6.24），翼面压强系数为

$$C_{\mathrm{pwt}}=-\frac{2\left(u_{扰}\right)_{\mathrm{wt}}}{V_\infty}\approx-\frac{2u_{扰}\left(x,0^{\pm}\right)}{V_\infty}=-\frac{2}{V_\infty}\int_0^c\frac{q(\xi)}{2\pi(x-\xi)}\mathrm{d}\xi=-\frac{2}{\pi}\int_0^1\frac{1}{\bar{x}-\bar{\xi}}\left(\frac{\mathrm{d}\bar{y}_t}{\mathrm{d}\bar{x}}\right)_{\bar{x}=\bar{\xi}}\mathrm{d}\bar{\xi} \tag{6.52}$$

【例 6.4】　低速气流流过一个对称薄翼型，迎角为零度，见图 6.27（a）。该翼型厚度分布为 $\bar{y}_t=4(\bar{t}/2)\bar{x}(1-\bar{x})$。试用薄翼型厚度问题解法求压强系数分布的表示式 $C_{\mathrm{pw}}(\bar{x})$ 和 $\bar{x}=1/2$ 处的 $C_{p\min}$。

解　因 $\dfrac{\mathrm{d}y_t}{\mathrm{d}x}=\dfrac{\mathrm{d}\bar{y}_t}{\mathrm{d}\bar{x}}=2\bar{t}\left(1-2\bar{x}\right)$，故有

$$q(\xi)=4V_\infty\bar{t}\left(1-2\bar{\xi}\right)$$

$$C_{\mathrm{pw}}=-\frac{2}{\pi}\int_0^1\frac{2\bar{t}\left(1-2\bar{\xi}\right)}{\bar{x}-\bar{\xi}}\mathrm{d}\bar{\xi}=-\frac{4\bar{t}}{\pi}\left[2+\left(2\bar{x}-1\right)\ln\frac{1-\bar{x}}{\bar{x}}\right]$$

$$C_{p\min}=C_p\left(\bar{x}=1/2\right)=-\frac{8\bar{t}}{\pi}$$

$C_{\mathrm{pw}}\left(\bar{x}\right)\sim\bar{x}$ 曲线见图 6.27（b）。

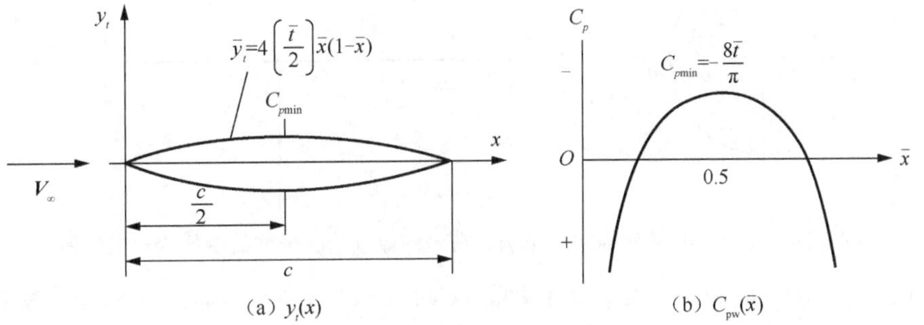

图 6.27　薄翼厚度问题例题图

*6.5　任意翼型位流解法

从 6.2 节翼型低速绕流图和压强分布等气动特性讨论已经看到，在一定迎角范围内，流动无分离，黏性作用对压强分布、升力及力矩影响不大，用无黏位流理论求解翼型绕流可得到合理的近似结果，当然，阻力特性除外。

6.4 节给出了所谓薄翼型的无黏位流理论——薄翼型线性化近似解析理论。该理论简洁明了，但当翼型厚度较大或迎角较大时，因其所得结果与实际值有较大的偏差而不再适用。

本节简要介绍对厚翼型和薄翼型气动特性都适用的位流求解方法，一种是保角变换法（conformal transformation），另一种是数值计算方法——面元法（panel method）。

6.5.1 保角变换法

第 5 章已经得到了直匀流绕圆柱有（无）环量流动位流问题的解析解。而直匀流绕翼型流动的位流问题与绕圆柱流动的位流问题除后缘边界条件外数学描述是基本相同的。那么有没有可能通过某种变换建立两种位流问题之间的联系，然后通过逆变换充分利用绕圆柱位流问题的解析解而得到直匀流绕翼型流动的位流问题解析解呢？答案是肯定的，即可以通过保角变换方法建立两种位流问题之间的联系。

绕翼型的低速位流，可用速度位函数或流函数完全描述。因为速度位函数 ϕ 和流函数 ψ 都满足拉普拉斯方程，它们组成的复位函数 $w(\zeta)\equiv\phi(\zeta)+\mathrm{i}\psi(\zeta)$ 是解析函数，所以可利用复变函数理论中的保角变换方法来求解绕翼型的低速位流问题。保角变换的特点是过同一点的任意两条曲线之间的夹角在变换后保持不变。

通过茹科夫斯基变换（一种保角变换）

$$z=\zeta+\frac{a^2}{\zeta} \tag{6.53}$$

可以把 ζ 平面上圆心位于坐标原点半径为 a 的一个圆形曲线变换为 z 平面 x 轴上一条长为 $4a$ 线段 $A'B'$，圆的外部区域变换为 z 平面上除线段 $A'B'$ 外的整个平面，如图 6.28 所示。

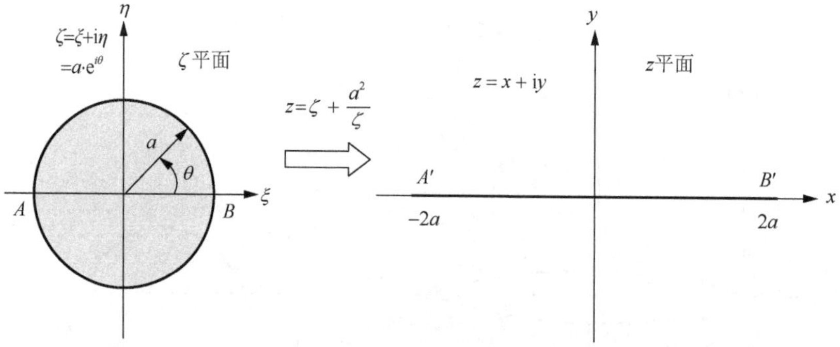

图 6.28　茹科夫斯基变换把一个圆心在坐标原点的圆形曲线变换为一条线段

如果圆心 Q 在 η 轴正向上，圆与 ξ 轴所截线段长度为 $2a$，$\angle QAO=\beta$，则茹科夫斯基变换（6.53）可以把 ζ 平面上该圆形曲线变换为 z 平面上一条（无厚度）圆弧 $A'C'B'$（或 $A'D'B'$），圆的外部区域变换为 z 平面上除圆弧 $A'C'B'$ 外的整个平面，如图 6.29 所示。

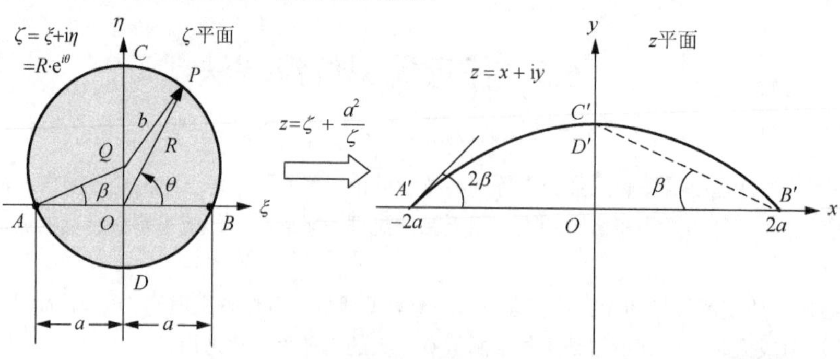

图 6.29　茹科夫斯基变换把一个圆心位于 η 轴上的圆形曲线变换为一条（无厚度）圆弧

如果圆心 Q 在 ξ 轴负向上，$\overline{OB}=a$，$\overline{OQ}=a\cdot s$，则茹科夫斯基变换（6.53）可以把 ζ 平面上该圆形曲线变换为 z 平面上以 x 轴为对称轴的对称翼型边界，圆的外部区域变换为 z 平面上翼型外的整个平面，如图 6.30 所示。

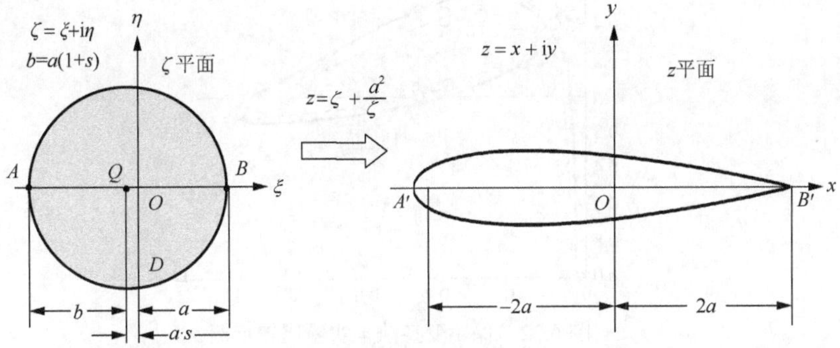

图 6.30　茹科夫斯基变换把一个圆心位于 ξ 轴上的圆形曲线变换为一个对称翼型边界

由以上分析可知，要把圆形曲线通过茹科夫斯基变换得到一个既有弯度又有厚度的翼型的边界，ζ 平面上圆的圆心 Q 不能在坐标轴上。为此，综合以上两个变换过程，令在 ζ 平面上 $\overline{OB}=a$，$\angle QAO=\beta$，圆心 Q 的坐标为 $\left(-a\cdot s, a(1+s)\tan\beta\right)$，则茹科夫斯基变换（6.53）可以把 ζ 平面上该圆形曲线变换为 z 平面上一个既有弯度又有厚度的翼型的边界，圆的外部区域变换为 z 平面上翼型外的整个平面，如图 6.31 所示。通过这样变换得到的翼型称为茹科夫斯基翼型。该翼型的特点是后缘角等于零。

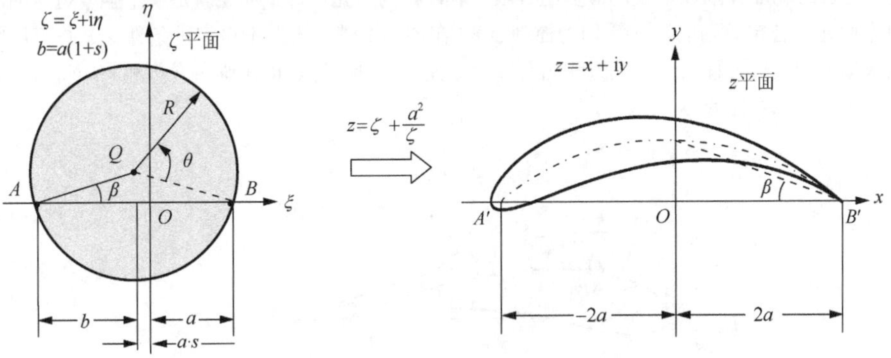

茹科夫斯基翼型

图 6.31　茹科夫斯基变换把一个偏心圆形曲线变换为一个翼型边界

这样，对如图 6.31 所示的茹科夫斯基翼型的位流问题，在考虑后缘条件的前提下，把茹科夫斯基变换式（6.53）的逆变换 $\zeta=f(z)$ 代入到 ζ 平面上圆柱绕流的解析解即可到翼型绕流的解析解。

茹科夫斯基翼型有两个主要缺点：后缘角等于零和稳定性较差。因此尽管绕该类翼型的位流问题存在解析解，但是在航空工业中很少应用。

对任意实用翼型的位流问题保角变换法仍然是适用的。只不过要多一些中间步骤。首先，用茹科夫斯基变换式（6.53）将 z 平面上的翼型的外形变换成 ζ' 平面上接近于圆的外形。然后，用傅里叶三角级数等方法将 ζ' 平面上接近圆的图形变成 ζ 平面上的圆形。这两步就建立了 z 平面与 ζ 平面之间的对应关系。最后，通过逆变换就可得到 z 平面上绕翼型的复位函数 $w(z)$，由此可计算出翼型的气动特性。

图 6.32 是厚翼型 Clark-Y 在迎角为 -1° 时压强分布的算例，可见保角变换理论结果与实验值符合较好。

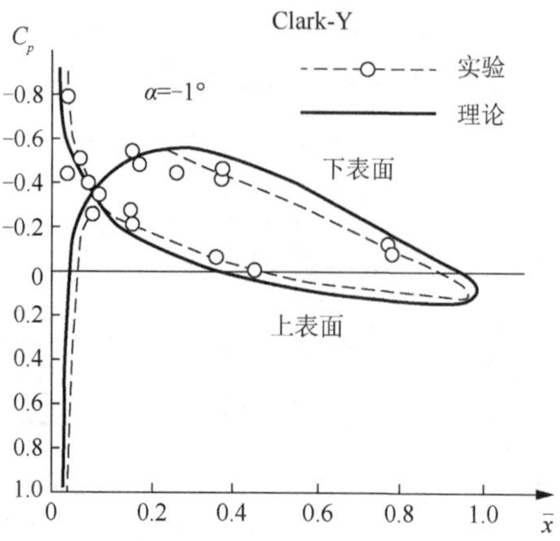

图 6.32　保角变换法与实验比较示例

6.5.2　面元法

面元法

在翼型表面布面涡或面源并与直匀流叠加也可求解翼型的气动特性。关键在于确定合适的面涡强度分布 $\gamma(s)$ 或面源强度分布 $q(s)$。这就要求 $\gamma(s)$、$q(s)$ 满足物面边界条件，对涡强度分布 $\gamma(s)$ 还要满足后缘条件。对一般翼型而言，用面元法可以求得满足要求的涡强度分布 $\gamma(s)$ 或面源强度分布 $q(s)$。

面元法的大意是：将物面分割成数目足够多的有限小块，称为面元；每个面元就是一个强度待定的面涡或面源；在每个面元上选定适当的点（常称为控制点），在该点上满足物面不可穿透条件，于是可以得到以面元强度为未知量的线性方程组；以此方程组可以确定面元强度并计算出压强、升力和力矩特性。下面简略给出一个例子，见示意图 6.33。

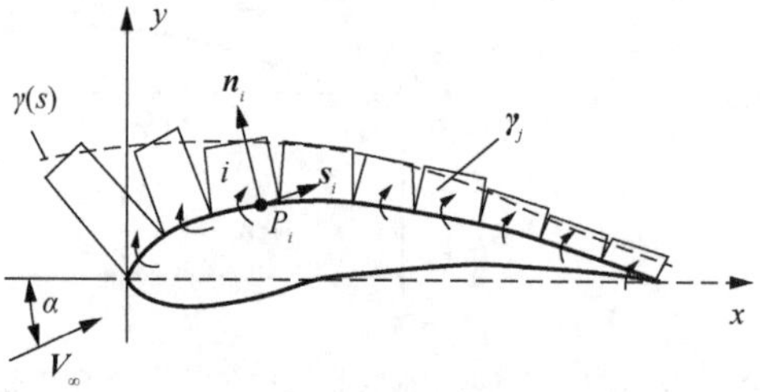

图 6.33　翼型面涡数值解法示意图

从下翼面后缘起，按顺时针方向，将翼面依次分成 m 个小段，每段用折线代替，其上布常值强度的面涡，强度为 $\gamma_j\left(j=1,2,\cdots,m\right)$，它们是待定的；每小段上选定控制点 $P_i\left(x_i,y_i\right)\left(i=1,2,\cdots,m\right)$，对它们提边界条件。

第 j 个面涡在第 i 个控制点处的扰动速度位为

$$\left(\phi_{扰}\right)_{ij}=-\frac{\gamma_j}{2\pi}\int_{s_j}\theta_{ij}\,\mathrm{d}s_j$$

式中，$\theta_{ij}=\arctan\left[\left(y_i-y_j\right)/\left(x_i-x_j\right)\right]$。

所有面涡在 i 控制点处引起的扰动速度位为

$$\left(\phi_{扰}\right)_i=-\sum_{j=1}^{m}\frac{\gamma_j}{2\pi}\int_{s_j}\theta_{ij}\,\mathrm{d}s_j$$

相应的法向扰动速度为

$$\left(V_{扰}\right)_{ni}=\frac{\partial\left(\phi_{扰}\right)_i}{\partial n_i}=-\sum_{j=1}^{m}\frac{\gamma_j}{2\pi}\int_{s_j}\frac{\partial\theta_{ij}}{\partial n_i}\mathrm{d}s_j$$

于是在第 i 控制点处的边界条件为

$$V_\infty\cos\beta_i-\sum_{j=1}^{m}\frac{\gamma_j}{2\pi}\int_{s_j}\frac{\partial\theta_{ij}}{\partial n_i}\mathrm{d}s_j=0 \tag{6.54}$$

式中，β_i 为来流与第 i 个面元外法线的夹角。

为满足后缘条件，应使下表面第一个控制点和上表面最后第 m 个控制点尽可能接近后缘，相应地就要求这两个面涡很短。后缘条件可近似表达成

$$\gamma_1=-\gamma_m \tag{6.55}$$

由式（6.54）和条件式（6.55）可求出面涡强度值 γ_j。然后求得各控制点处的切向速度和压强系数，分别为

$$V_{si}=V_\infty\sin\beta_i+\frac{\gamma_i}{2}-\sum_{\substack{j=1\\ j\neq i}}^{m}\frac{\gamma_j}{2\pi}\int_{s_j}\frac{\partial\theta_{ij}}{\partial s_i}\mathrm{d}s_j$$

$$C_{pi}=1-\left(\frac{V_{si}}{V_\infty}\right)^2$$

这种数值解法包括了迎角、弯度及厚度的综合作用。实际计算表明，只要 m 值取得足够大，数值解与实验结果符合较好。若每个面涡强度分布改用梯形或其他分布，计算结果更好。迎角为6° 时 NACA 4412 翼型的压强系数分布面元法计算结果与保角变换理论结果符合很好，见图 6.34。

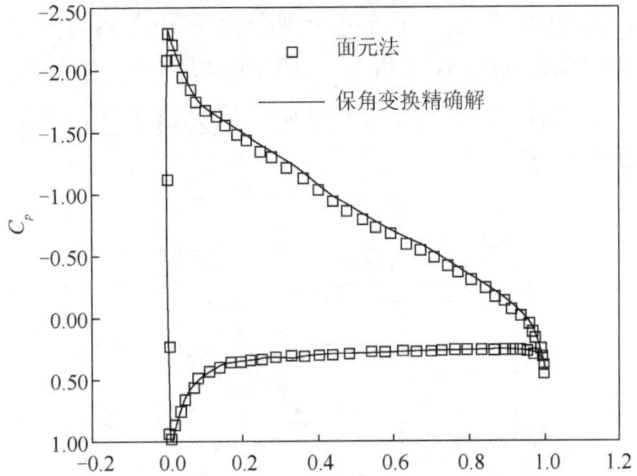

图 6.34　面元法计算结果与保角变换精确解的比较

6.6　低速翼型的一般气动特性

翼型的分布载荷和气动力，包括压强分布、升力、阻力及俯仰力矩。所谓翼型的气动特性，就是指这些气动载荷和气动力及其随各种影响因素的变化规律。从前面各节介绍的

内容可知，影响因素涉及翼型的几何参数（厚度、弯度等）、翼型与气流间的相对运动（如翼型的迎角和来流速度）及流体的属性（如黏性、惯性）等。

本节结合翼型气动特性的一些工程估算方法，介绍低速实用翼型的气动特性。

6.6.1　翼型表面压强分布

翼面压强分布不仅是结构设计和强度计算的主要外载荷依据，也可用来判断翼型绕流流态和近似确定升力和力矩特性。如果已知翼型的压强分布曲线 $C_p(\bar{x})$，则小迎角时的升力系数和力矩系数可通过下列积分计算求得

$$c_l = \int_0^1 (C_{p下} - C_{p上})\mathrm{d}\bar{x}$$

$$c_{m_z} = -\int_0^1 (C_{p下} - C_{p上})\bar{x}\,\mathrm{d}\bar{x}$$

获取压强分布有两种基本的方法，一种是实验测量，另一种是数值计算。在小迎角下有面元法，如果是薄翼还可用薄翼理论解析法，这类方法因没有考虑黏性作用，会有一定误差；在较大迎角下，翼型边界层分离，位流理论失效。尽管现在已有将位流计算和边界层计算结合起来的方法，可以计算出黏性作用下的压强分布，甚至包括流动分离的情形，但在设计使用上仍需实验验证或依据实验结果。对于设计中常采用的已知翼型，其压强分布已有较系统的风洞实验结果，可从翼型手册或有关资料中查得。

6.6.2　翼型升力特性

升力特性通常用升力曲线 c_l-α 表示。实验结果表明：常用翼型在中小迎角范围内，升力曲线接近为一直线；迎角再增大，气流已出现分离，升力系数随之非线性增加，直至最大升力系数 $c_{l\max}$，相应迎角称为临界迎角 $\alpha_{临}$。超过临界迎角，升力系数随迎角增大而减小，上翼面气流完全分离，参见图 6.35。升力特性中，升力线斜率、零升迎角和最大升力系数是三个基本参数，下面进一步讨论。

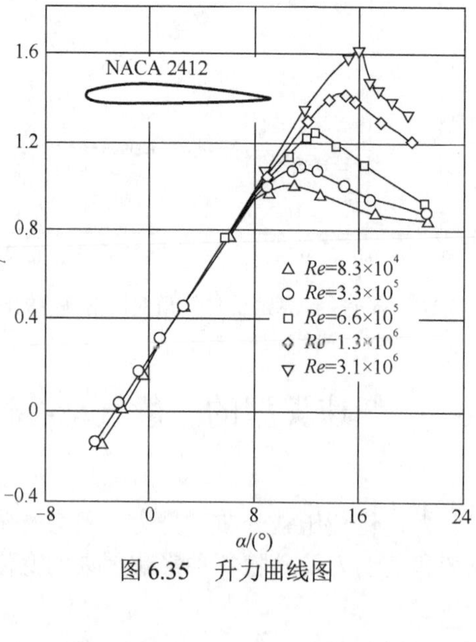

图 6.35　升力曲线图

1. 升力线斜率 c_l^α

实验结果表明，雷诺数 Re 只要足够大，它对升力线斜率值的影响不大，参见图 6.36。薄翼型理论结果为 2π（单位为 rad^{-1}），并与翼型形状无关；厚翼型理论结果可以大于 2π（单位为 rad^{-1}）；这些位流理论值都大于实验结果，例如，平板的实验值就是 $0.9\times2\pi$。对实用翼型而言，它们的升力线斜率与 2π（单位为 rad^{-1}）差别不大，NACA 系列翼型的升力线斜率值可见表 6.1 第 2 列。

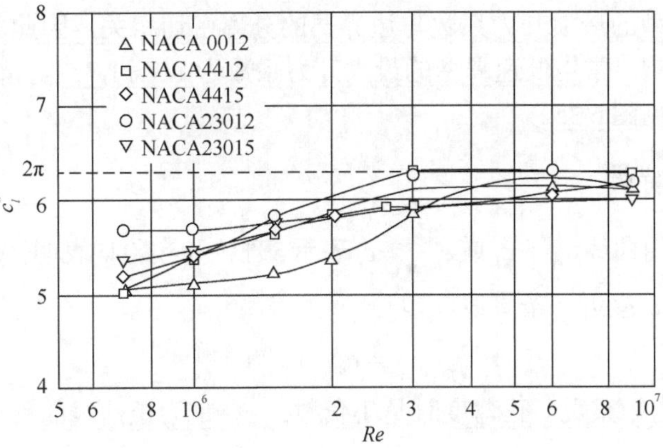

图 6.36　雷诺数对升力线斜率的影响

表 6.1　NACA 翼型的某些气动特性

翼型名称	$c_l^\alpha/(2\pi)$	α_0	$\bar{x}_F\left(-c_{m_z}^{c_l}\right)$	$c_{m_{z0}}$
NACA 0009	0.995	0	0.250	0
NACA 2412	0.985	−1.90	0.243	−0.050
NACA 2415	0.970	−1.90	0.246	−0.050
NACA 2418	0.935	−1.85	0.242	−0.050
NACA 2422	0.925	−1.85	0.239	−0.045
NACA 2424	0.895	−1.80	0.228	−0.040
NACA 4412	0.985	−3.90	0.246	−0.095
NACA 23012	0.985	−1.20	0.241	−0.015
NACA 64_3-418	1.060	−2.90	0.271	−0.070
NACA 65_3-418	1.030	−2.5	0.266	−0.060
NACA 66_3-418	1.000	−2.5	0.264	−0.065

高雷诺数下有厚度的翼型的升力线斜率可用下面的经验公式粗估：

$$c_l^\alpha = 1.8\pi\left(1+0.8\bar{t}\right) \tag{6.56}$$

2. 零升迎角 $\alpha_{0\infty}$

零升迎角是零升力线与弦线的夹角，正弯度时是一个小负数。理论和实验均表明，它主要与弯度大小有关，可用薄翼型理论估算。NACA 系列翼型的零升迎角值可见表 6.1 第 3 列。某些 NACA 系列翼型的零升迎角值可用如下公式估算。

（1）NACA 四位数字翼型

$$\alpha_{0\infty} = -\bar{f} \times 100$$

例如，弯度为2%，零升迎角为$-2°$。

（2）NACA 五位数字翼型

$$\alpha_{0\infty} = -4c_{l设}$$

例如，设计升力系数为0.3，零升迎角为$-1.2°$。

3. 最大升力系数 $c_{l\max}$

如前所述，翼型的最大升力系数与边界层的分离密切相关，因此翼型表面光洁度和雷诺数对它有明显影响。常用低速翼型的最大升力系数为 1.3～1.7，随雷诺数的增大而增大，一般由实验提供，见图 6.35。

6.6.3 翼型力矩特性

力矩特性通常用曲线 $c_{m_z} \sim c_l$ 或 $c_{m_{z1/4}} \sim c_l$ 表示。理论和实验均表明，在迎角或升力系数不太大时，曲线 $c_{m_z} \sim c_l$ 接近一条直线，即

$$c_{m_z} = c_{m_{z0}} + c_{m_z}^{c_l} c_l \tag{6.57}$$

式中，$c_{m_{z0}}$ 为零升力矩系数，正弯度时是小负数；$c_{m_z}^{c_l}$ 是力矩曲线的斜率，为负值。这两个值可用薄翼型理论近似估计，即零升力矩系数取决于弯度分布函数，力矩曲线斜率为 $-1/4$。常用 NACA 翼型的力矩曲线斜率 $-c_{m_z}^{c_l}$ 和零升力矩系数 $c_{m_{z0}}$ 可见表 6.1 第 4、5 列。在迎角或升力系数较大时，曲线 $c_{m_z} \sim c_l$ 出现弯曲，这也与边界层分离密切相关，如图 6.37 所示。

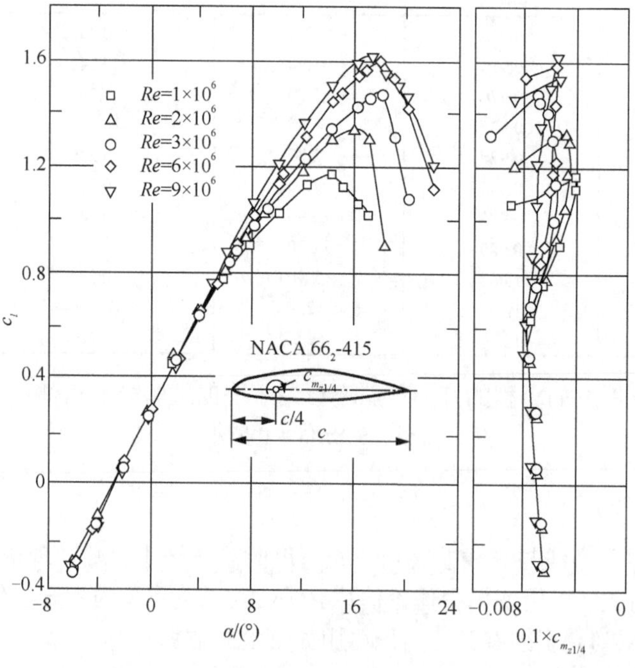

图 6.37　力矩曲线（右）

6.6.4　翼型的压心和焦点

在翼型上有两个重要的气动特性点，一个是压心，另一个是焦点（又称气动中心）。

压心是升力的作用点，即升力作用线与弦线的交点 P，见图 6.38，其弦向位置记为 x_{cp}，定义式及中小迎角范围内的公式如下：

$$\overline{x}_{\text{cp}} = \frac{x_{\text{cp}}}{c} = -\frac{c_{m_z}}{c_l} = -\frac{c_{m_{z0}}}{c_l} - c_{m_z}^{c_l} \tag{6.58}$$

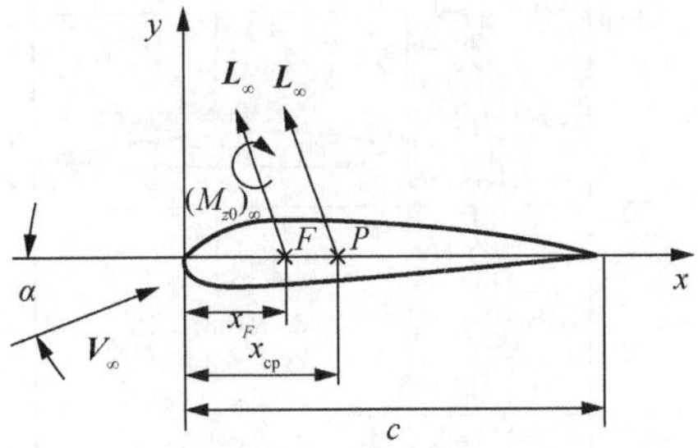

图 6.38　压心和焦点

焦点 F 是这样的一个点，无论升力系数 c_l 为何值，对该点的力矩系数值恒为 $c_{m_{z0}}$，焦点 F 弦向位置记为 x_F，如图 6.33 所示。依此定义有

$$c_{m_{zF}} = -c_l\left(\overline{x}_p - \overline{x}_F\right) = c_{m_{z0}}$$

于是得

$$\overline{x}_F = -c_{m_z}^{c_l} \tag{6.59}$$

由此可将焦点理解成迎角变化引起的升力增量的作用点。而且，易知压心 P 与焦点 F 的关系为

$$\overline{x}_{\text{cp}} = \overline{x}_F - \frac{c_{m_{z0}}}{c_l} \tag{6.60}$$

当 $c_{m_{z0}} < 0$，$c_l > 0$ 时，压心 P 位于焦点 F 之后。

6.6.5　翼型的阻力特性

低速时，翼型的阻力由黏性引起，可分为两部分：由翼面黏性切应力造成的摩擦阻力，和由边界层存在改变位流压强分布引起的压差阻力。

迎角不大时，摩擦阻力是主要的，压差阻力较小。在设计升力系数下，此时迎角不大，阻力系数称为最小阻力系数 $c_{d\min}$。

随迎角或升力系数的增大，翼面上边界层增厚，尾迹区加宽，黏性压差阻力逐渐增大为主要部分；一旦出现失速，黏性压差阻力剧增。实验结果表明，失速前近似有

$$c_{d\text{黏压}} = k\left(c_l\right)^2 \tag{6.61}$$

式中，k 为黏性压阻增量系数，可由理论或实验数据确定。

飞机设计中常用 $c_l \sim c_d$ 曲线表示翼型的升阻特性，该曲线称为极曲线，见图 6.39。

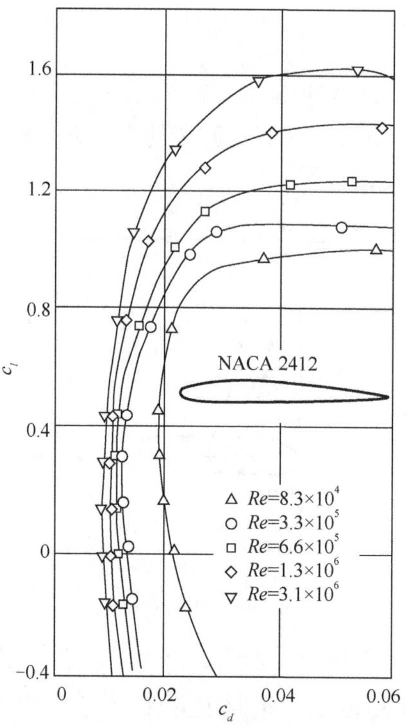

图 6.39　极曲线

升力为零时的阻力系数，称为零升阻力系数 c_{d0}，其值通常接近最小阻力系数 $c_{d\min}$，失速前极曲线近似为一条抛物线，即

$$c_d = c_{d0} + k\left(c_l\right)^2 \tag{6.62}$$

翼型的升力系数与阻力系数之比，称为翼型的升阻比，用 K 表示，即

$$K = \frac{c_l}{c_d} \tag{6.63}$$

其最大值 $K_{\max}$ 是衡量翼型升阻特性的重要指标之一，性能优良翼型的 $K_{\max}$ 可达 50 以上。

习　题

6.1　有一架低速飞机的机翼，采用了 NACA 2415 翼型，问此翼型的 $\bar{t}$ 、$\bar{f}$ 和 $\bar{x}_c$ 各等于多少？

6.2　有一个小 α 下的平板翼型绕流，作为近似将其上分布涡集中在离前缘 1/4 弦点上。试证明若取 3/4 弦点处满足边界条件，则 $c_l^\alpha = 2\pi$ (单位为rad^{-1})。

6.3　考虑小 α 下的平板翼型的绕流问题，试证明 $\gamma(\theta)$ 可以有以下两种形式的解：

（1）$\gamma(\theta) = 2V_\infty \alpha \dfrac{\cos\theta}{\sin\theta}$；　　（2）$\gamma(\theta) = 2V_\infty \alpha \dfrac{1+\cos\theta}{\sin\theta}$。

而解（1）不满足后缘条件，解（2）满足后缘条件。

6.4　有一个平板翼型，后段为1/3 弦长的平板襟翼。若襟翼下偏15°，试求当$\alpha=5^\circ$时的升力系数值。

6.5　气流以α=0° 流过一个$\overline{f}\ll 1$抛物线弯板翼型，$\overline{y}_c=4\overline{f}\,\overline{x}\left(1-\overline{x}\right)$。现将该弯板上分布的涡集中在$\overline{x}=1/8$和$\overline{x}=5/8$两点，涡强分别为$\Gamma_1$和$\Gamma_2$；再取前控制点$\overline{x}=3/8$，后控制点$\overline{x}=7/8$来满足翼面边界条件。试用此简化模型证明$c_{l0}=4\pi\overline{f}$。

6.6　有一对称低速翼型，其相对厚度为$\overline{t}=0.1$。根据薄翼型线化理论，求：迎角为$\alpha=6^\circ$时，翼型的升力系数c_l、零升力矩系数$c_{m_{z0}}$、焦点位置$\overline{x}_F$以及压力中心位置$\overline{x}_{\mathrm{cp}}$。

第 7 章　低速机翼的气动特性

机翼（wing）是飞机产生升力的最重要部件，其气动特性影响到整机的性能与飞行品质。因此，对机翼的研究在空气动力学中占有重要的地位。机翼几何参数的选取是飞机设计中首要考虑的问题之一，其决定因素不仅仅是气动特性，还与其他许多因素密切相关，如整机布局形式、结构和工艺、重量和重心、隐身性要求等。但归根结底，机翼的气动特性仍然是机翼几何参数选取的首要因素。本章讨论低速机翼的气动特性，重点介绍升力线及其相关理论，分析机翼的几何参数对气动特性的影响。有关亚声速、超声速机翼的气动特性等将在后续章节中介绍。由于飞机在飞行过程中都要经历起飞和着陆的低速阶段，届时可联系本章内容进行深入研究与学习。

7.1　机翼的几何参数

一般情况下，机翼都是左右对称的，都有一个与飞机对称面重合的对称面。为了表述机翼的几何参数，需要引入一个坐标系。这里采用如图 7.1 所示的机体坐标系：x 轴是机翼的纵轴，沿机翼对称面内翼型弦线，向后为正；y 轴是机翼的竖轴，在机翼对称面内，与 x 轴正交，向上为正；z 轴是机翼的横轴，与 x 轴和 y 轴构成右手坐标系，向左为正；坐标原点一般取在机翼头部顶点（后掠机翼），也常取在翼根四分之一弦点处（平直机翼）。

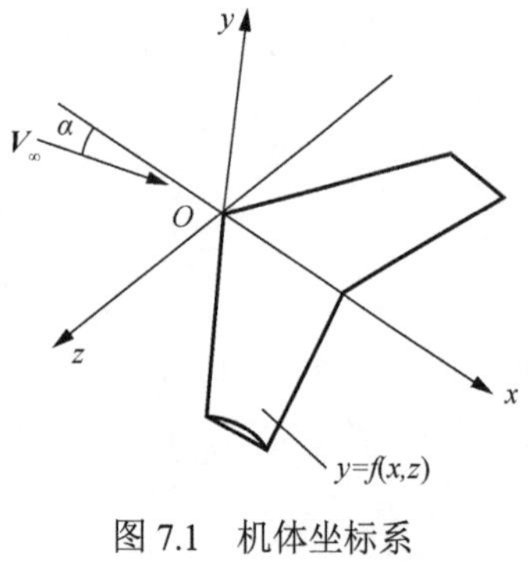

图 7.1　机体坐标系

7.1.1　平面形状和平面几何参数

机翼平面形状是指机翼在 xOz 平面上投影的形状。按平面形状的不同，机翼可分为矩形机翼、椭圆形机翼、梯形机翼、后（前）掠机翼和三角形机翼等，见图 7.2。早期低速飞机机翼大都采用矩形机翼，现在则采用梯形机翼。高速飞机则采用后掠机翼或三角机翼。

机翼平面几何参数如下。

（1）展长 l：它是机翼沿 z 方向的最大长度，通常取 l 为机翼的横向特征长度。

（2）弦长 $c(z)$：它是机翼展向翼剖面的弦长，是展向位置 z 的函数。有代表性的弦长是根弦长 $c_0(0)$ 和尖弦长 $c_1(\pm l/2)$。在气动计算上还要用到几何平均弦长 $c_{平均}$ 和气动平均弦长 c_A，其定义分别为

$$c_{平均} = \frac{S}{l} \tag{7.1a}$$

$$c_A = \frac{2}{S}\int_0^{\frac{l}{2}} c^2(z)\,\mathrm{d}z \tag{7.1b}$$

显然，$c_{平均}$ 是面积和展长都与所讨论机翼相等的当量矩形翼的弦长；而 c_A 则是半翼面质心位置处的弦长，用于纵向力矩系数的参考长度。

（3）机翼面积 S：它是机翼平面形状的面积，见图 7.3。

$$S = 2\int_0^{\frac{l}{2}} c(z)\,\mathrm{d}z \tag{7.2}$$

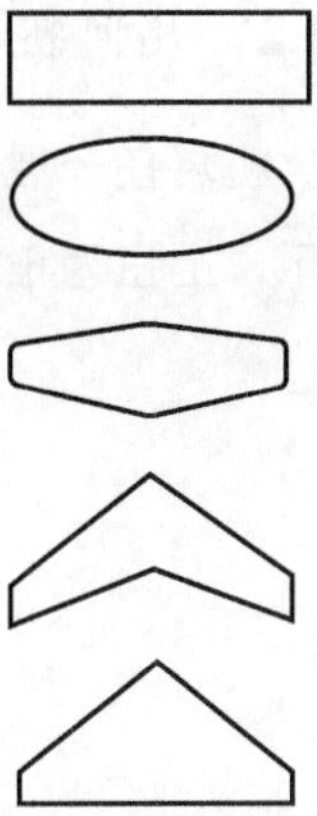

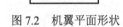

图 7.2　机翼平面形状

机翼特征（参考）面积就是指这一面积。

下面是表征机翼平面形状的两个无量纲参数和后掠角：

（1）展弦比。

$$\lambda = \frac{l^2}{S} = \frac{l}{c_{平均}} \tag{7.3}$$

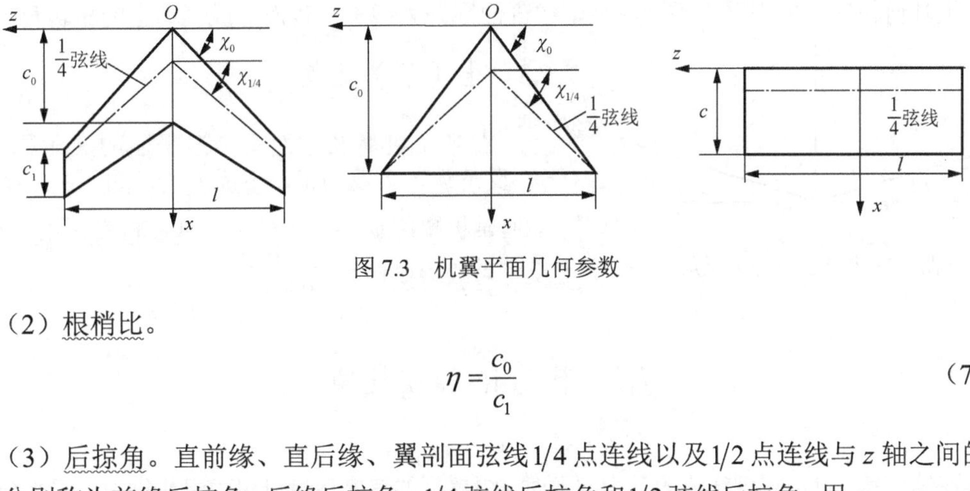

图 7.3　机翼平面几何参数

（2）根梢比。

$$\eta = \frac{c_0}{c_1} \tag{7.4}$$

（3）后掠角。直前缘、直后缘、翼剖面弦线1/4 点连线以及1/2 点连线与 z 轴之间的夹角，分别称为前缘后掠角、后缘后掠角、1/4 弦线后掠角和1/2 弦线后掠角，用 χ_0、χ_1、$\chi_{1/4}$、$\chi_{1/2}$ 来表示。χ 值的大小表示机翼后掠的程度。对于直边梯形后掠翼，λ、η、χ_0 和 $1/n$ 弦线后掠角 $\chi_{1/n}$ 之间有如下换算式：

$$\lambda\tan\chi_{1/n} = \lambda\tan\chi_0 - \frac{4}{n}\left(\frac{\eta-1}{\eta+1}\right) \tag{7.5}$$

7.1.2　几何扭转角 $\varphi_{扭}$

机翼任一展向位置处翼剖面弦线与翼根剖面弦线间的夹角，称为几何扭转角，用 $\varphi_{扭}(z)$ 表示，上扭为正，下扭为负，如图 7.4 所示。

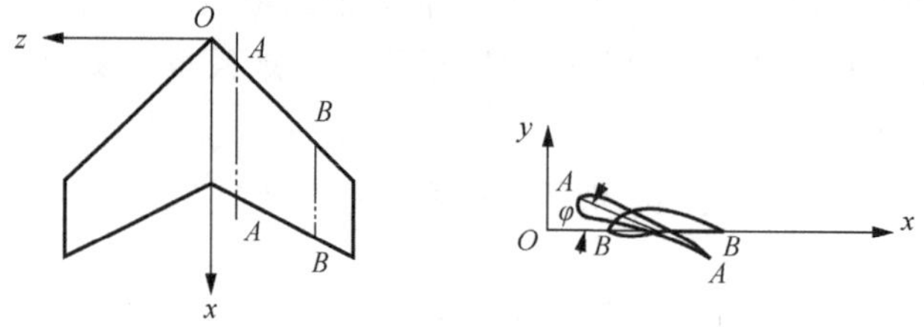

图 7.4　机翼几何扭转角

通常取尖（梢）弦处的扭转角 $\varphi_{扭1}$ 为特征扭转角。对简单的线性扭转机翼有

$$\varphi_{扭}(z)=\frac{z}{l/2}\varphi_{扭1}=\varphi_{扭1}\bar{z} \tag{7.6}$$

在机翼上，为改善某些方面的气动性能，常采用几何扭转的方法，如采用负几何扭转 $\varphi_{扭1}=-2°\sim-4°$。除几何扭转外，还可采用气动扭转。气动扭转是指虽然展向剖面弦线共面，无几何扭转，但因采用不同翼型，各剖面零升力线不一致而形成气动上的扭转角。

7.1.3　上（下）反角 ψ

左右半个机翼弦平面与 xOz 平面的夹角称为上（下）反角 ψ，上反为正，下反为负，如图 7.5 所示。

通常机翼的 $\psi=+7°\sim-3°$。低速机翼采用一定的上反角可改善横向稳定性。

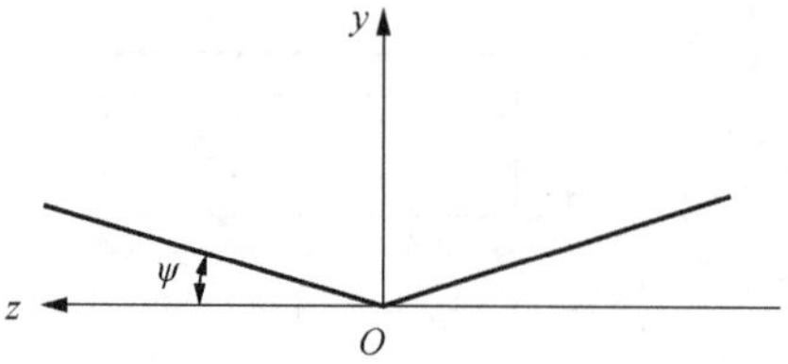

图 7.5　机翼上（下）反角

7.2　机翼的自由尾涡

在第 6 章，讨论翼型绕流的升力问题时，绕翼型的速度环量可用面涡或集中点涡来模拟。对于三维有升力情形，机翼一般会向下游拖出自由涡系，是二维翼型流动所没有的。二维翼型流动可以看作无限翼展直机翼任一剖面上的绕流。它与有限翼展直机翼任一剖面上绕流情况的主要差别在于机翼绕流存在三维效应，见图 7.6。可以看出，由于机翼的翼端效应和展向流动，会从机翼后缘有自由涡系拖出。根据毕奥-萨伐尔定理，自由涡系在翼剖面上会引起 y 方向的诱导速度，由于诱导速度是向下的，称为下洗速度。它会改变有效来流的方向，进而改变气动力分布，引起气动阻力。正是因为自由涡系在机翼上引起向下的诱导速度，对机翼的气动特性产生重要的影响，所以，这种现象在空气动力学中用专门的术语“下洗（downwash）”来称呼。在 7.3 节中，会看到下洗与诱导阻力密切相关。

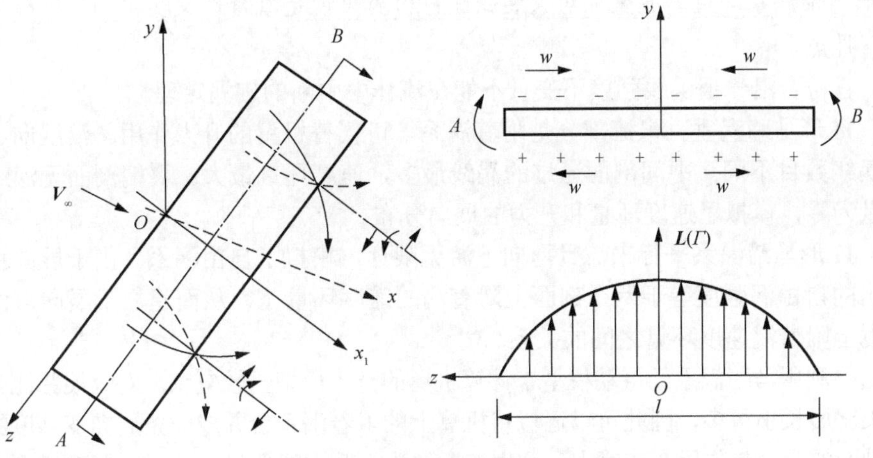

图 7.6　机翼的三维效应

7.3　大展弦比直机翼绕流的气动模型与升力线理论

7.3.1　气动模型和升力线假设

气动模型和升力线假设

按薄翼型理论，翼型的升力是迎角和弯度的贡献，可使用连续分布在中弧线（或近似分布在弦线）上，涡线两端伸向无限远的面涡来模拟，翼型的总升力是与面涡的总强度 Γ 成正比的。从升力特性看，有限展弦比直机翼与无限展长机翼的主要差别，或者说三维效应有以下两点：首先是 Γ 沿展向是变化的，$\Gamma_{z=0}=\Gamma_{\max}$，$\Gamma_{z=\pm l/2}=0$；其次是机翼后出现一个从后缘拖出的自由涡系。因此，为建立计算大展弦比直机翼小迎角下的升力特性的位流气动模型，应对翼型的气动模型进行修改。

对大展弦比机翼，自由涡系的卷起和弯曲主要发生在远离机翼的地方。为了简化，假设自由涡系既不卷起也不耗散，顺着来流方向延伸到无穷远处。因此，直匀流绕大展弦比直机翼流动的气动模型可采用

直匀流 + 附着涡面 + 自由涡面

而附着涡面和自由涡面可用无数条Π形马蹄涡来模拟，如图 7.7 所示。

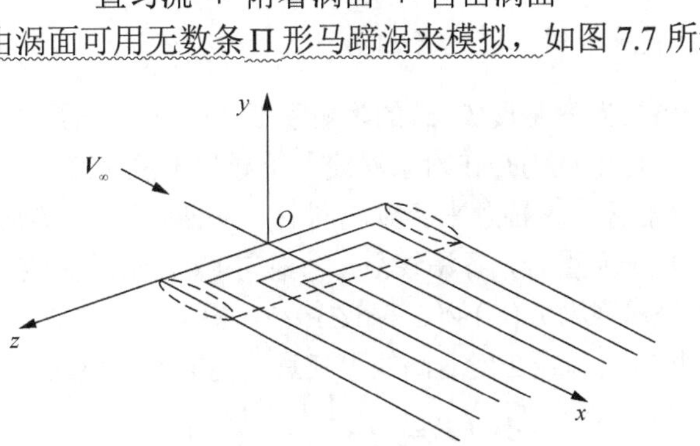

图 7.7　大展弦比直机翼涡系模型

Π形马蹄涡系与直匀流叠加对大展弦比直机翼来说是既合理又实用的气动模型，这是因为以下几点。

（1）它符合沿一根涡线强度不变且不能在流体中中断的旋涡定理。

（2）Π形马蹄涡垂直来流部分是附着涡系，可代替机翼的升力作用。沿展向各剖面上通过的涡线数目不同。中间剖面通过的涡线最多，速度环量最大；翼端剖面无涡线通过，速度环量为零，模拟了速度环量和升力的展向分布。

（3）Π形马蹄涡系平行来流且拖向下游无限远，模拟了自由涡系。由于展向相邻两剖面间拖出的自由涡强度等于两个剖面上附着涡的速度环量差，从而建立了展向自由涡线强度与机翼上附着涡速度环量之间的关系。

但是，利用马蹄涡系的气动模型来计算机翼的升力模型仍较复杂。对大展弦比直机翼，由于弦长比展长小得多，因此可以近似将机翼上的附着涡系合并成一条展向变强度的附着涡线，各剖面的升力就作用在该线上，这样的近似称为升力线假设。此时，气动模型可简化为

直匀流 ＋ 附着涡线 ＋ 自由涡面

因为低速翼型的升力增量作用在焦点处，约在1/4弦点，因此附着涡线可放在展向各剖面的1/4弦点的连线上，即为升力线。

7.3.2　升力线理论

基于升力线模型建立起来的机翼理论称为升力线理论。除了上述升力线假设，这一理论的建立还要用到“剖面流动”假设。

1. 剖面假设

有限翼展机翼上的翼剖面绕流与二维翼型绕流特征不同，其差别反映出绕机翼流动的三维效应。对大展弦比直机翼小迎角下的绕流来说，各剖面上的展向速度分量以及各流动参数沿展向的变化，比起其他两个方向上的速度分量以及流动参数变化小得多，因此可近似地把每个剖面上的流动看作二维的。而在展向不同剖面上的二维流动由于自由涡系的影响彼此又是不相同的。这种从局部剖面看是二维流动，从整个机翼全体剖面看又是三维流动的假设，称为剖面假设。剖面假设实际上是准二维流假设。机翼的λ值越大，这种假设越接近实际，当$\lambda\to\infty$时，此假设是准确的。

2. 下洗速度、下洗角、升力、诱导阻力

由于机翼已用一条展向变强度$\Gamma(z)$的附着涡线——升力线所代替，因此自由涡系在机翼上诱导的下洗速度，可以认为是在附着涡线上诱导的下洗速度。

参见图 7.8，取风轴系：x轴顺来流方向向后，y轴向上，z轴与升力线重合并指向左半翼。自由涡面与xOz平面重合，各涡线沿x轴拖向$+\infty$。附着涡线在展向位置ζ处的强度为$\Gamma(\zeta)$，在$\zeta+\mathrm{d}\zeta$处涡强为$\Gamma(\zeta)+(\mathrm{d}\Gamma/\mathrm{d}\zeta)\mathrm{d}\zeta$，根据旋涡定理，$\mathrm{d}\zeta$微段拖出的自由涡强为$(\mathrm{d}\Gamma/\mathrm{d}\zeta)\mathrm{d}\zeta$。此自由涡线在附着涡线上任意一点$z$处诱导的下洗速度为

$$\mathrm{d}v_i(z)=\frac{1}{4\pi(z-\zeta)}\frac{\mathrm{d}\Gamma}{\mathrm{d}\zeta}\mathrm{d}\zeta \tag{7.7a}$$

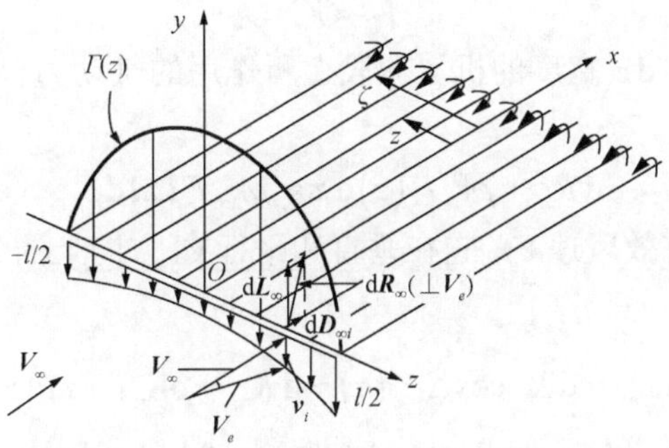

图 7.8　升力线上的下洗

图 7.8 所示情况是$\left(z-\zeta\right)>0$，$\mathrm{d}\Gamma/\mathrm{d}\zeta>0$，$\mathrm{d}v_i>0$，即向下（$\boldsymbol{v}_i$ 方向向下已在图中标示，$\mathrm{d}v_i>0$ 则$\mathrm{d}v_i$ 与图示$\boldsymbol{v}_i$ 方向相同）。整个自由涡系在 z 点产生的下洗速度为

$$v_i\left(z\right)=\frac{1}{4\pi}\int_{-\frac{l}{2}}^{\frac{l}{2}}\frac{1}{z-\zeta}\frac{\mathrm{d}\Gamma}{\mathrm{d}\zeta}\mathrm{d}\zeta \tag{7.7b}$$

由于下洗速度的存在，机翼展向每个剖面上的实际有效风速$\boldsymbol{V}_e$为无限远处来流速度$\boldsymbol{V}_\infty$与下洗速度的矢量和，有效迎角α_e也比几何迎角α减小了$\Delta\alpha_i$，$\Delta\alpha_i$ 称为下洗角，见图 7.9。

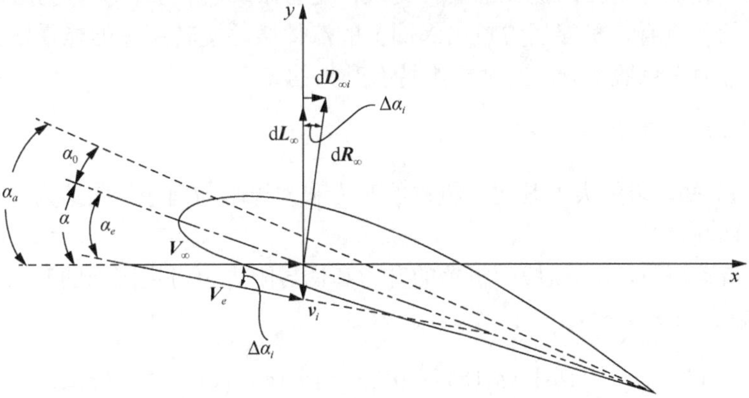

剖面上的气动力

图 7.9　翼剖面上的气动力及下洗角 $\Delta\alpha_i$

根据速度三角形，可得

$$\Delta\alpha_i=\arctan\left[\frac{v_i\left(z\right)}{V_\infty}\right] \tag{7.8a}$$

$$\alpha_e\left(z\right)=\alpha\left(z\right)-\Delta\alpha_i\left(z\right) \tag{7.8b}$$

$$V_e=\frac{V_\infty}{\cos\left[\Delta\alpha_i\left(z\right)\right]} \tag{7.8c}$$

由于$v_i\ll V_\infty$，可得

$$\Delta\alpha_i(z)\approx\frac{v_i(z)}{V_\infty}=\frac{1}{4\pi V_\infty}\int_{-\frac{l}{2}}^{\frac{l}{2}}\frac{\Gamma'}{z-\zeta}\mathrm{d}\zeta\,,\qquad \Gamma'=\frac{\mathrm{d}\Gamma}{\mathrm{d}\zeta} \tag{7.9a}$$

$$V_e \approx V_\infty \tag{7.9b}$$

根据剖面假设，展向 $\mathrm{d}z$ 宽度的机翼微段上所作用的气动力合力 $\mathrm{d}R_\infty$ 由库塔-茹科夫斯基定理确定，即

$$\mathrm{d}R_\infty = \rho V_e \Gamma(z)\mathrm{d}z \approx \rho V_\infty \Gamma(z)\mathrm{d}z$$

$\mathrm{d}\boldsymbol{R}_\infty$ 的方向垂直于有效风速 $\boldsymbol{V}_e$，它在垂直和平行 $\boldsymbol{V}_\infty$ 方向上的分量分别为升力 $\mathrm{d}\boldsymbol{L}_\infty$ 和阻力 $\mathrm{d}\boldsymbol{D}_{\infty i}$。

$$\mathrm{d}L_\infty = \mathrm{d}R_\infty \cos\Delta\alpha_i(z) \approx \mathrm{d}R_\infty = \rho V_\infty \Gamma(z)\mathrm{d}z \tag{7.10a}$$

$$\mathrm{d}D_{\infty i} = \mathrm{d}R_\infty \sin\left[\Delta\alpha_i(z)\right] \approx \mathrm{d}L_\infty \Delta\alpha_i(z) \tag{7.10b}$$

如果沿整个翼展积分，得到整个机翼的升力和阻力分别为

$$L = \rho V_\infty \int_{-\frac{l}{2}}^{\frac{l}{2}} \Gamma(z)\mathrm{d}z \tag{7.11a}$$

$$D_i = \rho V_\infty \int_{-\frac{l}{2}}^{\frac{l}{2}} \Gamma(z)\Delta\alpha_i \mathrm{d}z \tag{7.11b}$$

$\boldsymbol{D}_i$ 这个阻力在理想二维翼型上是不存在的，它是由于有限翼展机翼后面存在自由涡系而产生的，或者说，是因下洗角的出现使剖面有效迎角减小而在来流方向形成的阻力，故称为诱导阻力。此诱导阻力与流体的黏性无关，是有限翼展机翼产生升力必须付出的阻力代价。从能量的观点看，机翼后方自由涡面上的流体微团旋转所需的能量，必须由机翼提供一个附加的推力来克服诱导阻力才能维持有升力的飞行。

3. 确定 $\Gamma(z)$ 的微分-积分方程

由式（7.11）知，求解大展弦比直机翼的升力和诱导阻力问题，归结为确定速度环量沿展向分布 $\Gamma(z)$ 的问题。

根据剖面流动假设，$\mathrm{d}z$ 微段上机翼的升力和诱导阻力也可用剖面的升力系数 c_l 和诱导阻系数 c_{di} 来表示，即

$$\mathrm{d}L_\infty = c_r(z)\cos\left[\Delta\alpha_i(z)\right]\frac{1}{2}\rho V_e^2 c(z)\mathrm{d}z \approx c_l(z)\frac{1}{2}\rho V_\infty^2 c(z)\mathrm{d}z \tag{7.12a}$$

$$\mathrm{d}D_{\infty i} = c_r(z)\sin\left[\Delta\alpha_i(z)\right]\frac{1}{2}\rho V_e^2 c(z)\mathrm{d}z \approx c_{di}(z)\frac{1}{2}\rho V_\infty^2 c(z)\mathrm{d}z \tag{7.12b}$$

式中，c_r 为剖面气动力合力系数，剖面升力系数 c_l 为 c_r 在垂直 $\boldsymbol{V}_\infty$ 方向上的分量，$c_l \approx c_r$；剖面诱导阻力系数 c_{di} 为 c_r 在平行 $\boldsymbol{V}_\infty$ 方向上的分量，$c_{di} \approx c_l\Delta\alpha_i$。

由式（7.10a）和式（7.12a），或直接由剖面上升力系数的定义，可得

$$\Gamma(z) = \frac{1}{2}V_\infty c_l(z)c(z) \tag{7.13}$$

根据剖面假设，可将剖面升力系数 c_l 表示为

$$c_l(z) = c_l^\alpha(z)\left[\alpha_e(z) - \alpha_{0\infty}(z)\right] = c_l^\alpha(z)\left[\alpha(z) - \Delta\alpha_i(z) - \alpha_{0\infty}(z)\right]$$

或写成

$$c_l(z) = c_l^\alpha(z)\left[\alpha_a(z) - \Delta\alpha_i(z)\right] \tag{7.14}$$

式中，c_l^α 为翼剖面的升力线斜率；α_a 为从零升力线量起的剖面绝对迎角；$\Delta\alpha_i$ 为剖面下洗角。

将式（7.9a）代入式（7.14），可得

$$\Gamma(z)=\frac{1}{2}V_\infty c_l^\alpha c(z)\left[\alpha_a(z)-\frac{1}{4\pi V_\infty}\int_{-\frac{l}{2}}^{\frac{l}{2}}\frac{\Gamma'}{z-\zeta}\mathrm{d}\zeta\right] \tag{7.15}$$

此式即为在给定迎角和机翼几何形状条件下确定 $\Gamma(z)$ 的方程。由于 $\Gamma(z)$ 既在微分号下又在积分号下，因此它是一个微分-积分方程。这个方程只在少数特殊情况下才能得到精确的解析解，椭圆形速度环量分布是其中最重要的一种。

4. 椭圆形环量分布无扭转平直机翼的气动特性

如果机翼的速度环量分布 $\Gamma(z)$ 是椭圆形分布，则

$$\frac{\Gamma(z)}{\Gamma_0}=\sqrt{1-\left(\frac{2z}{l}\right)^2} \tag{7.16}$$

式中，Γ_0 为机翼对称平面上的最大速度环量值。

将式（7.16）代入式（7.7b），可得

$$v_i(z)=\frac{\Gamma_0}{4\pi}\int_{-\frac{l}{2}}^{\frac{l}{2}}\frac{1}{z-\zeta}\left[\frac{\mathrm{d}}{\mathrm{d}\zeta}\sqrt{1-\left(\frac{2\zeta}{l}\right)^2}\right]\mathrm{d}\zeta=\frac{\Gamma_0}{\pi l^2}\int_{-\frac{l}{2}}^{\frac{l}{2}}\frac{\zeta}{(\zeta-z)\sqrt{1-\left(\frac{2\zeta}{l}\right)^2}}\mathrm{d}\zeta \tag{7.17}$$

改写式（7.17）为

$$v_i(z)=\frac{\Gamma_0}{\pi l^2}\left[\int_{-\frac{l}{2}}^{\frac{l}{2}}\frac{(\zeta-z)}{(\zeta-z)\sqrt{1-\left(\frac{2\zeta}{l}\right)^2}}\mathrm{d}\zeta+z\int_{-\frac{l}{2}}^{\frac{l}{2}}\frac{1}{(\zeta-z)\sqrt{1-\left(\frac{2\zeta}{l}\right)^2}}\mathrm{d}\zeta\right]$$

积分得

$$v_i(z)=\frac{\Gamma_0}{\pi l^2}\left(\frac{l}{2}\pi+I\right) \tag{7.18}$$

式中

$$I=\int_{-\frac{l}{2}}^{\frac{l}{2}}\frac{z}{(\zeta-z)\sqrt{1-\left(\frac{2\zeta}{l}\right)^2}}\mathrm{d}\zeta \tag{7.19}$$

令 $z=-\frac{l}{2}\cos\varphi,\ \zeta=-\frac{l}{2}\cos\theta$，并利用公式（6.33），则式（7.19）变为

$$I=\int_0^{\pi}\frac{-\frac{l}{2}\cos\varphi\cdot\frac{l}{2}\sin\theta}{-\frac{l}{2}(\cos\theta-\cos\varphi)\sqrt{1-\cos^2\theta}}\mathrm{d}\theta$$
$$=\frac{l}{2}\cos\varphi\cdot\int_0^{\pi}\frac{1}{(\cos\theta-\cos\varphi)}\mathrm{d}\theta$$
$$=\frac{l}{2}\cos\varphi\cdot\int_0^{\pi}\frac{\cos(0\cdot\theta)}{(\cos\theta-\cos\varphi)}\mathrm{d}\theta$$
$$=\frac{l}{2}\cos\varphi\cdot\pi\frac{\sin(0\cdot\varphi)}{\sin\varphi}=0$$

把$I=0$代入式（7.18）中，可得下洗速度满足：

$$v_i(z)=\frac{\Gamma_0}{2l}\tag{7.20}$$

和下洗角满足：

$$\Delta\alpha_i(z)=\frac{v_i(z)}{V_\infty}=\frac{\Gamma_0}{2lV_\infty}\tag{7.21}$$

式（7.20）和式（7.21）说明：椭圆形速度环量分布时沿展向的下洗速度和下洗角是不变的常值。如果机翼是无扭转的，既无几何扭转也无气动扭转，则几何迎角α、零升迎角$\alpha_{0\infty}$、剖面升力线斜率c_l^α沿展向也是不变的，所以沿展向有

$$\alpha-\alpha_{0\infty}-\Delta\alpha_i=\alpha_a-\Delta\alpha_i=\text{常值}$$
$$c_l=c_l^\alpha(\alpha_a-\Delta\alpha_i)=\text{常值}$$
$$c_{di}=c_l\Delta\alpha_i=\text{常值}$$

对整个机翼则有

$$C_L=\frac{L}{\frac{1}{2}\rho V_\infty^2 S}=\frac{\int_{-\frac{l}{2}}^{\frac{l}{2}}c_l\frac{1}{2}\rho V_\infty^2 c(z)\mathrm{d}z}{\frac{1}{2}\rho V_\infty^2 S}=c_l\frac{\int_{-\frac{l}{2}}^{\frac{l}{2}}c(z)\mathrm{d}z}{S}=c_l\tag{7.22a}$$

$$C_{Di}=\frac{D_i}{\frac{1}{2}\rho V_\infty^2 S}=\frac{\int_{-\frac{l}{2}}^{\frac{l}{2}}c_{di}\frac{1}{2}\rho V_\infty^2 c(z)\mathrm{d}z}{\frac{1}{2}\rho V_\infty^2 S}=c_{di}\tag{7.22b}$$

式（7.22）说明，椭圆形速度环量分布无扭转平直机翼的C_L和C_{Di}就等于对应的剖面值。

现在来求椭圆形速度环量分布平直翼的气动系数表达式。根据升力定理和式（7.11a），可得

$$C_L=\frac{2}{V_\infty S}\int_{-\frac{l}{2}}^{\frac{l}{2}}\Gamma(z)\mathrm{d}z=\frac{2\Gamma_0}{V_\infty S}\int_{-\frac{l}{2}}^{\frac{l}{2}}\sqrt{1-\left(\frac{2z}{l}\right)^2}\,\mathrm{d}z=\frac{\Gamma_0\pi l}{2V_\infty S}\tag{7.23a}$$

即

$$\Gamma_0 = C_L \frac{2V_\infty S}{\pi l} \tag{7.23b}$$

而

$$\Delta\alpha_i = \frac{v_i}{V_\infty} = \frac{\Gamma_0}{2lV_\infty} = \frac{C_L}{\pi\lambda} \tag{7.24}$$

故

$$c_l = c_l^\alpha\left(\alpha_a - \Delta\alpha_i\right) = c_l^\alpha\left(\alpha_a - \frac{C_L}{\pi\lambda}\right) = c_l^\alpha\left(\alpha_a - \frac{c_l}{\pi\lambda}\right)$$

或

$$c_l = \frac{c_l^\alpha}{1+\dfrac{c_l^\alpha}{\pi\lambda}}\alpha_a$$

因为 $C_L = C_L^\alpha \alpha_a = c_l$，所以机翼的升力线斜率可表示为

$$C_L^\alpha = \frac{c_l^\alpha}{1+\dfrac{c_l^\alpha}{\pi\lambda}} < c_l^\alpha \tag{7.25}$$

而

$$C_{Di} = C_L \Delta\alpha_i = \frac{C_L^2}{\pi\lambda} \tag{7.26}$$

由此可看出：椭圆速度环量分布平直机翼在气动特性上与无限翼展机翼的差别有以下两点：

（1）$C_L^\alpha < c_l^\alpha$，即有限翼展机翼的升力线斜率小于无限翼展机翼，λ 值越小下降得越多。为增大机翼的 C_L^α 值应尽量采用大 λ 值。

（2）有限翼展机翼有诱导阻力产生，C_{Di} 与 $\left(C_L\right)^2$ 成正比，与 λ 成反比。当 C_L 值一定时，增大 λ 值可减小 C_{Di} 值。

下面来求椭圆形速度环量分布所对应的机翼平面形状，即弦长分布 $c(z)$。由式（7.13）可得

$$c_l(z)c(z) = \frac{2\Gamma(z)}{V_\infty}$$

在对称平面上则

$$c_l(0)c_0 = \frac{2\Gamma_0}{V_\infty}$$

由于椭圆形速度环量分布无扭转机翼的 $c_l(z) =$ 常值，故

$$\frac{c(z)}{c_0} = \frac{\Gamma(z)}{\Gamma_0} = \sqrt{1-\left(\frac{2z}{l}\right)^2} \tag{7.27}$$

式（7.27）表明，椭圆形速度环量分布无扭转机翼的展向弦长分布也是椭圆形的，称为椭圆形机翼。由于升力线是取在展向剖面 1/4 弦点的连线上，因此该椭圆是以 $l/2$ 为长轴，分别取 $c_0/4$ 和 $3c_0/4$ 为短轴的两个半椭圆合并而成的“椭圆形”，见图 7.10。

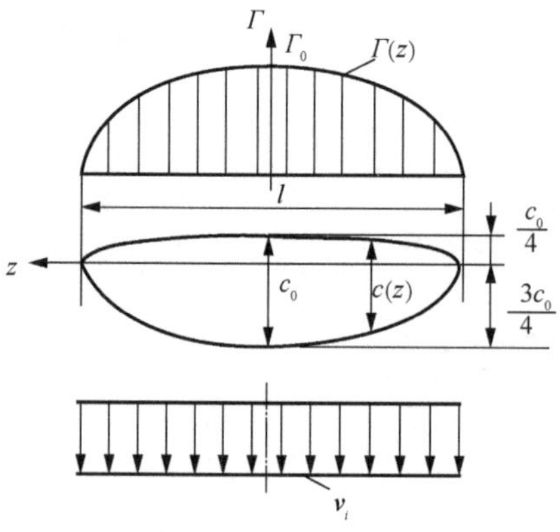

图 7.10　椭圆形机翼

5. 一般平面形状大展弦比直机翼的气动特性

椭圆形机翼的速度环量分布是椭圆形的，这是升力线理论中最为简单的解析解。虽然根据升力线理论可证明椭圆翼是相同展弦比下具有最佳升阻特性的平面形状，但因结构和工艺上的复杂性现已极少采用，目前广泛采用矩形翼和梯形翼。使用升力线理论在给定迎角下求解这些非椭圆翼的 $\Gamma(z)$ 可使用三角级数法。

1）$\Gamma(z)$ 的三角级数法

与薄翼型理论中求 $\gamma(x)$ 的方法类似，先进行变量变换，令

$$z=-\frac{l}{2}\cos\theta\,,\quad \zeta=-\frac{l}{2}\cos\theta_1 \tag{7.28}$$

则式（7.15）变为

$$\Gamma(\theta)=\frac{V_\infty}{2}c_l^\alpha c(\theta)\left[\alpha_a(\theta)+\frac{1}{2\pi V_\infty l}\int_0^\pi\frac{1}{\cos\theta-\cos\theta_1}\frac{\mathrm{d}\Gamma}{\mathrm{d}\theta_1}\mathrm{d}\theta_1\right] \tag{7.29}$$

再将 $\Gamma(\theta)$ 展成如下三角级数：

$$\Gamma(\theta)=2lV_\infty\sum_{n=1}^{\infty}A_n\sin(n\theta) \tag{7.30}$$

因为 $\Gamma(0)=\Gamma(\pi)=0$，所以这里只取三角级数的正弦项。又因为机翼上速度环量分布关于 $z=0$ 是左右对称的，应有 $\Gamma(\theta)=\Gamma(\pi-\theta)$，所以 n 为偶数的诸级数项应为零。这样，式（7.30）可表达为

$$\Gamma(\theta)=2lV_\infty\sum_{n=1}^{\infty}A_{2n-1}\sin\left[(2n-1)\theta\right] \tag{7.31}$$

只要级数保留足够多的项数 n 和选取相应系数，就可近似表示实际速度环量分布。将式（7.31）代入式（7.29），可得

$$\begin{aligned}&2lV_\infty\sum_{n=1}^{\infty}A_{2n-1}\sin\left[(2n-1)\theta\right]\\&=\frac{1}{2}V_\infty c_l^\alpha(\theta)c(\theta)\left(\alpha_a(\theta)+\frac{1}{\pi}\int_0^\pi\frac{1}{\cos\theta-\cos\theta_1}\frac{\mathrm{d}}{\mathrm{d}\theta_1}\left\{\sum_{n=1}^{\infty}A_{2n-1}\sin\left[(2n-1)\theta_1\right]\right\}\mathrm{d}\theta_1\right)\end{aligned}$$

交换上式等号右端最后一项微分号和求和号的顺序，并由定积分公式（6.33）可得

$$2lV_\infty\sum_{n=1}^{\infty}A_{2n-1}\sin\left[(2n-1)\theta\right]=\frac{1}{2}V_\infty c_l^\alpha(\theta)c(\theta)\left\{\alpha_a(\theta)-\frac{\sum\limits_{n=1}^{\infty}(2n-1)A_{2n-1}\sin\left[(2n-1)\theta\right]}{\sin\theta}\right\}$$

或改写为

$$c_l^{\alpha}(\theta)c(\theta)\sum_{n=1}^{\infty}(2n-1)A_{2n-1}\sin\left[(2n-1)\theta\right]+4l\sin\theta\sum_{n=1}^{\infty}A_{2n-1}\sin\left[(2n-1)\theta\right]$$
$$=c_l^{\alpha}(\theta)c(\theta)\alpha_a(\theta)\sin\theta \tag{7.32a}$$

定义 $f(\theta)=\dfrac{c_l^{\alpha}(\theta)c(\theta)}{4l}$，则式（7.32a）又可写成

$$f(\theta)\alpha_a(\theta)\sin\theta=\sum_{n=1}^{\infty}A_{2n-1}\sin\left[(2n-1)\theta\right]\left[f(\theta)(2n-1)+\sin\theta\right] \tag{7.32b}$$

下面的问题是如何确定诸系数 A_1、A_3、A_5 等。一般说，取三角级数的 4 项已可近似表示实际的速度环量分布，只有当要求很高时需要多取项数。以取 4 项为例，在 $\theta=0\sim\pi/2$ 间取 4 个 θ 值（对应右半翼 4 个剖面），代入式（7.32b）即可得到 A_1、A_3、A_5、A_7 的 4 个代数方程，此时 $\Gamma(\theta)$ 及相应各奇数项贡献如图 7.11 所示。

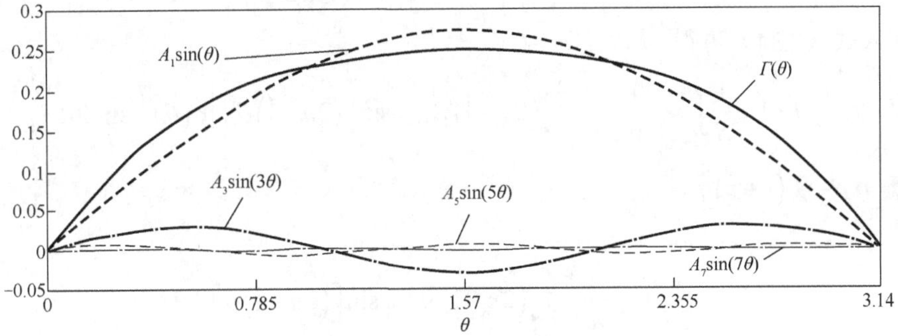

图 7.11　$\Gamma(\theta)$ 的合成

最后可指出，椭圆形速度环量分布是式（7.30）只取一项的最简单的情况，即

$$\Gamma(\theta)=2V_{\infty}lA_1\sin\theta$$

$$\Gamma(z)=2V_{\infty}lA_1\sqrt{1-\left(\frac{2z}{l}\right)^2}$$

即

$$\frac{\Gamma(z)}{\Gamma(0)}=\sqrt{1-\left(\frac{2z}{l}\right)^2}$$

2）气动力系数公式

有了 $\Gamma(z)$ 的三角级数解，不难求得 C_L 和 C_{Di} 的数学表达式。

（1）升力系数 C_L 的表达式

$$C_L=\frac{2}{V_{\infty}S}\int_{-\frac{l}{2}}^{\frac{l}{2}}\Gamma(z)\,\mathrm{d}z=\frac{4l}{S}\int_0^{\pi}\sum_{n=1}^{\infty}A_{2n-1}\sin\left[(2n-1)\theta\right]\frac{l}{2}\sin\theta\,\mathrm{d}\theta$$
$$=\frac{2l^2}{S}\int_0^{\pi}\sum_{n=1}^{\infty}A_{2n-1}\sin\left[(2n-1)\theta\right]\sin\theta\,\mathrm{d}\theta \tag{7.33}$$
$$=\pi\lambda A_1$$

这里交换了求和与积分的次序，并利用了公式：当$n \neq 1$时$\int_0^{\pi} \sin(n\theta)\sin\theta \, d\theta = 0$；当$n = 1$时，$\int_0^{\pi} \sin^2\theta \, d\theta = \frac{\pi}{2}$。

由式（7.33）可见，C_L只与级数第一项系数A_1有关，其余系数只改变Γ的分布，但不改变C_L的值。

另外，无扭转机翼的C_L又可表示为

$$C_L = \frac{1}{S}\int_{-\frac{l}{2}}^{\frac{l}{2}} c_l(z)c(z)\,dz = c_l^{\alpha}\left[\alpha_a - \frac{1}{S}\int_{-\frac{l}{2}}^{\frac{l}{2}} \Delta\alpha_i(z)c(z)\,dz\right] \tag{7.34}$$

而

$$\Delta\alpha_i(\theta) = \frac{1}{\sin\theta}\sum_{n=1}^{\infty}(2n-1)A_{2n-1}\sin\left[(2n-1)\theta\right] = A_1\left[1 + \frac{1}{A_1\sin\theta}\sum_{n=2}^{\infty}(2n-1)A_{2n-1}\sin\left[(2n-1)\theta\right]\right]$$

将此式代入式（7.34）可得

$$\begin{aligned} C_L &= c_l^{\alpha}\left(\alpha_a - A_1\left\{1 + \frac{1}{S}\int_0^{\pi}\frac{1}{A_1\sin\theta}\left[\sum_{n=2}^{\infty}(2n-1)A_{2n-1}\sin\left[(2n-1)\theta\right]\right]c(\theta)\frac{l}{2}\sin\theta\,d\theta\right\}\right) \\ &= c_l^{\alpha}\left[\alpha_a - A_1(1+\tau)\right] \end{aligned} \tag{7.35}$$

式中

$$\tau = \frac{l}{2S}\int_0^{\pi}\frac{c(\theta)}{A_1}\sum_{n=2}^{\infty}(2n-1)A_{2n-1}\sin\left[(2n-1)\theta\right]d\theta \tag{7.36}$$

是一个与机翼平面形状有关的小量。

将$A_1 = C_L/(\pi\lambda)$代入式（7.35）可得

$$C_L = \frac{c_l^{\alpha}}{1 + \frac{c_l^{\alpha}}{\pi\lambda}(1+\tau)}\alpha_a \tag{7.37a}$$

$$C_L^{\alpha} = \frac{\partial C_L}{\partial \alpha_a} = \frac{c_l^{\alpha}}{1 + \frac{c_l^{\alpha}}{\pi\lambda}(1+\tau)} \tag{7.37b}$$

（2）诱导阻力系数C_{Di}的表达式

$$\begin{aligned} C_{Di} &= \frac{2}{V_{\infty}S}\int_{-\frac{1}{2}}^{\frac{1}{2}}\Gamma(z)\Delta\alpha_i(z)\,dz \\ &= \frac{2l^2}{S}\int_0^{\pi}\left[\sum_{m=1}^{\infty}(2m-1)A_{2m-1}\sin\left[(2m-1)\theta\right] \times \sum_{n=1}^{\infty}A_{2n-1}\sin\left[(2n-1)\theta\right]\right]d\theta \end{aligned}$$

当两个无穷级数相乘时，为避免混淆，$\Delta\alpha_i$中的n改写为m，应用如下公式：

$$\int_0^{\pi}\sin(m\theta)\sin(n\theta)\,d\theta = \begin{cases} \frac{\pi}{2}, & m = n \\ 0, & m \neq n \end{cases}$$

则最后可得C_{Di}的表达式为

$$C_{Di}=\pi\lambda\sum_{n=1}^{\infty}(2n-1)A_{2n-1}^{2}=\frac{C_L^2}{\pi\lambda}\frac{\sum_{n=1}^{\infty}(2n-1)A_{2n-1}^{2}}{A_1^2}=\frac{C_L^2}{\pi\lambda}(1+\delta) \tag{7.38}$$

式中

$$\delta=\sum_{n=2}^{\infty}\frac{(2n-1)A_{2n-1}^{2}}{A_1^2}=\frac{3A_3^2}{A_1^2}+\frac{5A_5^2}{A_1^2}+\frac{7A_7^2}{A_1^2}+\cdots \tag{7.39}$$

为与平面形状有关的另一个小正数。

从式（7.37）和式（7.38）可以看到，对椭圆形机翼，$A_3=A_5=A_7=\cdots=0$ 故 $\delta=\tau=0$；而非椭圆形机翼，$\tau>0,\delta>0$，因此，可得重要结论：椭圆形机翼的 C_L 最大，相同 C_L 下的 C_{Di} 最小，是升阻特性最佳的平面形状。

3）一般平面形状大展弦比平直机翼的气动特性

任意平面形状大展弦比直机翼的下洗角和气动特性，如 $\Delta\alpha_i$、C_L 和 C_{Di}，均可在椭圆机翼的计算公式的基础上通过 τ 和 δ 的修正而求得，即

$$\Delta\alpha_i=\frac{C_L}{\pi\lambda}(1+\tau) \tag{7.40a}$$

$$C_L=\frac{c_l^\alpha}{1+\frac{c_l^\alpha}{\pi\lambda}(1+\tau)}\alpha_a \tag{7.40b}$$

$$C_{Di}=\frac{C_L^2}{\pi\lambda}(1+\delta) \tag{7.40c}$$

式中，$\Delta\alpha_i$ 为展向平均下洗角；τ 和 δ 是非椭圆速度环量分布的修正系数，取决于平面形状，展弦比 λ 等，可使用三角级数法计算。

4）不同 λ 值机翼气动特性的换算

如果有两个大展弦比直机翼，它们由同一翼型组成，但展弦比分别为 λ_1 和 λ_2，则根据升力线理论可将其升力特性曲线 C_L-α 和诱阻系数分别互相换算。升力线理论的这方面应用对利用已有机翼气动实验数据推算待求机翼的气动特性有重要价值。

由式（7.37a）可得机翼的绝对迎角为

$$\alpha_a=\frac{C_L}{c_l^\alpha}+\frac{C_L}{\pi\lambda}(1+\tau)$$

式中，$C_L/c_l^\alpha=\alpha_{a\infty}$，为无限翼展机翼在相同 C_L 下的绝对迎角。故在相同 C_L 下有

$$(\alpha_a)_{\lambda_2}=(\alpha_a)_{\lambda_1}+\frac{C_L}{\pi}\left(\frac{1+\tau_2}{\lambda_2}-\frac{1+\tau_1}{\lambda_1}\right) \tag{7.41a}$$

根据式（7.41a）可将 λ_1 机翼的 C_L-α 曲线换算到 λ_2 机翼上，见图 7.12。

利用式（7.37b），还可以对 C_L^α 进行直接换算。利用两机翼的翼型升力线斜率 c_l^α 值相等的条件，可得

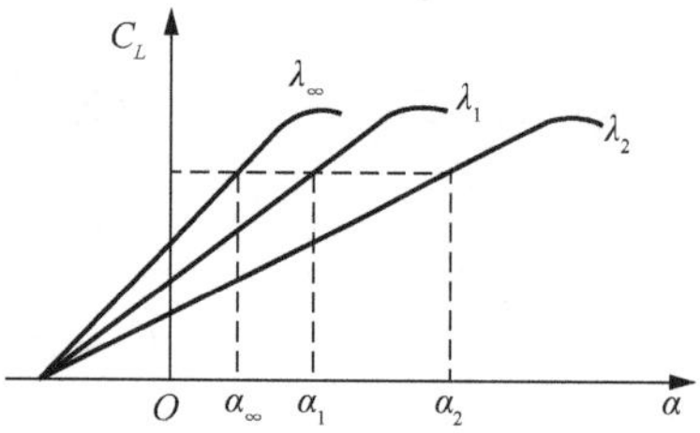

图 7.12　不同 λ 值 C_L-α 曲线换算

$$c_l^\alpha = \frac{\left(C_L^\alpha\right)_{\lambda_1}}{1-\dfrac{\left(C_L^\alpha\right)_{\lambda_1}}{\pi\lambda_1}(1+\tau_1)} = \frac{\left(C_L^\alpha\right)_{\lambda_2}}{1-\dfrac{\left(C_L^\alpha\right)_{\lambda_2}}{\pi\lambda_2}(1+\tau_2)} \tag{7.41b}$$

通过此式可将 $\left(C_L^\alpha\right)_{\lambda_1}$ 换算到 $\left(C_L^\alpha\right)_{\lambda_2}$，并可得到 λ_2 机翼的升力特性曲线 C_L-α。

同样，由式（7.40c）可以得到相同机翼升力系数 C_L 下机翼诱阻系数 C_{Di} 的换算公式为

$$\left(C_{Di}\right)_{\lambda_2} = \left(C_{Di}\right)_{\lambda_1} + \frac{C_L^2}{\pi}\left(\frac{1+\delta_2}{\lambda_2} - \frac{1+\delta_1}{\lambda_1}\right) \tag{7.42}$$

以上换算的正确性已被实验所证实。图 7.13（a）是 $\lambda=1\sim7$ 矩形机翼的 C_L-α 实验曲线。图 7.13（b）是将图 7.13（a）上所有 C_L-α 曲线按式（7.41）换算到 $\lambda=5$ 的情况，各 λ 值下的实验点与 $\lambda=5$ 曲线的重合性是相当好的。图 7.14 是 $\lambda=1\sim7$ 矩形翼的极曲线 C_L-C_D 按式（7.42）换算到 $\lambda=5$ 的情况，重合性也良好。

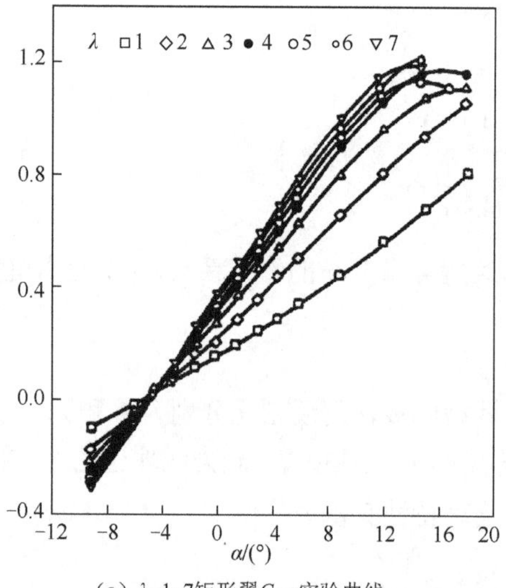

（a）λ=1~7矩形翼C_L-α实验曲线

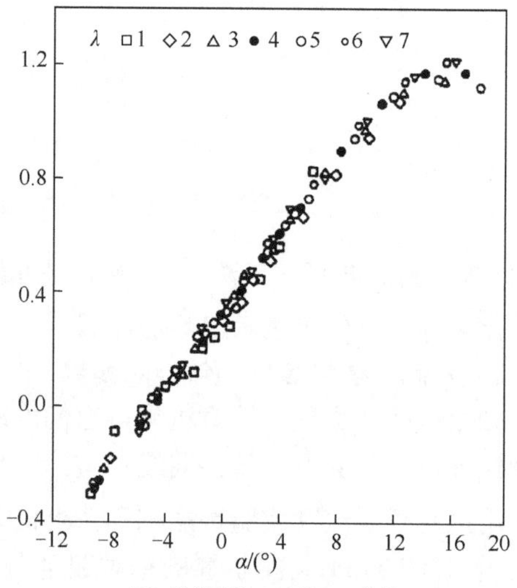

（b）换算到λ=5时的C_L-α曲线

图 7.13　C_L-α 曲线的换算

5）升力线理论的应用范围

升力线理论是一种大展弦比直机翼的近似位流理论，它的突出优点是可以明确地给出机翼平面参数，如展弦比 λ、根梢比 η 对气动特性，速度环量分布 $\Gamma(z)$、剖面升力系数 $c_l(z)$、机翼升力线斜率 C_L^α、诱导阻力系数 C_{Di} 等的影响。实际计算结果表明，在黏性影响不大的中小迎角下，一般只要展弦比 $\lambda \geqslant 5$，1/4 弦线后掠角 $\chi_{1/4} \leqslant 20°$，翼型升力线斜率 c_l^α 取得较准确，则升力线理论结果与实验值符合得令人满意。图 7.15 给出了 $\lambda=9$、$\eta=2.5$、翼型为 NACA65-210 的梯形翼，使用升力线理论计算出的 C_L-α 曲线与实验曲线的比较。

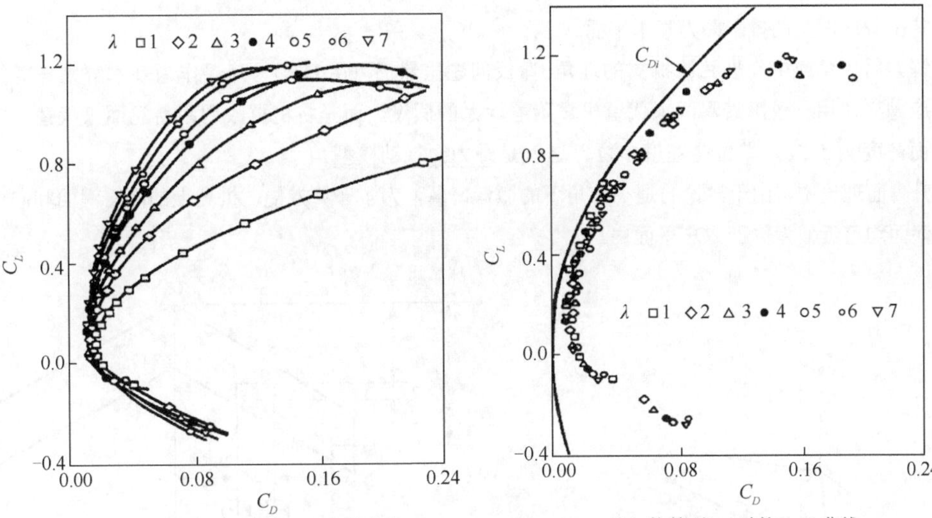

(a) λ=1~7矩形翼C_L-C_D实验曲线　　(b) 换算到λ=5时的C_L-C_D曲线

图 7.14　C_L-C_D 曲线的换算

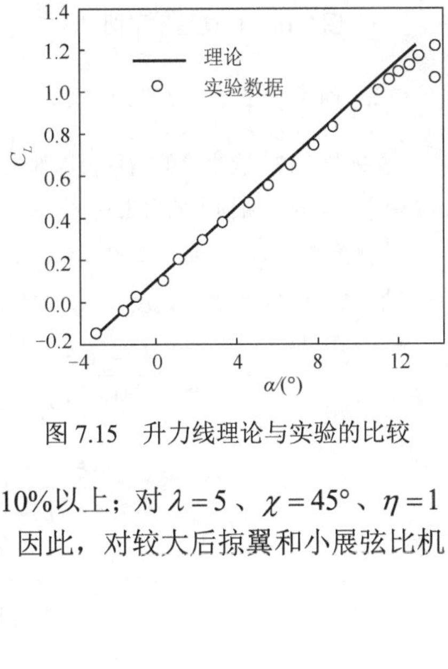

图 7.15　升力线理论与实验的比较

从图 7.15 可看到，C_L-α 理论曲线在不是大迎角下与实验十分吻合，但在大迎角下理论值高于实验值，这是黏性影响所致；理论上 $C_{Di} \propto C_L$，与实验值变化趋势一致，见图 7.14。因此，升力线理论为大展弦比直机翼气动设计中的参数选择和性能计算提供了良好的理论依据。

但是，升力线理论的应用有一定的范围。首先，由于没有计及空气的黏性，故不能用到大迎角下机翼有明显分离的情况。另外，它也不能用到 $\chi_{1/4} > 20°$ 的后掠翼和 $\lambda < 5$ 的中小展弦比机翼上，其原因是升力线模型和剖面假设已不再正确。例如，对 $\lambda < 4$ 的矩形翼，使用升力线理论算出的 C_L^{α} 已比准确的升力面理论值高 10%以上；对 $\lambda = 5$、$\chi = 45°$、$\eta = 1$ 的后掠翼，升力线理论值大约比升力面理论值高 20%。因此，对较大后掠翼和小展弦比机翼的位流气动特性应采用升力面理论或其他理论计算。

*7.4　升力面理论及涡格法

7.4.1　升力面理论

对后掠角较大或展弦比较小的机翼，升力线理论和剖面假设均已不能正确地表达实际流动情况和计算其气动特性，而必须改用升力面理论来计算。

1. 升力面气动模型

图 7.16 表示来流 V_∞ 以小迎角流过一个微弯薄翼的情况，取风轴系 $Oxyz$，机翼上下表面与 xOz 平面很

靠近，其在 xOz 面上的投影即为基本平面。

求解大后掠角或中小展弦比机翼的迎角-弯板问题虽然仍可用 Π 形马蹄涡作为基本解来与直匀流叠加，但应抛弃使用一条附着涡线来代替机翼附着涡系的假设，而是将机翼改用附着涡面来代替，此时涡密度是面密度 $\gamma(\xi,\zeta)$，单位是速度单位。这就是升力面气动模型。

在升力面理论中，由于讨论的是小迎角下的微弯薄翼，为了计算方便，机翼上的附着涡面和向后拖出的自由涡面均可近似为位于 xOz 平面内。

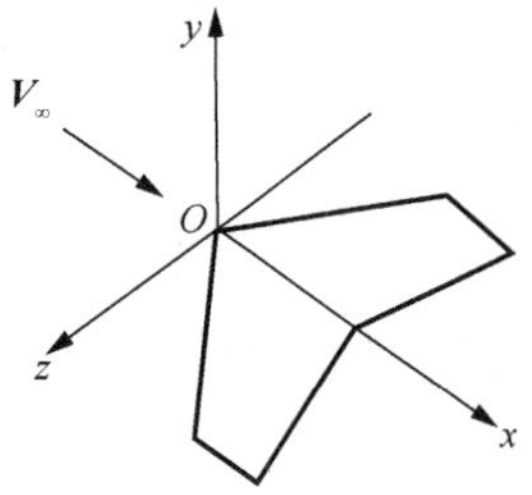

图 7.16　机翼基本平面

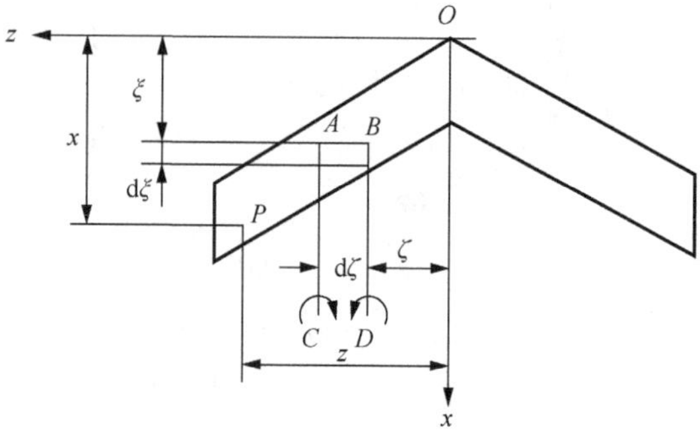

图 7.17　基本平面上布涡

2. 确定 $\gamma(\xi,\zeta)$ 的积分方程

参见图 7.17，在机翼的 xOz 投影面上任取微元面积 $\mathrm{d}\xi\mathrm{d}\zeta$，其上附着涡 AB 的强度为 $\gamma\mathrm{d}\xi$，从附着涡 AB 两个角点向下游伸出的自由涡 AC 和 BD，强度也为 $\gamma\mathrm{d}\xi$，两者方向相反，且顺来流方向拖向无穷远。

在机翼投影面上任取一点 $P(x,z)$，附着涡段 AB 和自由涡 AC 与 BD 在点 P 引起的诱导速度可用毕奥-萨伐尔公式计算，设诱导速度以 y 方向为正，即

$$
\begin{aligned}
(\mathrm{d}v_i)_{AB} &= \frac{-\gamma\mathrm{d}\xi}{4\pi(x-\xi)}\left[\frac{z-\zeta}{\sqrt{(x-\xi)^2+(z-\zeta)^2}}-\frac{z-\zeta-\mathrm{d}\zeta}{\sqrt{(x-\xi)^2+(z-\zeta-\mathrm{d}\zeta)^2}}\right] \\
&= \frac{\gamma\mathrm{d}\xi}{4\pi(x-\xi)}\frac{\partial}{\partial\zeta}\left[\frac{z-\zeta}{\sqrt{(x-\xi)^2+(z-\zeta)^2}}\right]\mathrm{d}\zeta \\
&= -\frac{\gamma\mathrm{d}\xi}{4\pi}\frac{x-\xi}{\left[(x-\xi)^2+(z-\zeta)^2\right]^{3/2}}\mathrm{d}\zeta
\end{aligned}
\tag{7.43}
$$

$$
(\mathrm{d}v_i)_{AC} = \frac{\gamma\mathrm{d}\xi}{4\pi(z-\zeta-\mathrm{d}\zeta)}\left[1+\frac{x-\xi}{\sqrt{(x-\xi)^2+(z-\zeta-\mathrm{d}\zeta)^2}}\right] \tag{7.44a}
$$

$$
(\mathrm{d}v_i)_{BD} = \frac{-\gamma\mathrm{d}\xi}{4\pi(z-\zeta)}\left[1+\frac{x-\xi}{\sqrt{(x-\xi)^2+(z-\zeta)^2}}\right] \tag{7.44b}
$$

翼面上全部附着涡和自由涡系在 P 点的诱导速度为对 $S_{风}$ 积分，即

$$
v_i(x,z) = \iint_{S_{风}}\left[(\mathrm{d}v_i)_{AB}+(\mathrm{d}v_i)_{AC}+(\mathrm{d}v_i)_{BD}\right]
$$

式中，$S_{风}$ 是机翼在风轴系 xOz 平面上的投影面积，$S_{风}\approx S$，又因为

$$
\begin{aligned}
(\mathrm{d}v_i)_{AC}+(\mathrm{d}v_i)_{BD} &= -\frac{\gamma\,\mathrm{d}\xi}{4\pi}\left[\frac{1}{(z-\zeta)}-\frac{1}{(z-\zeta-\mathrm{d}\zeta)}\right] \\
&\quad -\frac{\gamma\,\mathrm{d}\xi(x-\xi)}{4\pi}\left[\frac{1}{(z-\zeta)\sqrt{(x-\xi)^2+(z-\zeta)^2}}-\frac{1}{(z-\zeta-\mathrm{d}\zeta)\sqrt{(x-\xi)^2+(z-\zeta-\mathrm{d}\zeta)^2}}\right] \\
&= \frac{\gamma\,\mathrm{d}\xi}{4\pi}\frac{\partial}{\partial\zeta}\left(\frac{1}{z-\zeta}\right)\mathrm{d}\zeta+\frac{\gamma\,\mathrm{d}\xi(x-\xi)}{4\pi}\frac{\partial}{\partial\zeta}\left[\frac{1}{(z-\zeta)\sqrt{(x-\xi)^2+(z-\zeta)^2}}\right]\mathrm{d}\zeta \\
&= \frac{\gamma\,\mathrm{d}\xi\,\mathrm{d}\zeta}{4\pi(z-\zeta)^2}+\frac{\gamma\,\mathrm{d}\xi(x-\xi)\,\mathrm{d}\zeta}{4\pi(z-\zeta)^2\sqrt{(x-\xi)^2+(z-\zeta)^2}} \\
&\quad +\frac{\gamma\,\mathrm{d}\xi(x-\xi)}{4\pi(z-\zeta)}\frac{(z-\zeta)\,\mathrm{d}\zeta}{\left[\sqrt{(x-\xi)^2+(z-\zeta)^2}\right]^{3/2}}
\end{aligned}
$$

故最后得

$$
v_i(x,z)=\frac{1}{4\pi}\iint_S\frac{\gamma(\xi,\zeta)}{(z-\zeta)^2}\left[1+\frac{x-\xi}{\sqrt{(x-\xi)^2+(z-\zeta)^2}}\right]\mathrm{d}\xi\,\mathrm{d}\zeta \tag{7.45}
$$

下面来考察物面边界条件，如用 $y=y(x,z)$ 来表示机翼中弧面方程，则位流边界条件可写为

$$
(V_n)_{面}=\left(u\frac{\partial y}{\partial x}-v+w\frac{\partial y}{\partial z}\right)_{面}=0 \tag{7.46}
$$

小迎角下微弯薄翼的绕流是小扰动位流，式（7.46）可在小扰动假设下加以线化。在风轴坐标系下，流场内任一点处的速度分量可写为

$$
u=V_\infty+u_{扰}\,,\quad v=v_{扰}\,,\quad w=w_{扰}
$$

式中，$u_{扰}$、$v_{扰}$ 和 $w_{扰}$ 分别表示扰动速度分量。在小扰动条件下，y、$\partial y/\partial x$、$\partial y/\partial z$、$u_{扰}$、$v_{扰}$ 和 $w_{扰}$ 均可视为一阶小量，并可取近似在 $y=0$ 平面上满足机翼边界条件，即根据泰勒级数表示式有

$$
v_{面}=(v)_{y=0}+\left(\frac{\partial v}{\partial y}\right)_{y=0}\mathrm{d}y+\cdots
$$

则式（7.46）可线化为

$$
(v_i)_{y=0}=V_\infty\frac{\partial y}{\partial x} \tag{7.47}
$$

将式（7.47）代入（7.45），最后得

$$
\frac{\partial y}{\partial x}=\frac{1}{4\pi V_\infty}\iint_S\frac{\gamma(\xi,\zeta)}{(z-\zeta)^2}\left[1+\frac{x-\xi}{\sqrt{(x-\xi)^2+(z-\zeta)^2}}\right]\mathrm{d}\xi\,\mathrm{d}\zeta \tag{7.48}
$$

式（7.48）称为升力面方程，它就是确定 $\gamma(\xi,\zeta)$ 的积分方程。原则上说，只要能通过数学方法解得 $\gamma(\xi,\zeta)$ 的表达式，即可求得机翼的气动特性。

7.4.2 涡格法

升力面理论与涡格法

1. 涡格模型

用解析方法解升力面方程比较困难，目前多采用数值计算法求解。涡格法是升力面理论中一种比较实

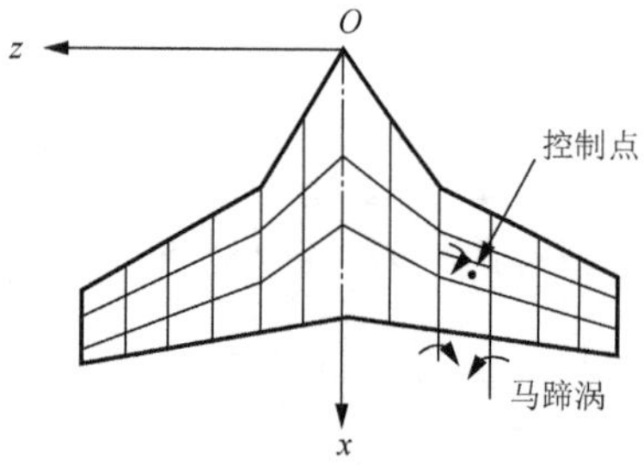

图 7.18　涡格模型

用的数值计算方法。它所采用的计算模型是：沿展向和弦向都分布离散的马蹄涡，整个机翼用有限多个离散马蹄涡系来代替。通常的做法是把机翼在 xOz 投影面（即基本平面）先沿展向分成若干平行于 x 轴的列，然后再沿等百分比弦线分成若干行，将整个投影平面分成有限个微小面元，称为网格。在每个网格上布置一个马蹄涡，其附着涡线与该网格面元的 1/4 弦线重合，两条自由涡线从 1/4 弦线的两个端点沿 x 轴伸向下游无限远处。每个马蹄涡的强度为常值，但不同网格上的强度不同。此布涡的网格称为涡格，相应的气动模型称为涡格模型，见图 7.18。为清楚起见，图 7.18 上只画出了一个涡格上的马蹄涡。每个涡格 3/4 弦线的中点取为控制点，在这些点上计算全部离散马蹄涡引起的诱导速度，并满足翼面上无穿透速度的边界条件。选取 3/4 弦线中点为控制点是从二维翼型引用过来的。计算结果表明，这样选取控制点，后缘条件也能自动满足。

2. 控制点上诱导速度 $v_{诱}$ 的计算

在 n 个涡格上，离散马蹄涡的无量纲涡强 $\Gamma/(lV_\infty)$ 分别用 $\gamma_1,\gamma_2,\cdots,\gamma_n$ 来表示。位于第 j 个涡格上，涡强为 γ_j 的马蹄涡在第 i 个涡格控制点处产生的诱导速度 $v_{诱ij}$ 仍按平面涡线的毕奥-萨伐尔公式计算（$v_{诱ij}$ 默认正方向指向 y 轴的正向）。显然，$v_{诱ij}$ 是三段涡线贡献之和，其值可写为

$$\frac{v_{诱ij}}{V_\infty}=C_{ij}\gamma_j$$

式中，C_{ij} 是 $\gamma_j=1$ 时在 i 点产生的 $v_{诱ij}/V_\infty$ 值，称为影响系数。C_{ij} 是一个无量纲几何量，可由 i 点和 j 涡格上马蹄涡两个角点的 x 和 z 坐标计算得到。所有涡格上马蹄涡在第 i 个涡格控制点处所产生的 y 方向无量纲诱导速值是

$$\frac{v_{诱i}}{V_\infty}=\sum_{j=1}^{n}C_{ij}\gamma_j \tag{7.49}$$

3. 影响系数 C_{ij} 的计算

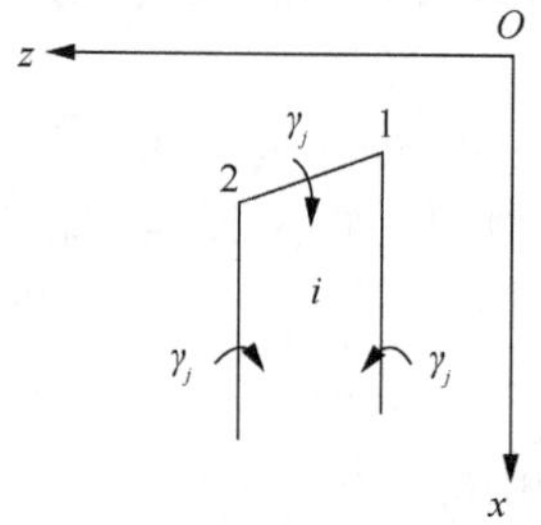

图 7.19　左半翼上的马蹄涡

如图 7.19 所示，左半翼上有一马蹄涡，涡强为 γ_j，记 1 点的坐标为 (x_{1j},z_{1j})，2 点的坐标为 (x_{2j},z_{2j})；控制点 i 的坐标为 (x_i,z_i)，则由毕奥-萨伐尔公式和几何关系有

$$\begin{aligned}C_{ij}=\left(\frac{v_{诱ij}}{V_\infty}\right)_{\gamma_j=1}=&\frac{1}{4\pi V_\infty}\left\{-\frac{1}{(x_i-x_{1j})(z_{2j}-z_{1j})-(x_{2j}-x_{1j})(z_i-z_{1j})}\right.\\&\times\left[\frac{(x_{2j}-x_{1j})(x_i-x_{1j})+(z_{2j}-z_{1j})(z_i-z_{1j})}{\sqrt{(x_i-x_{1j})^2+(z_i-z_{1j})^2}}-\frac{(x_{2j}-x_{1j})(x_i-x_{2j})+(z_{2j}-z_{1j})(z_i-z_{2j})}{\sqrt{(x_i-x_{2j})^2+(z_i-z_{2j})^2}}\right]\\&\left.+\frac{1}{z_{1j}-z_i}\left[1+\frac{x_i-x_{1j}}{\sqrt{(x_i-x_{1j})^2+(z_i-z_{1j})^2}}\right]-\frac{1}{z_{2j}-z_i}\left[1+\frac{x_i-x_{2j}}{\sqrt{(x_i-x_{2j})^2+(z_i-z_{2j})^2}}\right]\right\}\end{aligned} \tag{7.50}$$

4. 确定γ_j的线性代数方程组

将翼面线化边界条件式（7.47）应用于第i个控制点上，得

$$\frac{v_{诱i}}{V_\infty}=\left[\frac{\partial y(x,z)}{\partial x}\right]_i=\beta_i \tag{7.51}$$

式中，β_i在给定$y(x,z)$时是已知量。由式（7.49）和式（7.51）可得

$$\sum_{j=1}^{n}C_{ij}\gamma_j=\beta_i,\ \ i=1,2,\cdots,n \tag{7.52}$$

n个涡格上有n个待求的γ_j，n个控制点上由式（7.52）给出的n个代数方程联立求解，可得n个涡强γ_j的值。

5. 气动力（力矩）系数表达式

在求得诸涡格上马蹄涡涡强γ_j后，机翼诸气动系数如下。

（1）剖面升力系数

$$c_l(z)=\frac{2l}{c(z)}\sum_{i=1}^{k}\gamma_i \tag{7.53a}$$

式中，k为涡格的行数。

（2）机翼升力系数

$$C_L=\frac{2}{S}\sum_{j=1}^{m}c_{lj}(z)c_j(z)\Delta z \tag{7.53b}$$

式中，m为半翼面涡格的列数。

（3）剖面前缘力矩系数

$$c_{m_z}(z)=-\frac{2l}{c^2(z)}\sum_{i=1}^{k}\gamma_i x_{iF} \tag{7.53c}$$

式中，x_{iF}为涡格附着涡线（1/4 弦线）中点的x坐标。

（4）机翼前缘力矩系数

$$C_{M_z}=-\frac{2}{Sc_A}\sum_{j=1}^{m}\left|c_{m_{zj}}(z)\right|c_j^2(z)\Delta z \tag{7.53d}$$

7.5　低速机翼的一般气动特性

7.5.1　剖面升力系数展向分布$c_l(z)$

机翼的剖面升力系数$c_l(z)$不仅在计算升力、力矩、诱导阻力、失速等气动特性上是重

要的，而且在进行机翼强度计算时也是提供外载荷的重要原始数据。

大展弦比直机翼不论是否有扭转，只要尚未失速，速度环量分布$\Gamma(z)$和剖面升力系数$c_l(z)$均可用升力线理论来计算。许多实用机翼的剖面升力系数$c_l(z)$已有现成的理论计算结果，使用时可从有关文献资料上查得。

7.5.2　升力特性

除小展弦比机翼外，中小迎角下机翼的升力系数随迎角变化的曲线C_L-α均成直线关系。因此，和翼型的升力特性一样，机翼的升力特性也是用零升迎角α_0、升力线斜率C_L^α和最大升力系数$C_{L\max}$三个参数来表示。

1. 零升迎角α_0

机翼升力为零时从中间剖面弦线量起的迎角称为机翼的零升迎角α_0。当机翼无任何扭转时，机翼的零升迎角α_0等于形成机翼的翼型的零升迎角$\alpha_{0\infty}$，即$\alpha_0=\alpha_{0\infty}$；对采用线性几何扭转的大展弦比梯形翼，机翼的零升迎角α_0为

$$\alpha_0=\alpha_{0\infty}-\frac{(\varphi_{扭})_1}{3}\times\frac{\eta+2}{\eta+1} \tag{7.54}$$

当采用负扭转$(\varphi_{扭})_1<0$且$\alpha_{0\infty}<0$时，$|\alpha_0|<|\alpha_{0\infty}|$，即此时机翼零升迎角的绝对值比翼型零升迎角要小些。

2. 升力线斜率C_L^α

对任意平面形状直边梯形后掠翼的升力线斜率C_L^α可使用升力面理论计算结果来确定。但在相当宽的平面参数变化范围内，根据升力面理论结果，可近似使用如下简单公式来计算机翼的C_L^α，即

$$C_L^\alpha=\frac{2\pi}{\dfrac{2}{\lambda}+\sqrt{\left(\dfrac{2}{\lambda}\right)^2+\dfrac{1}{\left(\dfrac{c_l^\alpha}{2\pi}\right)^2\cos^2\chi_{1/2}}}} \tag{7.55}$$

或

$$\frac{C_L^\alpha}{\lambda}=\frac{2\pi}{2+\sqrt{4+\left(\dfrac{\lambda}{\dfrac{c_l^\alpha}{2\pi}\cos\chi_{1/2}}\right)^2}} \tag{7.56}$$

由式（7.55）或式（7.56）可知，当$\lambda \to \infty$时，$C_L^\alpha \to c_l^\alpha \cos\chi_{1/2}$，是无限斜置翼的结果；当$\lambda \to 0$时，$C_L^\alpha \to \pi\lambda/2$则是细长机翼理论解。

3. 最大升力系数$C_{L\max}$

机翼在大迎角下流态很复杂，机翼的最大升力系数$C_{L\max}$较难从理论上计算，最好用实验值。工程上常用的估算大展弦比直机翼最大升力系数$C_{L\max}$的方法是：首先计算出不同迎角α时的剖面升力系数$c_l(z)$和机翼升力系数C_L值。然后假定，只要有一个展向剖面处的剖面升力系数c_l达到翼型的最大升力系数$c_{l\max}$，则机翼达到失速状态，此时的机翼升力系数C_L即认为是机翼的最大升力系数$C_{L\max}$。显然，此法估算的机翼最大升力系数$C_{L\max}$可能偏小些。对较大展弦比机翼也可用以下公式来粗略估算机翼最大升力系数$C_{L\max}$。

（1）直机翼：

$$C_{L\max} = k_s \frac{(c_{l\max})_0 + (c_{l\max})_1}{2} \tag{7.57a}$$

式中，若$\eta = 1$，则$k_s = 0.88$；若$\eta > 1$，则$k_s = 0.95$；下标 0 表示中间剖面，下标 1 表示翼尖剖面。

（2）后掠翼：

$$C_{L\max} = (C_{L\max})_{\chi=0} \cos\chi_{1/4} \tag{7.57b}$$

最后应指出，对展弦比$\lambda < 3$的锐缘薄翼，非线性机翼升力系数随迎角变化的曲线C_L-α应使用“吸力比拟”法（可查看相关文献）计算。机翼最大升力系数$C_{L\max}$取决于在多大迎角下脱体涡破裂，目前尚无可靠的工程方法予以计算。

7.5.3 纵向力矩特性

和翼型一样，机翼在中小迎角下的纵向力矩特性也是使用半翼面升力增量作用点——焦点F的纵向位置$\bar{x}_F = x_F/c_A$和过焦点平行于z轴之轴的零升力矩系数$C_{M_{z0}}$来表示的，即

$$C_{M_z} = C_{M_{z0}} - \bar{x}_F C_L \tag{7.58}$$

如果翼型无弯度，机翼无扭转，则$C_{M_{z0}} = 0$。对大展弦比平直机翼，若各剖面 1/4 弦点连线平行于z轴，则可取$C_{M_{z0}} = c_{m_{z0}}$。而对于有弯扭和后掠的机翼则应当使用升力面理论计算$C_{M_{z0}}$。

机翼的焦点x_F/c_A随平面参数的变化移动量很大，可使用表 7.1 的升力面理论结果来计算。但对大展弦比直机翼，可近似假定焦点的纵向位置位于气动平均弦c_A的 1/4 弦点上，即

$$\frac{x_F}{c_A} = \frac{1}{4} + \frac{z_{c_A}\tan\chi_0}{c_A} \tag{7.59}$$

式中，c_A 为气动平均弦长，z_{c_A} 为 c_A 的展向位置。对一般梯形翼有

$$c_A=\frac{2}{3}c_0\left[1+\frac{1}{\eta}-\frac{1}{\eta+1}\right]=\frac{4}{3}c_{\text{平均}}\left[1-\frac{\eta}{(\eta+1)^2}\right] \tag{7.60}$$

$$z_{c_A}=\frac{l}{2}\times\frac{1}{3}\times\frac{\eta+2}{\eta+1} \tag{7.61}$$

表 7.1　C_L^α/λ 和 $\overline{x}_F$ 的升力面理论值

λ	$\lambda\tan\chi_{1/2}$	$\eta=1$		$\eta=2$		$\eta=4$		$\eta\to\infty$	
		C_L^α/λ	$\overline{x}_F$	C_L^α/λ	$\overline{x}_F$	C_L^α/λ	$\overline{x}_F$	C_L^α/λ	$\overline{x}_F$
8	0	0.574	0.242	0.592	0.399	0.594	0.418	0.568	0.681
	2	0.563	0.701	0.580	0.844	0.582	0.951	0.557	1.081
	4	0.532	1.181	0.548	1.306	0.551	1.397	0.529	1.488
	6	0.490	1.677	0.505	1.779	0.508	1.848	0.491	1.894
5	0	0.791	0.236	0.814	0.393	0.816	0.515	0.773	0.682
	2	0.761	0.691	0.784	0.845	0.786	0.963	0.746	1.111
	4	0.686	1.175	0.708	1.317	0.711	1.423	0.680	1.536
	6	0.599	1.680	0.619	1.799	0.622	1.882	0.600	1.948
3	0	1.049	0.225	1.072	0.381	1.071	0.500	1.009	0.683
	2	0.982	0.678	1.007	0.848	1.009	0.980	0.953	1.149
	4	0.830	1.171	0.856	1.331	0.861	1.452	0.821	1.585
	6	0.682	1.684	0.706	1.816	0.712	1.910	0.685	1.991
1.5	0	1.348	0.195	1.360	0.350	1.351	0.483	1.281	0.682
	2	1.232	0.665	1.254	0.855	1.254	1.006	1.190	1.205
	4	0.952	1.174	0.982	1.356	0.990	1.484	0.947	1.636
	6	0.738	1.689	0.765	1.829	0.774	1.931	0.746	2.022

7.5.4　阻力特性

机翼阻力系数通常表示为零升阻力系数和升致阻力系数之和，即

$$C_D=C_{D0}+C_{D\text{升}} \tag{7.62}$$

1.　零升阻力系数 C_{D0}

当机翼无弯度或弯度不大时有

$$C_{D0} \approx C_{D\min} = \frac{2}{S}\int_0^{\frac{l}{2}} c_{d\min}(z)c(z)\,\mathrm{d}z \tag{7.63}$$

式中，$C_{D\min}$ 为机翼最小阻力系数；$c_{d\min}$ 为翼剖面的最小阻力系数，取决于剖面的相对厚度 $\bar{t}$ 、雷诺数 Re_c 和转捩位置 $\bar{x}_T$ 等，工程计算时也可取几何平均弦长剖面的剖面阻力系数 $(c_d)_{c_{平均}}$ 近似代替，即

$$C_{D0} \approx (c_d)_{c_{平均}} = 0.925(2C_F\eta_t)_{c_{平均}} \tag{7.64}$$

或

$$C_{D0} \approx (c_d)_{c_{平均}} = (2C_F)_{c_{平均}}\left(1+0.1\bar{t}+0.4\bar{t}^2\right) \tag{7.65}$$

式中，C_F 为与翼型雷诺数 Re_c 和转捩位置 $\bar{x}_T$ 相同条件下单面平板的摩擦阻力系数；η_t 为厚度修正系数。

2. 升致阻力系数 $C_{D升}$

机翼的升致阻力系数等于机翼的诱导阻力系数和黏性压差阻力系数之和，即

$$C_{D升} = C_{Di} + C_{D黏压} \tag{7.66}$$

1）诱导阻力系数 C_{Di} 的计算

对大中展弦比机翼，不论是否有后掠，因尾涡引起的诱导阻力系数均可统一用式（7.67）表示为

$$C_{Di} = \frac{C_L^2}{\pi\lambda}(1+\delta) \tag{7.67}$$

平直机翼的诱导阻力系数非椭圆速度环量分布修正系数 δ 见表 7.2，任意梯形后掠翼的 $(1+\delta)$ 值可由图 7.20 所给出的升力面理论曲线查得。

表 7.2　机翼的非椭圆速度环量分布修正系数 δ 和 τ

平面形状	根梢比	C_L^α / c_l^α	δ	τ	附注
椭圆形	—	$\dfrac{1}{1+\dfrac{c_l^\alpha}{\pi\lambda}}$	0	0	$\lambda \geqslant 5$
矩形	1	0.73	0.049	0.17	$\lambda \approx 6$
梯形	4/3	0.74	0.026	0.10	$\lambda \approx 6$
梯形	2	0.75	0.011	0.03	$\lambda \approx 6$
梯形	4	0.76	0.016	0.01	$\lambda \approx 6$
梯形	∞	0.73	0.141	0.17	$\lambda \approx 6$
倒圆矩形	—	—	≈0	≈0.15	$\lambda = 5 \sim 8$

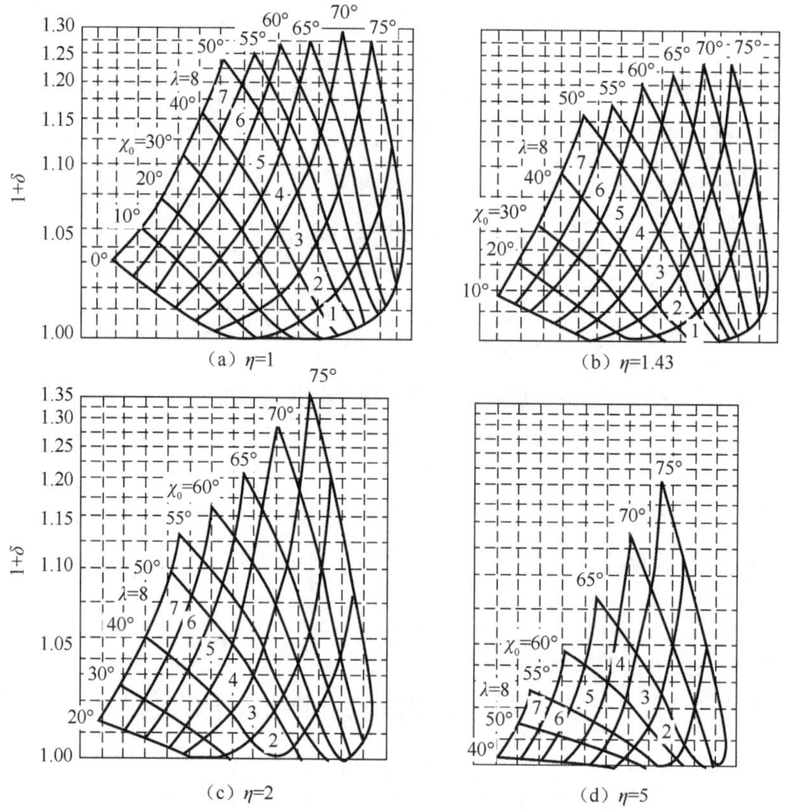

图 7.20　$1+\delta$ 曲线

由图 7.20 可看到：随着后掠角的增大，δ 值增加；但当展弦比 λ 值很小时，$(1+\delta)\approx 1$，从而 $C_{Di}\approx\left[C_L^2/(\pi\lambda)\right]$；对小展弦比锐缘薄翼，$C_{Di}=C_L\tan\alpha$。

2）$C_{D黏压}$ 的估算

机翼的黏性压差阻力系数 $C_{D黏压}$ 与机翼表面上边界层密切相关，一般难以从理论上计算。粗估时可近似假定它也与机翼的升力系数 C_L 的平方成正比，即

$$C_{D黏压}=kC_L^2 \tag{7.68}$$

式中，比例常数 k 由实验来确定。

3）升致阻力因子 A 和有效展弦比 λ_e

将式（7.67）和式（7.68）代入式（7.66），得

$$C_{D升}=C_{Di}+C_{D黏压}=AC_L^2 \tag{7.69}$$

式中

$$A=\frac{1}{\pi\lambda}\left[(1+\delta)+k\pi\lambda\right] \tag{7.70}$$

称为升致阻力因子。在飞机设计中，还可用有效展弦比 λ_e 来代替 λ 表示 $C_{D升}$，即

$$C_{D升}=\frac{C_L^2}{\pi\lambda_e} \tag{7.71}$$

式中

$$\lambda_e=\frac{\lambda}{1+\delta+k\pi\lambda}<\lambda \tag{7.72}$$

对于大展弦比直机翼，有效展弦比 λ_e 可用如下经验公式估算：

$$\lambda_e=\frac{\lambda}{1+0.025\lambda} \tag{7.73}$$

4）极曲线 C_L-C_D

在飞机设计上机翼的升阻特性和翼型一样可用极曲线 C_L-C_D 来表示。当迎角 α（或机翼升力系数 C_L）不太大时，极曲线 C_L-C_D 大致是一条抛物线，见图 7.21。

在机翼极曲线上也可找到最大升阻比 $K_{\max}=(C_L/C_D)_{\max}$ 和 $K_{\max}$ 下的机翼升力系数 $(C_L)_{K_{\max}}$。根据极值条件 $\partial K/\partial C_L=0$，推导可得

$$(C_L)_{K_{\max}}=\sqrt{\frac{C_{D0}}{A}} \tag{7.74}$$

$$K_{\max}=\left(\frac{C_L}{C_D}\right)_{\max}=\frac{1}{2\sqrt{AC_{D0}}} \tag{7.75}$$

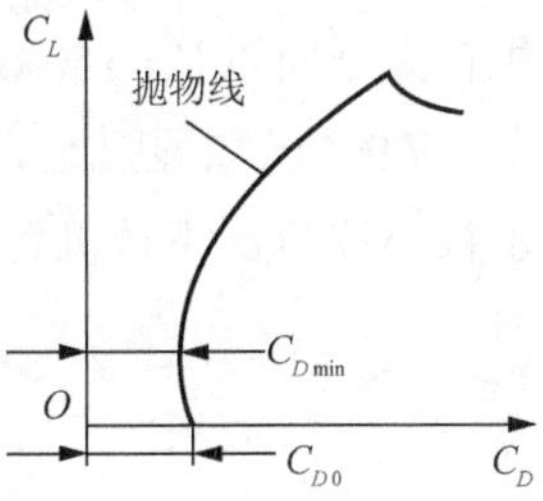

图 7.21　极曲线

机翼的最大升阻比 $K_{\max}$ 要小于对应翼型的值，减小零升阻力系数 C_{D0} 和升致阻力因子 A 都可增大 $K_{\max}$。

习　　题

7.1　有一平直梯形翼，机翼面积 $S=35\text{m}^2$，根梢比 $\eta=4$，尖弦长 $c_1=1.5\text{m}$，求该机翼的展弦比 λ。

7.2　试从几何关系证明三角翼的展弦比 λ 和前缘后掠角 χ_0 之间满足 $\lambda\tan\chi_0=4$。

7.3　试从几何关系推导出直边梯形后掠翼的1/2弦线后掠角 $\chi_{1/2}$、气动平均弦长 c_A 以及气动平均弦长的展向位置 z_{c_A} 所满足的以下关系式：

$$\tan\chi_{1/2}=\tan\chi_0-\frac{2}{\lambda}\frac{\eta-1}{\eta+1}\qquad c_A=\frac{4}{3}c_{平均}\left[1-\frac{\eta}{(\eta+1)^2}\right]\qquad z_{c_A}=\frac{l}{2}\frac{\eta+2}{3(\eta+1)}$$

7.4　已知某大展弦比机翼展向速度环量分布为 $\Gamma(z)=\Gamma_0\left[1-\left(\frac{2z}{l}\right)^2\right]^{3/2}$，试用升力线理论求：

（1）$z=l/4$ 处的下洗速度；

（2）$z=l/2$ 处的下洗速度。

7.5　试证明若用展长为l_2，强度为原机翼根部剖面速度环量Γ_0的一根马蹄涡线来模拟展长为l_1的椭圆翼的总升力，则可得$\dfrac{l_2}{l_1}=\dfrac{\pi}{4}$。

7.6　一个有弯度的翼型，翼型的零升迎角$\alpha_{0\infty}=-4°$，翼型的升力线斜率$c_l^\alpha=2\pi/\mathrm{rad}$。若将此翼型放到一个展弦比$\lambda=5$的无扭转椭圆翼上，试求此机翼在迎角$\alpha=8°$时的机翼升力系数$C_L$。

7.7　一架重量$G=14700\mathrm{N}$的飞机，在$H=3000\mathrm{m}$，以$V=300\,\mathrm{km/h}$巡航平飞$(L=G)$。已知机翼为无扭转椭圆形平面形状机翼，机翼面积$S=17\mathrm{m}^2$，展弦比$\lambda=6.2$，机翼剖面为NACA 23012 翼型$\left(\alpha_{0\infty}=-1.2°,\ c_l^\alpha=0.108/(°)\right)$。试计算机翼的升力系数$C_L$和诱导阻力系数$C_{Di}$。

7.8　已知展弦比$\lambda=6$，展长$l=12\mathrm{m}$的矩形机翼的翼载荷$G/S=900\,\mathrm{N/m^2}$，试计算飞机在海平面以$V=150\,\mathrm{km/h}$平飞时的所受到的诱导阻力以及诱导阻力与总升力之比。

7.9　已知展弦比$\lambda=3$的平板三角翼的翼剖面的升力线斜率$c_l^\alpha=2\pi$，试用工程计算法求很小迎角α下该机翼的机翼升力线斜率C_L^α和焦点x_F/c_A。

第 8 章　亚声速翼型和机翼的气动特性

本章将在小扰动线化理论的基础上，重点讨论理想流体亚声速流动中的薄翼型和机翼的纵向空气动力特性。由于作了无黏假设，因此不涉及与黏性有关阻力的特性。

如果流场处处都是亚声速的，则称该流场为亚声速流场。当来流马赫数 M_∞ 较小时，可以忽略空气的压缩性，把空气看作是不可压的；但当来流马赫数 M_∞ 较大时（一般 $M_\infty > 0.3$），则必须考虑空气的压缩性影响。

8.1　定常等熵可压位流的速度位方程

对于不可压位流，速度位 ϕ 满足拉普拉斯方程。因此，一个具体的不可压位流问题的解决，在数学上归结为求解给定边界条件的拉普拉斯方程。而对于定常、等熵可压位流，由于连续方程中包含密度，速度位 ϕ 满足的方程将不再是拉普拉斯方程，而是一个非线性的偏微分方程。

流动定常时，微分形式的连续方程为

$$\nabla \cdot (\rho \boldsymbol{V}) = 0 \tag{8.1}$$

在等熵流动中，流体是正压的，即密度只是压强的函数 $\rho = \rho(p)$ 或 $p = p(\rho)$；又由于声速 $a^2 = \mathrm{d}p/\mathrm{d}\rho$，因此

$$\mathrm{d}\rho = \frac{1}{a^2}\mathrm{d}p \tag{8.2}$$

根据任意一个标量的梯度与矢径微元的点积等于这个标量的全微分，可得

$$\nabla \rho \cdot \mathrm{d}\boldsymbol{r} = \frac{1}{a^2}\nabla p \cdot \mathrm{d}\boldsymbol{r} \tag{8.3}$$

从而

$$\left(\nabla \rho - \frac{1}{a^2}\nabla p\right) \cdot \mathrm{d}\boldsymbol{r} = 0 \tag{8.4}$$

由于矢径微元 $\mathrm{d}\boldsymbol{r}$ 是任意选取的，因此可得

$$\nabla \rho = \frac{1}{a^2}\nabla p \tag{8.5}$$

将式（8.5）代入式（8.1）得到

$$\frac{1}{a^2}\boldsymbol{V} \cdot \nabla p + \rho \nabla \cdot \boldsymbol{V} = 0 \tag{8.6}$$

定常的欧拉方程为

$$\nabla p=-\rho(\boldsymbol{V}\cdot\nabla)\boldsymbol{V} \tag{8.7}$$

将式（8.7）中的∇p代入式（8.6），得到

$$-\frac{1}{a^2}\boldsymbol{V}\cdot(\boldsymbol{V}\cdot\nabla)\boldsymbol{V}+\nabla\cdot\boldsymbol{V}=0$$

上式展开为

$$\begin{aligned}&\left(1-\frac{u^2}{a^2}\right)\frac{\partial u}{\partial x}+\left(1-\frac{v^2}{a^2}\right)\frac{\partial v}{\partial y}+\left(1-\frac{w^2}{a^2}\right)\frac{\partial w}{\partial z}\\&-\frac{uv}{a^2}\left(\frac{\partial u}{\partial y}+\frac{\partial v}{\partial x}\right)-\frac{vw}{a^2}\left(\frac{\partial v}{\partial z}+\frac{\partial w}{\partial y}\right)-\frac{wu}{a^2}\left(\frac{\partial w}{\partial x}+\frac{\partial u}{\partial z}\right)=0\end{aligned} \tag{8.8}$$

无旋则存在速度位ϕ，且满足$\boldsymbol{V}=\nabla\phi$，将之代入式（8.8），得到定常等熵可压位流的速度位ϕ满足的方程为

$$\left(1-\frac{u^2}{a^2}\right)\frac{\partial^2\phi}{\partial x^2}+\left(1-\frac{v^2}{a^2}\right)\frac{\partial^2\phi}{\partial y^2}+\left(1-\frac{w^2}{a^2}\right)\frac{\partial^2\phi}{\partial z^2}-2\frac{uv}{a^2}\frac{\partial^2\phi}{\partial x\partial y}-2\frac{vw}{a^2}\frac{\partial^2\phi}{\partial y\partial z}-2\frac{wu}{a^2}\frac{\partial^2\phi}{\partial z\partial x}=0 \tag{8.9}$$

式中，声速a可通过能量方程改写成速度的形式，而速度又可用ϕ表示，因此式（8.9）是只包含一个未知函数ϕ的方程，称为全速位方程；由于这个二阶偏微分方程的系数是ϕ的函数，因此式（8.9）是非线性的。同时不难看出，对不可压流动（$a\to\infty$），式（8.9）退化为拉普拉斯方程。

这样，绕物体的定常等熵可压位流问题转化为数学上求解给定边界条件的偏微分方程（8.9）。由于方程是非线性的，对于有实际意义的物体形状（如机翼或机身等）的绕流问题一般无解析解，可采用如小扰动线化的近似解法以及数值解法等方法求解。

8.2　小扰动线化理论

飞行器或部件的空气动力学问题，大都是远前方直匀来流受到物体的扰动问题。为了适应高速飞行，需要减少阻力，因此机翼的相对厚度和弯度都比较小，而且巡航阶段迎角也不大。因此机翼对流场的扰动，除个别地方以外，总的来说是不大的，如图 8.1 所示，这种扰动称为小扰动。

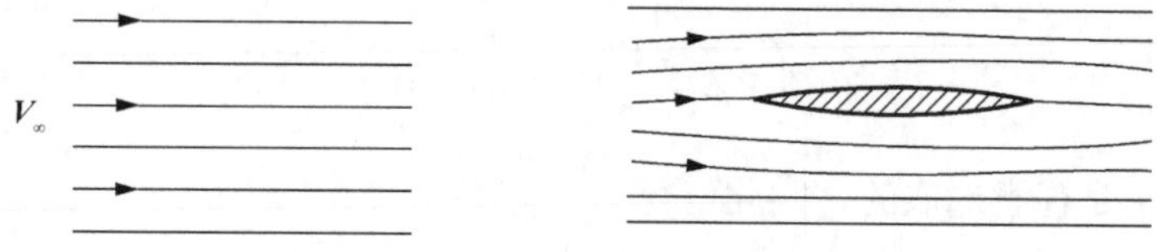

(a) 直匀流　　(b) 有扰动的流动

图 8.1　薄翼型对直匀流的扰动

现采用风轴系，x轴与远前方未受扰动的直匀流一致，这样前方来流只在x方向有一个速度分量V_∞。物体的存在会对流场产生扰动，其速度分量记为$u_{扰}$、$v_{扰}$、$w_{扰}$。所谓小扰动，是指这些扰动速度分量与来流速度V_∞相比都很小，即

$$\frac{u_{扰}}{V_\infty}\ll 1\qquad \frac{v_{扰}}{V_\infty}\ll 1\qquad \frac{w_{扰}}{V_\infty}\ll 1$$

在小扰动条件下，低速、亚声速和超声速速度位方程（8.9）可简化为线性方程。

8.2.1　速度位方程的线化

当大小为V_∞的直匀流流过物体（如机翼）时，流场上各点的扰动速度分量分别为$u_{扰}$、$v_{扰}$、$w_{扰}$，流场各点合速度的分量则分别为$u=V_\infty+u_{扰}$、$v=v_{扰}$、$w=w_{扰}$，将它们代入式（8.8），同时式中的a^2通过能量方程也可用a_∞^2和扰动速度来表示。

$$a^2=a_\infty^2-\frac{\gamma-1}{2}\left(2V_\infty u_{扰}+u_{扰}^2+v_{扰}^2+w_{扰}^2\right)$$

此外

$$\frac{\partial\phi}{\partial x}=V_\infty+u_{扰}\qquad \frac{\partial\phi}{\partial y}=v_{扰}\qquad \frac{\partial\phi}{\partial z}=w_{扰}$$

经过整理，速度位方程（8.8）变为

$$\begin{aligned}\left(1-M_\infty^2\right)\frac{\partial u_{扰}}{\partial x}+\frac{\partial v_{扰}}{\partial y}+\frac{\partial w_{扰}}{\partial z}=&M_\infty^2\left[(\gamma+1)\frac{u_{扰}}{V_\infty}+\frac{\gamma+1}{2}\left(\frac{u_{扰}}{V_\infty}\right)^2+\frac{\gamma-1}{2}\frac{v_{扰}^2+w_{扰}^2}{V_\infty^2}\right]\frac{\partial u_{扰}}{\partial x}\\&+M_\infty^2\left[(\gamma-1)\frac{u_{扰}}{V_\infty}+\frac{\gamma+1}{2}\left(\frac{v_{扰}}{V_\infty}\right)^2+\frac{\gamma-1}{2}\frac{w_{扰}^2+u_{扰}^2}{V_\infty^2}\right]\frac{\partial v_{扰}}{\partial y}\\&+M_\infty^2\left[(\gamma-1)\frac{u_{扰}}{V_\infty}+\frac{\gamma+1}{2}\left(\frac{w_{扰}}{V_\infty}\right)^2+\frac{\gamma-1}{2}\frac{u_{扰}^2+v_{扰}^2}{V_\infty^2}\right]\frac{\partial w_{扰}}{\partial z}\\&+M_\infty^2\left[\frac{v_{扰}}{V_\infty}\left(1+\frac{u_{扰}}{V_\infty}\right)\left(\frac{\partial u_{扰}}{\partial y}+\frac{\partial v_{扰}}{\partial x}\right)+\frac{w_{扰}}{V_\infty}\left(1+\frac{u_{扰}}{V_\infty}\right)\left(\frac{\partial u_{扰}}{\partial z}+\frac{\partial w_{扰}}{\partial x}\right)\right.\\&\left.+\frac{v_{扰}w_{扰}}{V_\infty^2}\left(\frac{\partial w_{扰}}{\partial y}+\frac{\partial v_{扰}}{\partial z}\right)\right]\end{aligned}\tag{8.10}$$

将式（8.10）等号右端各方括号中高于一次的微量项略去，得到

$$\begin{aligned}\left(1-M_\infty^2\right)\frac{\partial u_{扰}}{\partial x}+\frac{\partial v_{扰}}{\partial y}+\frac{\partial w_{扰}}{\partial z}=&M_\infty^2(\gamma+1)\frac{u_{扰}}{V_\infty}\frac{\partial u_{扰}}{\partial x}+M_\infty^2(\gamma-1)\frac{u_{扰}}{V_\infty}\left(\frac{\partial v_{扰}}{\partial y}+\frac{\partial w_{扰}}{\partial z}\right)\\&+M_\infty^2\frac{v_{扰}}{V_\infty}\left(\frac{\partial u_{扰}}{\partial y}+\frac{\partial v_{扰}}{\partial x}\right)+M_\infty^2\frac{w_{扰}}{V_\infty}\left(\frac{\partial u_{扰}}{\partial z}+\frac{\partial w_{扰}}{\partial x}\right)\end{aligned}\tag{8.11}$$

又假设M_∞不太接近于1，即流动不是跨声速流，这样$\left|1-M_\infty^2\right|$不是微量；进一步假设$M_\infty$不是很大，即流动不是高超声速流。这样式（8.11）的等号左端各项是同一数量级的，而等号右端各项多乘了一个微量，可以略去。式（8.11）成为

$$\left(1-M_\infty^2\right)\frac{\partial u_{扰}}{\partial x}+\frac{\partial v_{扰}}{\partial y}+\frac{\partial w_{扰}}{\partial z}=0\tag{8.12}$$

引入扰动速度位$\phi_{扰}$，式（8.12）可写成

$$\left(1-M_{\infty}^{2}\right)\frac{\partial^{2}\phi_{扰}}{\partial x^{2}}+\frac{\partial^{2}\phi_{扰}}{\partial y^{2}}+\frac{\partial^{2}\phi_{扰}}{\partial z^{2}}=0 \tag{8.13}$$

对于$M_{\infty}<1$的二维亚声速流，式（8.13）可写成

$$\beta^{2}\frac{\partial^{2}\phi_{扰}}{\partial x^{2}}+\frac{\partial^{2}\phi_{扰}}{\partial y^{2}}=0 \tag{8.14}$$

式中，$\beta^{2}=1-M_{\infty}^{2}$。

对于$M_{\infty}>1$的二维超声速流，式（8.13）可写为

$$B^{2}\frac{\partial^{2}\phi_{扰}}{\partial x^{2}}-\frac{\partial^{2}\phi_{扰}}{\partial y^{2}}=0 \tag{8.15}$$

式中，$B^{2}=M_{\infty}^{2}-1$。

对于$M_{\infty}<1$的亚声速流，$\beta^{2}=1-M_{\infty}^{2}>0$，式（8.14）为椭圆型的线性二阶偏微分方程；对于$M_{\infty}>1$的超声速流，$B^{2}=M_{\infty}^{2}-1>0$，式（8.15）为双曲型的线性二阶偏微分方程。

8.2.2 压强系数的线化

由压强系数的定义，有

$$C_{p}=\frac{p-p_{\infty}}{\frac{1}{2}\rho_{\infty}V_{\infty}^{2}}=\frac{2}{\gamma M_{\infty}^{2}}\left(\frac{p}{p_{\infty}}-1\right) \tag{8.16}$$

式中的当地压强p可通过能量方程把它与当地合速度V联系起来，可得

$$\frac{\gamma}{\gamma-1}\frac{p_{\infty}}{\rho_{\infty}}\left(\frac{\rho_{\infty}}{\rho}\frac{p}{p_{\infty}}-1\right)=\frac{V_{\infty}^{2}}{2}\left(1-\frac{V^{2}}{V_{\infty}^{2}}\right)$$

利用$a_{\infty}^{2}=\dfrac{\gamma p_{\infty}}{\rho_{\infty}}$及$\dfrac{\rho_{\infty}}{\rho}=\left(\dfrac{p_{\infty}}{p}\right)^{1/\gamma}$，代入上式，可得

$$\frac{p}{p_{\infty}}=\left[1+\frac{\gamma-1}{2}M_{\infty}^{2}\left(1-\frac{V^{2}}{V_{\infty}^{2}}\right)\right]^{\frac{\gamma}{\gamma-1}} \tag{8.17}$$

将式（8.17）代入式（8.16）得

$$C_{p}=\frac{2}{\gamma M_{\infty}^{2}}\left\{\left[1+\frac{\gamma-1}{2}M_{\infty}^{2}\left(1-\frac{V^{2}}{V_{\infty}^{2}}\right)\right]^{\frac{\gamma}{\gamma-1}}-1\right\} \tag{8.18}$$

代入合速度，式（8.18）可写成

$$C_{p}=\frac{2}{\gamma M_{\infty}^{2}}\left(\left\{1+\frac{\gamma-1}{2}M_{\infty}^{2}\left[1-\frac{\left(V_{\infty}+u_{扰}\right)^{2}+v_{扰}^{2}+w_{扰}^{2}}{V_{\infty}^{2}}\right]\right\}^{\frac{\gamma}{\gamma-1}}-1\right) \tag{8.19}$$

可以看到，计算压强系数的公式（8.19）是一个包含速度平方的复杂公式。在小扰动条件下，

当来流马赫数不是很大，即不是高超声速流动时，$\frac{\gamma-1}{2}M_{\infty}^{2}\left[1-\frac{\left(V_{\infty}+u_{扰}\right)^{2}+v_{扰}^{2}+w_{扰}^{2}}{V_{\infty}^{2}}\right]$ 与 $\frac{u_{扰}}{V_{\infty}}$ 同量级，是个小量。将公式（8.19）大括号项按以下多项式展开：

$$(1+x)^{\mu}=1+\mu x+\frac{\mu(\mu-1)}{2!}x^{2}+\cdots,\quad x\in[-1,1] \tag{8.20}$$

仅保留到 $\left(\frac{u_{扰}}{V_{\infty}}\right)^{2}$、$\left(\frac{v_{扰}}{V_{\infty}}\right)^{2}$、$\left(\frac{w_{扰}}{V_{\infty}}\right)^{2}$ 二次微量，得到

$$C_{p}=-\left[\frac{2u_{扰}}{V_{\infty}}+\left(1-M_{\infty}^{2}\right)\frac{u_{扰}^{2}}{V_{\infty}^{2}}+\frac{v_{扰}^{2}+w_{扰}^{2}}{V_{\infty}^{2}}\right] \tag{8.21}$$

对于薄翼，若只取一阶近似，则有

$$C_{p}=-\frac{2u_{扰}}{V_{\infty}}=-\frac{2}{V_{\infty}}\frac{\partial\phi_{扰}}{\partial x} \tag{8.22}$$

式（8.22）就是小扰动假设下线化的压强系数计算公式。

8.2.3 边界条件的线化

边界条件包括远方边界条件和物面边界条件。远方边界条件就是扰动速度为零。下面导出小扰动假设下线化的物面边界条件。

定常理想流体流动的物面边界条件是物面上任意一点的合速度与物面相切，或者说，合速度在物面法向的分量为零。

如图 8.2 所示，设 $\boldsymbol{V}$ 和 $\boldsymbol{n}$ 分别表示物面上任意一点的气流的合速度和物面的单位法向量，则

$$\boldsymbol{V}\cdot\boldsymbol{n}=0 \tag{8.23}$$

物面外法线与坐标轴夹角的余弦分别为 $\cos(\boldsymbol{n},\boldsymbol{i})$、$\cos(\boldsymbol{n},\boldsymbol{j})$、$\cos(\boldsymbol{n},\boldsymbol{k})$。合速度的分量分别为 $V_{\infty}+u_{扰}$、$v_{扰}$ 和 $w_{扰}$，由式（8.23）可得

$$\left(V_{\infty}+u_{扰}\right)\cos(\boldsymbol{n},\boldsymbol{i})+v_{扰}\cos(\boldsymbol{n},\boldsymbol{j})+w_{扰}\cos(\boldsymbol{n},\boldsymbol{k})=0 \tag{8.24}$$

设物面方程为 $y=y_{\mathrm{w}}(x,z)$，则

$$\cos(\boldsymbol{n},\boldsymbol{i})=\frac{1}{\varDelta}\left(-\frac{\partial y_{\mathrm{w}}}{\partial x}\right),\quad \cos(\boldsymbol{n},\boldsymbol{j})=\frac{1}{\varDelta},\quad \cos(\boldsymbol{n},\boldsymbol{k})=\frac{1}{\varDelta}\left(-\frac{\partial y_{\mathrm{w}}}{\partial z}\right)$$

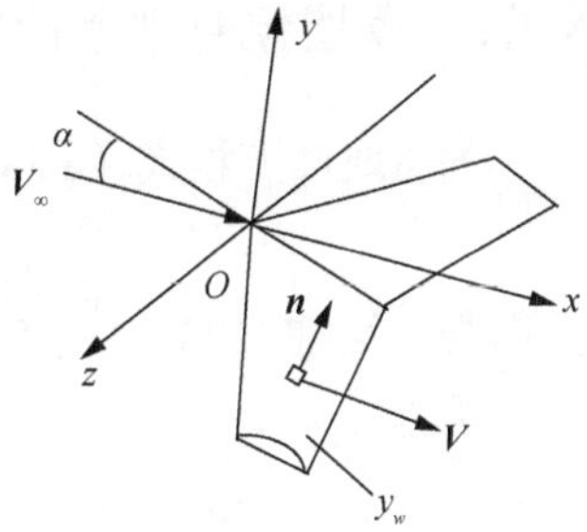

图 8.2　物面边界条件推导用图

式中

$$\varDelta=\sqrt{\left(\frac{\partial y_{\mathrm{w}}}{\partial x}\right)^{2}+1+\left(\frac{\partial y_{\mathrm{w}}}{\partial z}\right)^{2}}$$

将以上各式代入式（8.24）得

$$-\left(V_{\infty}+u_{扰}\right)\frac{\partial y_{\mathrm{w}}}{\partial x}+v_{扰}-w_{扰}\frac{\partial y_{\mathrm{w}}}{\partial z}=0 \tag{8.25}$$

由于物体弯度和厚度都很小，因为 $\left|\frac{\partial y_{\mathrm{w}}}{\partial x}\right|\ll 1$，$\left|\frac{\partial y_{\mathrm{w}}}{\partial z}\right|\ll 1$。在小扰动假设的前提下，忽

略式（8.25）中的二次微量，得到

$$-V_\infty \frac{\partial y_w}{\partial x} + v_{扰} = 0$$

或

$$v_{扰} = V_\infty \frac{\partial y_w}{\partial x} \tag{8.26}$$

由于弯度和厚度都很小，式（8.26）可近似在 xOz 平面上满足，即

$$v_{扰}\Big|_{y=0} = \left(\frac{\partial \phi_{扰}}{\partial y}\right)_{y=0} = V_\infty \frac{\partial y_w}{\partial x} \tag{8.27}$$

8.3　亚声速流中薄翼型的气动特性

前面已经指出，对绕过薄翼型的亚声速流动，在小扰动条件下，其扰动速度位满足线性的二阶偏微分方程式（8.14）及边界条件式（8.27）。当解得扰动速度位后，代入式（8.22），就可以算得翼型表面上任意一点的压强系数，通过积分就可求翼型的气动特性如升力、俯仰力矩等。

比较亚声速流的控制方程式（8.14）和不可压流的控制方程，即拉普拉斯方程，发现两者仅相差一个常数因子 β^2；因此数学上可以通过引入适当的坐标变换，将线性方程式(8.14)化为拉普拉斯方程，并将边界条件和压强系数进行相应的变换，从而建立亚声速流场和不可压流场之间的联系，把亚声速流问题的求解转化为不可压流问题的求解。

8.3.1　线性控制方程的普朗特-格劳特变换

为将线性方程式（8.14）变换为拉普拉斯方程，引入普朗特-格劳特变换：

$$x_{低} = x,\quad y_{低} = \beta y,\quad (\phi_{扰})_{低} = k\phi_{扰},\quad V_{\infty低} = V_\infty \tag{8.28}$$

式中带下标‘低’的量对应不可压流场中的坐标、扰动速度位和来流速度。k 为待定常数。

因为

$$\frac{\partial \phi_{扰}}{\partial x} = \frac{1}{k}\frac{\partial (\phi_{扰})_{低}}{\partial x_{低}},\quad \frac{\partial^2 \phi_{扰}}{\partial x^2} = \frac{1}{k}\frac{\partial^2 (\phi_{扰})_{低}}{\partial x_{低}^2},\quad \frac{\partial^2 \phi_{扰}}{\partial y^2} = \frac{\beta^2}{k}\frac{\partial^2 (\phi_{扰})_{低}}{\partial y_{低}^2}$$

将上式代入式（8.14），得

$$\frac{\partial^2 (\phi_{扰})_{低}}{\partial x_{低}^2} + \frac{\partial^2 (\phi_{扰})_{低}}{\partial y_{低}^2} = 0$$

即为不可压流的控制方程——拉普拉斯方程。

由此可见，式（8.28）是建立两个相关流场（亚声速流场和不可压流场）之间联系的变换式。由于 x、y 用的是不同的缩尺，因此置于两个流场的翼型，其几何形状并不是简单几何相似的，这样的变换称为仿射变换。经这种变换所得的相应翼型之间是仿射相似的。

8.3.2　边界条件的变换

远前方扰动速度必须为零的条件，经式（8.28）变换后仍然满足。以下考虑翼面边界条件的变换。

将式（8.28）代入式（8.27），得到

$$\left[\frac{\partial\left(\phi_{扰}\right)_{低}}{\partial y_{低}}\right]_{y_{低}=0}=V_{\infty低}\frac{k}{\beta^2}\frac{\mathrm{d}\left(y_{\mathrm{w}}\right)_{低}}{\mathrm{d}x_{低}} \tag{8.29}$$

若令

$$k=\beta^2 \tag{8.30}$$

则

$$\left[\frac{\partial\left(\phi_{扰}\right)_{低}}{\partial y_{低}}\right]_{y_{低}=0}=V_{\infty低}\frac{\mathrm{d}\left(y_{\mathrm{w}}\right)_{低}}{\mathrm{d}x_{低}} \tag{8.31}$$

式（8.31）表明，采用式（8.28）的变换和式（8.30）可得到与不可压流相同形式的边界条件。因此薄翼型亚声速绕流问题——物面边界条件式（8.27）下线化方程式（8.14）的求解，变为相同形式边界条件下拉普拉斯方程的求解，而后者正是在第 6 章中所研究过的低速翼型的气动特性问题。

8.3.3　相应薄翼型之间的变换

以下讨论相应的不可压低速薄翼型与亚声速薄翼型两者在几何参数之间的关系。根据式（8.28），不可压流翼型的 $y_{低}$ 坐标，为亚声速翼型 y 坐标的 β 倍（$\beta<1$），故不可压流翼型的几何参数 $\overline{t}_{低}$、$\overline{f}_{低}$ 和迎角 $\alpha_{低}$ 与亚声速翼型相应的几何参数 $\overline{t}$ 、$\overline{f}$ 和迎角 α 之间，存在如下关系：

$$\begin{cases}\overline{t}_{低}=\beta\overline{t} & \text{（相对厚度）}\\ \overline{f}_{低}=\beta\overline{f} & \text{（相对弯度）}\\ \alpha_{低}=\beta\alpha & \text{（迎角）}\end{cases} \tag{8.32}$$

式（8.32）表明亚声速流动中，由于 $\beta<1$，对应的不可压流翼型比亚声速翼型薄，弯度和迎角也较小，如图 8.3 所示。由于变换过程中，x 坐标保持不变，因此弦长保持不变。

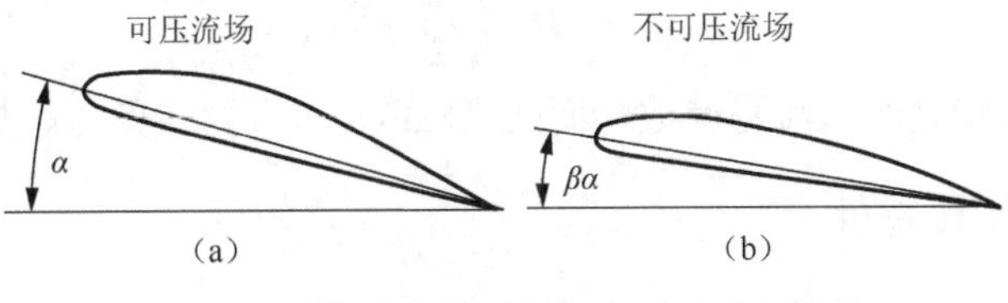

图 8.3　亚声速流翼型和相应不可压流翼型

8.3.4　翼型上对应点压强系数之间的关系

将式（8.28）和式（8.30）代入式（8.22），得到

$$C_p = -\frac{1}{\beta^2}\frac{2}{V_{\infty低}}\frac{\partial(\phi_{扰})_{低}}{\partial x_{低}}$$

上式可写成

$$\left(C_p\right)_{M_\infty,\alpha,\bar{\tau},\bar{f}} = \frac{1}{\beta^2}\left(C_p\right)_{0,\beta\alpha,\beta\bar{\tau},\beta\bar{f}} \tag{8.33}$$

式中下标“M_∞”表示流动是亚声速流，“0”表示流动是不可压流。

式（8.33）表明，亚声速流动中翼型表面某点的压强系数等于相应不可压流中仿射变换翼型表面对应点的压强系数乘以$1/\beta^2$倍，对应点的位置由式（8.28）确定。

式（8.33）只是一种换算法。为了计算亚声速流中翼型的压强系数，由图 8.3 可见，问题归结为计算对应不可压流中形状不同的翼型在不同迎角下的压强系数。这给计算带来不便。使用中，常对同一形状的翼型在相同迎角下，建立亚声速流中的翼型和低速不可压流中的翼型上压强系数之间的关系。这又是一种换算法。

在式（8.29）中，若令$k=\beta$，则有

$$\left[\frac{\partial(\phi_{扰})_{低}}{\partial y_{低}}\right]_{y_{低}=0} = V_{\infty低}\frac{1}{\beta}\frac{\mathrm{d}(y_{\mathrm{w}})_{低}}{\mathrm{d}x_{低}} = V_{\infty低}\frac{\mathrm{d}\left[(y_{\mathrm{w}})_{低}/\beta\right]}{\mathrm{d}x_{低}} = V_{\infty低}\frac{\mathrm{d}y_{\mathrm{w}}}{\mathrm{d}x} \tag{8.34}$$

根据式（6.2）和式（6.3a），翼型的弯度和厚度都是翼型表面坐标y_{w}的线性函数。同时，由于采用了风轴系，迎角隐含在$\mathrm{d}y_{\mathrm{w}}/\mathrm{d}x$中。因此，式（8.34）表明当在变换式（8.28）中取$k=\beta$时，亚声速流中的翼型通过变换式（8.28）变换到不可压流中将保持迎角、弯度和厚度都不变。

将$k=\beta$和式（8.28）代入式（8.22），可得

$$\left(C_p\right)_{M_\infty,\alpha,\bar{\tau},\bar{f}} = \frac{1}{\beta}\left(C_p\right)_{0,\alpha,\bar{\tau},\bar{f}} \tag{8.35}$$

式（8.35）表明，流过具有相同厚度和弯度的翼型，在相同的迎角下，亚声速流的压强系数只要将不可压流中对应点上的压强系数简单地乘以$1/\beta$（$\beta<1$）。换算关系式（8.35）称为普朗特-格劳特法则，$1/\beta$称为亚声速压缩性修正因子。

1939 年冯 · 卡门和钱学森推导出了二维无黏定常亚声速流动中估算压缩性对物体表面压强系数影响的公式——卡门-钱公式：

$$\left(C_p\right)_{M_\infty,\alpha,\bar{\tau},\bar{f}} = \frac{\left(C_p\right)_{0,\alpha,\bar{\tau},\bar{f}}}{\beta + \dfrac{1-\beta}{2}\left(C_p\right)_{0,\alpha,\bar{\tau},\bar{f}}} \tag{8.36}$$

式（8.35）不适用于较高的来流马赫数，而式（8.36）一直到临界马赫数都是适用的。

8.3.5 薄翼型的气动特性

升力是由压强分布的积分得到的，而俯仰力矩和升力只差一个x向的力臂；所以亚声速流中翼型的升力系数c_l和俯仰力矩系数c_{m_z}，等于不可压流的相应值乘以$1/\beta$，即

$$\left(c_l\right)_{M_\infty,\alpha,\bar{\tau},\bar{f}} = \frac{1}{\beta}\left(c_l\right)_{0,\alpha,\bar{\tau},\bar{f}} \tag{8.37}$$

$$\left(c_{m_z}\right)_{M_\infty,\alpha,\bar{t},\bar{f}}=\frac{1}{\beta}\left(c_{m_z}\right)_{0,\alpha,\bar{t},\bar{f}} \tag{8.38}$$

由于线化理论范围内升力与翼型的厚度无关，且高速飞机一般采用对称翼型（$\bar{f}=0$）的机翼，因此其升力系数和俯仰力矩系数在亚声速时分别为

$$\left(c_l\right)_{M_\infty,\alpha}=\frac{1}{\beta}\left(c_l\right)_{0,\alpha} \tag{8.39}$$

和

$$\left(c_{m_z}\right)_{M_\infty,\alpha}=\frac{1}{\beta}\left(c_{m_z}\right)_{0,\alpha} \tag{8.40}$$

由于流过翼型的迎角相同，由式（8.39）可得翼型的升力线斜率变换关系为

$$\left(c_l^\alpha\right)_{M_\infty}=\frac{1}{\beta}\left(c_l^\alpha\right)_0 \tag{8.41}$$

8.4　亚声速薄机翼的气动特性及 M_∞ 对气动特性的影响

8.4.1　相应机翼形状之间的变换

对于机翼，由式（8.28）及

$$z_{低}=\beta z \tag{8.42}$$

可以在三维情况下将小扰动速度位满足的线性方程变换成拉普拉斯方程，进而求得相应机翼之间平面几何参数存在的关系：

$$\begin{cases}\text{根梢比}\quad \eta_{低}=\eta\\ \text{展弦比}\quad \lambda_{低}=\beta\lambda\\ \text{后掠角}\quad (\lambda\tan\chi)_{低}=\lambda\tan\chi\end{cases} \tag{8.43}$$

式（8.43）表明，亚声速流动中，对应不可压流中的机翼的展弦比较亚声速流中机翼的展弦比小，后掠角则较亚声速流中机翼的后掠角大，但根梢比不变，如图 8.4 所示。

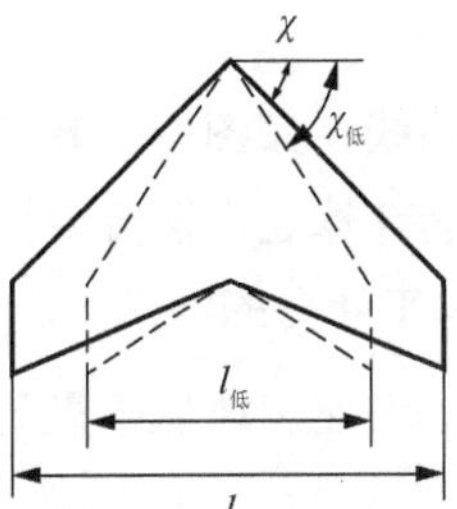

图 8.4　亚声速和对应不可压机翼平面形状之间的关系

8.4.2　薄机翼的升力和俯仰力矩特性

亚声速机翼的升力和俯仰力矩特性，同样可从相应不可压流中机翼的升力和俯仰力矩特性变换得到。

对满足式（8.43）的亚声速和相应不可压流机翼，当具有形状相同的翼型，且迎角相同时，对比式（8.39）、式（8.40）和式（8.41），薄机翼的升力系数、俯仰力矩系数和升力线斜率可分别写为

$$\left(C_L\right)_{M_\infty,\alpha,\lambda,\tan\chi,\eta}=\frac{1}{\beta}\left(C_L\right)_{0,\alpha,\beta\lambda,\frac{\tan\chi}{\beta},\eta} \tag{8.44}$$

$$\left(C_{M_z}\right)_{M_\infty,\alpha,\lambda,\tan\chi,\eta}=\frac{1}{\beta}\left(C_{M_z}\right)_{0,\alpha,\beta\lambda,\frac{\tan\chi}{\beta},\eta} \tag{8.45}$$

和

$$\left(C_L^\alpha\right)_{M_\infty,\lambda,\tan\chi,\eta}=\frac{1}{\beta}\left(C_L^\alpha\right)_{0,\beta\lambda,\frac{\tan\chi}{\beta},\eta} \tag{8.46}$$

式（8.46）还可写成下列形式：

$$\left(\frac{C_L^\alpha}{\lambda}\right)_{M_\infty,\lambda,\tan\chi,\eta}=\frac{1}{\beta\lambda}\left(C_L^\alpha\right)_{0,\beta\lambda,\frac{\tan\chi}{\beta},\eta}$$

或

$$\left(\frac{C_L^\alpha}{\lambda}\right)_{M_\infty,\lambda,\tan\chi,\eta}=L\left(\beta\lambda,\lambda\tan\chi,\eta\right) \tag{8.47}$$

式中，L 为仿射组合参数 $\beta\lambda$ 、$\lambda\tan\chi$ 和 η 的函数。

式（8.44）和式（8.45）表明，要计算亚声速流中机翼的升力和俯仰力矩特性，只需要计算其相应的不可压流中机翼的升力和俯仰力矩特性。

式（8.47）指出，只要 $\beta\lambda$ 、$\lambda\tan\chi$ 和 η 相同，一定平面形状亚声速机翼的 C_L^α/λ 值就相同。因此，如果把不同 λ 、η 和 $\tan\chi$ 的不同平面形状的无扭转对称翼型的机翼，按 $\beta\lambda$ 、$\lambda\tan\chi$ 和 η 三个组合参数进行实验，并整理图线，那么将提供任何平面形状机翼在亚声速流中的 C_L^α/λ 值。例如，整理时可先固定一个参数（如 $\lambda\tan\chi$ ）不变，就可得到

$$\frac{C_L^\alpha}{\lambda}=L_1\left(\beta\lambda,\eta\right) \tag{8.48}$$

的曲线，如图 8.5 横坐标左半边所示。换一个 $\lambda\tan\chi$ 值又得一组类似曲线，这样就可得到一套计算亚声速流中机翼的 C_L^α/λ 曲线。图中机翼后掠角是用翼型的 1/2 弦点连线的后掠角 $\chi_{1/2}$ 来计算的。

设亚声速流中机翼的压力中心距该机翼气动平均弦前缘的 x 向距离为 $\left(x_{\mathrm{cp}}\right)_{M_\infty,\alpha,\lambda,\tan\chi,\eta}$ ，对应不可压流中机翼的压力中心距机翼气动平均弦前缘的 x 向距离为 $\left(x_{\mathrm{cp}}\right)_{0,\alpha,\beta\lambda,\frac{\tan\chi}{\beta},\eta}$ ，则

$$\left(C_{M_z}\right)_{M_\infty,\alpha,\lambda,\tan\chi,\eta}=-\left(C_L\right)_{M_\infty,\alpha,\lambda,\tan\chi,\eta}\left(\frac{x_{\mathrm{cp}}}{c_A}\right)_{M_\infty,\alpha,\lambda,\tan\chi,\eta}$$

$$\left(C_{M_z}\right)_{0,\alpha,\beta\lambda,\frac{\tan\chi}{\beta},\eta}=-\left(C_L\right)_{0,\alpha,\beta\lambda,\frac{\tan\chi}{\beta},\eta}\left(\frac{x_{\mathrm{cp}}}{c_A}\right)_{0,\alpha,\beta\lambda,\frac{\tan\chi}{\beta},\eta}$$

式中，$\left(c_A\right)_{M_\infty,\alpha,\lambda,\tan\chi,\eta}$ 和 $\left(c_A\right)_{0,\alpha,\beta\lambda,\frac{\tan\chi}{\beta},\eta}$ 分别表示迎角为 α 下亚声速流中机翼和对应不可压流中机翼的气动平均弦长。将以上两式分别代入式（8.45），并利用式（8.44），得到相应的两机翼压力中心位置之间的关系为

$$\left(\bar{x}_{\mathrm{cp}}\right)_{M_\infty,\alpha,\lambda,\tan\chi,\eta}=\left(\bar{x}_{\mathrm{cp}}\right)_{0,\alpha,\beta\lambda,\frac{\tan\chi}{\beta},\eta} \tag{8.49}$$

式中，$\overline{x}_{cp}$ 为压力中心位置的无量纲值，$\overline{x}_{cp} = x_{cp} / c_A$ 。

由于无扭转对称翼型的机翼，其压力中心即是焦点。这样，根据式（8.49），亚声速流中机翼的焦点相对位置与相应不可压流中机翼的焦点相对位置之间的关系也为

$$\left(\overline{x}_F\right)_{M_\infty,\alpha,\lambda,\tan\chi,\eta} = \left(\overline{x}_F\right)_{0,\alpha,\beta\lambda,\frac{\tan\chi}{\beta},\eta} \tag{8.50}$$

式中，x_F 为从机翼气动平均弦 c_A 前缘开始计算的 x 向距离，$\overline{x}_F = x_F / c_A$ 。

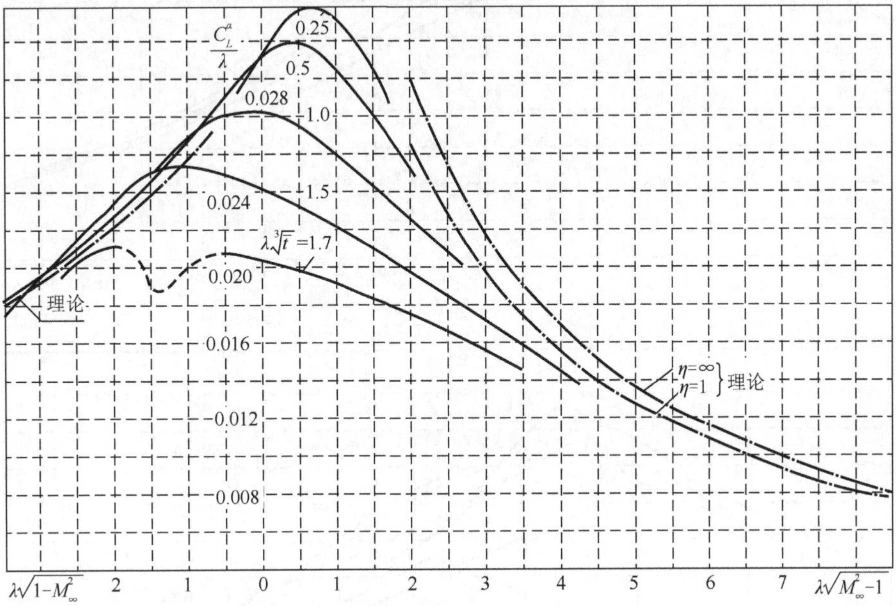

（a）$\lambda\tan\chi_{1/2}=0$

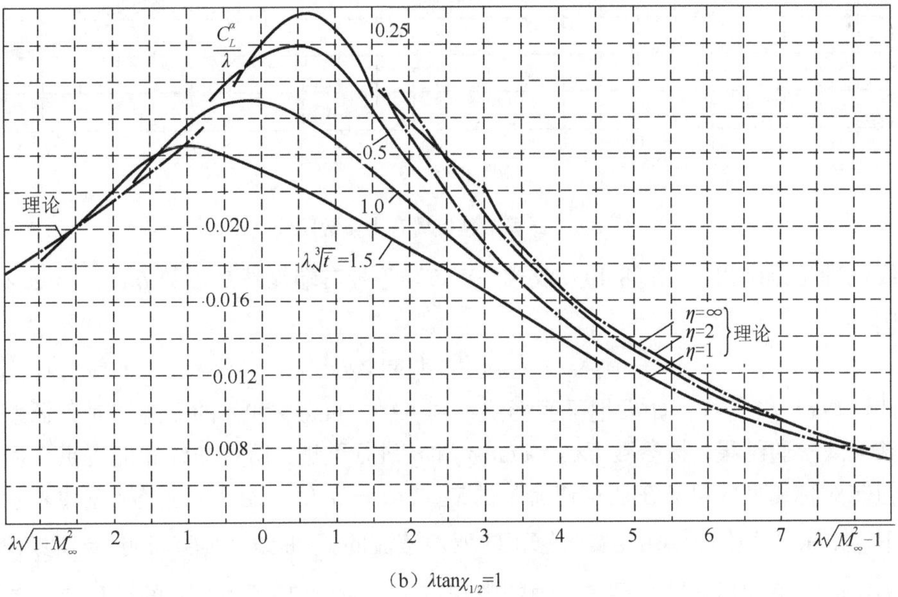

（b）$\lambda\tan\chi_{1/2}=1$

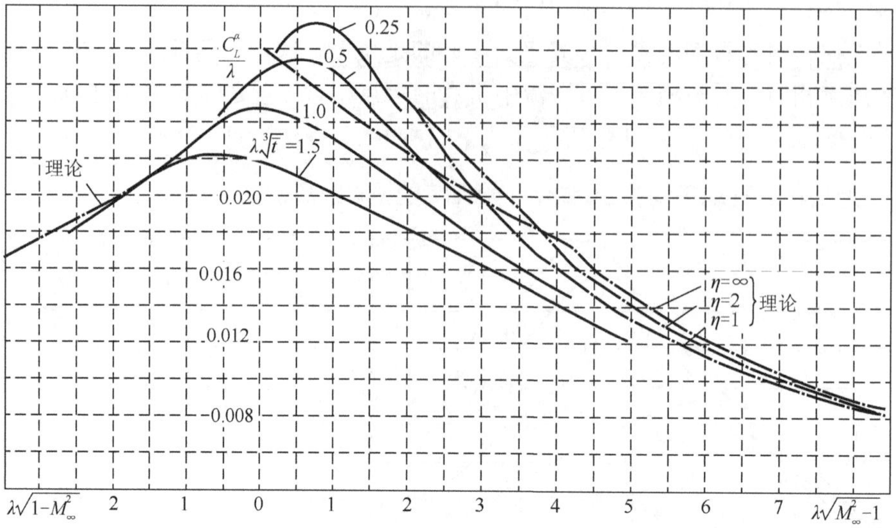

（c）$\lambda\tan\chi_{1/2}=2$

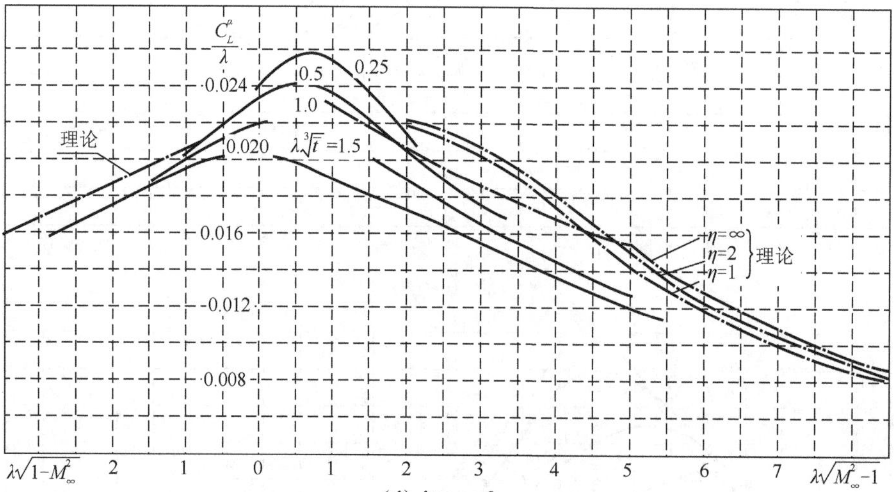

（d）$\lambda\tan\chi_{1/2}=3$

图 8.5　计算单独机翼升力系数图线

在线化理论范围内，式（8.49）或式（8.50）等号右端显然是参数 $\beta\lambda$ 、$\lambda\tan\chi$ 和 η 的函数，则

$$\bar{x}_{cp} = X_{cp}\left(\beta\lambda, \lambda\tan\chi, \eta\right) \tag{8.51}$$

因此，与 C_L^α/λ 一样，如果把平面形状不同 $\beta\lambda$ 、$\lambda\tan\chi$ 和 η 的无扭转对称翼型的机翼的计算结果或实验结果，按参数 $\beta\lambda$ 、$\lambda\tan\chi$ 和 η 进行整理，所得曲线就能提供任何平面形状的无扭转对称翼型的机翼在亚声速流中的 $\bar{x}_{cp}$（或 $\bar{x}_F$）值。图 8.6 的坐标左边表示在给定 η 参数下，按线化理论计算并经实验修正的亚声速流的 $\bar{x}_{cp}$ 曲线。实验表明，当迎角增大时，机翼压力中心显著向后移动。图 8.6 中的虚线表示 $\alpha = 20°$ 时压力中心的后移值。使用中近似认为，在 $5° < \alpha < 20°$ 的范围内，$\bar{x}_{cp}$ 与 α 之间存在以下线性关系：

$$\bar{x}_{\mathrm{cp}}=\left(\bar{x}_{\mathrm{cp}}\right)_{\alpha=5^{\circ}}+\frac{\alpha-5^{\circ}}{15^{\circ}}\left(\Delta\bar{x}_{\mathrm{cp}}\right)_{\alpha=20^{\circ}} \tag{8.52}$$

最后应指出，类似亚声速流动的一套图线，在超声速流情况下依然成立。其相似参数的形式也不变，只需相应地将 $\sqrt{1-M_{\infty}^{2}}$ 改为 $\sqrt{M_{\infty}^{2}-1}$ 即可，如图 8.5、图 8.6 横坐标右半边所示。

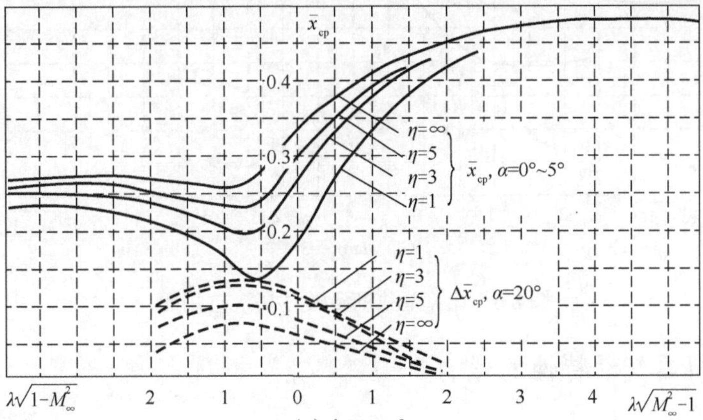

（a）$\lambda\tan\chi_{1/2}=0$

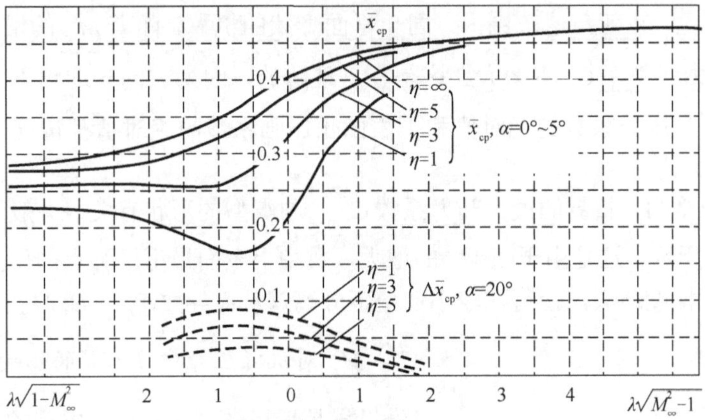

（b）$\lambda\tan\chi_{1/2}=1$

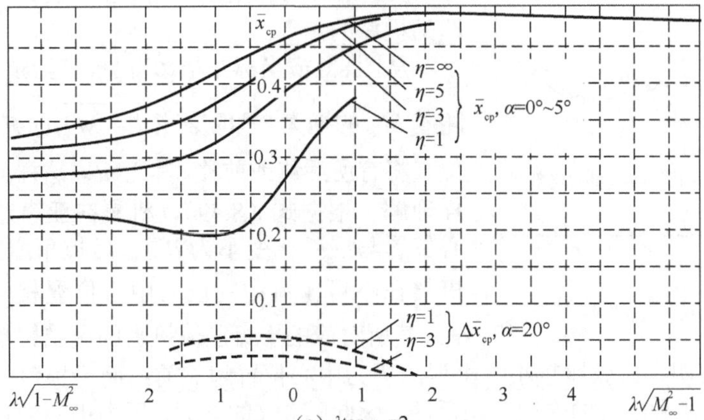

（c）$\lambda\tan\chi_{1/2}=2$

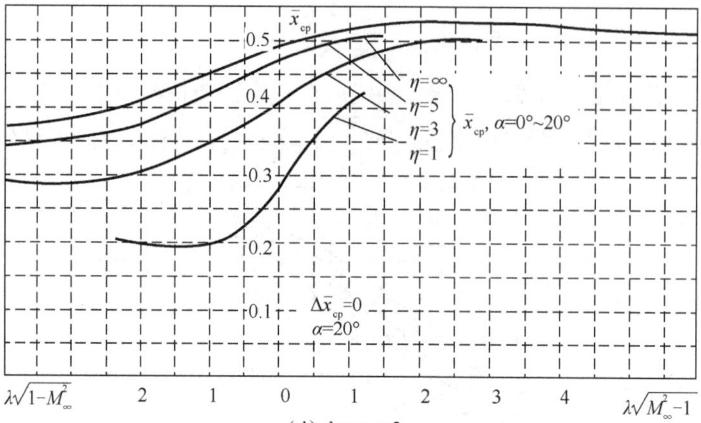

（d）$\lambda\tan\chi_{1/2}=3$

图 8.6　计算单独机翼压力中心 $\bar{x}_{cp}$ 用图

8.4.3　M_∞ 对机翼气动特性的影响

1.　M_∞ 对机翼升力特性的影响

由图 8.5 可见，在亚声速范围内，同一平面形状的机翼，随着 M_∞ 的增大（即 $\beta\lambda$ 的减小），机翼的升力线斜率 C_L^α 将增大。这是容易理解的，因为在同一迎角下，随着 M_∞ 的增大，机翼上表面负压强系数的绝对值和下表面正压强系数的绝对值都按同一倍数增大，使机翼的 C_L^α 值增大。

在亚声速范围内，机翼的最大升力系数 $C_{L\max}$ 与翼型的形状有关，一般随 M_∞ 的增加而下降，如图 8.7 所示。这是由于随 M_∞ 的增大，翼型上表面最小压强点的压强降低得最多，翼型后部的逆压梯度增大，使得在较小迎角下分离，从而导致 $C_{L\max}$ 随 M_∞ 的增大而降低。

图 8.7　M_∞ 对 $C_{L\max}$ 的影响

2.　M_∞ 对机翼压力中心位置的影响

设机翼是无扭转且具有对称翼型的薄翼。按线化理论，机翼的升力主要由迎角产生，因此机翼的压力中心即为机翼的焦点。

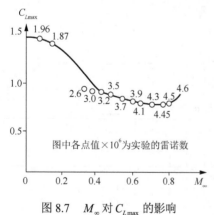

从图 8.6 横坐标左半边可见，在给定 λ 和 $\tan\chi_{1/2}$ 时，随着 M_∞ 的增大（即随着 $\lambda\sqrt{1-M_\infty^2}$ 的减小），压力中心位置将有所后移或前移，其之所以这样变化的原因可这样理解：根据式（8.49），机翼在亚声速流中的压力中心位置与展弦比变小为 $\beta\lambda$、后掠角增大为 $\tan\chi/\beta$ 的机翼在不可压流中的压力中心位置相同；因此 M_∞ 越大，其所对应的不可压流机翼的展弦比越小且后掠角越大。低速实验表明，展弦比越小，机翼的压力中心位置越靠前；而后掠角越大，压力中心位置越后移。这两种因素的作用是相反的。因此随 M_∞ 的增大，压力中心的移动将由两者的

作用综合而定。一般说来，η 和 $\lambda\tan\chi_{1/2}$ 都较大的后掠机翼，通常起作用的主要是第二个因素，压力中心位置将随 M_∞ 的增大而后移；对于 η 和 $\lambda\tan\chi_{1/2}$ 都较小的机翼，情况将有所不同，压力中心位置将随 M_∞ 的增大而略有前移。

3. M_∞ 对机翼阻力特性的影响

与低速情况一样，机翼在亚声速流的阻力系数，仍由型阻系数和诱导阻力系数两部分组成。其中型阻系数 C_{Dp} 可表示为

$$C_{Dp} = (2C_F)_{M_\infty=0}\,\eta_t\eta_M \tag{8.53}$$

式中，$(2C_F)_{M_\infty=0}$ 为低速平板摩擦系数的 2 倍，它与雷诺数 Re 和转捩点位置有关；计算雷诺数 Re 时，特征长度取机翼的几何平均弦长。η_t 为机翼厚度修正系数；η_M 为压缩性修正系数，它随 M_∞ 和转捩点位置 $\bar{x}_T = x_T/c$ 而变化，如图 8.8 所示。图中 $\eta_M<1$，这是由于随着 M_∞ 的增大，边界层的温度升高，层内密度随之下降，从而使摩阻减小，虽然黏性系数随之增大，但前者作用大些，所以摩阻系数随着 M_∞ 的增大而下降。

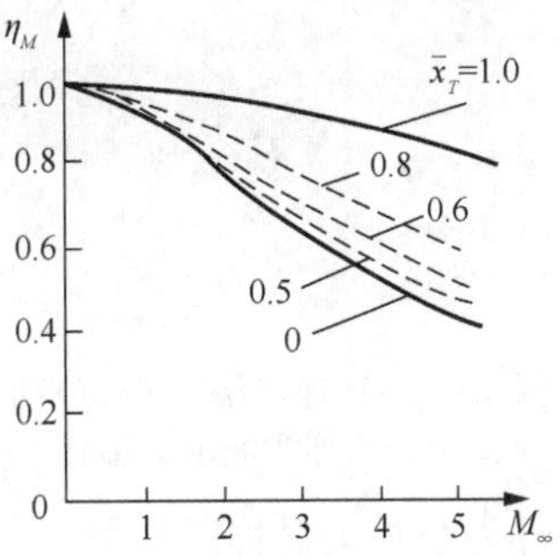

图 8.8　M_∞ 对 η_M 的影响

亚声速机翼的诱导阻力系数 C_{Di}，对中等以上的展弦比，它与升力系数的关系仍为

$$C_{Di} = AC_L^2 \tag{8.54}$$

M_∞ 对诱导阻力因子 $A=(1+\delta)/(\pi\lambda)$ 的影响不大，其中 $1+\delta$ 仍可按低速不可压流的确定。实验证明，在 $M_\infty < M_{\infty临}$（$M_{\infty临}$ 为来流临界马赫数）时，它的误差不超过 5%。

习　题

8.1　在很低的马赫数下，某翼型上某一点处的压强系数为 $C_p=-0.5$。试按线化理论求来流马赫数分别为 $M_\infty=0.5$ 和 $M_\infty=0.8$ 时该点的压强系数为多少？

8.2　某翼型在来流马赫数增大到 $M_\infty=0.8$ 时，翼型上最大速度点的速度已经达到声速。根据普朗特–格劳特法则求此翼型在低速时最大速度点的压强系数是多少？

8.3　有一对称低速翼型，其相对厚度为 $\bar{t}=0.1$。根据亚声速薄翼型线化理论，求来流马赫数 $M_\infty=0.6$ 时，翼型的升力线斜率 c_l^α。

8.4　有一展弦比为 $\lambda=3.5$ 的矩形机翼，其剖面为 NACA0006 翼型，在高度为 $H=12\ \text{km}$ 处以来流马赫数 $M_\infty=0.85$ 作定常直线飞行。试计算仿射变换后对应不可压流动中的仿射机翼的翼型相对厚度 $\bar{t}$ 和展弦比 λ。

8.5　一展弦比为 $\lambda=10$ 的矩形机翼，以来流马赫数 $M_\infty=0.6$ 作等速水平飞行，试求该机翼的升力线斜率 C_L^α；并将此结果与相同机翼在不可压流中的升力线斜率 C_L^α 进行比较。

8.6　一展弦比为 $\lambda=5$ 的矩形薄翼，以来流马赫数 $M_\infty=0.85$ 作等速水平飞行，试分别用普朗特–格劳特法则和根据仿射组合参数查图线法，求该机翼在迎角 $\alpha=5.73°$ 时的升力系数 C_L。

第 9 章　超声速线化理论及跨声速、高超声速绕流初步知识

9.1　超声速薄翼型绕流

图 9.1　超声速流绕钝头体流动头部离体激波示意图

从超声速风洞中可以看到（图 9.1），超声速气流流过钝头体时有离体激波产生。由于离体激波中有一段较大的正激波，因此使物体承受较大的激波阻力（波阻力）。从而，为了减小波阻力，超声速翼型前缘最好做成尖的，如菱形、四边形和双弧形等尖前缘翼型。但是，超声速飞机总要经历起飞和着陆的阶段，尖头翼型在低速绕流时，在较小的迎角下气流就有可能在前缘发生流动分离，使翼型的气动特性变坏。因此，为了兼顾超声速飞机高速飞行的低速特性，目前低超声速飞机的翼型，其形状都为小圆头对称薄翼型。

下面以对称双圆弧翼型为例，说明超声速薄翼型绕流的流动特点。

图 9.2 是超声速风洞中所见到的超声速气流以小迎角绕对称双圆弧翼型流动的示意图。如果迎角 α 小于薄翼型前缘半顶角 φ，则气流流过翼型时，在前缘处相当于绕凹角流动，因此前缘上下表面将产生两道附体的斜激波。由于上下翼面气流相对于来流的偏转角度不同，因此上下翼面的激波强度和倾角也不同。

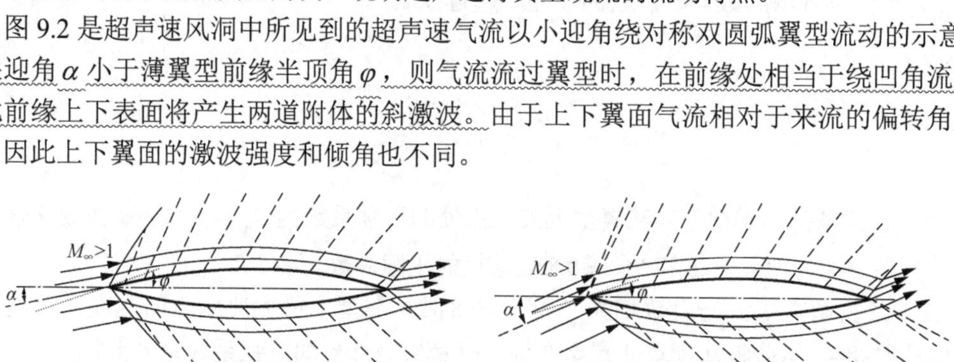

图 9.2　超声速流绕对称双圆弧翼型流动示意图（翼型表面上的波系：实线表示激波，虚线表示膨胀马赫波）

靠近翼面的气流，通过激波后，将偏转到前缘处翼面的切线方向，随后气流沿翼型表面的流动相当于绕凸曲面的流动，通过一系列膨胀马赫波。从图 9.2（a）看出，从翼型的前部所发出的膨胀马赫波，将与头部激波相交，激波强度受到削弱，使激波相对于来流的倾角逐渐减小，最后退化为压缩马赫波。

当上下翼面的超声速气流流到翼型的后缘时，由于上下气流的流向不同，且压强一般也不相等，故根据来流迎角情况，在后缘上下表面必产生两道斜激波（或一道斜激波和一组膨胀波），以使在后缘汇合的气流有相同的流向和相等的压强。后缘激波同样也要被翼面

的膨胀马赫波所削弱，最后退化为压缩马赫波。

翼面压强在激波后为最大，以后沿翼面经一系列膨胀马赫波而顺流逐渐下降。由于翼面前半部的压强大于后半部的压强，因此翼面上压强的合力，在来流的方向将有一向后的分力，此即激波阻力，简称波阻。

当翼型处于小的正迎角时，由于上翼面前缘的切线相对于来流所组成的凹角，较下翼面的为小，故上翼面的激波较下翼面的为弱，其后马赫数较下翼面为大，波后压强较下翼面为低，所以上翼面的压强将小于下翼面的压强，压强的合力在与来流相垂直的方向将有一分力，此即升力。

如果超声速来流的迎角大于翼型前缘半顶角，即 $\alpha > \varphi$，见图 9.2（b），则气流绕上翼面前缘的流动，就相当于绕凸角流动，上翼面前缘将产生一组膨胀波，下翼面前缘仍为激波；同时在后缘的上表面产生斜激波，而下表面则为一组膨胀波。

9.2　超声速薄翼型绕流线化理论

为了减小激波阻力，超声速飞机的机翼，其翼型厚度都是比较薄的，弯度也很小甚至为零，而且飞行时迎角也较小，因此机翼产生的激波，其强度也较弱。作为一级近似，可将激波近似为压缩马赫波，同时，膨胀波在一级近似下取为膨胀马赫波，并近似认为所有马赫波互相平行，且与来流的夹角均为来流马赫角 $\mu_\infty = \arctan\left(1\big/\sqrt{M_\infty^2 - 1}\right)$。这就是超声速一级近似理论。

由于超声速一级近似理论中，翼型表面上产生的所有的波均认为是马赫波，因此根据气流通过马赫波后壁面上的压强系数公式（5.57），翼面上任意一点处的压强系数为

$$C_p = \pm \frac{2\theta}{\sqrt{M^2 - 1}}$$

其中，θ 为翼面上对应点的切线与来流之间所夹的小锐角。壁面相对来流内折时取“+”，壁面相对来流外折时取“－”。

一级近似理论是从所产生波的角度对超声速薄翼型绕流的近似分析。为了分析气动特性等问题的方便，下面来推导超声速线化理论下翼型表面上的压强系数计算公式。从中可以得出超声速线化理论和超声速一级近似理论是以不同的角度分析超声速薄翼型绕流问题，二者所得出的结论是等效的。

9.2.1　超声速线化理论中翼面上的压强系数

超声速线化理论是指超声速理想流体绕翼型流动所产生的扰动都是小扰动时，扰动速度位所满足的控制方程和边界条件都可以简化为线性方程，从而可以用叠加原理分析超声速流绕薄翼型流动的气动特性的理论。

超声速二维流动的小扰动速度位满足线化方程，由式（8.15）有

$$B^2\left(\phi_{扰}\right)_{xx} - \left(\phi_{扰}\right)_{yy} = 0 \tag{9.1}$$

式中，$B^2 = M_\infty^2 - 1$。设 x 轴沿来流方向，y 轴与 x 轴垂直，二者构成右手正交坐标系。方程（9.1）是二阶线性双曲型偏微分方程。为了写出其通解，引入如下变量：

$$\xi = x - By, \quad \eta = x + By \tag{9.2}$$

这样，有

$$\xi_x = \eta_x = 1$$

$$\xi_y = -\eta_y = -B$$

$$(\phi_{扰})_x = (\phi_{扰})_\xi \xi_x + (\phi_{扰})_\eta \eta_x = (\phi_{扰})_\xi + (\phi_{扰})_\eta$$

$$(\phi_{扰})_y = (\phi_{扰})_\xi \xi_y + (\phi_{扰})_\eta \eta_y = -B\left[(\phi_{扰})_\xi - (\phi_{扰})_\eta\right]$$

$$(\phi_{扰})_{xx} = (\phi_{扰})_{\xi\xi} \xi_x + (\phi_{扰})_{\xi\eta} \eta_x + (\phi_{扰})_{\eta\xi} \xi_x + (\phi_{扰})_{\eta\eta} \eta_x = (\phi_{扰})_{\xi\xi} + (\phi_{扰})_{\eta\eta} + 2(\phi_{扰})_{\xi\eta}$$

$$(\phi_{扰})_{yy} = -B\left[(\phi_{扰})_{\xi\xi} \xi_y + (\phi_{扰})_{\xi\eta} \eta_y - (\phi_{扰})_{\eta\xi} \xi_y - (\phi_{扰})_{\eta\eta} \eta_y\right] = B^2\left[(\phi_{扰})_{\xi\xi} + (\phi_{扰})_{\eta\eta} - 2(\phi_{扰})_{\xi\eta}\right]$$

即

$$(\phi_{扰})_{xx} = (\phi_{扰})_{\xi\xi} + (\phi_{扰})_{\eta\eta} + 2(\phi_{扰})_{\xi\eta} \tag{9.3}$$

$$(\phi_{扰})_{yy} = B^2\left[(\phi_{扰})_{\xi\xi} + (\phi_{扰})_{\eta\eta} - 2(\phi_{扰})_{\xi\eta}\right] \tag{9.4}$$

将式（9.3）和式（9.4）代入方程（9.1），可得

$$(\phi_{扰})_{\xi\eta} = 0 \tag{9.5}$$

将式（9.5）对 ξ 进行积分，可得

$$(\phi_{扰})_\eta = g^*(\eta) \tag{9.6}$$

将式（9.6）再对 η 进行积分，可得

$$\phi_{扰}(\xi,\eta) = \int g^*(\eta)\mathrm{d}\eta + f(\xi) = f(\xi) + g(\eta) \tag{9.7}$$

将式（9.2）代入式（9.7），可得

$$\phi_{扰}(x,y) = f(x - By) + g(x + By) \tag{9.8}$$

式中，f 和 g 是两个任意函数。式（9.8）是方程（9.1）的通解。

为了说明通解（9.8）右端各项的物理意义，注意到 $x - By =$ 常数和 $x + By =$ 常数的两族直线的倾角分别为 $\arctan(1/B)$ 和 $\arctan(-1/B)$。因此这两族直线正好代表超声速自由来流 $\boldsymbol{V}_\infty$ 受到小扰动时产生的两族马赫线，如图 9.3 所示。

对如图 9.4 所示的薄翼型而言，在翼型的上半平面流场，函数 $f(x - By)$ 沿马赫线族 $x - By =$ 常数保持不变，它代表翼型上表面所发出的扰动沿马赫线 $x - By =$ 常数向下游传播到 (x, y) 点所产生的小扰动速度位 $\phi_{扰}$；而函数 $g(x + By)$ 沿马赫线族 $x + By =$ 常数保持不变，它代表翼型上表面所发出的扰动沿马赫线 $x + By =$ 常数向上游传播到 (x, y) 点所产生的小扰动速度位 $\phi_{扰}$。但是在超声速流中，扰动无法向上游传播，故有意义的解只能是向下游传播的，这就要求 $g(x + By) = 0$。同时，扰动区域也只局限于向下游传播的前后缘马赫线之间。因此，翼型上半平面流场的小扰动速度位为

$$\phi_{扰}(x,y) = f(x - By) \tag{9.9}$$

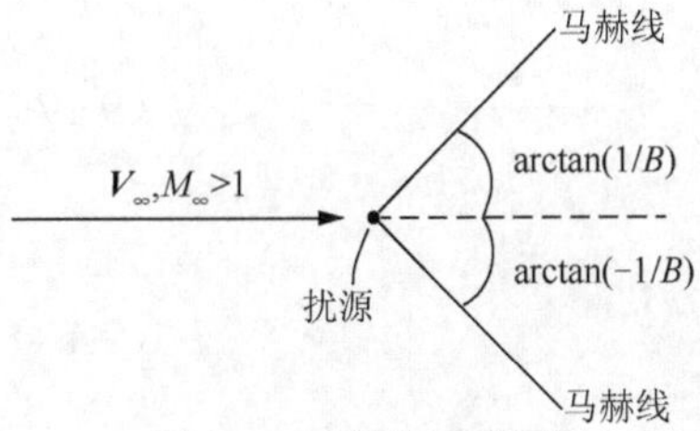

图 9.3　马赫线示意图

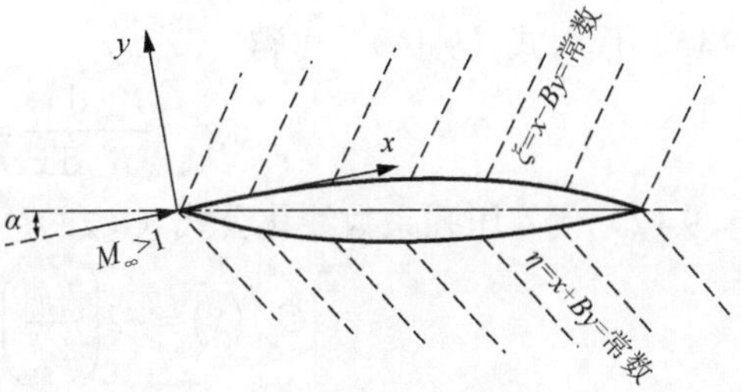

图 9.4　超声速一级近似理论下翼型表面上的马赫波

上半平面流场的扰动速度分别为

$$\begin{cases} u_{扰} = \left(\phi_{扰}\right)_x = \dfrac{\mathrm{d}f}{\mathrm{d}\xi} = f' \\ v_{扰} = \left(\phi_{扰}\right)_y = -Bf' \end{cases} \tag{9.10}$$

从式（9.10）可见，扰动速度 $u_{扰}$，$v_{扰}$ 沿马赫线 $x-By=$ 常数保持不变。这说明在超声速线化理论中，上翼面上产生的波系都是马赫波。

函数 $f(x-By)$ 可根据翼型的绕流边界条件确定。设翼型上表面斜率为 $\mathrm{d}y_u/\mathrm{d}x$，则根据上翼面绕流边界条件式（8.27），有

$$\left(v_{扰}\right)_u = V_\infty \frac{\mathrm{d}y_u}{\mathrm{d}x} \tag{9.11}$$

将式（9.10）代入式（9.11），可得

$$f' = -\frac{V_\infty}{B}\frac{\mathrm{d}y_u}{\mathrm{d}x} = \left(u_{扰}\right)_u \tag{9.12}$$

再将式（9.12）代入压强系数线化公式（8.22），有

$$C_{pu}(x) = -2\left(\frac{u_{扰}}{V_\infty}\right)_u = \frac{2}{B}\frac{\mathrm{d}y_u}{\mathrm{d}x} \tag{9.13}$$

如图 9.4 所示，在翼型的下半平面流场，函数 $f(x-By)$ 代表翼型下表面所发出的扰动沿马赫线 $x-By=$ 常数向上游传播到 (x,y) 点所产生的小扰动速度位 $\phi_{扰}$；而函数 $g(x+By)$ 代表翼型下表面所发出的扰动沿马赫线 $x+By=$ 常数向下游传播到 (x,y) 点所产生的小扰动速度位 $\phi_{扰}$。故有意义的解只能是向下游传播的，这就要求 $f(x-By)=0$。因此，翼型下半平面流场的小扰动速度位为

$$\phi_{扰}(x,y) = g(x+By) \tag{9.14}$$

下半平面流场的扰动速度分别为

$$\begin{cases} u_{扰} = \left(\phi_{扰}\right)_x = \dfrac{\mathrm{d}g}{\mathrm{d}\eta} = g' \\ v_{扰} = \left(\phi_{扰}\right)_y = Bg' \end{cases} \tag{9.15}$$

函数 $g(x+By)$ 可根据翼型的绕流边界条件确定。设翼型下表面斜率为 $\mathrm{d}y_l/\mathrm{d}x$，则根据下翼面绕流边界条件式（8.27），有

$$\left(v_{扰}\right)_l = V_\infty \frac{\mathrm{d}y_l}{\mathrm{d}x} \tag{9.16}$$

将式（9.15）代入式（9.16），可得

$$g' = \frac{V_\infty}{B}\frac{\mathrm{d}y_l}{\mathrm{d}x} = \left(u_{扰}\right)_l \tag{9.17}$$

再将式（9.17）代入压强系数线化公式（8.22），有

$$C_{pl}(x) = -2\left(\frac{u_{扰}}{V_\infty}\right)_l = -\frac{2}{B}\frac{\mathrm{d}y_l}{\mathrm{d}x} \tag{9.18}$$

因此，对超声速气流绕翼型的小扰动，可以导出翼型表面上任意一点的压强系数为

$$\begin{cases} C_{pu}(x) = 2\dfrac{\mathrm{d}y_u}{\mathrm{d}x}\dfrac{1}{\sqrt{M_\infty^2 - 1}} \\ C_{pl}(x) = -2\dfrac{\mathrm{d}y_l}{\mathrm{d}x}\dfrac{1}{\sqrt{M_\infty^2 - 1}} \end{cases} \tag{9.19}$$

式中，下标 u 和 l 分别表示翼型上、下表面。

由于翼型比较薄，弯度比较小，除个别点外，翼型表面上各点的斜率都比较小，因此可近似用翼面上对应点的切线与 x 轴之间所夹的小锐角 θ 来代替该点的斜率，从而有

$$C_p = \pm\frac{2\theta}{\sqrt{M_\infty^2 - 1}} \tag{9.20}$$

式（9.20）等号右端“+”号用于壁面相对来流内折，“－”号用于壁面相对来流外折。

9.2.2　一级近似理论压强系数分析

从式（9.19）中可见，根据线化理论，翼型表面上任意一点处的压强系数，是与该点翼面的斜率成正比的。对相对厚度 $\bar{t} = 0.1$ 的对称双圆弧翼面，在来流马赫数 $M_\infty = 2.13$ 和来流迎角 $\alpha = -10°$ 所算得的上、下翼面的压强系数分布，如图 9.5 中虚线所示，在该图中也标上其他理论值和实验结果。

由于这样厚度的翼型在超声速飞机上是很少用的，同时采用来流迎角 $\alpha = -10°$，因此这里所进行的比较，可以说是以最坏的情况而论了。对于该对称双圆弧翼型，由图 9.6 可知，前缘半顶角 $\varphi = \varphi_1 + \varphi_3 = 2\varphi_3 = 2\arctan(t/c) = 2\arctan(\bar{t}) \approx 11.42°$。

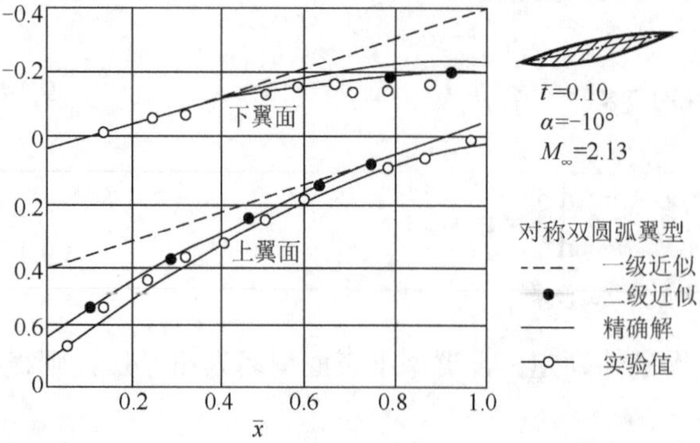

图 9.5　图示绕流下对称双圆弧翼型上下翼面压强系数分布

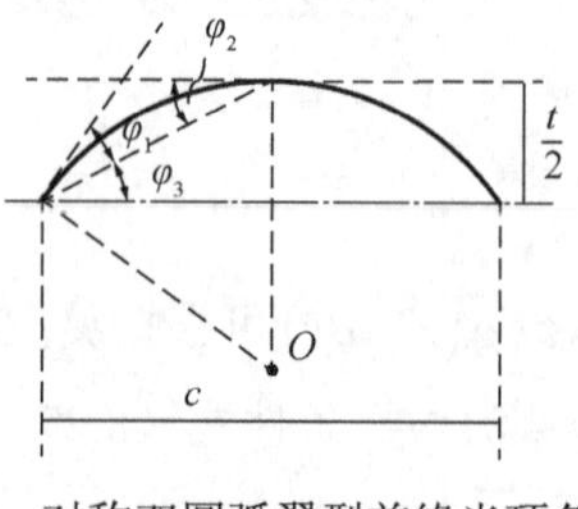

图 9.6　对称双圆弧翼型前缘半顶角分析

图 9.5 中精确解是按激波–膨胀波方法计算的。从该图中的比较来看，在下翼面前半段到 $\bar{x}=x/c=0.4$ 为止，一级近似理论与实验结果符合得很好，这是因为前缘半顶角等于 $11.42°$，所以在来流迎角 $\alpha=-10°$ 时，下翼面前缘处有 $1.42°$ 的微小压缩，以后直到 $\bar{x}=0.4$ 也都是角度不大的膨胀，在这样微小的变化里，一级近似符合实验结果那是完全在意料之中的。到距前缘 $\bar{x}=0.5$，下翼面的方向和前方气流之间已成 $10°$ 的夹角，在 $\bar{x}=0.5$ 以后的下翼面直至后缘，气流的膨胀在一级近似理论下已经显示出“膨胀有余”来了，即实际气流是沿着壁面流动的，外折角等于壁面切线之间的夹角 θ_1，而根据一级近似理论外折角等于壁面切线与来流之间的夹角 θ_2，而此时 θ_2 比 θ_1 大得多。一级近似与实验之间的误差，随着接近后缘而增大。下面来分析该现象产生的原因。

后缘附近翼面上的实际压强分布受尾部激波的影响可用图 9.7 来说明。理想流动（不计及边界层）时，尾激波在后缘点 B 开始。实际情况是有边界层存在，尾激波后面的高压会通过边界层中的亚声速流区域，往上游向前传播，这样一方面后缘之前有一段翼面受到了高压的影响，使压强系数提高，另一方面有了逆压梯度，从而使尾激波前的边界层增厚，主流被外挤，不但引起实际的膨胀角减小，而且尾激波可提前在点 C 发生，引起边界层分离，使 C_p 增大。以上情况在一级近似理论中是没有考虑的。

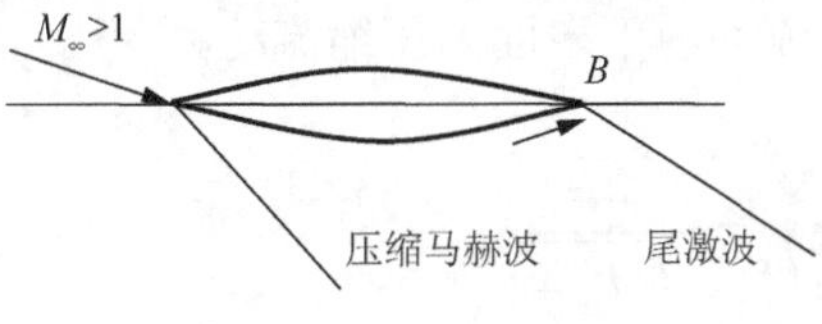

(a) 理想流动

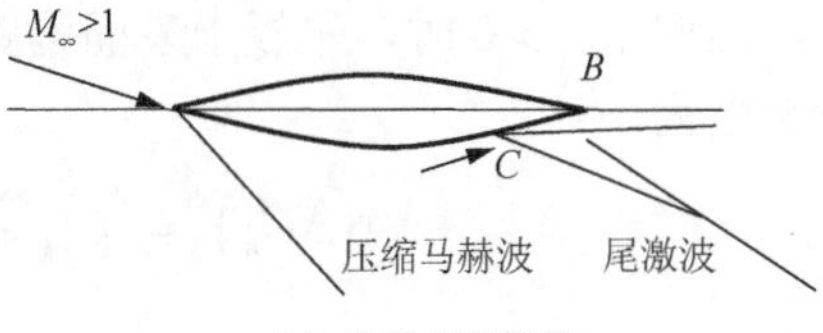

(b) 有边界层情况

图 9.7　激波与边界层之间的干扰

在来流迎角 $\alpha=-10°$ 时，这个双圆弧翼型上翼面的前缘处，翼面切线与气流方向成 $10°+11°20'=21°20'$ 的夹角，它对来流的压缩是很强的，实际上在前缘产生了强激波，而一级近似理论用马赫波代替了激波，因此显然表现为“压缩不足”，计算所得到的上翼面前缘处及以后翼面上的压强偏小。由于上翼面到后缘，气流压强系数接近零，没有强的尾激波形成，因此一级近似和实验值符合很好。

9.2.3　一级近似理论压强系数的叠加法

式（9.19）表明，压强系数与翼面斜率呈线性关系。因此，在线化理论范围内，翼型表面的压强系数，可认为是由以下三部分绕流所产生的压强系数叠加而成（图 9.8），即

$$C_p=C_{p\alpha}+C_{pc}+C_{pt} \tag{9.21}$$

式中，下标 α 表示迎角为 α 的无厚度平板绕流；下标 c 表示迎角 $\alpha=0$ 的无厚度中弧线弯板绕流；下标 t 表示迎角 $\alpha=0$ 的无弯度对称厚度翼型绕流。因此，由式（9.19），翼型上、下翼面的压强系数，在线化理论范围内将分别等于分解后的三种翼型（参见图 9.8）在对应点的压强系数之和，即

$$\begin{cases}C_{pu}(x)=\left(C_{pu}\right)_\alpha+\left(C_{pu}\right)_c+\left(C_{pu}\right)_t\\ C_{pl}(x)=\left(C_{pl}\right)_\alpha+\left(C_{pl}\right)_c+\left(C_{pl}\right)_t\end{cases} \tag{9.22}$$

上式中的下标的意义参见式（9.19）。

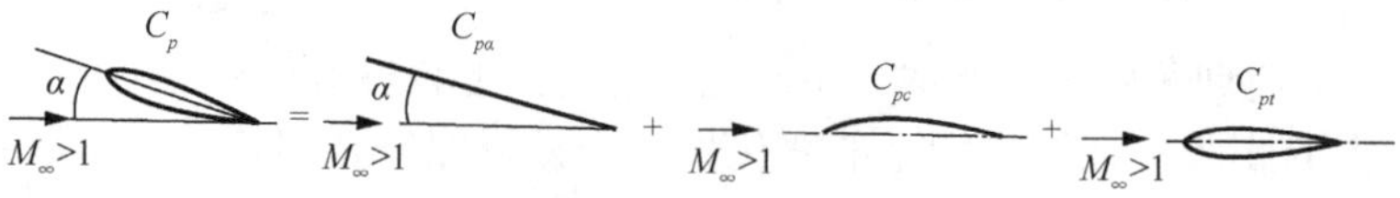

图 9.8　线化理论条件下薄翼型的分解

下面将采用风轴系分别计算式（9.22）等号右端项中作用在平板、弯板和厚度翼型上的压强系数、载荷系数。

1. 平板部分

将平板上、下表面斜率 $(\mathrm{d}y/\mathrm{d}x)_\alpha=-\alpha$ 代入式（9.19），有

$$\begin{cases}\left(C_{pu}\right)_\alpha=\dfrac{-2\alpha}{\sqrt{M_\infty^2-1}}\\[2ex]\left(C_{pl}\right)_\alpha=\dfrac{2\alpha}{\sqrt{M_\infty^2-1}}\end{cases}\tag{9.23}$$

显然，当迎角 $\alpha>0$ 时，平板上表面为膨胀流动，下表面为压缩流动。

载荷系数为

$$\left(\Delta C_p\right)_\alpha=\left(C_{pl}-C_{pu}\right)_\alpha=\frac{4\alpha}{\sqrt{M_\infty^2-1}}\tag{9.24}$$

2. 弯度部分

由于无厚度弯板上、下表面斜率 $(\mathrm{d}y/\mathrm{d}x)_c$ 相同，因此对于迎角为零的无厚度弯板绕流，当斜率 $(\mathrm{d}y/\mathrm{d}x)_c>0$ 时，上表面为压缩流动，下表面为膨胀流动；当斜率 $(\mathrm{d}y/\mathrm{d}x)_c<0$ 时，上表面为膨胀流动，下表面为压缩流动。因此，由式（9.19），有

$$\begin{cases}\left(C_{pu}\right)_c=2\left(\dfrac{\mathrm{d}y}{\mathrm{d}x}\right)_c\dfrac{1}{\sqrt{M_\infty^2-1}}\\[2ex]\left(C_{pl}\right)_c=-2\left(\dfrac{\mathrm{d}y}{\mathrm{d}x}\right)_c\dfrac{1}{\sqrt{M_\infty^2-1}}\end{cases}\tag{9.25}$$

载荷系数为

$$\left(\Delta C_p\right)_c=\left(C_{pl}-C_{pu}\right)_c=-4\left(\frac{\mathrm{d}y}{\mathrm{d}x}\right)_c\frac{1}{\sqrt{M_\infty^2-1}}\tag{9.26}$$

3. 厚度部分

对于迎角为零的对称翼型绕流，当上表面斜率 $(\mathrm{d}y_u/\mathrm{d}x)_t>0$ 时为压缩流动；斜率 $(\mathrm{d}y_u/\mathrm{d}x)_t<0$ 时为膨胀流动。下表面情况则相反，当下表面斜率 $(\mathrm{d}y_l/\mathrm{d}x)_t>0$ 时为膨胀流动；斜率 $(\mathrm{d}y_l/\mathrm{d}x)_t<0$ 时为压缩流动。因此由式（9.19），有

$$
\begin{cases}
\left(C_{pu}\right)_t = 2\left(\dfrac{\mathrm{d}y_u}{\mathrm{d}x}\right)_t \dfrac{1}{\sqrt{M_\infty^2-1}} \\
\left(C_{pl}\right)_t = -2\left(\dfrac{\mathrm{d}y_l}{\mathrm{d}x}\right)_t \dfrac{1}{\sqrt{M_\infty^2-1}}
\end{cases}
\tag{9.27}
$$

对称翼型上、下表面对应点的斜率，其大小相等、方向相反，即

$$
\left(\frac{\mathrm{d}y_u}{\mathrm{d}x}\right)_t = -\left(\frac{\mathrm{d}y_l}{\mathrm{d}x}\right)_t
$$

最后，将式（9.23）、式（9.25）和式（9.27）代入式（9.22），便得到薄翼型上、下表面任意一点处的压强系数为

$$
\begin{cases}
C_{pu}(x) = \dfrac{2}{\sqrt{M_\infty^2-1}}\left[-\alpha + \left(\dfrac{\mathrm{d}y_u}{\mathrm{d}x}\right)_c + \left(\dfrac{\mathrm{d}y_u}{\mathrm{d}x}\right)_t\right] \\
C_{pl}(x) = \dfrac{2}{\sqrt{M_\infty^2-1}}\left[\alpha - \left(\dfrac{\mathrm{d}y_l}{\mathrm{d}x}\right)_c - \left(\dfrac{\mathrm{d}y_l}{\mathrm{d}x}\right)_t\right]
\end{cases}
\tag{9.28}
$$

9.2.4　一级近似理论薄翼型的气动特性

一级近似理论薄翼型的升力系数、波阻系数和对前缘的俯仰力矩系数，与压强系数一样，也是由上述三部分所贡献。

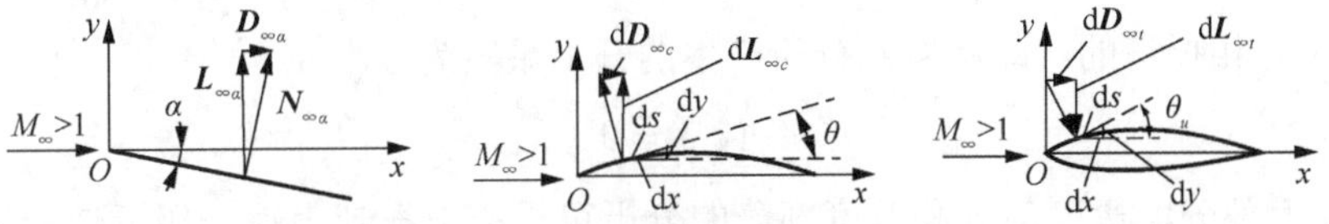

（a）作用在平板上的力　（b）作用在弯板上的力　（c）作用在厚度上的力

图 9.9　作用在翼型上的力的分解

1. 薄翼型升力系数 c_l

设翼型弦长为 c，翼型升力系数定义为

$$
c_l = \frac{L_\infty}{q_\infty S} = \frac{L_\infty}{q_\infty (c\times 1)}
\tag{9.29}
$$

式中，L_∞ 为单位展长二维机翼即翼型的升力；$q_\infty = \rho_\infty V_\infty^2/2$ 为来流动压。

1）平板部分

从式（9.23）可见，压强沿弦向分布为常值。由于上、下表面压强都是垂直于平板的，故垂直于平板的法向力 $N_{\infty\alpha}$ 为

$$
N_{\infty\alpha} = \left(C_{pl} - C_{pu}\right)_\alpha q_\infty c\cdot 1
$$

将式（9.23）代入上式，则

$$
N_{\infty\alpha} = \frac{4\alpha}{\sqrt{M_\infty^2-1}} q_\infty c
$$

因此垂直于来流方向的分量，即升力（参见图 9.9（a））为

$$L_{\infty\alpha} = N_{\infty\alpha}\cos\alpha \approx N_{\infty\alpha} = \frac{4\alpha}{\sqrt{M_\infty^2 - 1}} q_\infty c$$

升力系数为

$$\left(c_l\right)_\alpha = \frac{L_{\infty\alpha}}{q_\infty c} = \frac{4\alpha}{\sqrt{M_\infty^2 - 1}} \tag{9.30}$$

2）弯板部分

从图 9.9（b）可见，作用于微元面积 $\mathrm{d}s \times 1$ 上的升力为

$$\mathrm{d}L_{\infty c} = \left(C_{pl} - C_{pu}\right) q_\infty \cos\theta \,\mathrm{d}s$$

由于 $\mathrm{d}x = \mathrm{d}s \cdot \cos\theta$，因此上式变为

$$\mathrm{d}L_{\infty c} = \left(C_{pl} - C_{pu}\right) q_\infty \,\mathrm{d}x$$

将式（9.25）代入上式，积分得

$$L_{\infty c} = \int_0^c -4\left(\frac{\mathrm{d}y}{\mathrm{d}x}\right)_c \frac{q_\infty}{\sqrt{M_\infty^2 - 1}} \mathrm{d}x = 0 \tag{9.31}$$

式（9.31）表明，在超声速一级近似理论中，翼型的弯度在超声速流动下不产生升力，这与低、亚声速流动的性质是不同的。

3）厚度部分

由于对称厚度翼型上、下表面对称，来流零迎角，因此在上下翼面对称点处，$\left(\mathrm{d}L_{\infty t}\right)_u$ 和 $\left(\mathrm{d}L_{\infty t}\right)_l$ 是互相抵消的，即厚度部分所产生的升力系数为 0。

$$\left(c_l\right)_t = 0$$

综合平板部分、弯度部分和厚度部分的分析可见，根据超声速一级近似理论，薄翼型的弯度部分和厚度部分在超声速流动下都不会产生升力，升力仅由平板部分的迎角所产生。

因此，在超声速一级近似理论中，薄翼型的超声速绕流所产生的升力系数为

$$c_l = \left(c_l\right)_\alpha = \frac{4\alpha}{\sqrt{M_\infty^2 - 1}} \tag{9.32}$$

2. 薄翼型波阻系数 c_d

波阻系数定义

$$c_d = \frac{D_\infty}{q_\infty c} \tag{9.33}$$

式中，D_∞ 为作用于翼型上的波阻力。

1）平板部分

由图 9.9（a）可见

$$\left(c_d\right)_\alpha = \frac{D_{\infty\alpha}}{q_\infty c} \approx \frac{N_{\infty\alpha}\alpha}{q_\infty c} = \frac{4\alpha^2}{\sqrt{M_\infty^2 - 1}} \tag{9.34}$$

2）弯度部分

从图 9.9（b）可见，作用于微元面积 $\mathrm{d}s\times 1$ 上的力，在来流方向的分量也就是所谓波阻力 $\mathrm{d}D_{\infty c}$ 为

$$\mathrm{d}D_{\infty c}=-q_{\infty}\left(C_{pl}-C_{pu}\right)_c\sin\theta\,\mathrm{d}s=-q_{\infty}\left(C_{pl}-C_{pu}\right)_c\tan\theta\cos\theta\,\mathrm{d}s$$

由于

$$\tan\theta=\left(\frac{\mathrm{d}y}{\mathrm{d}x}\right)_c,\quad \mathrm{d}x=\cos\theta\,\mathrm{d}s$$

因此

$$\mathrm{d}D_{\infty c}=-q_{\infty}\left(C_{pl}-C_{pu}\right)_c\left(\frac{\mathrm{d}y}{\mathrm{d}x}\right)_c\mathrm{d}x$$

将式（9.25）代入上式，并对 x 沿弦向积分，可得

$$D_{\infty c}=\frac{4q_{\infty}}{\sqrt{M_{\infty}^2-1}}\int_0^c\left(\frac{\mathrm{d}y}{\mathrm{d}x}\right)_c^2\mathrm{d}x$$

波阻系数为

$$\left(c_d\right)_c=\frac{4}{c\sqrt{M_{\infty}^2-1}}\int_0^c\left(\frac{\mathrm{d}y}{\mathrm{d}x}\right)_c^2\mathrm{d}x \tag{9.35}$$

3）厚度部分

由图 9.9（c）可见，上下翼面对波阻力的贡献是相同的，因此上下翼面对应点处微元面积所产生的波阻力，等于上翼面相应微元面积 $\mathrm{d}s_u\times 1$ 所产生波阻力的 2 倍，即

$$\mathrm{d}D_{\infty t}=2q_{\infty}\left(C_{pu}\sin\theta_u\,\mathrm{d}s_u\right)_t=2q_{\infty}\left(C_{pu}\tan\theta_u\cos\theta_u\,\mathrm{d}s_u\right)_t$$

由于

$$\tan\theta=\left(\frac{\mathrm{d}y}{\mathrm{d}x}\right)_t,\quad \mathrm{d}x=\cos\theta\,\mathrm{d}s$$

将式（9.27）代入，并注意到式（9.28），沿弦向积分得到厚度部分的波阻系数为

$$\left(c_d\right)_t=\frac{4}{c\sqrt{M_{\infty}^2-1}}\int_0^c\left(\frac{\mathrm{d}y}{\mathrm{d}x}\right)_t^2\mathrm{d}x \tag{9.36}$$

应当强调指出，式（9.36）计算翼型厚度波阻系数变为只需对上翼面 $\left(\mathrm{d}y_u/\mathrm{d}x\right)_t^2$ 的积分；另外，当翼型前后对称时，可将坐标原点放在翼弦中点上，对 x 的积分限改为从 $-(c/2)$ 积至 $c/2$，这样计算比较简单。

综合以上三部分分析，将式（9.34）～式（9.36）相加可得薄翼型波阻系数为

$$\begin{aligned}c_d&=\left(c_d\right)_{\alpha}+\left(c_d\right)_c+\left(c_d\right)_t\\&=\frac{4}{\sqrt{M_{\infty}^2-1}}\left\{\alpha^2+\frac{1}{c}\int_0^c\left[\left(\frac{\mathrm{d}y}{\mathrm{d}x}\right)_c^2+\left(\frac{\mathrm{d}y}{\mathrm{d}x}\right)_t^2\right]\mathrm{d}x\right\}\end{aligned} \tag{9.37}$$

式（9.37）表明，薄翼型的波阻系数由两部分组成：一部分与升力有关，其值为

$4\alpha^2\big/\sqrt{M_\infty^2-1}$；另一部分仅与薄翼型的弯度部分和厚度部分有关，称为零升波阻系数，以 $(c_d)_0$ 表示

$$(c_d)_0=\frac{4}{c\sqrt{M_\infty^2-1}}\int_0^c\left[\left(\frac{\mathrm{d}y}{\mathrm{d}x}\right)_c^2+\left(\frac{\mathrm{d}y}{\mathrm{d}x}\right)_t^2\right]\mathrm{d}x \tag{9.38}$$

如果翼型的外形给定，通过式（9.38）就可以计算翼型的零升波阻系数。

【例 9.1】 今有四角形翼型如图 9.10（a）所示。该翼型上下对称，前后不对称，最大厚度位于翼弦中点之后 $\bar{d}=d/c$。试计算该翼型的升力系数 c_l 和波阻系数 c_d。

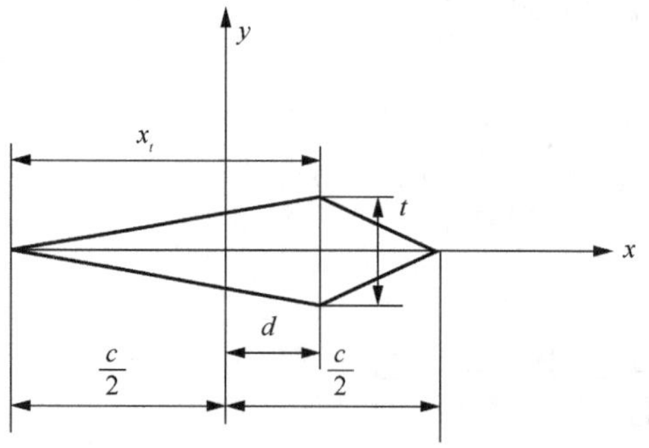

（a）四角形翼型

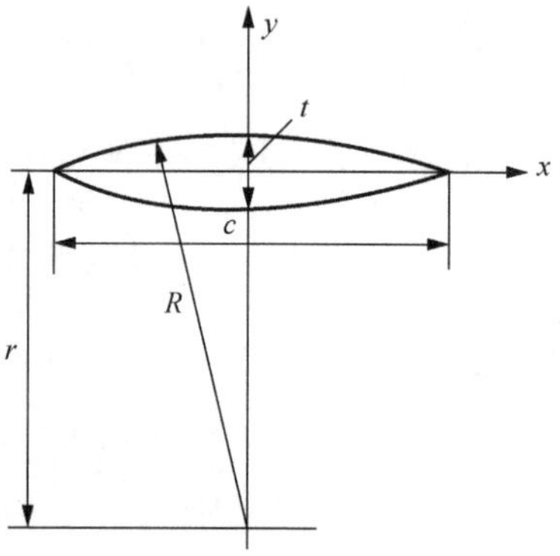

（b）双圆弧翼型

图 9.10　典型翼型

解　由式（9.32）可得

$$c_l=\frac{4\alpha}{\sqrt{M_\infty^2-1}}$$

并且

$$\frac{\mathrm{d}c_l}{\mathrm{d}\alpha}=\frac{4}{\sqrt{M_\infty^2-1}}$$

由式（9.37）可得

$$\begin{aligned}c_d&=\frac{4}{\sqrt{M_\infty^2-1}}\left\{\alpha^2+\frac{1}{c}\int_0^c\left[\left(\frac{\mathrm{d}y}{\mathrm{d}x}\right)_c^2+\left(\frac{\mathrm{d}y}{\mathrm{d}x}\right)_t^2\right]\mathrm{d}x\right\}\\&=\frac{4}{\sqrt{M_\infty^2-1}}\left\{\alpha^2+\frac{1}{c}\left[\int_{-\frac{c}{2}}^{d}\left(\frac{\frac{t}{2}}{\frac{c}{2}+d}\right)^2\mathrm{d}x+\int_d^{\frac{c}{2}}\left(-\frac{\frac{t}{2}}{\frac{c}{2}-d}\right)^2\mathrm{d}x\right]\right\}\\&=\frac{4}{\sqrt{M_\infty^2-1}}\left\{\alpha^2+\left(\frac{\bar{t}}{2}\right)^2\left[\frac{1}{\frac{1}{2}+\bar{d}}+\frac{1}{\frac{1}{2}-\bar{d}}\right]\right\}\end{aligned}$$

式中，$\bar{t}=t/c$。对菱形翼型 $d=0$，其零升波阻系数为

$$(c_d)_0 = \frac{4\bar{t}^2}{\sqrt{M_\infty^2 - 1}}$$

四角形翼型的零升波阻系数对菱形翼型的零升波阻系数之比值为

$$K = \left(\frac{1}{2}\right)^2 \frac{1}{\left(\frac{1}{2}\right)^2 - \bar{d}^2}$$

或

$$K = \frac{1}{4}\frac{1}{\bar{x}_t(1-\bar{x}_t)}, \qquad \bar{x}_t = \frac{1}{2} + \bar{d}$$

【例 9.2】 今有对称双圆弧薄翼型，如图 9.10（b）所示。设其翼型相对厚度为 $\bar{t} = t/c$；薄翼型上翼面的圆弧方程可表示为 $x^2 + (y_u + r)^2 = R^2$，式中 R 为圆弧半径，r 为上翼面圆弧圆心的纵坐标值。试求双圆弧薄翼型的升力系数和阻力系数。

解　由式（9.32）可得

$$c_l = \frac{4\alpha}{\sqrt{M_\infty^2 - 1}}$$

并且

$$\frac{\mathrm{d}c_l}{\mathrm{d}\alpha} = \frac{4}{\sqrt{M_\infty^2 - 1}}$$

$$c_d = \frac{4}{\sqrt{M_\infty^2 - 1}}\left\{\alpha^2 + \frac{1}{c}\int_0^c \left(\frac{\mathrm{d}y}{\mathrm{d}x}\right)_t^2 \mathrm{d}x\right\}$$

下面计算 c_d 式中出现的 $(\mathrm{d}y/\mathrm{d}x)_t$。

由于假设双圆弧翼型很薄，即 $y/r \ll 1$，因此上翼面圆弧方程可简化为

$$\left(\frac{x}{r}\right)^2 + 2\frac{y_u}{r} + 1 = \left(\frac{R}{r}\right)^2$$

微分得到

$$\left(\frac{\mathrm{d}y}{\mathrm{d}x}\right)_t = -\frac{x}{r}$$

代入 c_d 式，可得

$$\begin{aligned} c_d &= \frac{4}{\sqrt{M_\infty^2 - 1}}\left\{\alpha^2 + \frac{1}{c}\int_{-\frac{c}{2}}^{\frac{c}{2}} \left(\frac{\mathrm{d}y_u}{\mathrm{d}x}\right)_t^2 \mathrm{d}x\right\} \\ &= \frac{4}{\sqrt{M_\infty^2 - 1}}\left\{\alpha^2 + \frac{1}{cr^2}\left(\frac{c^3}{12}\right)\right\} \end{aligned}$$

由几何关系可得

$$r^2 + \left(\frac{c}{2}\right)^2 = R^2 = \left(r + \frac{t}{2}\right)^2$$

即

$$r^2+\left(\frac{c}{2}\right)^2=r^2+rt+\left(\frac{t}{2}\right)^2$$

由于是薄翼型，与其他各项比较可略去$(t/2)^2$项，因此可得

$$r=\frac{c^2}{4t}$$

因此

$$c_d=\frac{4}{\sqrt{M_\infty^2-1}}\left\{\alpha^2+\left(\frac{4}{3}\right)\bar{t}^2\right\}$$

对称双圆弧翼型的零升波阻系数为

$$(c_d)_0=\frac{4\bar{t}^2}{\sqrt{M_\infty^2-1}}\left(\frac{4}{3}\right)$$

也即

$$K=\frac{4}{3}$$

表 9.1 给出了图示的各种超声速对称翼型的零升波阻系数与菱形翼型的零升波阻系数的比值。由表可见，菱形翼型的零升波阻系数为最小（$K=1$）。

表 9.1　不同翼型的 *K* 值

翼型	简图	K
四角形	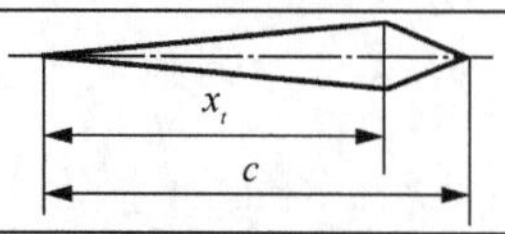	$\frac{1}{4\bar{x}_t(1-\bar{x}_t)}$
六角形	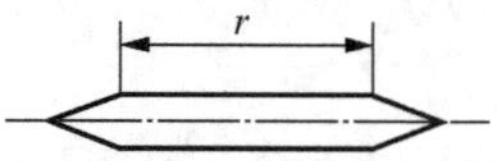	$\frac{1}{1-\frac{r}{c}}$
菱形	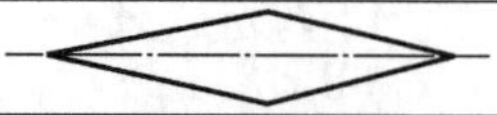	1
双弧形		4/3
亚声速翼型		2.5～4.0

3. 薄翼型对前缘的俯仰力矩系数c_{m_z}

对翼型前缘的俯仰力矩系数定义为

$$c_{m_z}=\frac{M_{z\infty}}{q_\infty c^2}$$

1）平板部分

由于压强分布沿平板方向为常值，故升力作用于平板的中点。

$$\left(c_{m_z}\right)_\alpha \approx -\frac{1}{2}c_l \tag{9.39}$$

2）弯度部分

图 9.9（b）的微元面积 ds 距前缘距离为 x，则该微元上的气动力对前缘的力矩为

$$\left(\mathrm{d}M_{z\infty}\right)_c = -x\,\mathrm{d}L_{\infty c} = \frac{4}{\sqrt{M_\infty^2-1}}\left(\frac{\mathrm{d}y}{\mathrm{d}x}\right)_c q_\infty x\,\mathrm{d}x$$

因此气动力对前缘的俯仰力系数为

$$\left(c_{m_z}\right)_c = \frac{4}{c^2\sqrt{M_\infty^2-1}}\int_0^c\left(\frac{\mathrm{d}y}{\mathrm{d}x}\right)_c x\,\mathrm{d}x$$

对上式进行分部积分，由于 $\left[y_c\right]_0^c = 0$，因此

$$\left(c_{m_z}\right)_c = -\frac{4}{c^2\sqrt{M_\infty^2-1}}\int_0^c y_c\,\mathrm{d}x \tag{9.40}$$

当翼型的中弧线方程 $y = y_c(x)$ 已知时，从式（9.40）积分可得 $\left(c_{m_z}\right)_c$。由式（9.31），按一级近似理论，翼型弯度部分不产生升力，故 $\left(c_{m_z}\right)_c$ 又称为翼型的零升力矩系数，一般用 $c_{m_{z0}}$ 表示。

注意：由于此时迎角等于 0，因此 $y_c(x)$ 就是体轴系下的中弧线方程。

3）厚度部分

由图 9.9（c）可见，由于对应点处气动力对前缘力矩是互相抵消的，因此翼型厚度部分对前缘力矩的贡献为零。

综合以上三部分分析，根据式（9.39）和式（9.40），薄翼型对前缘的俯仰力矩系数为

$$c_{m_z} = -\frac{1}{2}c_l - \frac{4}{c^2\sqrt{M_\infty^2-1}}\int_0^c y_c\,\mathrm{d}x \tag{9.41}$$

翼型压力中心的相对位置为

$$\bar{x}_{\mathrm{cp}} = \frac{x_{\mathrm{cp}}}{c} = -\frac{c_{m_z}}{c_l} = \frac{1}{2} + \frac{4}{c_l c^2\sqrt{M_\infty^2-1}}\int_0^c y_c\,\mathrm{d}x \tag{9.42}$$

翼型焦点相对位置为

$$\bar{x}_F = -\frac{\partial c_{m_z}}{\partial c_l} = \frac{1}{2} \tag{9.43}$$

式（9.43）的结果是容易理解的。因为翼型焦点是由迎角所产生升力增量的作用点，对超声速薄翼型一级近似理论，随迎角的变化，它的升力增量作用点始终在翼弦中点处。

大家知道，翼型在低速绕流时，其焦点位于弦长距前缘的四分之一处。这就是说，从低速到超声速，焦点位置显著后移。这是研究飞机稳定性和操纵性问题时必须注意的问题。

4. 一级近似理论的气动特性与实验结果的比较

在小迎角超声速流动流过对称双圆弧翼型时，一级近似理论算得的压强系数分布，如

图 9.11 中虚线所示。该图表明，整体来说，一级近似理论算得的 C_p 分布与实验结果是十分吻合的，因此一级近似理论是简易实用的。

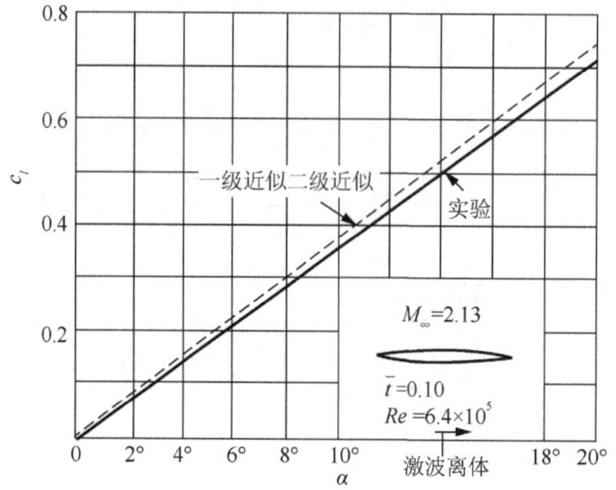

图 9.11　升力系数曲线

由式（9.32），一级近似理论认为超声速翼型的升力系数仅与迎角有关。从图 9.11 可见，这与实验还是比较符合的。图中实验值之所以偏低，主要是由于一级近似理论没有计及上表面后缘处边界层与后缘激波的相互干扰作用，使得上表面后缘附近压强升高，导致升力下降。

图 9.12 给出了按一级近似理论所算得的波阻系数与实验结果的比较。该图表明，在整个迎角范围内，一级近似理论 c_d-α 曲线相当正确地反映了实验结果。两条曲线的差值几乎是一个常数，这是由于一级近似理论没有考虑黏性所产生的摩擦阻力和压差阻力。

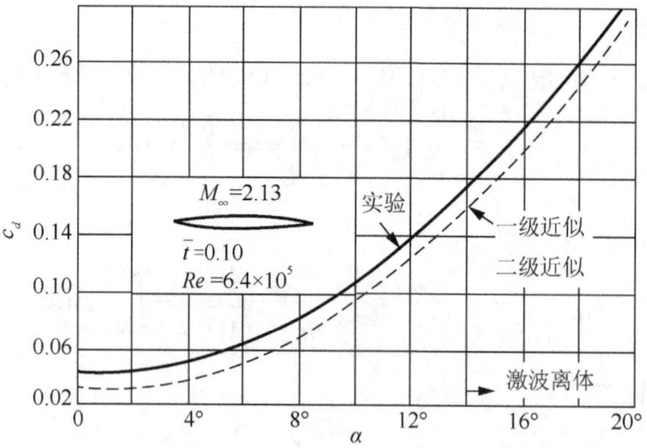

图 9.12　阻力系数曲线

由式（9.31）和式（9.35）可见，根据一级近似理论，在超声速流动中，翼型弯度不产生升力，而产生波阻力，所以超声速翼型一般采用对称翼型。

从图 9.13 可见，根据一级近似理论，所算得的翼型前缘俯仰力矩系数 c_{m_z} 对升力系数曲线，与实验相差较大。主要是由于翼型上表面后缘边界层阻止气流膨胀，使实际负压比理论值变小，而该处作用力臂又比较大，从而使实际的对翼型前缘的低头力矩减小。

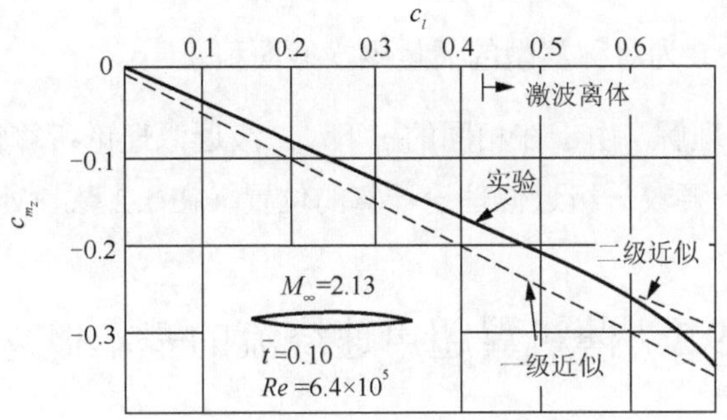

图 9.13　前缘俯仰力矩系数曲线

9.2.5　二级近似理论简述

这里所说的二级近似理论，并不是对气体动力学方程而言的二级近似，而是一种“激波-膨胀波解法”的二级近似。

当气流沿物体流动时，由超声速一级近似理论，压强系数 C_p 与物面上某点的切线和沿 x 轴的来流之间的夹角 θ，其关系为线性（见式（9.20））。对薄翼型 θ 为微量，布斯曼（Buseman）指出，若在压强系数表达式（9.20）中保留 θ 的二次项，将得到较为精确的结果，此即所谓的二级近似理论。因此

$$C_p = C_1(\pm\theta) + C_2\theta^2 \tag{9.44}$$

式中，常数 C_1、C_2 由前面得

$$\begin{cases} C_1 = \dfrac{2}{\sqrt{M_\infty^2 - 1}} \\ C_2 = \dfrac{(M_\infty^2 - 2)^2 + \gamma M_\infty^4}{2(M_\infty^2 - 1)^2} \end{cases} \tag{9.45}$$

图 9.5 上用实心点线表示了二级近似理论压强系数式（9.44）的计算值，并与实验值作了比较，可以看出，它改善了一级近似理论的精度，特别是对翼型前后缘处的压强值，与实验值基本吻合。从整体来说，二级近似与实验结果相当吻合。

有了式（9.44）的压强系数公式，可以像一级近似理论的推导那样，按照合力的分解，分别求出作用在薄翼型上的升力系数、波阻系数和前缘的俯仰力矩系数曲线。对双弧对称翼型，来流马赫数 $M_\infty = 2.13$，迎角 $\alpha = -10°$ 的计算表明，二级近似理论的升力系数曲线和波阻系数曲线，和一级近似理论的结果相一致（图 9.11 和图 9.12），而二级近似理论的前缘俯仰力矩系数曲线，除了翼型后半部以外（图 9.12），几乎和实验结果完全吻合，这是由于二级近似理论的压强分布，改正了一级近似的“膨胀有余，压缩不足”，见图 9.13。

将二级近似理论即所得的升力系数和对前缘的俯仰力矩系数代入焦点位置的公式，对无弯度对称薄翼型，可得

$$\bar{x}_F = \frac{1}{2} - \frac{C_2}{C_1}A \tag{9.46}$$

式中，$A=\dfrac{2}{c^2}\int_0^c y\,\mathrm{d}x>0$ 为对称翼型的无量纲横截面积。

由式（9.46）不难理解，由于在相同的 c_l 下，二级近似理论所算得的对称翼型的压力中心或焦点的相对位置，要较一级近似理论计算的位置（在 1/2 弦长处）略靠前些。

9.3　薄机翼超声速绕流的基本概念

下面说明几个薄机翼的超声速绕流的基本概念，以明确亚声速流动和超声速流动在物理上的一些重要区别，这样可以更好地理解超声速流动绕过薄机翼的气动特性。

9.3.1　前马赫锥与后马赫锥

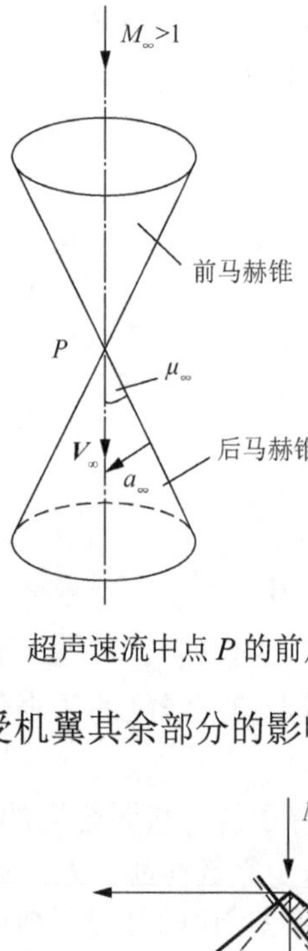

图 9.14　超声速流中点 P 的前后马赫锥

超声速场内，从任意一点 P 作两个轴线与来流方向平行的马赫锥，一个锥底迎着来流，另一个背着来流，如图 9.14 所示。前者称为 P 点的前马赫锥，后者称为 P 点的后马赫锥。马赫锥的半顶角为 μ_∞，称为来流马赫角，$\tan\mu_\infty=1\big/\sqrt{M_\infty^2-1}$。前马赫锥所围的区域，称为 P 点的依赖区，在该马赫锥内所有的扰动源，都能对 P 点产生影响；后马赫锥所围的区域，称为 P 点的影响区（或称为作用区），即 P 点如为扰动源，则后马赫锥内所有的空间点，都要受到 P 点的影响。例如，后掠翼上方一点 $P(x,y,z)$ 将受到位于它的前马赫锥内的机翼部分（阴影线部分）的影响，如图 9.15（a）所示；当 P 点位于机翼上时，它将受到位于它前马赫线内机翼部分的影响，如图 9.15（b）所示阴影线部分，而不受机翼其余部分的影响。

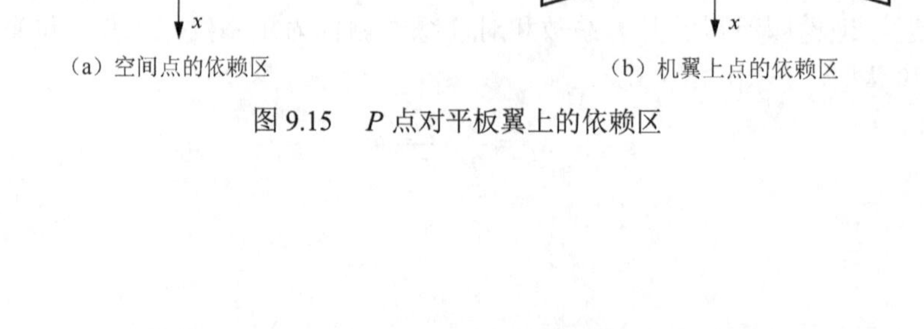

（a）空间点的依赖区　　（b）机翼上点的依赖区

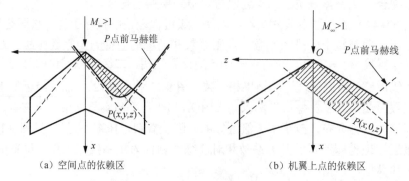

图 9.15　P 点对平板翼上的依赖区

9.3.2　前缘、后缘和侧缘

超声速机翼本身的不同边界对机翼的绕流性质有很大的影响，从而影响机翼的气动特性。因此必须将机翼的边界划分为前缘、后缘和侧缘。机翼与来流方向平行的直线段交于第一点的机翼边界，称为超声速机翼的前缘；交于第二点的机翼边界，称为超声速机翼的后缘；与来流方向平行的机翼边界，称为超声速机翼的侧缘，如图 9.16 所示。因此对同样形状的机翼，它的边界是机翼前缘还是机翼后缘，或是机翼侧缘，也不是固定不变的，要视来流方向而定。

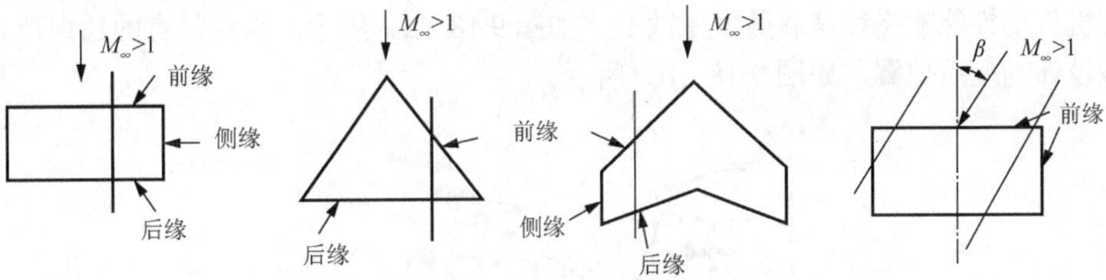

图 9.16　机翼边缘的名称

下面进一步考查机翼前缘和后缘的性质。如果前方来流相对于机翼前（后）缘的法向分速度大于来流中的声速，即 $M_{\infty n}>1$，则该前（后）缘称为超声速前（后）缘，如图 9.17（a）所示；反之，当来流相对于机翼前（后）缘法向分速度小于来流中的声速，即 $M_{\infty n}<1$，则该前（后）缘称为亚声速前（后）缘，如图 9.17（b）所示；当前方来流相对于机翼前（后）缘的法向分速度等于来流中的声速，即 $M_{\infty n}=1$，称为声速前（后）缘。

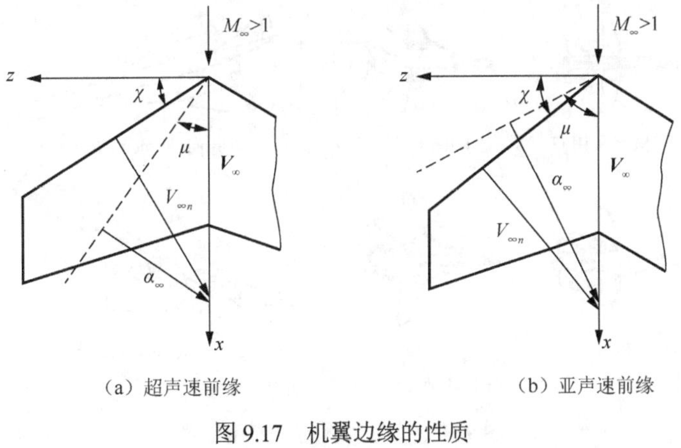

图 9.17　机翼边缘的性质

为了确定机翼前后缘的性质，可以根据前后缘与马赫线的相对几何位置来进行判断。以前缘为例，当马赫线位于前缘之后（图 9.17（a）），设来流速度 $\boldsymbol{V}_\infty$ 垂直于前缘的分速度为 $V_{\infty n}$，而垂直于马赫线的分速度为来流声速 a_∞。从图 9.17（a）中看到，这时机翼前缘具有性质 $V_{\infty n}>a_\infty$，即为超声速前缘。如马赫线位于前缘之前（图 9.17（b）），这时机翼具有性质 $V_{\infty n}<a_\infty$，即为亚声速前缘。以上分析同样适合于机翼后缘。当来流马赫线位于机翼前（后）缘之前，即为亚声速前（后）缘。不妨将以上结论引用参数

$$m = \frac{\tan\left(\dfrac{\pi}{2} - \chi\right)}{\tan \mu_\infty} \tag{9.47}$$

来表示，式中 χ 表示前（后）缘的后掠角。令 $B = \sqrt{M_\infty^2 - 1}$，$K = \tan\chi$，则

$$m = \frac{B}{K} \tag{9.48}$$

显然，当 $m > 1$ 时机翼为超声速前（后）缘，当 $m < 1$ 时机翼为亚声速前（后）缘；当 $m = 1$ 时机翼为声速前（后）缘。

飞机气动性能随飞行马赫数发生改变，如图 9.18（a）所示。因而，有的超声速飞行器机翼被设计为变后掠翼，如图 9.18（b）所示。

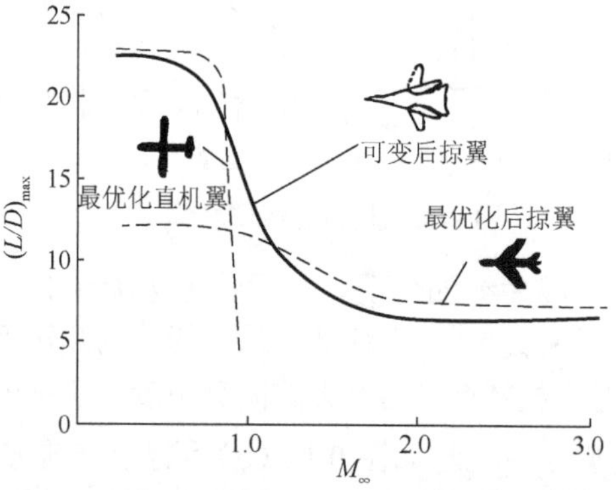

（a）后掠机翼最大升阻比随马赫数变化示意图

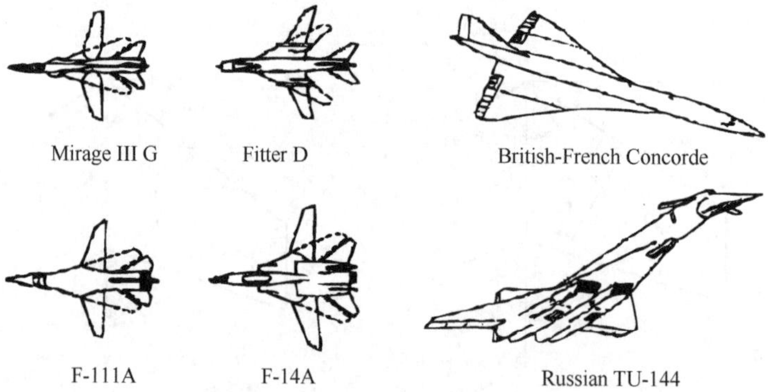

（b）各种采用后掠角的超声速飞行器

图 9.18　变后掠翼超声速飞行器

9.3.3　二维流区与三维流区

在超声速三维机翼中，往往可以找到一些区域，在这些区域中的流场，与二维机翼（包括无限翼展直机翼或无限翼展斜机翼）的流场一样，仅受单一前缘的影响，这些区域称为二维流区，如图 9.19 中阴影线所示的区域，在该区域中，机翼上每一点的依赖区只包含一个前缘。

在二维流区中，可以将机翼看成一无限翼展直机翼（图 9.19（a）左图中的二维流区），或将机翼看成一无限翼展斜机翼（图 9.19（a）右图），对于平板机翼，其中二维流区上下表面的压强系数为

$$\left(C_p\right)_l^u = \mp\frac{2\alpha\cos\chi}{\sqrt{M_\infty^2\cos^2\chi-1}} \tag{9.49}$$

利用式（9.48），可将式（9.49）改写为

$$\left(C_p\right)_l^u = \mp\frac{2\alpha m}{B\sqrt{m^2-1}} \tag{9.50}$$

此外，在有限翼展机翼上，存在与二维流区性质不同的所谓三维流区，如图 9.19 中的无阴影线部分，该区域中每个点的依赖区，包含或者有两个前缘，或者一个前缘、一个侧缘，或者还包含后缘的影响。机翼的二维流区的特点是，流动参数仅与翼型有关；而机翼的三维流区，其流动参数不仅与翼型有关，还受到机翼平面形状的影响。

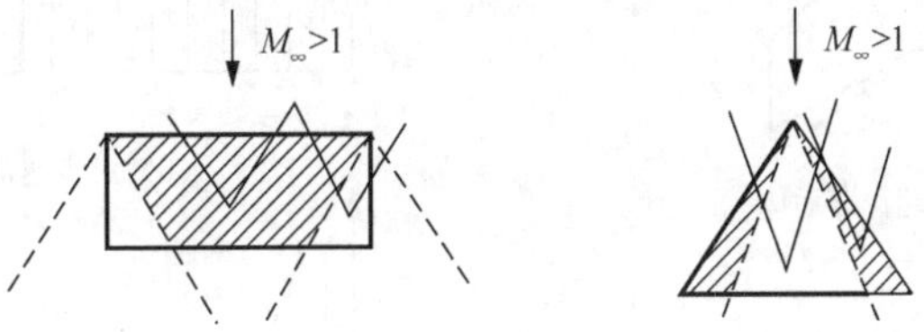

（a）存在二维流区

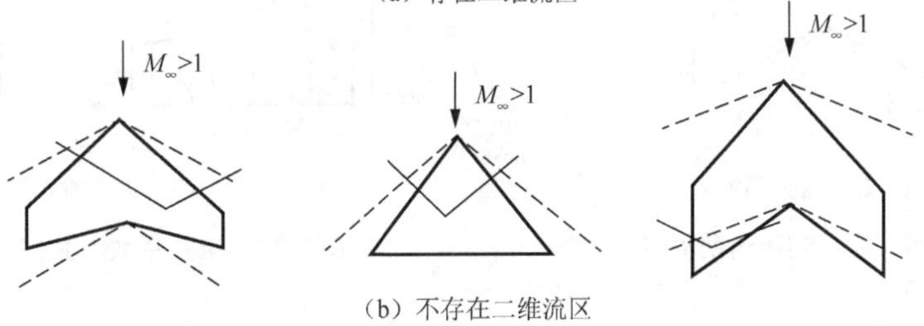

（b）不存在二维流区

图 9.19　三维机翼上的二维区

9.3.4　有限翼展薄机翼的绕流特性

有限薄机翼的超声速绕流特性，与其前后缘的性质有很大关系。对于前后缘后掠的机翼，随来流马赫数 M_∞ 的不同，一般可以是亚声速前后缘，或者亚声速前缘超声速后缘，也可以是超声速前后缘，分别见图 9.20（a）～（c）。以平板后掠翼为例，如果是亚声速前缘，机翼前缘附近上的点，不仅要受到一部分机翼的影响，而且上下翼面彼此要互相影响，因此，垂直于前缘的截面，在前缘附近的绕流性质，要显示出亚声速的绕流特性来。如果是亚声速后缘，则垂直于后缘截面在后缘附近的绕流性质也要显示出亚声速绕流特性来，即气流在后缘处，必须满足后缘条件；气流沿平板后缘光滑地离开机翼。

亚声速前后缘机翼的弦向压强分布如图 9.21（a）所示，从该图见到，它与二维平板亚声速绕流情况相似，在前缘处压强系数趋于无限大，在后缘处压强系数趋于零。

图 9.21（b）画出了亚声速前缘和超声速后缘平板机翼沿弦向的压强分布图，在亚声速前缘处，压强系数趋于无限大；在超声速后缘处，压强系数为有限值。

对于超声速前后缘的情况，这时垂直于前后缘的截面，其在前后缘附近的绕流特性和沿弦向的压强分布，与超声速二维平板机翼的绕流相似，见图 9.21（c）。此时，在机翼上下表面前后缘处的压强系数均为有限值。

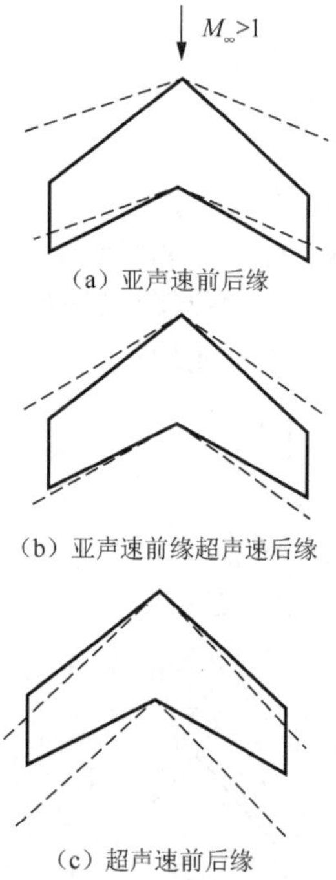

图 9.20　亚、超声速前后缘

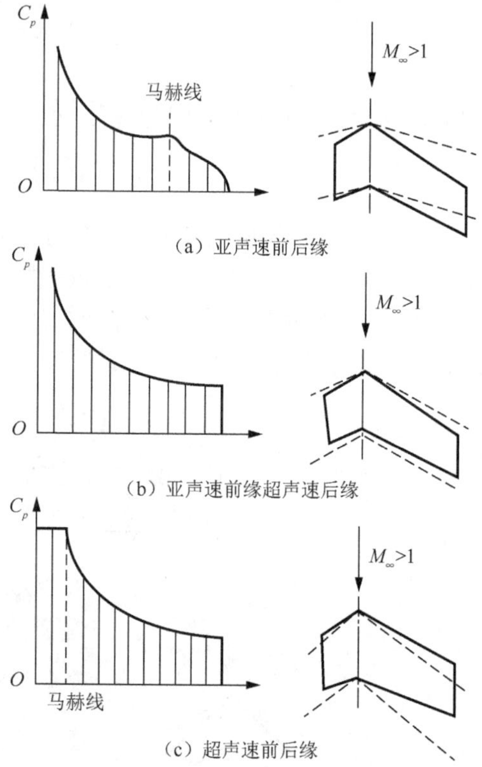

图 9.21　压强系数沿弦向分布的情况

*9.3.5　锥形流场概念

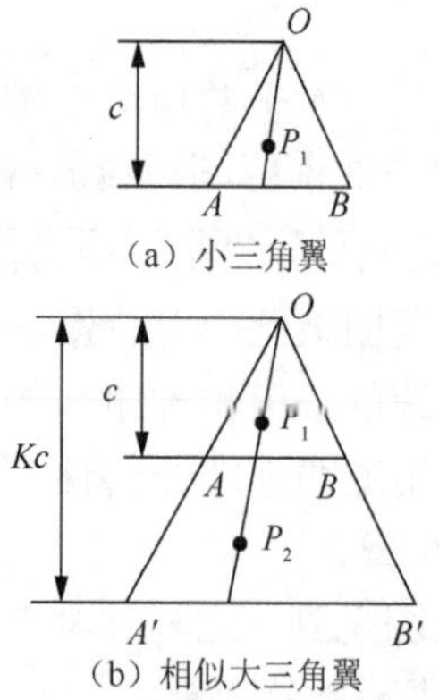

图 9.22　说明锥形流场概念用图

所谓锥形流场，就是所有流动参数（如速度、压强、密度等）在沿从某顶点发出的射线上保持为常数的流场。下面用三角形平板机翼来说明问题。

图 9.22（a）中所示的 P_1 点，位于自顶点 O 发出的某条射线上，现设想将 $\triangle OAB$ 放大 K 倍，得到 $\triangle OA'B'$ 见图 9.22（b），它可视为在 $\triangle OAB$ 后面补上梯形 $ABB'A'$。由于超声速气流中，后面的扰动不会影响到前面，因此补上梯形 $ABB'A'$ 后，不影响到 P_1 点的流动参数。在 $\triangle OA'B'$ 中，P_2 点所处的位置，相应于 P_1 点在 $\triangle OAB$ 中所处的位置。比较图 9.22（a）、（b），对于两个几何相似的三角形平板机翼 OAB、$OA'B'$ 来说，在相同的来流情况下，其对应点的流动参数应相同，也即 P_1 点与 P_2 点的流动参数相同，因此在 $\triangle OA'B'$ 中，沿 O 发出的任意一条射线，P_2 点与 P_1 点的流动参数相同。也就是说，沿顶点任一条射线上，其流动参数保持常数，此即锥形流场。

图 9.23 所示为典型平板机翼，从这些机翼的顶点向后作马赫线，在顶点马赫线不相交的机翼区域，由于只受到一个顶点的影响，因此构成锥形流场，如图 9.23（a）所示。机翼上受到两个顶点影响的马赫线相交区域，不再具有锥形流场的性质，如图 9.23（b）所示。

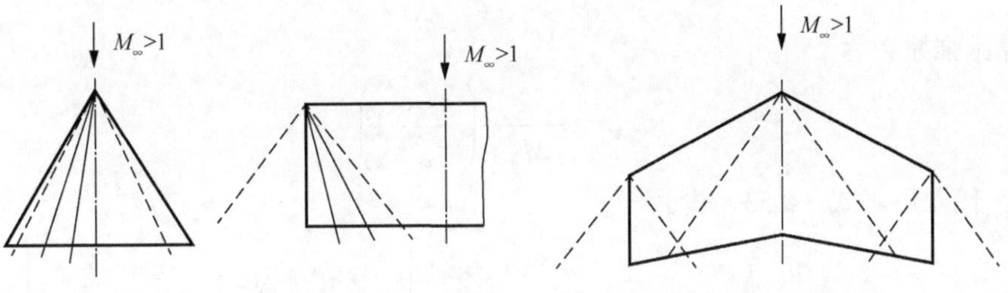

（a）完全锥形流场　　（b）非完全锥形流场

图 9.23　锥形流场示意图

9.4　跨声速绕流

9.4.1　翼型的临界马赫数

当来流马赫数 M_∞ 以亚声速绕过物体时，翼型表面上各点的流速是不同的，其中有些点上的流速大于来流速度。随着来流马赫数 M_∞ 的增大，翼型表面上某些点的流速也增大，当来流马赫数 M_∞ 增大到某一值 $M_{\infty临}$ 时（$M_{\infty临}<1$），翼型表面某点的当地流速恰好达到当地声速，也即该点的 $M=1$ 时来流马赫数 $M_{\infty临}$ 称为翼型的临界马赫数（或称下临界马赫数）；对应于翼型上 $M=1$ 点的压强，称为临界压强，以 $p_临$ 表示。对具体形状的翼型而言，其压强分布与翼型本身的相对厚度、相对弯度和迎角等参数有关，因此，翼型的临界马赫数 $M_{\infty临}$ 也与这些参数有关；对机翼来说，其临界马赫数还与其平面形状有关。

如果翼型前方的来流马赫数 M_∞ 继续增大，即 $M_\infty>M_{\infty临}$，翼型表面上将产生局部超声速区和激波，翼型和机翼的气动特性将随之发生剧烈的变化。显然，这种变化将从来流马赫数 M_∞ 超过临界马赫数 $M_{\infty临}$ 开始，所以确定 $M_{\infty临}$ 就显得十分重要。

根据等熵关系可以确定等熵流动时翼型表面某点 M、p 与来流 M_∞、p_∞ 之间的关系为

$$\frac{p}{p_\infty}=\left(\frac{1+\frac{\gamma-1}{2}M_\infty^2}{1+\frac{\gamma-1}{2}M^2}\right)^{\frac{\gamma}{\gamma-1}} \tag{9.51}$$

当 $M_\infty=M_{\infty临}$ 时，令 $M=1$，$p=p_临$，则式（9.51）变为

$$\frac{p_{临}}{p_\infty}=\left(\frac{1+\frac{\gamma-1}{2}M_{\infty临}^2}{\frac{\gamma+1}{2}}\right)^{\frac{\gamma}{\gamma-1}} \tag{9.52}$$

因此临界压强系数为

$$C_{p临}=\frac{2}{\gamma M_{\infty临}^2}\left(\frac{p_{临}}{p_\infty}-1\right) \tag{9.53}$$

将 $p_{临}/p_\infty$ 代入后，式（9.53）变为

$$C_{p临}=\frac{2}{\gamma M_{\infty临}^2}\left\{\left[\frac{2}{\gamma+1}\left(1+\frac{\gamma-1}{2}M_{\infty临}^2\right)\right]^{\frac{\gamma}{\gamma-1}}-1\right\} \tag{9.54}$$

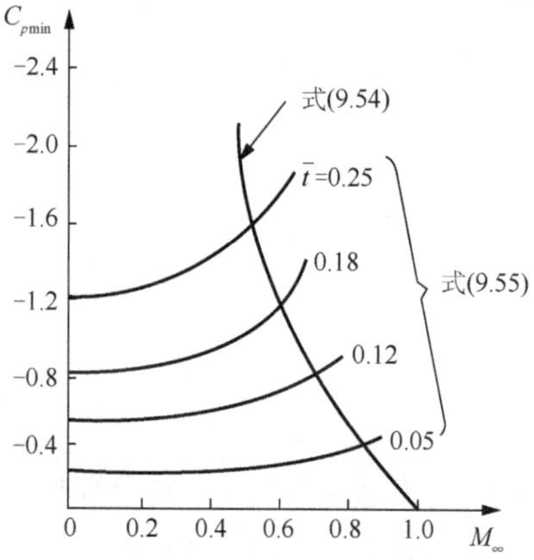

图 9.24　确定翼型临界马赫数的图线

式（9.54）表示等熵流场中翼型表面 $M=1$ 的点的临界压强系数 $C_{p临}$ 与临界马赫数 $M_{\infty临}$ 之间的关系，如图 9.24 所示。

对已知翼型，随着来流马赫数 M_∞ 的增大，翼型上最低压强点最先达到临界状态。翼型最低压强点压强系数 $C_{p\min}$ 随 M_∞ 数的变化，可按式（8.35）

$$\left(C_{p\min}\right)_{M_\infty}=\frac{\left(C_{p\min}\right)_0}{\sqrt{1-M_\infty^2}}$$

或卡门-钱公式（8.36）

$$\left(C_{p\min}\right)_{M_\infty}=\frac{\left(C_{p\min}\right)_0}{\sqrt{1-M_\infty^2}+\frac{M_\infty^2}{1+\sqrt{1-M_\infty^2}}\frac{\left(C_{p\min}\right)_0}{2}} \tag{9.55}$$

确定，式中 $\left(C_{p\min}\right)_0$ 表示同一翼型最低压强点在不可压流中的压强系数，其值可按低速翼型理论或实验确定。图 9.24 中表示了不同相对厚度的对称翼型，按卡门-钱公式（9.55）算得翼型最低压强点压强系数 $C_{p\min}$ 随来流马赫数 M_∞ 的变化。两种曲线的交点所对应的压强系数 $C_{p\min}$ 和来流马赫数 M_∞，分别就是该翼型的临界压强系数 $C_{p临}$ 和临界马赫数 $M_{\infty临}$。图 9.24 表明，随着相对厚度的增大，翼型的临界马赫数随之下降。

9.4.2　薄翼型绕流的气动特性

1. 薄翼型的跨声速绕流图

图 9.25 表示迎角 $\alpha=0°$ 的直匀流绕某小圆头薄翼型流动时，翼型表面上激波的产生、发展与来流马赫数 M_∞ 之间的关系。在图示来流条件下，翼型的临界马赫数 $M_{\infty临}$ 等于 0.8。

（1）当来流马赫数 M_∞ 小于翼型的临界马赫数 $M_{\infty临}$ 时，全流场都是亚声速区，如图 9.25（a）所示。

（2）当来流马赫数 M_∞ 逐渐增大到翼型的临界马赫数 $M_{\infty临}$ 时，由于翼型具有正弯度，因此首先在上翼面某点达到声速，如图 9.25（b）所示。

（3）当来流马赫数 M_∞ 继续逐渐增大并略超过临界马赫数 $M_{\infty临}$ 时，上翼面将有一小范围的超声速区，如图 9.25（c）所示。这时由于超声速流区比较小，产生的激波比较弱。图中虚线表示超声速流场和亚声速流场的界线，在界线上 $M=1$，此界线称为声速线。

（4）当来流马赫数 M_∞ 继续增大下去，上翼面的超声速流区随之扩大，激波迅速后移，如图 9.25（d）所示。超声速流区过渡到亚声速流区将产生较强的激波，在激波后，翼面压强突跃增大。下翼面开始出现超声速流区。

（5）随着来流马赫数 M_∞ 继续增大，上下翼面的大部分区域都是超声速气流了，上下翼面的激波都到了后缘，如图 9.25（e）所示。

（6）当来流马赫数 $M_\infty>1$ 以后，翼型前方将出现弓形离体激波，并且随着来流马赫数 M_∞ 的增大，离体激波逐渐向翼型前缘接近，如图 9.25（f）所示。由于离体激波中间一段是正激波，因此在离体激波之后，在流场的某一范围内，气流将是亚声速的，随后沿翼面气流不断加速而到达声速和超声速；在翼型后缘，气流经后缘斜激波而减速至接近于远前方来流的速度。

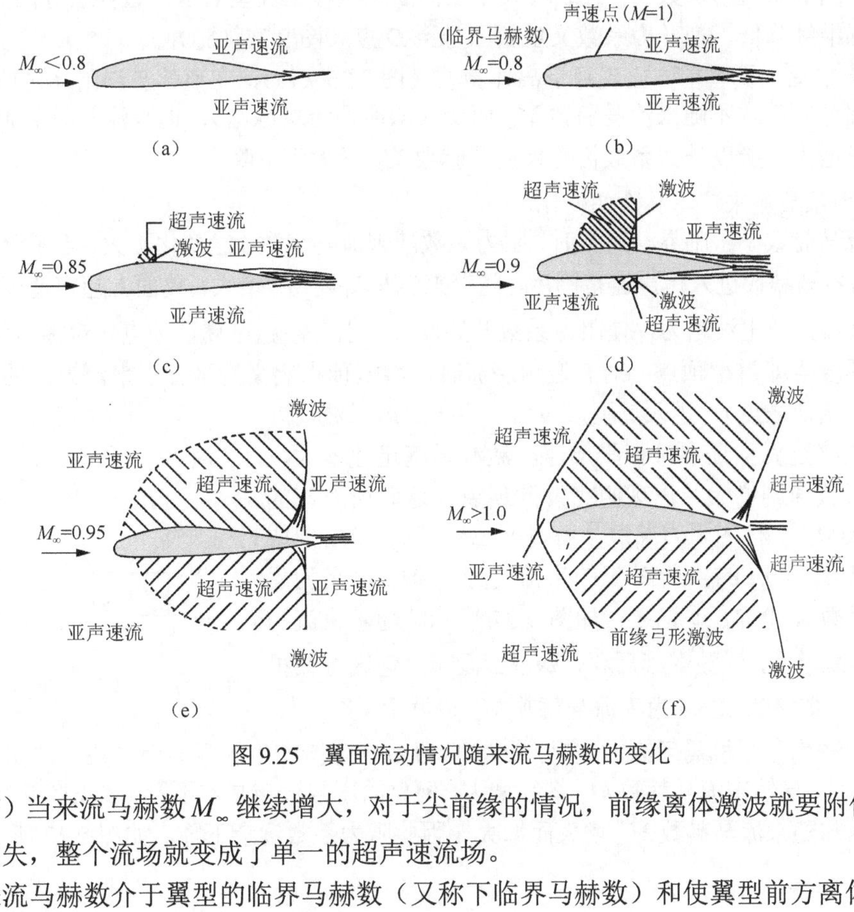

图 9.25　翼面流动情况随来流马赫数的变化

（7）当来流马赫数 M_∞ 继续增大，对于尖前缘的情况，前缘离体激波就要附体，亚声速流场消失，整个流场就变成了单一的超声速流场。

来流马赫数介于翼型的临界马赫数（又称下临界马赫数）和使翼型前方离体激波附体

或使翼面上亚声速区消失的最小来流马赫数（又可称为上临界马赫数）之间的绕翼型的流动称为跨声速流动。

2. 薄翼型的气动特性随来流马赫数的变化

1）升力系数随来流马赫数的变化

对应于图 9.25，该薄翼型的升力系数随来流马赫数 M_∞ 的变化曲线如图 9.26 所示。在 A 点之前和 E 点之后，升力系数分别按亚声速规律和超声速规律变化。

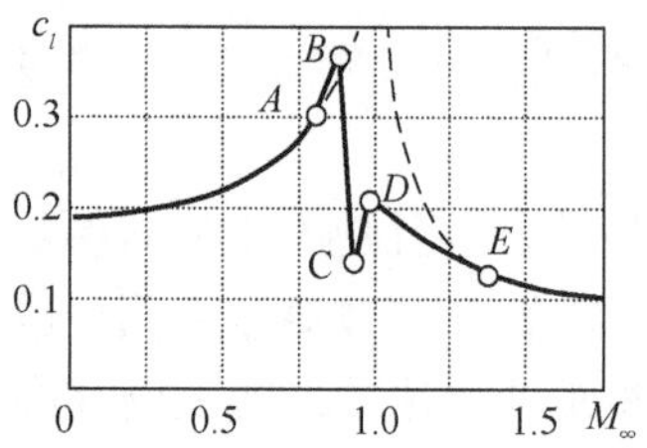

图 9.26　升力系数随 M_∞ 的变化

当来流马赫数 M_∞ 从 A 点增大到 B 点，即 AB 段，由于上翼面超声速区不断扩大（图 9.25（b）、（c）），压强降低，导致升力系数增大。

在 B 点以后，上翼面激波继续后移，且强度增大。在激波作用下，边界层内逆压梯度剧增，导致上表面边界层分离，使升力系数骤然下降，这种现象称为激波失速。随着来流马赫数 M_∞ 增大，下翼面也出现超声速区和激波（图 9.25（d）），使下翼面压强降低，引起升力系数迅速下降，直至 C 点。

之后，随着来流马赫数 M_∞ 继续增大，上翼面激波移至翼型后缘，边界层分离点后移，上翼面压强继续降低，使升力系数又重新回升至 D 点（图 9.25（e））。

在 D 点之后，翼型前方出现弓形离体激波（图 9.25（f）），在离体激波附体之前，上、下翼面压强分布基本不随来流马赫数 M_∞ 而变（即所谓流场冻结），但来流马赫数 M_∞ 增大使来流动压增大，所以升力系数仍随来流马赫数 M_∞ 增大而下降。

2）阻力系数随来流马赫数的变化

在来流马赫数小于临界马赫数时，阻力系数随来流马赫数 M_∞ 变化不大。当来流马赫数 M_∞ 超过临界马赫数进入跨声速范围后，随着来流马赫数 M_∞ 增大，翼面上超声速区逐渐扩大，出现激波，产生波阻力，使阻力系数开始增大。当激波越过翼型顶点（对零迎角绕流，翼型最大厚度点即翼型顶点；对有迎角绕流时，翼型顶点定义为平行于来流方向的直线与翼型上表面相切之点），进入翼型后段后，由于这时激波前方超声速气流绕过翼型顶点时膨胀加速，激波强度迅速增大，导致波阻系数急剧增大，出现阻力发散现象，这时所对应的来流马赫数 M_∞，称为阻力发散马赫数（也有以 $c_d \sim M_\infty$ 曲线上的 $\mathrm{d}c_d/\mathrm{d}M_\infty = 0.1$ 的点所对应的来流马赫数 M_∞ 定义为阻力发散马赫数），以 $M_{发散}$ 记之，如图 9.27 所示。随着来流马赫数 M_∞ 继续增大，激波继续后移，翼型后段超声速区继续扩大，使阻力系数继续增大，当来流马赫数 M_∞ 接近于 1 时，上、下翼面的激波均移至机翼后缘，这时，翼型后段负压强所产生的吸力而形成的波阻系数达到最大。随后，虽然来流马赫数 M_∞ 继续增大，但翼面压强分布基本不变（参见图 9.25（f）），而来流动压却随来流马赫数 M_∞ 增大而增大，因此阻力系数逐渐下降，如图 9.27 所示。

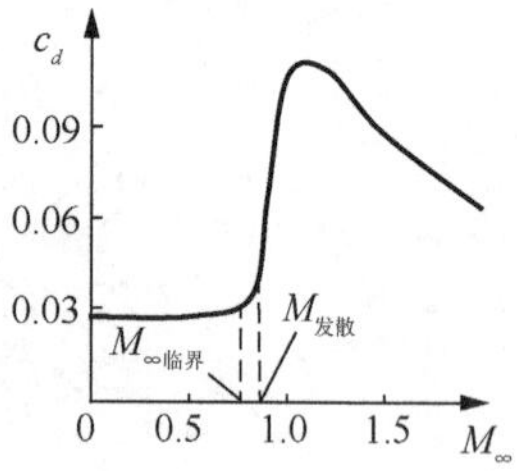

图 9.27　翼型阻力随 M_∞ 的变化

3. 俯仰力矩特性随来流马赫数的变化

翼型在跨声速时的俯仰力矩特性随来流马赫数 M_∞ 的变化，可用其压力中心的相对位置 $\bar{x}_{cp}$ 随来流马赫数 M_∞ 的变化来表示。在亚声速流中，压力中心 $\bar{x}_{cp}$ 随来流马赫数 M_∞ 略有变化，但变化不大，在弦长 1/4 上下浮动。

进入跨声速流动后，由于在上翼面出现局部超声速区，并随来流马赫数 M_∞ 增大，低压的超声速区也随之向后扩展，引起压力中心向后移动，造成低头力矩增大。当来流马赫数 M_∞ 继续增大，下翼面出现局部超声速区和局部激波，并且由于下翼面的局部激波比上翼面的局部激波后移得快，低压的局部超声速区向后也扩展得快，因此机翼下表面后段的吸力迅速增大，致使压力中心位置前移，引起抬头力矩。随后，上翼面激波也到了后缘，超声速区扩及整个上翼面，压力中心又后移了。迎角 α=2° 时不同相对厚度双圆弧翼型压力中心随来流马赫数变化如图 9.28 所示。

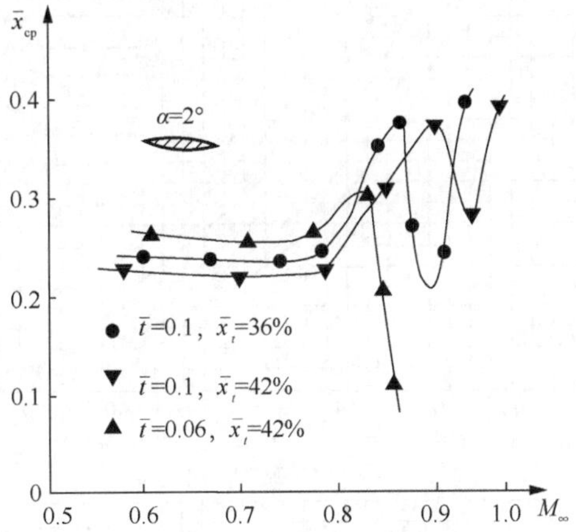

图 9.28　压力中心随 M_∞ 的变化

由此可见，在跨声速范围内，翼面激波移动使压力中心位置前后剧烈移动，从而引起纵向力矩很大变化，给飞机的操纵平衡方面带来很大困难，在飞机设计中应当对此采取措施。

9.4.3　机翼主要几何参数对气动特性的影响

在 9.4.1 小节提供了翼型临界马赫数的确定方法。翼型临界马赫数与翼型低速绕流的最小压强系数 $\left(C_{p\min}\right)_{M_\infty=0}$ 有关。由于在小升力系数下，增大翼型相对厚度 $\bar{t}$ 、相对弯度 $\bar{f}$ ，都将使翼型的最小压强系数的绝对值增大，因此小升力系数下，翼型的临界马赫数将随翼型的相对厚度、相对弯度以及升力系数的增大而降低，分别如图 9.29～图 9.31 所示。

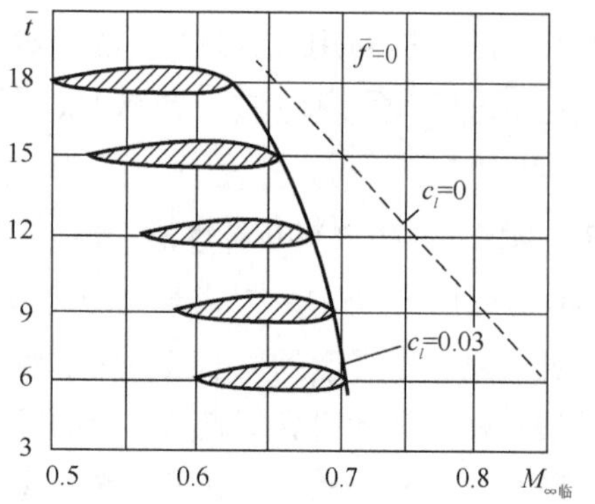

图 9.29　翼型的临界马赫数与相对厚度的关系

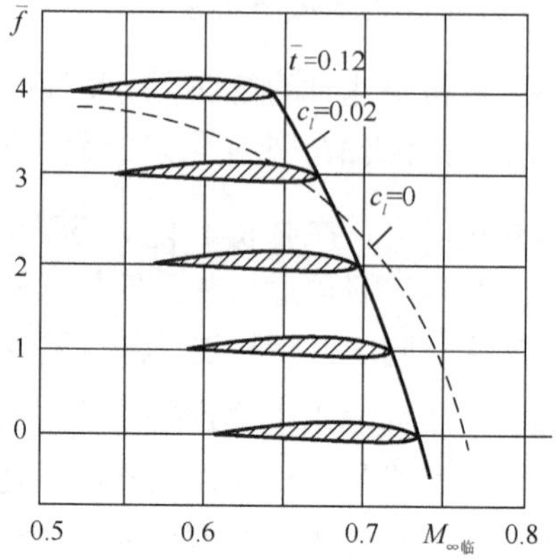

图 9.30　翼型的临界马赫数与相对弯度的关系

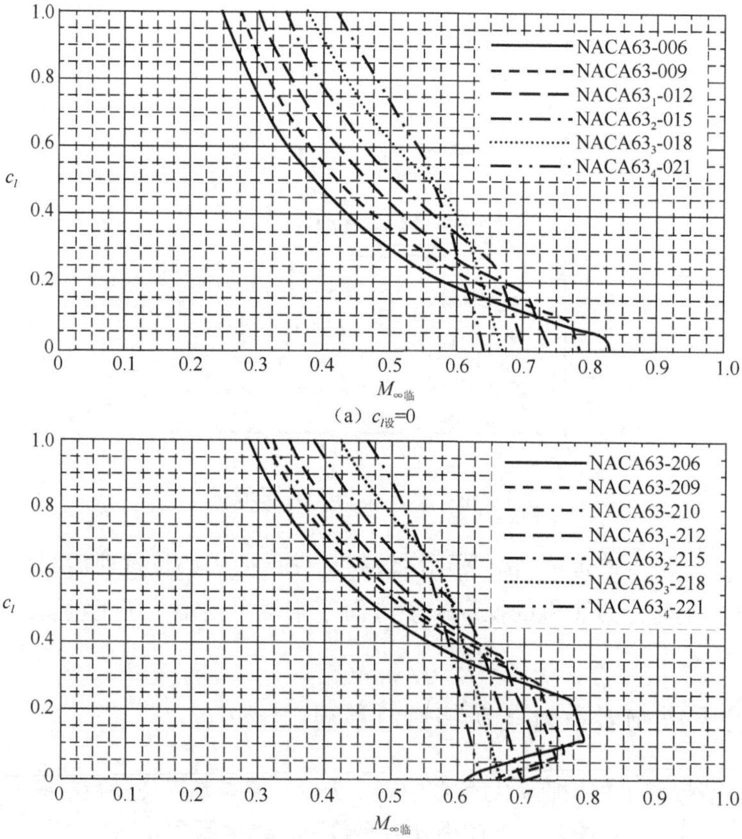

（a）$c_{l设}$=0

（b）$c_{l设}\neq$0

图 9.31　翼型的临界马赫数与升力系数的关系

机翼的临界马赫数，除与翼型的几何参数和迎角有关外，还与机翼的平面几何参数，主要是后掠角和展弦比有关。

对于斜置角为 χ 的无限翼展斜置机翼，由于翼面压强仅与垂直于前缘的法向剖面的绕流有关。根据等熵关系式，在法向剖面的绕流中，翼面上某点当地压强 p 与来流压强 p_∞（对应的速度分量为 $M_\infty \cos\chi$）的关系为

$$\frac{p}{p_\infty}=\frac{\left(1+\dfrac{\gamma-1}{2}M_\infty^2\cos^2\chi\right)^{\frac{\gamma}{\gamma-1}}}{\left(1+\dfrac{\gamma-1}{2}M_n^2\right)^{\frac{\gamma}{\gamma-1}}} \tag{9.56}$$

式中，M_n 表示法向剖面扰流时，翼面上对应当地压强 p 的当地马赫数。其相应的压强系数为

$$C_p=\frac{2}{\gamma M_\infty^2}\left[\frac{\left(1+\dfrac{\gamma-1}{2}M_\infty^2\cos^2\chi\right)^{\frac{\gamma}{\gamma-1}}}{\left(1+\dfrac{\gamma-1}{2}M_n^2\right)^{\frac{\gamma}{\gamma-1}}}-1\right] \tag{9.57}$$

当斜置翼法向剖面上最低压强点处 $M_n=1$ 时，该点的压强系数，称为斜置翼的临界压强系数 $C_{p临}$，相应的来流马赫数称为斜置翼的临界马赫数 $M_{\infty临}$，因此，由式（9.57）可得

$$C_{p临}=\frac{2}{\gamma M_{\infty临}^2}\left\{\left[\frac{2}{\gamma+1}\left(1+\frac{\gamma-1}{2}M_{\infty临}^2\cos^2\chi\right)\right]^{\frac{\gamma}{\gamma-1}}-1\right\} \tag{9.58}$$

对空气 $\gamma=1.4$，式（9.58）表示的 $C_{p临}$ 与 $M_{\infty临}$ 之间以 χ 为参数的关系，如图 9.32 所示。图中表明，对给定临界压强系数 $C_{p临}$，增大斜置角 χ，将使机翼的临界马赫数提高。显然，在给定的来流马赫数 M_∞ 和升力系数 C_L 下，如果所设计的斜置翼法向剖面的最小压强系数不大于式（9.58）或图 9.32 所确定的 $C_{p临}$，则翼面上的气流除最小压强点外，处处有 $M_n<1$。以上结论对后掠机翼来说是定性适用的。因此，增大机翼的后掠角是提高机翼临界马赫数的一种有效措施。

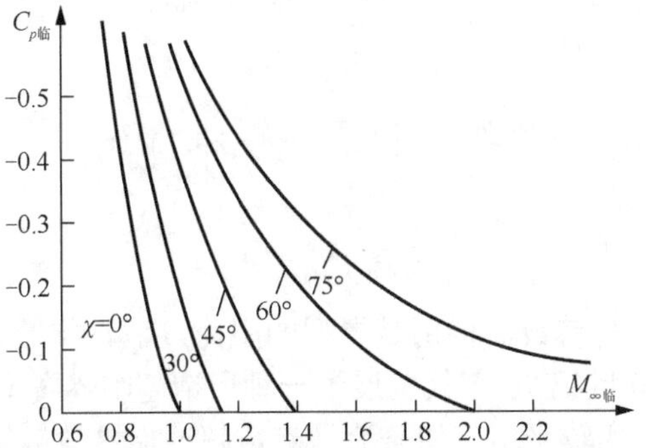

图 9.32　斜置翼法向剖面的临界压强系数与临界马赫数的关系

展弦比对机翼的临界马赫数的影响是显然的。展弦比越小，机翼的临近马赫数越高，因此，机翼上下表面气流的相互影响将随展弦比的减小而增大，从而减小了翼面气流的最大速度；或者说，展弦比越小，在同样来流马赫数 M_∞ 和升力系数 C_L 下，机翼各剖面的最大速度的增量要比展弦比较大的机翼的各剖面最大速度的增量小。

后掠角和展弦比对机翼临界马赫数的影响，一般按下式进行估算

$$\left(M_{\infty临}\right)_{机翼}=\left(M_{\infty临}\right)_{翼型}+\left(\Delta M_{\infty临}\right)_{\chi}+\left(\Delta M_{\infty临}\right)_{\lambda} \tag{9.59}$$

式中，$\left(\Delta M_{\infty临}\right)_{\lambda}$ 为考虑展弦比影响的修正；$\left(\Delta M_{\infty临}\right)_{\chi}$ 为考虑后掠角影响的修正。它们的值可按图 9.33 查得。后掠角越大，展弦比越小，机翼的临界马赫数越高。

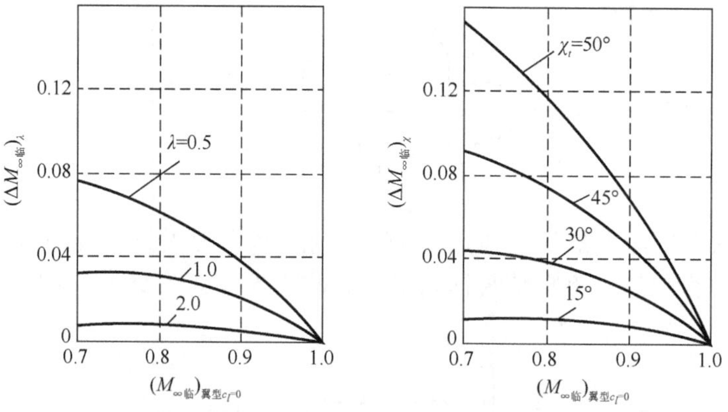

（a）机翼展弦比λ为参数　　（b）机翼最大厚度线后掠角χ_t为参数

图 9.33　机翼临界马赫数的变化与翼型临界马赫数的关系 $(C_L=0)$

*9.4.4　机翼气动特性的相似参数

对于亚声速和超声速，分别有相应的升力系数相仿律和零升波阻系数相仿律。对于气体性质相同（即 γ 为常数的气体），着重研究来流马赫数 M_∞=1 附近的机翼的跨声速气动特性。理论和实验表明，包括翼型的相对厚度 $\bar{t}$ 的影响在内，相似参数除了 $\lambda\left|1-M_\infty^2\right|$ 和 $\lambda\tan\chi$ 以外，$\lambda\sqrt[3]{\bar{t}}$ 将对机翼的跨声速气动特性起决定作用。机翼的升力系数和零升波阻系数可以分别写成以下形式

$$\frac{C_L^\alpha}{\lambda}=L\left(\lambda\sqrt[3]{\bar{t}},\lambda\tan\chi,\lambda\left|1-M_\infty^2\right|\right) \tag{9.60}$$

和

$$\frac{(C_D)_0}{\lambda\bar{t}^2}=D_0\left(\lambda\sqrt[3]{\bar{t}},\lambda\tan\chi,\lambda\left|1-M_\infty^2\right|\right) \tag{9.61}$$

9.4.5　超临界翼型

为了提高翼型的临界马赫数，特别是翼型的阻力发散马赫数，以便推迟翼型的跨声速气动特性的剧烈变化，20 世纪 70 年代发展了一种所谓超临界翼型，如图 9.34（b）所示，由于其上表面曲率较小，比较平坦，使来流马赫数超过临界马赫数后，大约从距前缘 50%弦长处翼型上表面的流动，为一无加速度的均匀超声速流，这样，尾激波前的超声速气流的马赫数较低，激波伸展范围不大，强度较弱，激波处逆压梯度较小，边界层不易分离，

从而延缓了阻力发散现象。而传统翼型激波前的超声速气流一直加速到激波处，强度较强，而且位置也较靠前，较早地诱导边界层分离。

由图 9.34 可见，由于超临界翼型上表面比较平坦，曲率较小，翼型中段所产生的升力减小，为了弥补超临界翼型中段升力不足，一般将后缘附近的下表面设计成内凹形以增大翼型后段弯度，使后段上下表面压差增大，以增加升力。

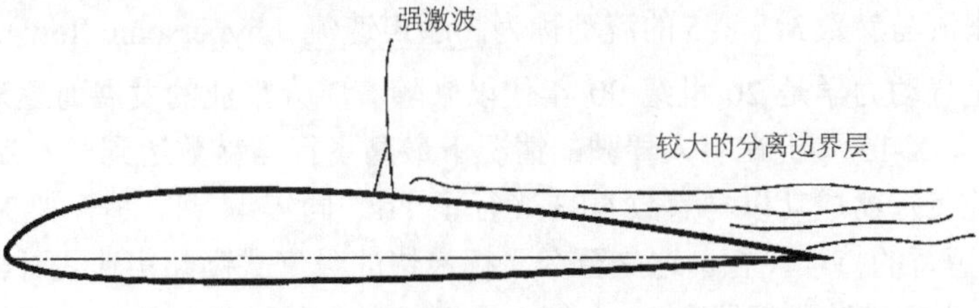

（a）经典翼型

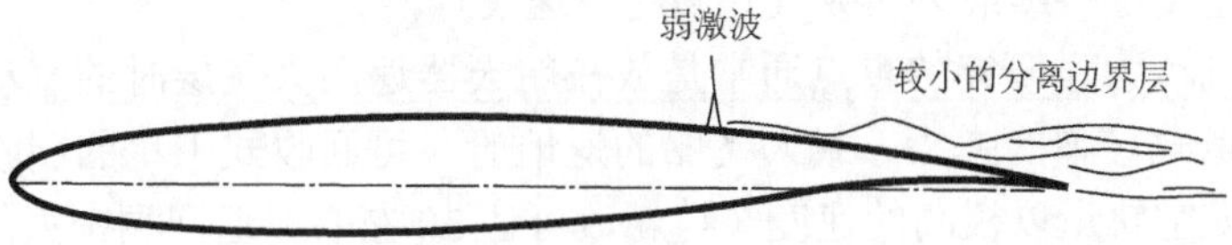

（b）超临界翼型

图 9.34　超临界翼型和普通翼型比较图

图 9.35 表明 NASA 超临界翼型和 NACA 64_1-212 翼型，两者的厚度分布几乎相同，并且这两个翼型的容积是差不多的。当设计升力系数 $c_l = 0.6$ 时，相对厚度 $\bar{t}$ =0.11 的 NASA 超临界翼型和 NACA 64_1-212 翼型，两者的阻力系数随来流马赫数 M_∞ 的变化，其实验结果如图 9.36 所示。从该图可见，当 NASA 超临界翼型在来流马赫数 $M_\infty = 0.7$ 时，阻力系数只有微小的增加，到来流马赫数 $M_\infty = 0.8$ 时，阻力系数才开始剧增；而层流翼型 NACA 64_1-212 在来流马赫数 $M_\infty = 0.69$ 时阻力系数开始剧增。因此，NASA 超临界翼型的阻力发散马赫数较 NACA 64_1-212 翼型增大了差不多 0.11。由此可见，超临界翼型在提高阻力发散马赫数、改善跨声速流动特性方面，不失为一种有发展前途的翼型。

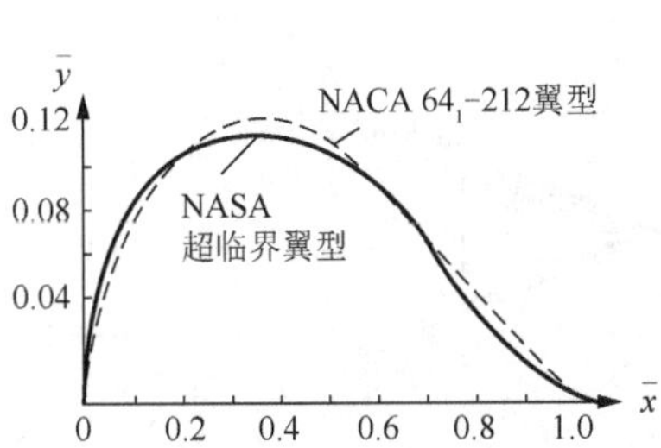

图 9.35　厚度分布比较

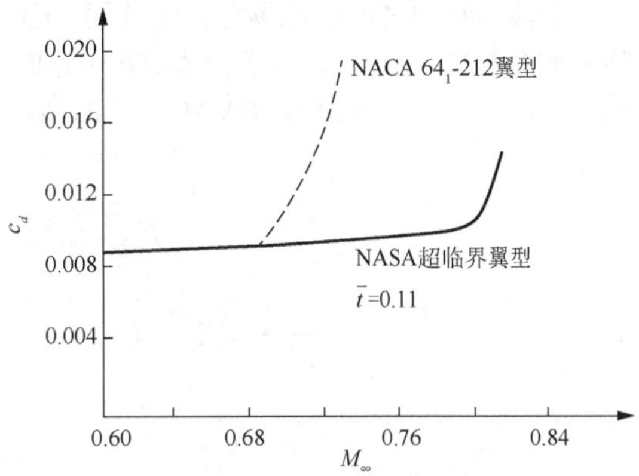

图 9.36　阻力系数比较

9.5 高超声速绕流初步知识

航空和太空飞行的发展始终被一个最基本的需求驱动着，即飞得更高、更快。空气动力学中通常将来流马赫数 $M_\infty \geqslant 5$ 的流动称为高超声速流（hypersonic flow）。

高超声速空气动力学是 20 世纪 90 年代以来随着航天事业的发展而逐渐发展起来的。20 世纪 60 年代，X-15 飞机在有人驾驶的情况下最高飞行马赫数达到了 6.72。2004 年 3 月 X-43A 高超声速飞行器成功以马赫数 6.83 飞行了 11s。同年 11 月，另一架 X-43A 以接近马赫数 10 进行了短暂的持续飞行。这是至今飞行最快的吸气式高超声速飞行器。之后，波音 X-51（乘波者）高超声速飞行器在 2013 年 5 月以 5 以上的马赫数持续飞行了 210s，这是迄今为止以高超声速飞行持续最久的吸气式高超声速飞行器。

高超声速空气动力学研究的重点通常是放在航天器返回大气层时的气动力和气动热问题上的。洲际弹道式导弹的弹头、载人飞船的返地舱、可回收式卫星的回收舱以及航天飞机的轨道器等从太空轨道以极高的速度（马赫数可达 30 左右）返回稠密大气层时，由于受到空气的阻滞而急剧减速，物面附近空气的温度和压强急剧增高，因此作用在航天器上的空气动力特性和一般超声速时已明显不同，气动热问题也变得十分严重。

高超声速流动和通常的超声速流动在物理上是不同的，它将是一种对 21 世纪很多有趣的飞行器设计方案起到支配作用的流动。与通常的超声速绕流相比，高超声速绕流具有许多新的流动特征。这些特征可以归纳为由于马赫数非常高而产生的流体力学上的特征和流动能量很大而引起的流体物理或化学特征。下面分几方面来叙述这些特征和高超声速无黏流的激波关系式。

9.5.1 高超声速绕流的新特征

1. 薄激波层

激波与物面之间的流场称为激波层。超声速气流绕物体流动时，在物体头部将产生激波，如图 9.37（a）所示。当物体形状一定时，随着来流马赫数的增加，头激波的激波角将减小。因此，对于来流马赫数 $M_\infty \gg 1$ 的高超声速流，激波层将变得很薄，如图 9.37（b）所示。

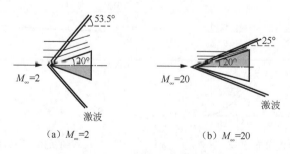

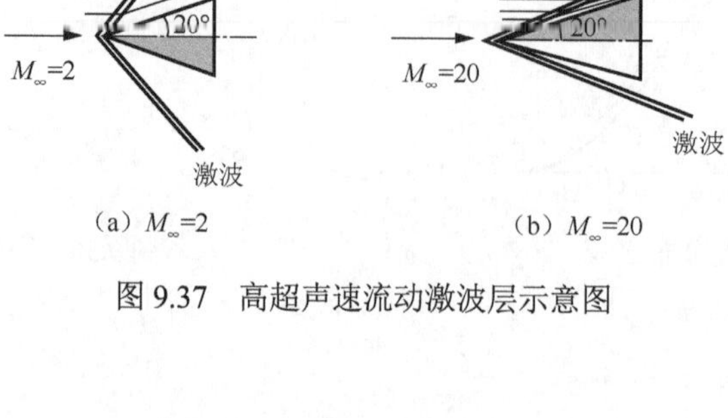

（a）$M_\infty=2$　　（b）$M_\infty=20$

图 9.37　高超声速流动激波层示意图

2. *激波层内黏性干扰严重*

高超声速流动的动能非常大，当流动在边界层内的黏性作用下减速时，气体的内能会增加，从而边界层内温度升高。气体的黏性系数随温度升高而增大，从而边界层厚度增加。此外，由于沿垂直于边界层的方向压强保持恒定，因此根据完全气体的状态方程可知，温度的增加将导致密度的降低。为了在较小密度下保证通过边界层的质量流量保持不变，边界层的厚度必须更大。例如，绕平板可压层流边界层厚度变化的规律符合 $\delta(x)\sim M_\infty^2/\sqrt{Re_x}$。由于高超声速绕流的激波层很薄而且边界层比较厚，因此在很多情况下激波层与边界层基本重合在一起，激波层内几乎完全是黏性流动。

高超声速流动的厚边界层会对边界层外的无黏流产生一个较大的位移效应，导致给定物体的外形显得比实际外形厚得多。厚边界层内的黏性流动严重影响了边界层外部的无黏流场，同时，边界层外部无黏流动也会影响层内黏性流动，使边界层流动特性发生变化。因而激波形状和物面压强分布均受到强烈黏性作用而发生改变。这种边界层和边界层外无黏流动的强烈相互作用称为黏性干扰。

图 9.38 表示的是高超声速气流绕平板流动的情况。实际流动是有黏的，板面上的厚边界层使外部无黏流发生偏转，在前缘处产生了相当强的弓形激波。因此，板面上的压强分布情况是：前缘区压强远高于来流静压 p_∞，随着距离的增加压强逐渐下降，最后趋近于来流静压 p_∞。

图 9.39 给出了由实验测得的来流马赫数 $M_\infty = 11$，半顶角为5°锥体表面的相对压强分布。虚线表示的是按无黏流理论计算的相对压强分布，其与测量值之差反映了黏性干扰量。

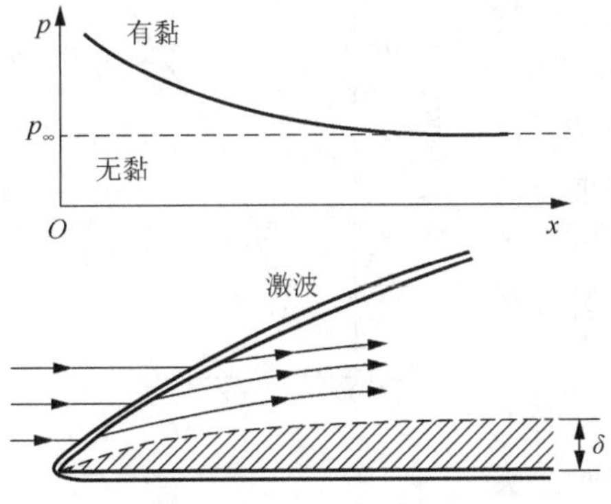

图 9.38　$M_\infty \gg 1$ 绕流无厚度平板

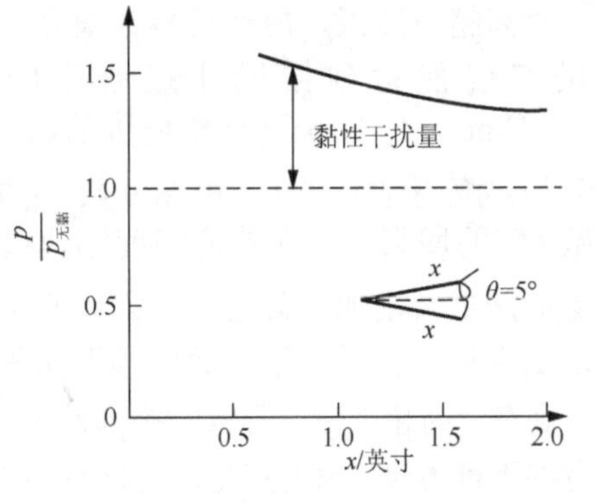

图 9.39　圆锥面压强黏性干扰量

通过以上两个例子可明显看到，在高超声速流中黏性干扰是严重的，因而是不能忽略的。

3. *存在熵层*

高超声速飞行器都做成钝头部，即使是细长飞行器也都做成微钝头细长体，这是因为根据高超声速层流边界层方程的自相似解，头部驻点处的对流传热与头部曲率半径的平方根成反比，将头部钝化可以减轻热载荷。如图 9.40 所示。

在高马赫数下，钝头前缘的激波层很薄，激波离体距离 d 也很小。在头部区域，激波

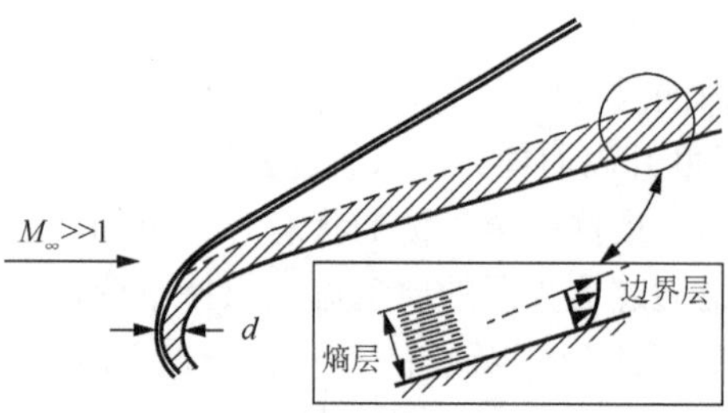

图 9.40　熵层示意图

强烈弯曲。流体通过激波后引起熵增，激波越强，熵增越大。在流动的中心线附近，弯曲激波几乎与流线垂直，故中心线附近的熵增较大。距流动中心线较远处，激波较弱，相应地熵增也较少。因此，在头部区域形成了一层低密度、中等超声速、低能、高熵、大熵梯度的气流，称为“熵层”。该熵层向下游流动，并覆盖在物体上。沿物面增长的边界层处于熵层之内，并受熵层影响，熵层处在激波层的内层，它和边界层是两个不同的概念。根据可压流动的 Crocco 定理可知，存在熵梯度的场必为有旋场，所以熵层为强旋涡区，有时把熵层和边界层的相互作用称为涡干扰。熵层的存在给物面边界层的计算带来困难，因为确定这种边界层的外缘条件是一个难题。

4. *激波层内的高温效应*

由于受到高马赫数下激波的强烈压缩以及高超声速流动的边界层内极端的黏性耗散，激波层内的气体参数发生了很大的变化，温度急剧增高，尤其是钝头体头部附近激波层的温度更高。例如，在高度 $H=59\,\text{km}$、$T_\infty=258\text{K}$、$M_\infty=36$，钝头体头部激波后的温度，如取 $\gamma=1.4$，并按正激波关系计算，$T_2\approx 65260\text{K}$（考虑真实气体效应，$T_2\approx 11000\text{K}$），远比太阳表面温度（约 6000K）高。因此，激波层内气体的高温影响必须加以考虑。

在超声速流中物面边界层内气流受到黏性滞止，气体微团的动能转变为热能造成壁面附近气温的升高，高温空气将不断向低温物面传热，这就是所谓气动加热现象。对高超声速流，由于马赫数很高，边界层内贴近物面的气温能达到接近驻点温度的高温（例如，$H=20\,\text{km}$，$M_\infty=16$，飞行器周围的温度可达 6000K），气动加热变得十分严重。由图 9.41 可看到，随着来流马赫数 M_∞ 的增大，壁面热流密度迅速增加。高超声速飞行器的严重气动加热问题，大大改变了航天飞行器气动外形的选择，并引起了表面的高温防护问题。

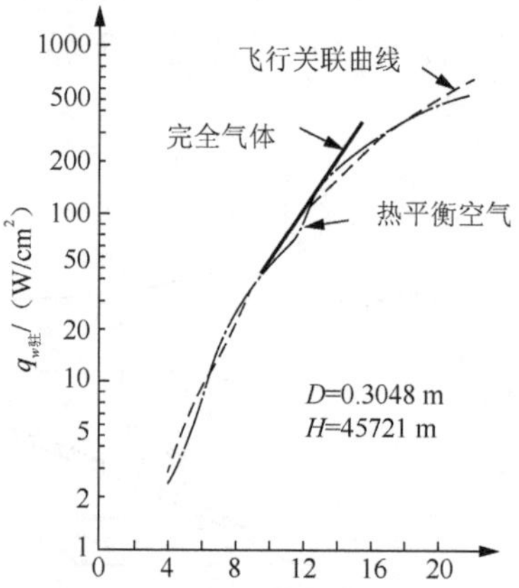

图 9.41　圆球驻点 $q_w \sim M_\infty$ 曲线

现在，高超声速飞行器的头部都采用钝头体。这看上去有些不可思议。因为高超声速气流绕钝头体流动时在头部会产生弓形离体激波，而弓形激波在钝头体正前方的一部分是正激波，这样会产生很大的激波阻力。然而，对于高超声速飞行器而言，气动加热问题比阻力问题表现得更为突出，要优先考虑如何降低气动加热。弓形离体激波与钝头体之间存在一个高温的亚声速区域，这个区域可以通过热辐射等方式人人地降低高超声速飞行器头部的气动加热。

在标准大气压下，温度 $T=288\text{K}$ 时，空气的组成按体积计算大约是 20%的氧气（O_2）和 80%的氮气（N_2），此时可将空气视为完全气体，即状态方程 $p=\rho RT$ 成立，比定压热

容 c_p、比定容热容 c_V 和比热比 $\gamma = c_p/c_V$ 取为常值，比焓值可写为 $h = c_pT$。

然而，在高温下状态方程 $p = \rho RT$ 将不再成立，比定压热容 c_p、比定容热容 c_V 和比热比 γ 将是温度 T 或者温度 T 和压强 p 的函数。同时，空气的物理成分和化学特性将发生一系列的变化，气体分子振动能被激发、分子发生离解①、原子发生电离等。例如：

$$O_2 \longrightarrow 2O, \qquad 2000K < T < 4000K$$

$$N_2 \longrightarrow 2N, \qquad 4000K < T < 9000K$$

$$O \longrightarrow O^+ + e^-, N \longrightarrow N^+ + e^-, \qquad T > 9000K$$

由于各点温度不同，空气的成分和浓度在激波层内并不均匀，因此还将出现扩散和电离复合现象。图 9.42 所示高超声速钝头体头部的激波层为一个部分电离的等离子区，主要由氧原子 O 和氮原子 N，氧离子 O^+ 和氮离子 N^+ 以及自由电子 e^- 等组成。飞行器进入大气层时，在特定的速度和海拔下在其周围形成等离子区，由于等离子区中的自由电子吸收射频辐射，从而造成飞行器无法发射和接收无线电波的现象称为黑障。

高温下的空气通常处于所谓非平衡态，其热力学特性已偏离完全气体模型。已经发现，高温下航天器的某些方面气动特性与按完全气体理论预估值有相当大的差别。这种差别是在航天飞机上发现的，称为气动异常现象。

高超声速绕流所表现出的严重气动加热问题、气体的化学反应以及气体的热力学参数不再为常值等现象统称为高温效应。

5. 低密度流

一般情况下高超声速飞行器在高层外空飞行，空气密度低，存在低密度效应。低密度效应最直接的结果是连续介质假设不再适用，黏性流动的无滑移边界条件不再成立，物面处气体的温度与物体表面的温度也不再相等。气动力发生如图 9.43 所示的变化。

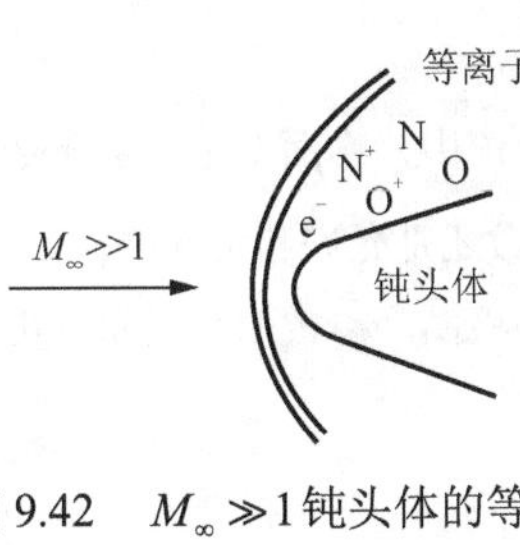

图 9.42　$M_\infty \gg 1$ 钝头体的等离子区

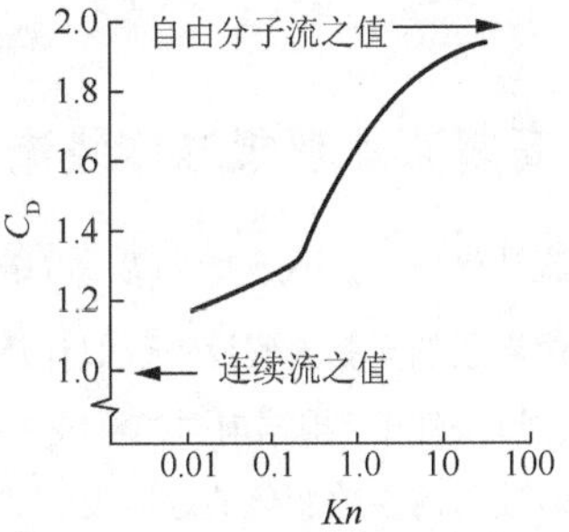

图 9.43　气动力随 Kn 变化情况图

此时，空气介质不再呈现连续性，必须采用与连续流完全不同的方法来研究这种流动。通常用分子运动论的技术来处理。当与飞行器表面相撞后由表面反射的分子与入射分子不发生相互作用时，这种流动称为自由分子流。当飞行高度下降到一定高度时，尽管连续介质的控制方程近似成立，但物面处的边界条件必须被修正。低密度时物面处的速度不为零，

① 离解是指分子分离或热分解成两个或两个以上部分(原子、分子、离子、基团)的过程。

应取一定大小的值，称为速度滑移条件。与此相似，壁面处的气体温度也不同于壁温，称此为温度跳跃条件。另外，高空低密度时，激波本身的厚度要变大，通常对激波所做的间断面假设不再有效，经典的兰金-于戈尼奥激波关系式必须进行修正。这些都是低密度时重要的物理现象。

综上所述，高超声速流虽然在很多方面遵循超声速流动的基本规律，但却有许多新的特征。这些新特征主要是：流场的非线性性质、薄激波层、熵层、黏性干扰、高温流动和真实气体效应、严重的气动加热问题以及高空、高超声速流动存在的低密度效应，如图 9.44 所示。

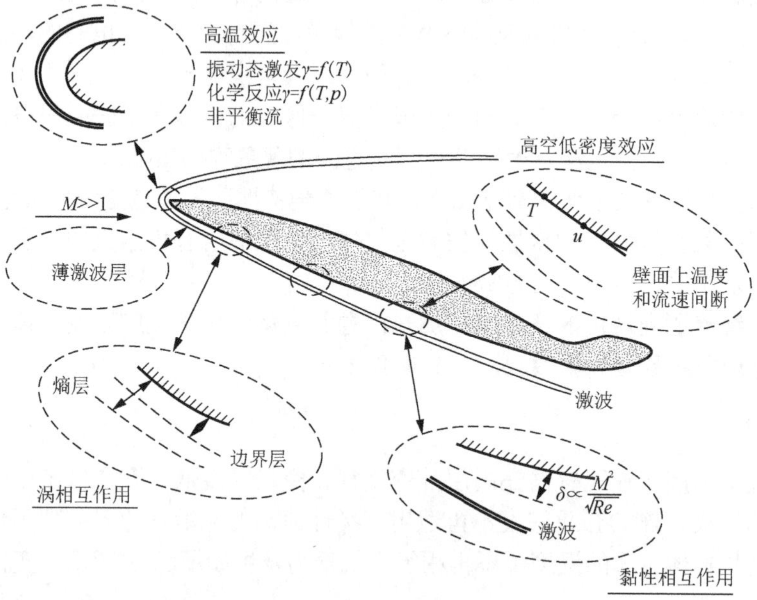

图 9.44　高超声速流动示意图

*9.5.2　高超声速理想流体绕流的激波关系式

在来流马赫数 M_∞ 不是非常高，雷诺数 Re 不是非常低的高超声速流中，物面上边界层还是相当薄的，引入不计边界层的无黏流假设来近似计算物面的压强分布和气动力系数还是允许和可行的。

在无黏流条件下，根据前面的激波关系式，并结合高超声速流中的极高马赫数的特点和真实气体效应，可以得到激波前后参数变化的近似表达式。

1. 平面斜激波前后参数的简化关系式

根据平面斜激波理论，超声速气流通过斜激波时，激波前后参数关系分别为式（5.86）ρ_2/ρ_1、式（5.87）p_2/p_1、式（5.89）T_2/T_1、式（5.92）$\beta\sim(\varphi,M_1)$ 和

$$C_p=\frac{2}{\gamma M_1^2}\left(\frac{p_2}{p_1}-1\right)=\frac{4}{\gamma+1}\left(\sin^2\beta-\frac{1}{M_1^2}\right) \tag{9.62}$$

式中，下标 1 和 2 分别代表激波前后的参数值；φ 为壁面内折角；β 为激波角；C_p 为激波后壁面上的压强系数；γ 为比热比。当 $M_1\to\infty$ 时，以上各式可分别简化为

$$\frac{T_2}{T_1} \to \frac{2\gamma(\gamma-1)\ M_1^2 \sin^2\beta}{(\gamma+1)^2} \tag{9.63}$$

$$\frac{\rho_2}{\rho_1} \to \frac{(\gamma+1)}{(\gamma-1)} \tag{9.64}$$

$$\frac{p_2}{p_1} \to \frac{2\gamma}{\gamma+1} M_1^2 \sin^2\beta \tag{9.65}$$

$$C_p \to \frac{4}{\gamma+1} \sin^2\beta \tag{9.66}$$

$$\frac{\sin 2\beta}{(\gamma-1)+2\cos^2\beta} \to \tan\varphi \tag{9.67}$$

若再取 $\gamma \to 1.0$，作为考虑高温空气真实气体效应的近似值（见下面），则由式（9.67）和式（9.66）可得

$$\beta \to \varphi \text{ 及 } C_p \to 2\sin^2\varphi$$

这表明，当 $M_1 \to \infty$ 时，激波几乎完全贴在锲面上，锲面上的 C_p 值几乎完全取决于壁面折角，而与 M_1 值无关，然而此时作用在尖锲上的气动力系数同样也与 M_1 无关。当来流马赫数高过某个很大的值以后，激波后壁面 C_p 以及无黏流的气动力系数趋近于与来流马赫数无关的极限值，此种特性称为马赫数无关原理。该原理这里是用尖锲推出的，但显然对圆锥也是成立的。图 9.45 给出了半顶角为15° 时尖锲和圆锥表面上的 C_p 无黏流理论值与 M_∞ 的变化关系。

（1）当 $M_1 \to \infty$ 时，不论是尖楔还是圆锥，C_p 均趋近于一个与 M_∞ 无关的有限值。

（2）对于尖楔，$M_1 \gg 5$，C_p 才趋近于极限值。

（3）对于圆锥，激波层更薄些，达到 C_p 的极限值的 M_∞ 要比尖楔时小很多。

2. 正激波前后参数关系式

$M_\infty \gg 1$ 的高超声速气流绕过图 9.46 所示的钝头体，头部前方将出现弓形离体激波，钝头体端部前方的激波接近正激波。正激波后气流等熵滞止到驻点 2。驻点压强 p_{02} 和温度 T_{02} 是表征高超声速流压强分布和热传导的有用参考量。

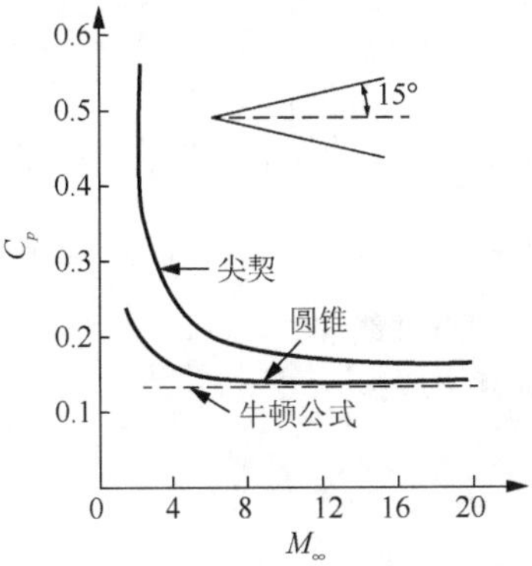

图 9.45　尖楔和圆锥面 $C_p \sim M_\infty$ 曲线

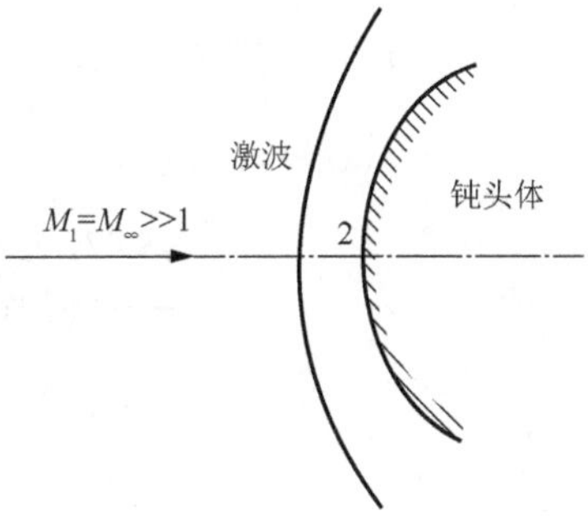

图 9.46　钝体前的离体激波

对于 γ 为常数的完全气体，穿过正激波前后参数之比可写为 M_1 和 γ 的函数，分别为式（5.77）ρ_2/ρ_1、式（5.78）T_2/T_1、式（5.79）p_2/p_1 和

$$\frac{p_{02}}{p_1}=\left[\frac{(\gamma+1)M_1^2}{2}\right]^{\frac{\gamma}{\gamma-1}}\left[\frac{\gamma+1}{2\gamma M_1^2-(\gamma-1)}\right]^{\frac{1}{\gamma-1}} \tag{9.68}$$

$$\frac{T_{02}}{T_1}=\frac{T_{01}}{T_1}=1+\frac{\gamma-1}{2}M_1^2 \tag{9.69}$$

但实际上，高超声速气流穿过正激波后激波层内是高温气体，真实气体效应使比热比 γ 值下降，层内静温、声速以及速度均低于完全气体值，而密度则显著增大，导致激波层厚度减小。图 9.47 给出了 $H=45721\,\mathrm{m}, R=0.3048\,\mathrm{m}$ 圆球，驻点处 T_{02}/T_1、p_{02}/p_1 和 C_{p02} 随 M_1 变化的曲线。实线表示按 $\gamma=1.4$ 的完全气体正激波关系式计算的值，虚线则表示按热力学平衡态真实气体计算的值。

由图 9.47 可以看到：

（1）平衡态真实气体的 T_{02} 明显低于完全气体值，p_{02} 则稍高于完全气体值。

（2）当 $M_1=4$ 时，激波层内空气温度尚不很高，真实气体效应并不显著，$\left(C_{p02}\right)_{真}\approx\left(C_{p02}\right)_{完}=1.8$；而当 $M_1=24$ 时，真实气体效应已相当显著，$\left(C_{p02}\right)_{真}=1.932$，$\left(C_{p02}\right)_{完}=1.838$。

（3）当 $M_\infty\gg 1$ 时，C_{p02} 随 M_1 增加变化很缓慢，这是马赫数无关原理在钝头体驻点压强值上的体现。实际上，对于完全气体，令 $\gamma=1.4$、$M_1\to\infty$ 时有

$$C_{p02}=\frac{2}{\gamma}\left(\frac{\gamma+1}{2}\right)^{\frac{\gamma}{\gamma-1}}\left(\frac{\gamma+1}{2\gamma}\right)^{\frac{1}{\gamma-1}}=1.840$$

而对于真实气体，若取 $\gamma=1.14$，则 $M_1\to\infty$ 时，可得 $C_{p02}=1.936$。可见，当 $M_1>24$ 后，C_{p02} 随 M_1 的增大将增加得很缓慢。

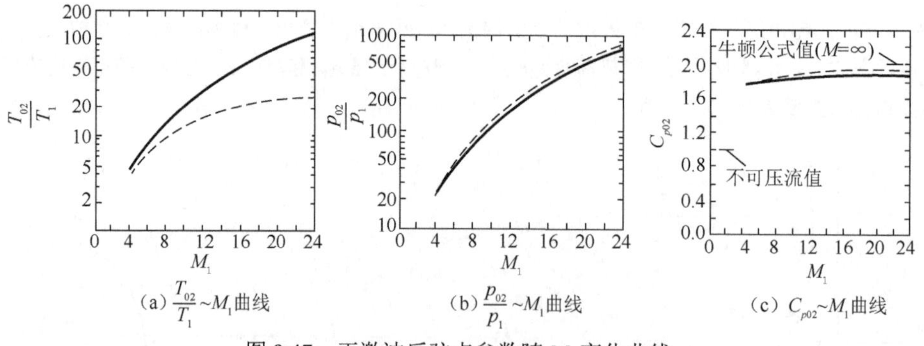

图 9.47　正激波后驻点参数随 M_1 变化曲线

—— 完全气体；- - - 热力学平衡态真实气体

习　题

9.1　试讨论超声速线化理论。

9.2　如图 9.48 所示翼型，其相对厚度为 0.1 且最大厚度在前缘之后的 30%弦长处。该

翼型以马赫数 3.0 和迎角 3° 运动，用超声速薄翼型线化理论计算：

（1）对焦点的力矩系数；

（2）压心的位置；

（3）波阻系数；

（4）零升迎角。

9.3　有一对称菱形翼型，如图 9.49 所示，其相对厚度为 0.15。以马赫数 2.0 和迎角 2° 在海平面向左运动。试分别用激波-膨胀波理论和超声速薄翼型线化理论，求翼型上 B 点的压强系数。

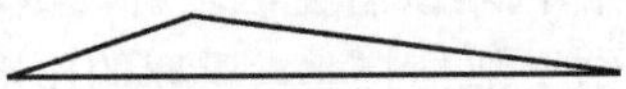

图 9.48　题 9.2 图

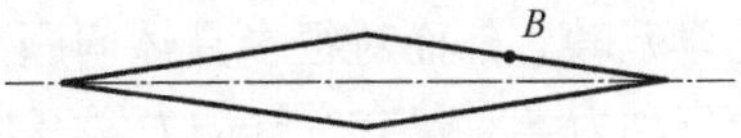

图 9.49　题 9.3 图

9.4　有一对称菱形翼型，其相对厚度为 0.08。试根据超声速薄翼型线化理论，完成以下问题：

（1）求来流马赫数等于 2.5 时，翼型的升力线斜率 c_l^α，焦点位置 $\bar{x}_F$，零升波阻系数 $(c_d)_0$；

（2）求来流马赫数等于 3.0 且迎角等于 5.73° 时，翼型对前缘的俯仰力矩系数 c_{m_z}；

（3）定性画出迎角等于 0° 时该翼型超声速绕流的翼面压强分布图。

9.5　二维平板在 6km 高空以马赫数 2.0 和迎角 10° 飞行。试分别用激波-膨胀波理论和一级线化理论，求上下表面的压强差。

9.6　二维平板在 6km 高空以马赫数 2.0 和迎角 0° 飞行，平板后段 30%下偏折了 10°。试用超声速一级近似理论，求升力系数和波阻系数。

9.7　设某翼型在气流中的最低压强点出现在下表面，当来流马赫数为 $M_\infty = 0.3$ 时，该点的压强系数为 $C_p = -0.782$。试用普朗特-格劳特法则，求此翼型的临界马赫数。

9.8　薄翼型跨声速绕流特点是什么？

9.9　高超声速流动的主要特点是什么？结合高超声速流动的特点，讨论航天飞机的外形设计。

第 10 章　计算流体力学初步知识

前 9 章基本都是通过解析或者近似方法分析和求解空气动力学基本方程，属于理论空气动力学范畴。然而对很多具体问题，理论空气动力学都很难或者无法求解。尽管如此，理论空气动力学对建立空气动力学基本概念和理解实验结果都具有非常重要的作用。

20 世纪 70 年代后期，使用超级计算机求解空气动力问题的方法开始得到应用。一个早期成功的例子就是 NASA 设计的一种实验飞行器，称为 HiMAT（高机动性飞行器技术），用于验证战机中高机动性的概念。初步设计时的实验表明，飞行器在速度接近声速时将产生令人无法接受的气动阻力。如果按照这一设计进行制造，飞机将不能提供任何有用的价值。若通过进一步的风洞实验重新设计 HiMAT，将耗费十五万美元左右，并且会大大拖延工期。与之相比，使用计算机重新设计机翼，仅花费了六千美元。

实际工程中的许多流体力学问题是难以获得解析解的，必须借助计算机设备，应用数值求解技术对流体力学方程进行离散求解，这个过程就是计算流体力学（CFD）的研究内容。计算流体力学在航空航天领域的长远目标是发展模拟绕航空航天飞行器流动流场的数值方法，并利用数值计算探索流体流动的机理。

计算流体力学离不开计算网格，即求解域的空间离散。在实际工程应用中，许多物体的几何外形是十分复杂的。如何有效处理复杂的物面边界以生成高质量的计算网格，是计算流体力学一个重要的研究课题。

本章的主要目的在于对网格技术和计算流体力学的基本概念和基本算法进行介绍，讨论对象直接针对 N-S 方程。更全面、深入的知识可参阅相关文献。

10.1　网格生成技术简介

网格按其节点在空间的分布通常可以分为结构网格（structured grid）和非结构网格（unstructured grid）两大类。

结构网格是具有规则的拓扑结构的网格（图 10.1），其优点是存储简单，计算效率高；缺点是生成具有复杂外形物体的网格时工作量很大。非结构网格节点在空间分布完全是随意的，没有任何结构特性（图 10.2），优点是非常适合处理复杂边界问题以及进行网格的自适应；缺点是存储量较大，计算效率较低。

直角坐标网格（cartesian grid）是一种比较特殊的非结构网格，它能够对任意复杂外形的物体实现网格的自动划分，非常适合工程应用。它的缺点是不适合模拟黏性流动。

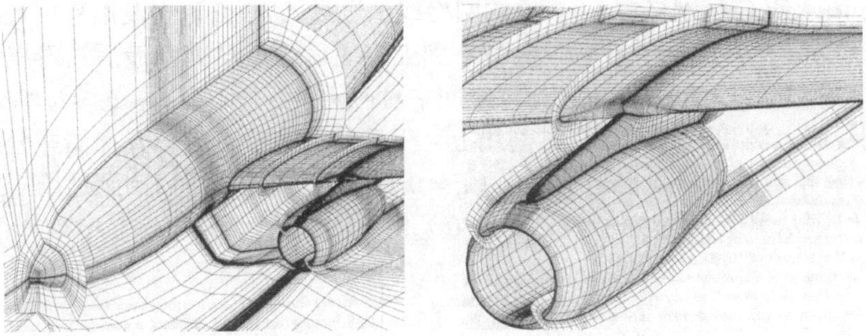

（a）组合体结构网格　　（b）结构网格局部放大

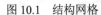

图 10.1　结构网格

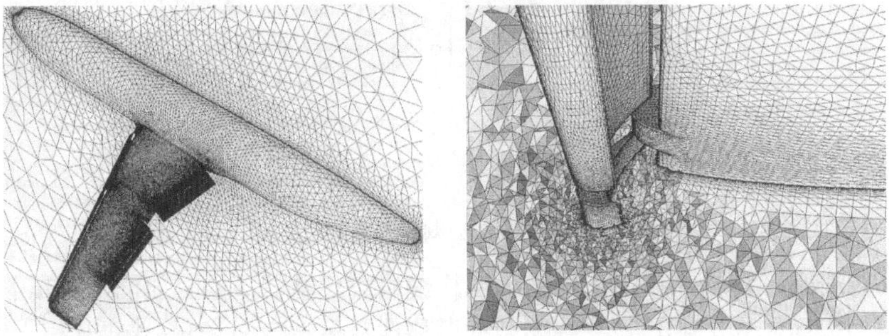

（a）组合体非结构网格　　（b）非结构网格局部放大

图 10.2　非结构网格

10.1.1　结构网格

1．结构网格的分类

结构网格的基本组成单元是单域的贴体网格，二维情况下按其拓扑结构通常可以分为如图 10.3 所示的 C 型网格、如图 10.4 所示的 O 型网格和如图 10.5 所示的 H 型网格。这些类型网格都可以投射成矩形的计算空间，如图 10.6、图 10.7 和图 10.8 所示。对于三维情况，通常可以组合以上拓扑结构中的两种形成三维拓扑结构，如 C-O 型网格，C-H 型网格等。

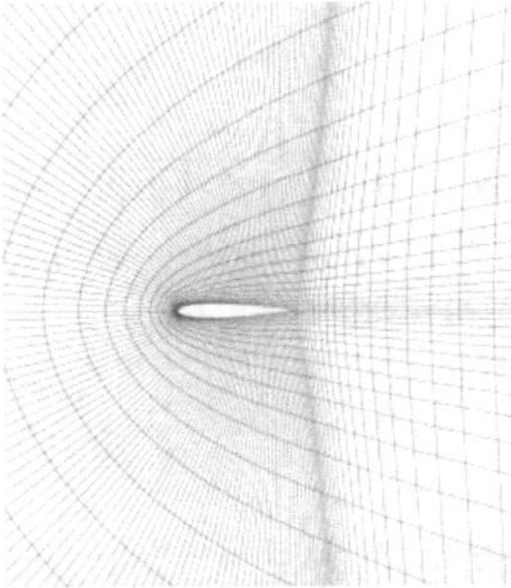

图 10.3　翼型的 C 型网格

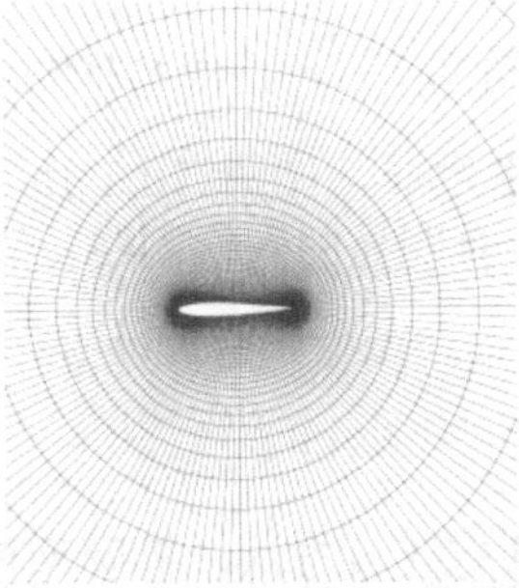

图 10.4　翼型的 O 型网格

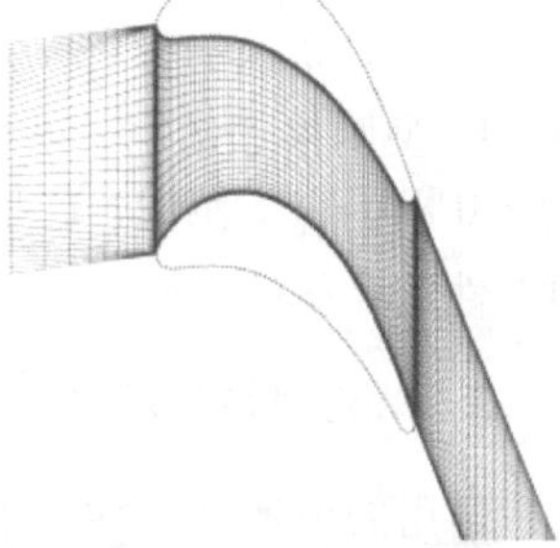

图 10.5　翼型的 H 型网格

图 10.6 所示的 C 型网格中，$\eta=0$的网格线从远场（$\xi=0$）出发沿着尾迹线到达翼型下表面后缘点b，然后沿顺时针包抄翼型，到上表面后缘点b'处，最后沿着尾迹线回到远场（$\xi=1$）。该网格线中的割线ab在计算空间中对应两条线段，即$a\leqslant\xi\leqslant b$和$a'\leqslant\xi\leqslant b'$，分别对应割线的上侧和下侧，计算时割线上、下侧的网格节点应分开存储并分别给出边界条件。其他$\eta=$常数的网格线也是从远场（$\xi=0$）出发，绕过翼型后回到远场（$\xi=1$）。$\xi=$常数的网格线则从翼型表面或尾迹线（$\eta=0$）出发，到达远场（$\eta=1$）。

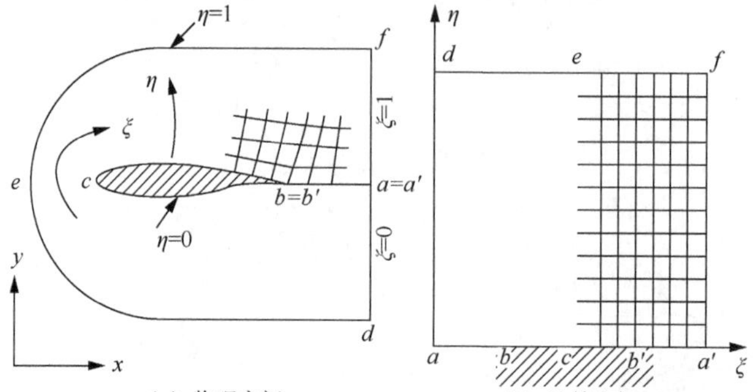

图 10.6　C 型网格拓扑结构

图 10.7 所示 O 型网格中，$\eta=$常数的网格线构成环绕翼型的封闭曲线，其中$\eta=0$的网格线构成翼型表面（从a到a'）。$\xi=$常数的网格线从翼型表面（$\eta=0$）出发，径向延伸到远场边界（$\eta=1$）。网格割线为ac对应边界$\xi=0$（ac）和边界$\xi=1$（$a'c'$）。O 型网格的缺点是在尖后缘处网格质量较差。

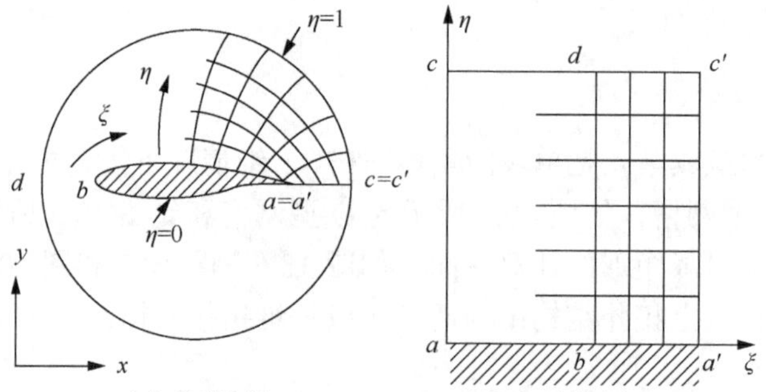

图 10.7　O 型网格拓扑结构

H 型网格通常用于叶栅的网格生成，如图 10.8 所示。翼型表面由两条不同的网格线（$\eta=0$和$\eta=1$）围成。H 型网格没有明显的网格割线，但在ab，ef，cd和gh上必须给出周期性边界条件。

2. 结构网格生成方法

常用的单域贴体网格生成方法有代数方法、椭圆型偏微分方程生成方法和双曲型偏微分方程生成方法。为了便于理解，下面只介绍二维情形下结构网格生成方法。

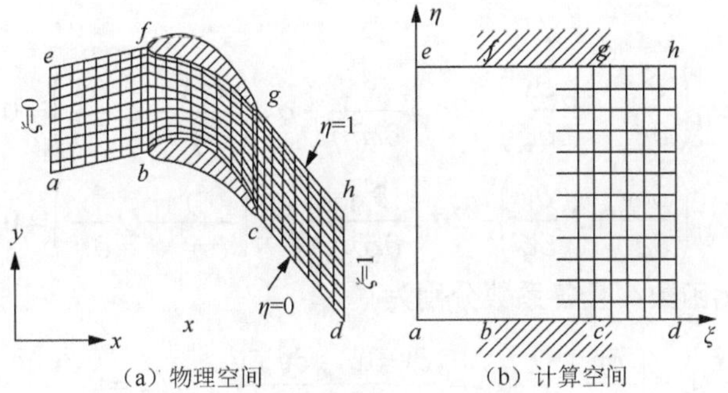

（a）物理空间　　（b）计算空间

图 10.8　叶栅的 H 型网格

使用最广的代数网格生成方法是超限插值法（Transfinite Interpolation，TFI）。该方法在给定边界网格节点分布的情况下，通过简单的单变量插值函数以布尔运算的方式构造较复杂的多变量插值函数插值得到网格内部节点。

下面以最简单的双线性插值来介绍超限插值法。令 $\boldsymbol{r}=\boldsymbol{r}(x,y)=\boldsymbol{r}(\xi,\eta)$，其中 x， y 是物理空间坐标，$\xi\in[0,1]$，$\eta\in[0,1]$。$\boldsymbol{r}(\xi,\eta)$ 把单位正方形内的点 (ξ,η) 映射到计算空间的点 (x,y)。构造两个分别关于 ξ 和 η 的线性变换 $\boldsymbol{U}$ 和 $\boldsymbol{V}$

$$\begin{cases}\boldsymbol{U}(\xi,\eta)=(1-\xi)\boldsymbol{r}(0,\eta)+\xi\boldsymbol{r}(1,\eta)\\ \boldsymbol{V}(\xi,\eta)=(1-\eta)\boldsymbol{r}(\xi,0)+\eta\boldsymbol{r}(\xi,1)\end{cases}\tag{10.1}$$

从而

$$\begin{aligned}\boldsymbol{U}(\boldsymbol{V}(\xi,\eta))&=\boldsymbol{U}((1-\eta)\boldsymbol{r}(\xi,0)+\eta\boldsymbol{r}(\xi,1))\\&=(1-\xi)\left[(1-\eta)\boldsymbol{r}(0,0)+\eta\boldsymbol{r}(0,1)\right]+\xi\left[(1-\eta)\boldsymbol{r}(1,0)+\eta\boldsymbol{r}(1,1)\right]\\&=(1-\xi)(1-\eta)\boldsymbol{r}(0,0)+(1-\xi)\eta\boldsymbol{r}(0,1)+\xi(1-\eta)\boldsymbol{r}(1,0)+\xi\eta\boldsymbol{r}(1,1)\end{aligned}\tag{10.2}$$

对线性变换 $\boldsymbol{U}$ 和 $\boldsymbol{V}$ 利用布尔和“$\oplus$”运算，可以得到把单位正方形内的点 (ξ,η) 映射到计算空间的点 (x,y) 的插值函数，

$$\begin{aligned}\boldsymbol{r}=\boldsymbol{r}(x,y)=\boldsymbol{r}(\xi,\eta)&=\boldsymbol{U}\oplus\boldsymbol{V}=\boldsymbol{U}+\boldsymbol{V}-\boldsymbol{U}\boldsymbol{V}\\&=(1-\xi)\boldsymbol{r}(0,\eta)+\xi\boldsymbol{r}(1,\eta)+(1-\eta)\boldsymbol{r}(\xi,0)+\eta\boldsymbol{r}(\xi,1)\\&\quad-(1-\xi)(1-\eta)\boldsymbol{r}(0,0)-(1-\xi)\eta\boldsymbol{r}(0,1)-(1-\eta)\xi\boldsymbol{r}(1,0)-\xi\eta\boldsymbol{r}(1,1)\end{aligned}\tag{10.3}$$

给定网格边界后，就可以通过插值函数（10.3）确定网格内部节点的坐标值。这样构造插值函数、划分网格的方法称为网格划分的超限插值法。在以上公式中，等式右端小括号内的所有自变量 0、1 都是 ξ 和 η 的对应值，而不是 x 或 y 的值。基于插值函数（10.3）生成的 NACA2412 翼型网格如图 10.9 所示。

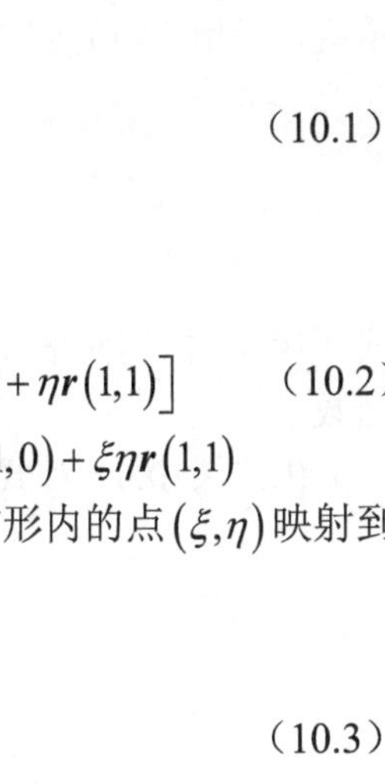

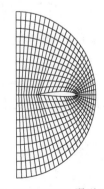

图 10.9　NACA2412 翼型 TFI 网格

椭圆型偏微分方程生成方法（elliptic grid generation）可以生成网格尺度及网格线斜率光滑过渡的网格，另外还可以有效控制物面附近网格的正交性和法向网格尺度，这对模拟黏性流动是非常重要的。二维情况下，控制网格节点分布

的泊松方程可以写为

$$\alpha_{11}\left(\frac{\partial^2 x}{\partial \xi^2}+P\frac{\partial x}{\partial \xi}\right)-2\alpha_{12}\frac{\partial^2 x}{\partial \xi \partial \eta}+\alpha_{22}\left(\frac{\partial^2 x}{\partial \eta^2}+Q\frac{\partial x}{\partial \eta}\right)=0 \tag{10.4}$$

$$\alpha_{11}\left(\frac{\partial^2 y}{\partial \xi^2}+P\frac{\partial y}{\partial \xi}\right)-2\alpha_{12}\frac{\partial^2 y}{\partial \xi \partial \eta}+\alpha_{22}\left(\frac{\partial^2 y}{\partial \eta^2}+Q\frac{\partial y}{\partial \eta}\right)=0 \tag{10.5}$$

其中，P 和 Q 是控制函数，且各系数分别为

$$\alpha_{11}=\left(\frac{\partial x}{\partial \eta}\right)^2+\left(\frac{\partial y}{\partial \eta}\right)^2,\quad \alpha_{12}=\frac{\partial x}{\partial \xi}\frac{\partial x}{\partial \eta}+\frac{\partial y}{\partial \xi}\frac{\partial y}{\partial \eta},\quad \alpha_{22}=\left(\frac{\partial x}{\partial \xi}\right)^2+\left(\frac{\partial y}{\partial \xi}\right)^2$$

式（10.4）和式（10.5）的边界条件可以是纽曼边界条件，也可以是狄利克雷边界条件。如果采用纽曼边界条件，网格线和物面的夹角已经给定，在这种情况下不需要控制函数，即可设 $P=Q=0$，此时方程退化为拉普拉斯方程。如果采用狄利克雷边界条件，边界上网格节点的位置是给定的，此时函数 P 控制网格线 $\eta=$ 常数与物面的夹角，函数 Q 控制网格的法向尺度。

双曲型偏微分方程生成法（hyperbolic grid generation）通常是从物面出发，逐层向远场推进，适用于没有固定远场边界的网格生成。在二维情况下，其控制方程为

$$\frac{\partial x}{\partial \xi}\frac{\partial x}{\partial \eta}+\frac{\partial y}{\partial \xi}\frac{\partial y}{\partial \eta}=0 \tag{10.6}$$

$$\frac{\partial x}{\partial \xi}\frac{\partial y}{\partial \eta}-\frac{\partial y}{\partial \xi}\frac{\partial x}{\partial \eta}=\Omega \tag{10.7}$$

式（10.6）控制网格线的正交，式（10.7）控制网格单元面积的分布，Ω 为单元面积分布函数。

由式（10.6）和式（10.7），有

$$\begin{cases}\dfrac{\partial x}{\partial \eta}=-\dfrac{\Omega}{g_{11}}\dfrac{\partial y}{\partial \xi}\\[2ex]\dfrac{\partial y}{\partial \eta}=\dfrac{\Omega}{g_{11}}\dfrac{\partial x}{\partial \xi}\end{cases} \tag{10.8}$$

其中，$g_{11}=\left(\dfrac{\partial x}{\partial \xi}\right)^2+\left(\dfrac{\partial y}{\partial \xi}\right)^2$。

令单元面积分布函数 Ω 为

$$\Omega=K\sqrt{g_{11}}\,\mathrm{e}^{-\lambda(1-\eta)} \tag{10.9}$$

其中，K 和 λ 是可选择常数。

对式（10.8）分别沿 ξ 和 η 方向进行如下形式的离散化：

$$\begin{cases}\dfrac{x_{i,j+1}-x_{i,j}}{\delta\eta}=-\left(\dfrac{\Omega}{g_{11}}\right)_{i,j}\dfrac{y_{i+1,j}-y_{i-1,j}}{2\delta\xi}\\[2ex]\dfrac{y_{i,j+1}-y_{i,j}}{\delta\eta}=\dfrac{\Omega}{g_{11}}\dfrac{x_{i+1,j}-x_{i-1,j}}{2\delta\xi}\end{cases} \tag{10.10}$$

且

$$\left(g_{11}\right)_{i,j}=\left(\frac{x_{i+1,j}-x_{i-1,j}}{2\delta\xi}\right)^2+\left(\frac{y_{i+1,j}-y_{i-1,j}}{2\delta\xi}\right)^2 \tag{10.11}$$

离散化方程（10.10）和（10.11）用$\left(x_{i-1,j},y_{i-1,j}\right)$，$\left(x_{i,j},y_{i,j}\right)$和，$\left(x_{i+1,j},y_{i+1,j}\right)$显式地确定了$\left(x_{i,j+1},y_{i,j+1}\right)$。这样，在$\eta=0$（物面）上给定网格节点分布作为初值，然后沿$\eta$方向逐层推进生成网格。图 10.10 展示了用双曲型偏微分方程生成的 NACA643218 翼型的外部区域网格。

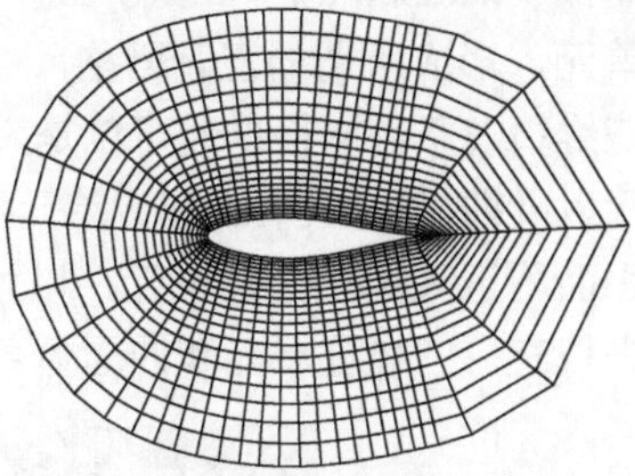

图 10.10　NACA643218 翼型用双曲型偏微分方程生成的网格

对于具有复杂外形的飞行器，要生成单域的贴体网格是非常困难的，有时甚至是不可能的。实际应用中，常采用分区网格技术（multiblock grid generation）来生成复杂外形的结构网格，即根据物体外形的特点把流场分为若干个子区，在每个子区中分别生成网格。比较成熟的网格分区方法有对接网格和重叠网格。

对接网格要求各个子区之间没有重叠，图 10.11 给出了多段翼型对接网格的分区图和网格图。

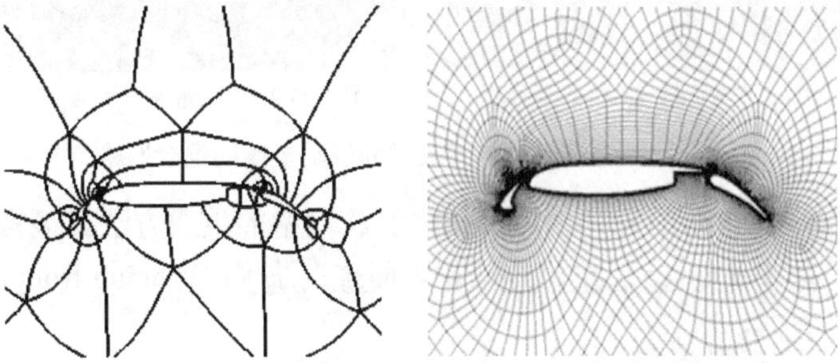

（a）分区图　（b）网格图

图 10.11　多段翼型对接网格

而重叠网格各子区可以相互重叠，从而大大减少了网格生成的难度。重叠网格非常适用于物体间有相对运动的非定常流动的数值模拟，其缺点是难以保证重叠子区交界面处的通量守恒。图 10.12 为二维圆柱的重叠网格。

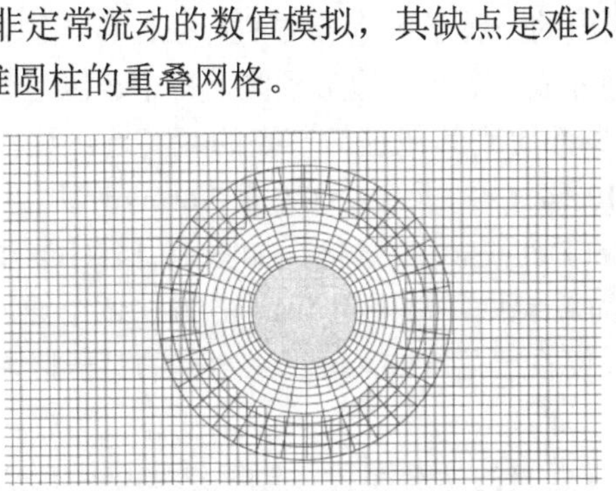

图 10.12　二维圆柱重叠网格

无论是对接网格还是重叠网格，都要求网格覆盖整个计算域。

10.1.2 非结构网格

传统意义上的非结构网格，二维情况下是由三角形单元组成的，三维情况下则是由四面体（tetrahedra）单元组成的。 但如今非结构网格的含义是很广的，它可以包含多种网格单元，形成所谓的混合网格。二维情况下，网格单元可以是三角形单元和四边形单元等；三维情况下，网格单元可以是六面体（hexahedral）单元、三棱柱（prism）单元，四面体单元以及四棱锥（pyramid）单元等。图 10.13 为翼身组合体带挂架和发动机舱的混合网格，物面附近采用三棱柱单元，以增加对边界层的分辨率，剩下大部分空间主要用四面体单元来填充，三棱柱单元和四面体单元之间则用四棱锥单元进行过渡。

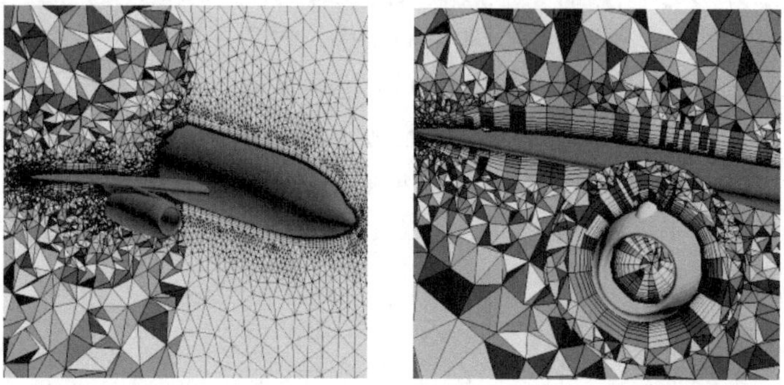

（a）机身、机翼网格截面图　（b）机翼、发动机舱网格截面图

图 10.13　翼身组合体带挂架和发动机舱的混合网格

下面主要以二维三角形单元为例，介绍非结构网格的生成方法。最常用的非结构网格生成方法有两种，即 Delaunay 三角化方法和阵面推进法（advancing front method，AFM）。

1. Delaunay 三角化方法

Delaunay 三角化方法是把一组给定节点连成三角单元的一种方法，它最重要的特性是其连成的任何三角单元的外接圆都不包含其他的网格节点。这个特性可以使所有三角形单元的最小夹角最大化，从而保证生成的网格单元具有较好的质量。Delaunay 三角化方法是基于狄利克雷于 1850 年提出的一种子区划分方法：在计算域的内部和边界上给定 n 个节点（$n \geqslant 3$），把整个计算域划分成 n 个凸多边形子区，每个子区包含且只包含一个节点，子区内任何一点到该节点的距离都比到其他任何节点的距离近。这些子区的集合称为狄利克雷镶嵌或 Voronoi 图，如图 10.14（a）所示。如果把 Voronoi 图中共享一条边的节点对用直线相连，就实现了整个区域的 Delaunay 三角化，如图 10.14（b）中的各三角形。

实际网格生成时，为简单起见，常采用 Watson 方法逐个插入节点，实现对整个计算域的 Delaunay 三角化。如果要在已经 Delaunay 三角化的某一区域中插入一个新的节点 P，Watson 方法的基本步骤如下。

（1）找出外接圆包含节点 P 的所有单元，删除这些单元形成包围节点 P 的一个空腔，可以证明该空腔为一凸的多边形，如图 10.15（a）所示。

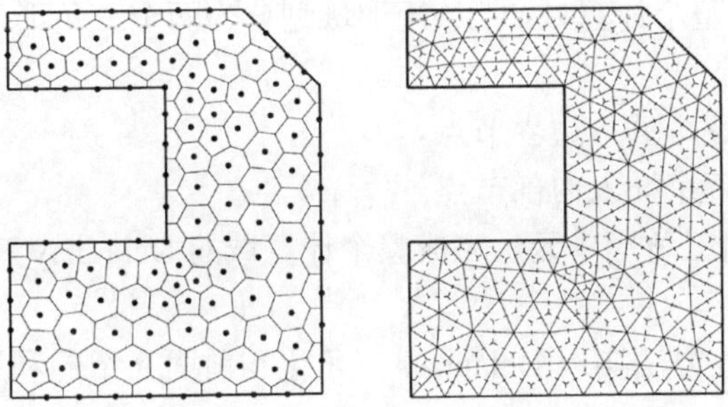

（a）Voronoi图　（b）由Voronoi图形成三角形单元

图 10.14　Delaunay 三角化

（2）连接节点 P 和空腔的边界，形成新的三角形单元，如图 10.15（b）所示。

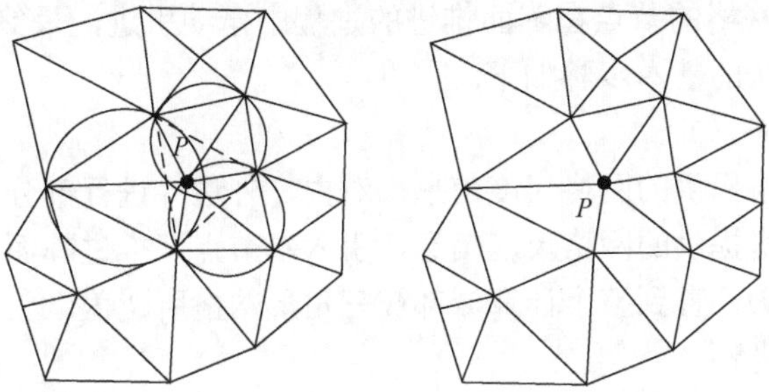

（a）形成空腔　（b）生成新单元

图 10.15　Watson 方法

在区域内部和边界上给定一组节点，用 Watson 方法实现 Delaunay 三角化（图 10.16），其步骤如下（以二维翼型为例）。

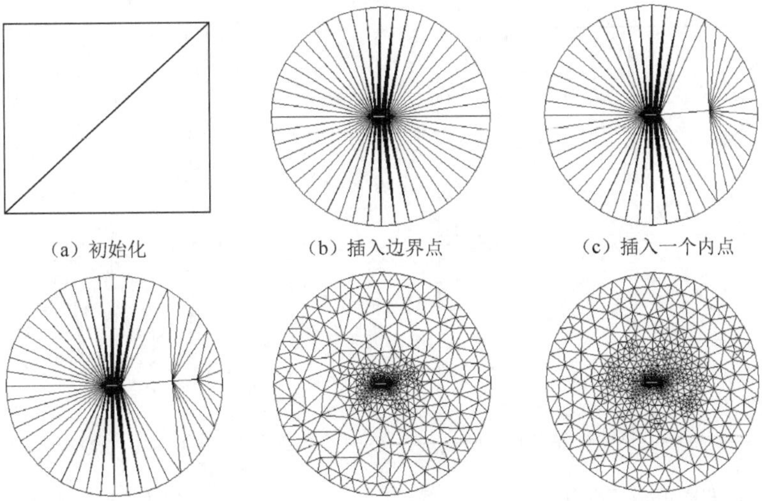

（a）初始化　（b）插入边界点　（c）插入一个内点

（d）插入两个内点　（e）完成三角化过程　（f）光顺并加密后的最终网格

图 10.16　Delaunay 三角化过程

（1）用一矩形域覆盖整个计算域，把该矩形域划分为两个三角形，形成初始的 Delaunay 三角化单元。

（2）用 Watson 方法逐个插入边界节点。

（3）用 Watson 方法逐个插入内部节点。

（4）去除计算域外的三角形单元，完成整个计算域的 Delaunay 三角化。

（5）对网格进行光顺。

可以证明，用 Watson 方法实现 Delaunay 三角化和前面介绍的利用 Voronoi 图三角化完全是等价的。

2. 阵面推进法

阵面推进法三角单元的形成是从计算域的边界（内边界或外边界）开始，然后逐渐向内或向外推进，内部网格的节点在阵面推进的过程中自动引进，最终使三角形网格覆盖整个计算域。阵面推进法的基本步骤如下。

（1）生成背景网格。

（2）根据背景网格提供的网格尺度信息，对内、外边界进行剖分，形成初始阵面。

（3）根据背景网格提供的网格尺度信息，引入新节点，推进阵面，生成网格。

（4）重复步骤（3），直到整个计算域都被三角形网格所覆盖。

（5）对网格进行光顺。

背景网格通常是由覆盖整个计算域的三角形稀网格组成的，网格节点处存储有网格尺度信息，用于确定计算域内网格尺度的分布。为了确定计算域内某点的网格尺度，首先要通过搜索找到该点所在的背景网格单元，然后根据该背景网格单元各节点存储的尺度信息线性插值得到该点的尺度。与 Delaunay 三角化方法相比，阵面推进法生成的网格通常节点分布更为合理，网格尺度变化也更为光顺，如图 10.17 所示。

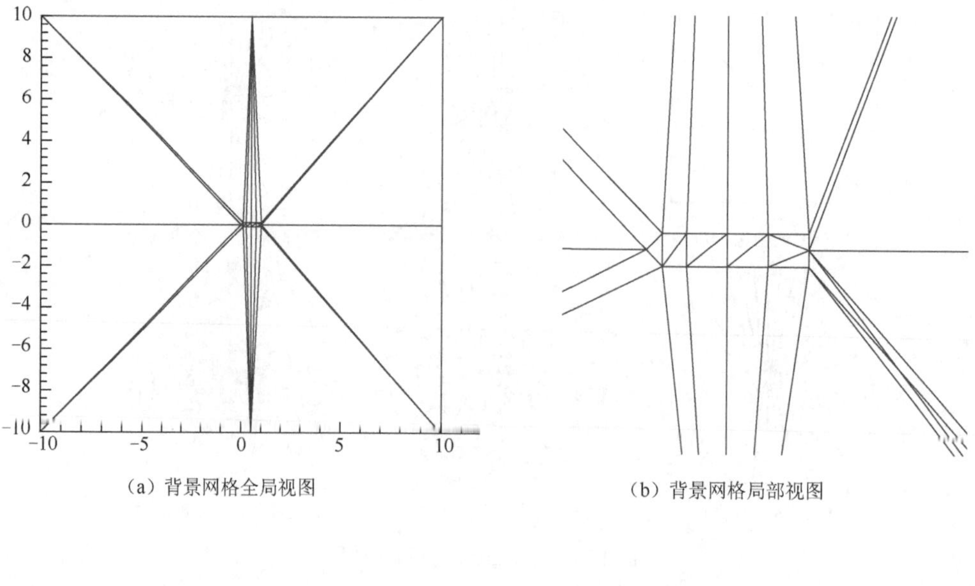

（a）背景网格全局视图　　（b）背景网格局部视图

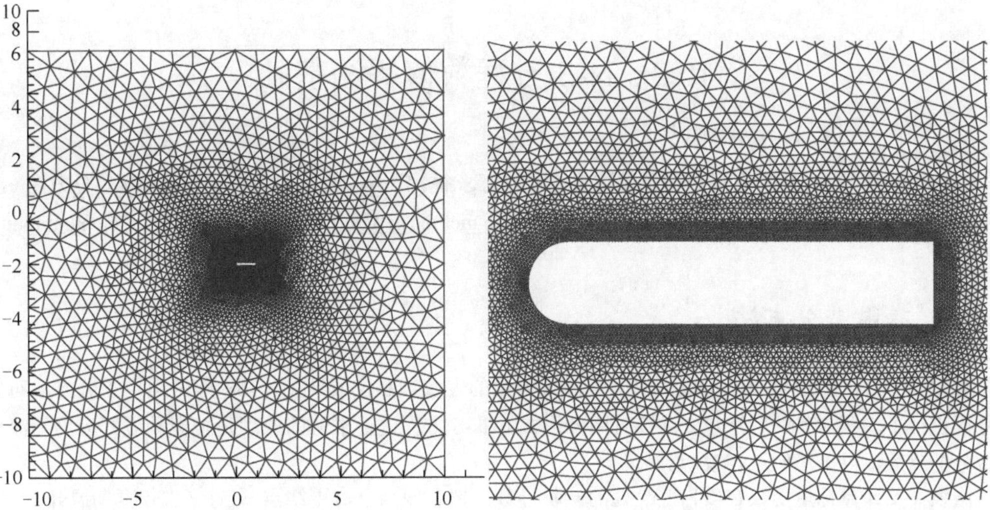

（c）最终网格全局视图　　　　　　　　　　（d）最终网格局部视图

图 10.17　弹头体外型网格生成

*10.1.3　直角坐标网格

虽然结构网格和非结构网格在计算流体力学中得到了广泛的应用，但这两种方法都难以做到对复杂外形物体实现网格的自动划分。一个主要的原因是前面提到的结构网格和非结构网格都属于贴体网格，即物面附近的网格都必须和物面形状保持一致，网格的连接关系和物体的几何形状是紧密相连的。通常贴体网格都需要先生成物体表面网格，再生成空间网格，这样就增加了物面附近网格生成的复杂程度，尤其对于结构网格，这一问题显得尤其突出。

直角坐标网格（图 10.18）是一种比较特殊的非贴体的非结构网格。它的网格通常是由正交的平行六面体单元组成的，网格单元可以延伸到物体内部。通常情况下，网格单元可以标定为三类：

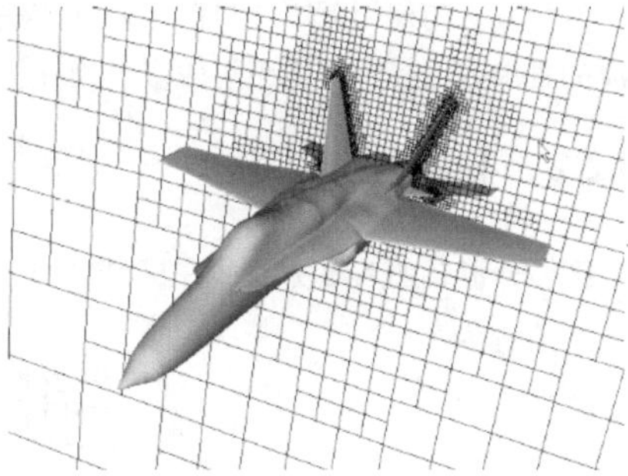

图 10.18　直角坐标网格的一个剖面

（1）物体外部单元。这些单元完全在物体以外的计算流场中，应该保留。

（2）和物体相交单元。这些单元部分在物体内部，部分在物体以外的计算流场中。对于这些单元需要进行切割计算，保留物体以外计算流场中的部分，删除位于物体内部的部分。

（3）物体内部单元。这些单元完全在物体内部，应该删除。

直角坐标网格的生成步骤是先生成体网格，然后通过和物面的切割计算生成表面网格，这样就大大提高了网格生成的自动化程度。直角坐标网格生成方法对六面体网格和物面的切割计算提出了很高的要求，这方面目前已经有比较成熟的算法。直角坐标网格生成方法能够对复杂外形物体实现网格的自动划分，在工程计算中得到越来越广泛的应用。

*10.2 N-S 方程数值解法基础

绝大多数情况下，N-S 方程必须通过数值方法进行求解。常用的数值方法有三种：有限差分方法（finite difference method，FDM），有限体积方法（finite volume method，FVM）和有限元方法（finite element method，FEM）。

10.2.1 有限差分方法

有限差分方法是最早应用于数值求解偏微分方程的方法。欧拉最早在 1768 年就运用差分方法对偏微分方程进行了求解。有限差分方法直接对微分形式的 N-S 方程进行求解的原理是把泰勒展开应用于流动变量微分的离散，以下举例进行说明。

假设需要计算标量函数 $U(x)$ 在 x_0 处的一阶导数，把 $U(x_0+\Delta x)$ 围绕点 x_0 对 x 进行泰勒展开，得到

$$U(x_0+\Delta x)=U(x_0)+\Delta x\left.\frac{\mathrm{d}U}{\mathrm{d}x}\right|_{x0}+\frac{\Delta x^2}{2}\left.\frac{\mathrm{d}^2U}{\mathrm{d}x^2}\right|_{x_0}+\cdots \tag{10.12}$$

这样，可得 U 一阶导数的近似表达式为

$$\left.\frac{\mathrm{d}U}{\mathrm{d}x}\right|_{x_0}=\frac{U(x_0+\Delta x)-U(x_0)}{\Delta x}+O(\Delta x) \tag{10.13}$$

上述近似是一阶精度的，因为其截断误差为 $O(\Delta x)$。利用类似的方法可以构造高阶导数的差分格式。

差分方法的优点是简单，而且容易构造高精度格式。缺点是只适用于结构网格，而复杂外形物体的结构网格生成往往是比较困难的；另外，差分方法不能直接应用于贴体的曲线坐标网格，而必须把曲线坐标网格变换成直角坐标网格，换句话说必须把物理空间变换为计算空间，才能使用差分方法。这些都大大限制了差分方法的使用范围。目前，差分方法主要应用于一些外形相对简单的流动问题的求解，尤其是在对紊流的直接数值模拟方面应用较多，而在工程计算方面，则使用相对较少。

10.2.2 有限体积方法

把微分形式的 N-S 方程式在区域 Ω 上进行积分，并应用 Gauss-Green 公式，可以得到积分形式的守恒型 N-S 方程为

$$\frac{\partial}{\partial t}\iiint_{\Omega}\boldsymbol{W}\mathrm{d}\Omega+\oint\!\!\oint_{\partial\Omega}(\boldsymbol{F}_c-\boldsymbol{F}_v)\mathrm{d}S=\boldsymbol{0} \tag{10.14}$$

式中

$$\boldsymbol{W}=\begin{bmatrix}\rho\\ \rho u\\ \rho v\\ \rho w\\ \rho E\end{bmatrix}\quad \boldsymbol{F}_c=\begin{bmatrix}\rho\boldsymbol{V}\cdot\boldsymbol{n}\\ \rho u\boldsymbol{V}\cdot\boldsymbol{n}+n_xp\\ \rho v\boldsymbol{V}\cdot\boldsymbol{n}+n_yp\\ \rho w\boldsymbol{V}\cdot\boldsymbol{n}+n_zp\\ \rho H\boldsymbol{V}\cdot\boldsymbol{n}\end{bmatrix}\quad \boldsymbol{F}_v=\begin{bmatrix}0\\ n_x\tau_{xx}+n_y\tau_{xy}+n_z\tau_{xz}\\ n_x\tau_{yx}+n_y\tau_{yy}+n_z\tau_{yz}\\ n_x\tau_{zx}+n_y\tau_{zy}+n_z\tau_{zz}\\ n_x\Theta_x+n_y\Theta_y+n_z\Theta_z\end{bmatrix}$$

而

$$\Theta_x=u\tau_{xx}+v\tau_{xy}+w\tau_{xz}+k\frac{\partial T}{\partial x}$$

$$\Theta_y = u\tau_{yx} + v\tau_{yy} + w\tau_{yz} + k\frac{\partial T}{\partial y}$$

$$\Theta_z = u\tau_{zx} + v\tau_{zy} + w\tau_{zz} + k\frac{\partial T}{\partial z}$$

$E = e + V^2/2$ 为单位质量总能，$H = E + p/\rho$ 为单位质量总焓，$\partial\Omega$ 是区域 Ω 的边界。式（10.14）描述了在区域 Ω 上，流体质量、动量和能量的守恒关系。有限体积方法的基本思路是把物理空间划分成若干个任意形状的控制体，在每个控制体上都应用守恒律式（10.14），第二项边界积分（通量）利用两侧控制体的流动参数近似计算得到，空间离散的精度取决于通量计算的精度。这种方法最早是 1971 年由 McDonald 提出来的，当时是用来求解二维无黏流动。按控制体的取法，有限体积方法通常可以分为两种：

（1）格心格式。流动参数存储在网格单元中心，单元本身就是控制体，如图 10.19（a）所示。

（2）格点格式。流动参数存储在网格节点上，控制体由节点周围单元的一部分组成，如图 10.19（b）所示。

有限体积方法的优点之一是其空间离散直接在物理平面进行，不像有限差分方法那样存在坐标变换的问题。有限体积方法的另一个突出优点是非常灵活，不但适用于结构网格，也同样适用于非结构网格，非常适合处理具有复杂几何外形物体的流动。另外，有限体积方法是从守恒型 N-S 方程出发，而且在离散过程中一般也能保证质量、动量和能量的守恒，因此具有求解方程弱解形式的能力，可以准确捕捉激波等间断解。

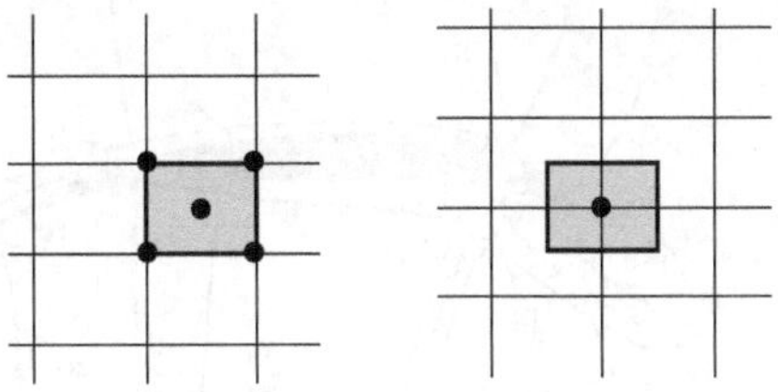

（a）格心格式取法　（b）格点格式取法

图 10.19 控制体的取法

10.2.3 有限元方法

有限元方法最早是由特纳（Turner）等在 1956 年引入的，主要是用于结构分析。我国著名数学家冯康是有限元的独立创始人之一。大概 10 年以后，有限元方法在连续介质力学中得到应用，但直到 20 世纪 90 年代初，有限元方法才在欧拉方程和 N-S 方程的求解中得到广泛应用。

与有限差分和有限体积法一样，有限元方法也需要对物理空间进行剖分形成计算网格。有限元网格可以有多种形状，常用的二维有限元网格有三角形网格和四边形网格，常用的三维有限元网格有四面体网格和六面体网格。根据单元形状和求解精度的要求，通常要在单元边界或单元内部指定若干个控制点存储流动变量。单元控制点个数和每个控制点处未知变量个数的乘积称为单元的自由度。另外，每个单元都要根据单元形状和控制点定义相应的形函数，用来描述流动变量在单元内的变化。在实际应用时，控制点往往就取作单元节点，如果形函数在单元内呈线性分布，相应的单元称为线性单元。

在应用有限元方法时，需要把偏微分方程转化为等价的积分形式。常用的转化方法有两种：一种是采用变分原理，利用泛函求极值的方法建立有限元模型；另一种是采用加权余量法，求解方程的弱解形式，这种方法要求在整个物理域中余数的加权积分等于零。可以把余数理解为近似解的误差。求解方程的弱解形式有一个好处，它可以有效地处理间断解，比如激波等。

和有限体积方法一样，有限元方法具有很大的灵活性，非常适合处理具有复杂几何外形物体的流动。有限元方法的另一个突出优点是具有完备的数学基础，尤其是对于椭圆型问题和抛物型问题。有限元方法也有它的缺点，比如在某些情况下，虽然有限元方法和有限体积方法离散在数学上是等价的，但有限元方法离散的过程却比有限体积方法复杂得多。另外，有限元方法在构造逆风格式方面也存在较大的困难。

10.2.4 算例

【例 10.1】 多段翼型绕流计算

该算例采用差分方法求解 N-S 方程对 NHLP 三段翼型绕流进行了数值模拟，紊流模型采用 *B-L* 代数模型。主翼长度为 c ，前缘缝翼长度为 $0.125c$ ，后缘襟翼长度为 $0.33c$ 。网格生成采用多块对接结构网格，图 10.20 为翼型附近的网格分区情况。来流条件为马赫数 $M_\infty = 0.197$ ，雷诺数 $Re_\infty = 3.52 \times 10^6$ ，迎角 $\alpha = 20.18°$ 。图 10.21 给出了计算得到的压强系数分布和实验结果的对比。

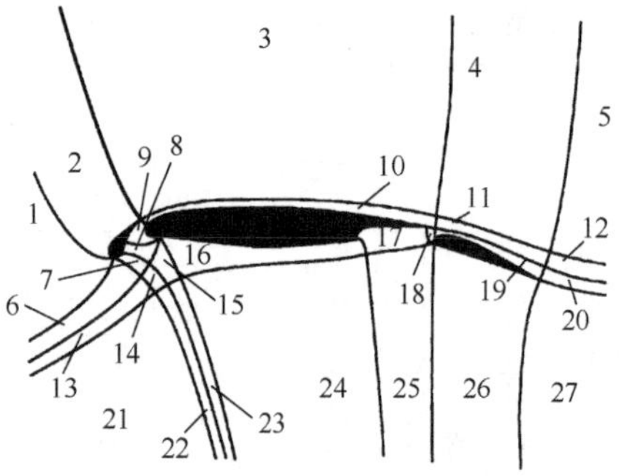

图 10.20 网格分区图

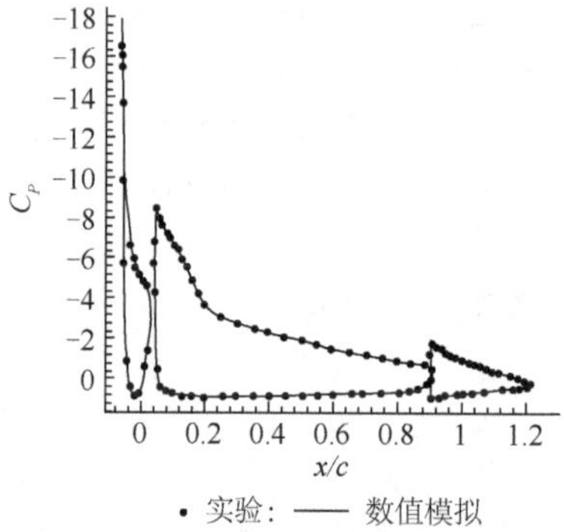

图 10.21 压强系数分布图

【例 10.2】 DLR-F6 外形的黏性绕流计算

该算例采用有限体积方法对 DLR-F6 外形（翼身组合体+挂架+发动机短舱）的黏性绕流进行了数值模拟，采用 *S-A* 方程紊流模型。计算网格为混合网格，单元总数为 2929321，其中四面体单元数为 1241991，三棱柱单元数为 1687040，四棱锥单元数为 290。计算来流条件为马赫数 $M_\infty = 0.75$ ，迎角 $\alpha = 1.5°$ ，雷诺数 $Re = 10^6$ 。为了加速收敛，本算例采用了分区并行算法，图 10.22 给出了 6 个分区的网格分区图。图 10.23 为计算得到的飞机表面等密度曲线。

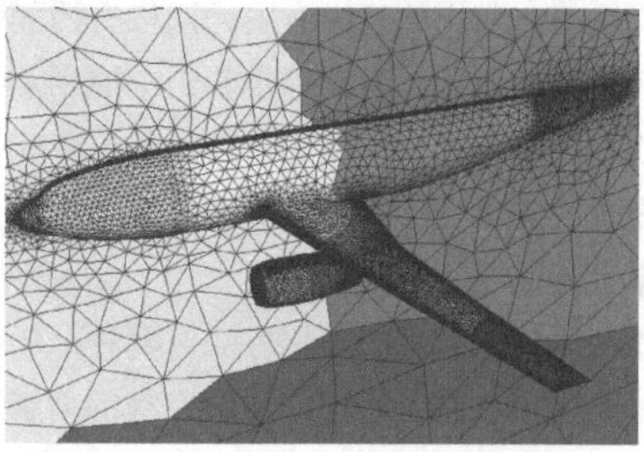

图 10.22 网格分区图

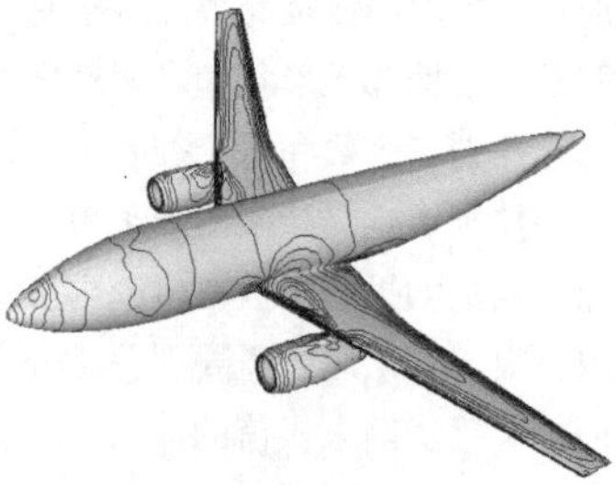

图 10.23 等密度线

【例 10.3】 外挂物投放的数值模拟

该算例采用求解欧拉方程和六自由度运动方程相结合的方法对 F18 战斗机投放 JADM 炸弹的过程进行了模拟。在每个时间步都采用有限体积方法求解定常欧拉方程，把计算得到的气动力反馈给运动方程，运动方程的求解则是非定常的。计算网格采用直角坐标网格，在每个时间步都重新生成网格，图 10.24（a）～（d）分别给出了 $t = 0.0$ s、0.1s、0.2s 和 0.3s 时炸弹的位置和相应的直角坐标网格。

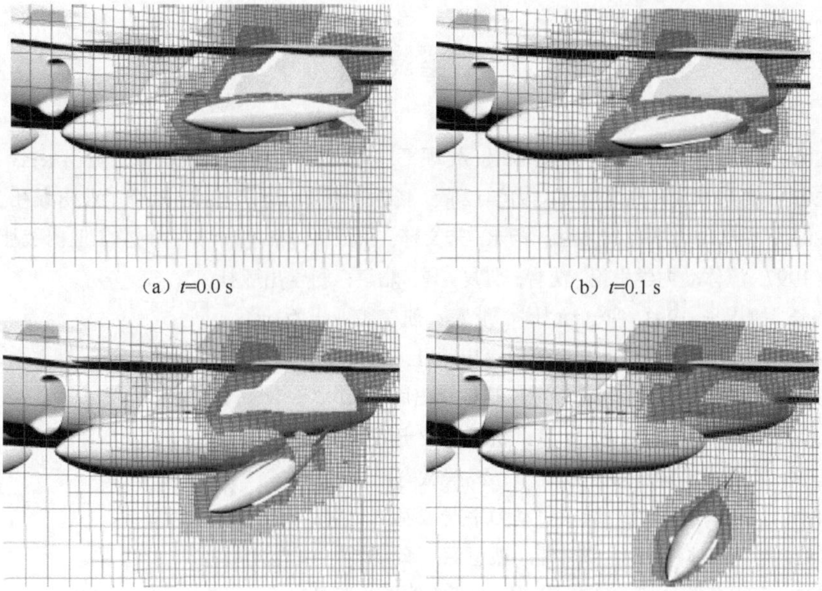

（a）t=0.0 s　（b）t=0.1 s

（c）t=0.2 s　（d）t=0.3 s

图 10.24　外挂物投放的数值模拟

习　题

10.1　网格的分类有哪些？各有什么特点？

10.2　思考二维三角形单元、三维四面体单元的点、线、面关系。

10.3　思考二维非结构网格的数据存储方式。

10.4　计算流体力学的数值方法主要有哪些？各有什么特点？

10.5　熟悉三维 N-S 方程。

参 考 文 献

安德森 J D, 2009. 计算流体力学基础及其应用. 吴颂平，刘赵淼, 译. 北京：机械工业出版社.

安德森 J D, 2013. 高超声速和高温气体动力学. 2 版. 杨永，李栋, 译. 北京：航空工业出版社.

安德森 J D, 2014. 空气动力学基础. 5 版. 杨永, 宋文萍, 张正科, 等译. 北京：航空工业出版社.

巴切勒 G K, 1997. 流体动力学引论. 沈青, 贾复, 译. 北京：科学出版社.

陈再新, 刘福长, 鲍国华, 1993. 空气动力学. 北京：航空工业出版社.

陈卓如, 1992. 工程流体力学. 北京：高等教育出版社.

丁祖荣, 2003. 流体力学（上册）. 北京：高等教育出版社.

范洁川, 等, 1997. 流动显示与测量. 北京：机械工业出版社.

傅德薰, 马延文, 2002. 计算流体力学. 北京：高等教育出版社.

《航空气动力手册》编写组, 1983. 航空气动力手册. 2 版. 北京：国防工业出版社.

怀特 F M, 1982. 粘性流体动力学. 魏中磊, 甄思淼, 译. 北京：科学出版社.

怀特 F M, 1992. 流体力学. 2 版. 陈建宏, 译. 台北: 晓园出版社.

姜 • 范恩, 2009. 热的简史. 李乃信, 译. 北京: 东方出版社.

孔珑, 1992. 工程流体力学. 北京：水利电力出版社.

力学名词审定委员会, 1993. 力学名词. 北京：科学出版社.

陆志良, 等, 2009. 空气动力学. 北京：北京航空航天大学出版社.

茅春浦, 1995. 流体力学. 上海：上海交通大学出版社.

莫乃榕, 2000. 工程流体力学. 武汉：华中理工大学出版社.

欧特尔 H, 等, 2008. 普朗特流体力学基础. 朱自强, 钱翼稷, 李宗瑞, 译. 北京: 科学出版社.

普朗特 L, 等, 1981. 流体力学概论. 郭永怀, 陆士嘉, 译. 北京：科学出版社.

钱翼稷, 2004. 空气动力学. 北京：北京航空航天大学出版社.

瞿章华, 刘伟, 曾明, 等, 2001. 高超声速空气动力学. 长沙：国防科技大学出版社.

史里希廷 H, 1988a. 边界层理论（上册）. 孙燕候, 等译. 北京：科学出版社.

史里希廷 H, 1988b. 边界层理论（下册）. 孙燕候, 等译. 北京：科学出版社.

孙祥海, 2000. 流体力学. 上海：上海交通大学出版社.

屠大燕, 1994. 流体力学和流体机械. 北京：中国建筑工业出版社.

王蓉孙, 严震, 1979. 流体力学和气体动力学. 北京：国防工业出版社.

吴望一, 1982a. 流体力学（上册）. 北京：北京大学出版社.

吴望一, 1982b. 流体力学（下册）. 北京：北京大学出版社.

伍贻兆, 杨岞生, 2004. 跨声速空气动力学. 北京：国防工业出版社.

徐华舫, 1980a. 空气动力学基础（上册）. 北京：国防工业出版社.

徐华舫, 1980b. 空气动力学基础（下册）. 北京：国防工业出版社.

杨岞生, 俞守勤, 1987. 飞行器部件空气动力学. 北京：航空工业出版社.

曾明, 刘伟, 邹建军, 2016. 空气动力学基础, 北京：科学出版社.

翟章华, 刘伟, 曾明, 等, 2001. 高超声速空气动力学. 长沙：国防科技大学出版社.

张涵信, 沈孟育, 2003. 计算流体力学：差分方法的原理. 北京：国防工业出版社.

张强, 2012. 气动声学基础. 北京：国防工业出版社.

章梓雄, 董曾南, 1998. 粘性流体力学. 北京：清华大学出版社.

周光坰, 严宗毅, 许世雄, 等, 2000a. 流体力学（上册）. 2 版. 北京：高等教育出版社.

周光坰, 严宗毅, 许世雄, 等, 2000b. 流体力学（下册）. 2 版. 北京：高等教育出版社.

朱一锟, 1989. 流体力学基础. 北京：北京航空航天大学出版社.

庄礼贤, 尹协远, 马晖扬, 2009. 流体力学. 2 版. 合肥：中国科学技术大学出版社.

邹高万, 贺征, 顾璇, 2013. 粘性流体力学. 北京：国防工业出版社.

ANDERSON J D, 2002. 计算流体力学入门. 北京：清华大学出版社.

FOX R W, MCDONALD A T, 1998. Introduction to Fluid Mechanics. 5th ed. New York: John Wiley & Sons Inc.

KUNDU P K, COHEN I M, 2002. Fluid Mechanics. 2nd ed. San Diego: Academic Press.

MUNSON B R, YOUNG D F, OKIISHI T H, 2002. Fundamentals of Fluid Mechanics. 4th ed. New York: John Wiley & Sons Inc.

OERTEL H, 2004. Prandtl's Essentials of Fluid Mechanics. 2nd ed. New York: Springer.

RAGTA L K, SRINIVASAN B, SINHA S S, 2017. Unified gas kinetic scheme combined with Cartesian grid method for intermediate Mach numbers. International Journal for Numerical Methods in Fluids, 85: 507-524.

ROBERSON J A, CROWE C T, 1997. Engineering Fluid Mechanics. 6th ed. New York: John Wiley & Sons Inc.

SFORZA P M, 2014. Commercial Airplane Design Principles. Elsevier Butterworth Heineman, 2014:561-564.

STREETER V L, WYLIE E B, 1985. Fluid Mechanics. 8th ed. New York: McGraw-Hill Book Company.

THEODORE A T, 1975. Introduction to the Aerodynamics of Flight. Washington D C: National Aeronautics and Space Administration, SP-367.

WHITE F M, 2009. Fluid Mechanics. New York: McGraw-Hill.

ZUCKER R D, BIBLARZ O, 2002. Fundamentals of Gas Dynamics. 2nd ed. New York: John Wiley & Sons Inc.

常用气动表